食品分析

主　编　张海德（海南大学）

　　　　胡建恩（大连海洋大学）

副主编　郭丽萍（青岛农业大学）

　　　　马　良（西南大学）

　　　　李永强（云南农业大学）

　　　　夏　湘（邵阳学院）

　　　　王志国（海南大学）

编　委 （按姓氏笔画排序）

　　　　卢　航（大连海洋大学）

　　　　张志旭（湖南农业大学）

　　　　李道敏（河南科技大学）

　　　　肖　荣（湖南人文科技学院）

　　　　汪开拓（重庆三峡学院）

　　　　杨　波（琼州学院）

　　　　严佑君（荆楚理工学院）

　　　　徐君飞（怀化学院）

　　　　吕明生（淮海工学院）

　　　　夏阿林（邵阳学院）

中南大学出版社

www.csupress.com.cn

内容简介

本教材的特色在于以教学为宗旨，根据食品理化检测的最新进展，采用的分析方法以最新国家标准为主，适当介绍国际新方法。

本书共分 14 章，包括"绪论"、"采样与样品处理"、"水分和水分活度测定"、"灰分测定"、"矿物质元素分析"、"酸类物质测定"、"脂类的测定"、"碳水化合物测定"、"蛋白质和氨基酸分析"、"维生素的测定"、"食品添加剂的检测"、"食品中常见有害物质的检测"、"食品中功能性成分的测定"、"数据处理与评价"等。

本书为食品科学与工程、食品质量与安全本科专业学生的教材，也可供从事营养与卫生、生物化工、制药及农产品贮藏加工等专业的高等学校教师、学生，科研机关及生产工厂的科技工作者、工程技术人员学习参考。

前　言

尽管新兴产业不断涌现，但食品工业仍然是世界制造业中的第一大产业。食品资源的深度开发和高效利用是维系 21 世纪经济与社会可持续发展的中心命题之一，而食品检测与安全控制技术是现代食品科学领域的重要任务之一。

食品分析是食品科学与工程、食品质量与安全等专业的一门主干课程，是根据食品的特点，利用分析仪器和分析方法，对食品的品质和卫生进行分析检验的一门专业性很强的课程。

食品分析是研究和评定食品品质及其变化和食品安全的一门学科，任务是依据物理、化学、生物化学的一些基本理论和运用各种科学技术，按照制订的技术标准，对食品工业生产中的物料（原料、辅助材料、半成品以及成品、副产品等）主要成分及其含量和有关工艺参数及污染与残留物及掺假等指标进行检测。

研究方法主要是理论解析和在理论指导下的实验研究。培养学生运用辩证唯物主义观点和科学方法考察、分析、处理工程实际问题；培养学生的工程观点以及实验技能和设计能力。

本教材的特色在于以教学为宗旨，根据食品理化检测的最新进展，采用的分析方法以最新国家标准为主，适当介绍国际新方法。本书共分 14 章，包括"绪论"、"采样与样品处理"、"水分和水分活度测定"、"灰分测定"、"矿物质元素测定"、"酸类物质测定"、"脂类的测定"、"碳水化合物测定"、"蛋白质和氨基酸测定"、"维生素的测定"、"食品添加剂的检测"、"食品中常见有害物质的检测"、"食品中功能性成分的测定"、"数据处理与评价"等。知识点突出，知识面较广，反映了近年来食品分析检测技术的进展和相关技术的前沿知识。另外，各章还附有思考题供学生复习巩固所学内容用。

本书由张海德、胡建恩任主编，郭丽萍、马良、李永强、夏湘、王志国任副主编，参加编写的有：海南大学张海德、王志国（第 5 章），大连海洋大学胡建恩、卢航（第 9 章），青岛农业大学郭丽萍（第 13 章），西南大学马良（第 12 章），云南农业大学李永强（第 8 章），淮海工学院吕明生（第 10 章），邵阳学院夏湘、夏阿林（第 2 章），湖南农业大学张志旭（第 4 章），河南科技大学李道敏（第 11 章），湖南人文科技学院肖荣（第 1 章），怀化学院徐君飞（第 3 章），琼州学院杨波（第 6 章），荆楚理工学院严佑君（第 7 章），重庆三峡学院汪开拓（第 14 章）。参加审稿的有：张海德（第 1，9 章），胡建恩（第 7，12 章），郭丽萍（第 2，3 章），马良（第 11，14 章），李永强（第 4，6 章），夏湘（第 5，10 章），王志国（第 8，13 章）。全书由张海德、胡建恩统稿。

本书为食品科学与工程、食品质量与安全本科专业学生的教材，也可供从事营养与卫生、生物化工、制药及农产品贮藏加工等专业的高等学校教师、学生，科研机关及生产工厂的科技工作者、工程技术人员学习参考。

本书的编写和出版，得到了中南大学出版社编辑部工作人员的热情关怀和帮助，在此致以衷心的感谢！

由于编者的水平所限，书中难免有错漏不当之处，敬请同行专家、读者批评指正。

编　者

2014 年 3 月

目 录

第1章

绪 论

本章学习目的与要求

1. 掌握食品分析中所引用的国内外标准，掌握如何选择合适的食品分析方法；

2. 熟悉食品分析的主要内容；

3. 了解食品分析的性质，了解食品分析方法的类别。

1.1 食品分析学科性质

食品分析是专门研究各种食品组成成分的检测方法及有关理论，进而评定食品品质的一门技术性学科。该学科是建立在分析化学和现代仪器分析基础上的一门综合性的学科，也是研究和评价食品品质及其变化的一门学科。常作为食品科学与工程相关专业的师生及食品生产加工科技人员的必修科目。

1.2 食品分析内容

食品分析涵盖的内容相当广泛，每种食品的分析项目因分析目的而异，有时需测定营养成分，有时需检测有毒有害物质，而有时则需分析功效成分。

1.2.1 营养成分的分析

该项目的分析是食品分析中最常规的也是最主要的内容。作为食品首先必须含有人体所需的营养成分以保证生长发育的需要，因此，对各种食品及食物进行营养成分和含量的分析，有利于正确评价食品的营养价值，做到合适膳食。此外，在食品工业生产中，配方的确定、工艺合理性的鉴定、生产过程的控制及成品质量的监测等都离不开营养成分的分析。食品中主要营养成分的分析包括常见的七大营养素(详见第3章至第10章)，对于保健食品还需对其功效成分进行分析(详见第13章)。

1.2.2 食品添加剂的分析

食品添加剂是指为改善食品品质和色、香、味以及出于防腐、保鲜和加工工艺的需要而加入食品中的人工合成或者天然物质。近几年来国内关于滥用食品添加剂的报道层出不穷,严重影响到了食品的质量安全,进而危害了人们的身体健康,因此对食品添加剂的分析十分必要。食品中常见添加剂——防腐剂、甜味剂、食用合成色素、发色剂与漂白剂的分析见第11章详述。

1.2.3 食品中有毒有害物质的分析

在食品生产、加工、包装、运输、贮藏、销售等各环节中,可能会产生、引入某些对人体有害的物质,给人们带来巨大的安全隐患,也给质量监管部门和食品分析人员提出了严峻的挑战。食品中有毒有害物质主要分为化学有害物和生物有害物两大类,主要有食物中残留农药、生物毒素、污染物及食品中非法添加物等(详见第12章介绍)。

1.3 食品标准

食品标准是食品工业领域各类标准的总和。包括食品产品标准、食品卫生标准、食品分析方法标准、食品管理标准、食品添加剂标准和食品术语标准等。食品标准又分国内标准和国际标准,国内标准按级别有国家标准、各类行业标准、地方标准以及企业标准,国外标准有CAC标准、FDA标准、AOAC标准等。在食品分析检测中,采用标准的分析方法、利用统一的技术手段,有利于比较与鉴别产品质量,可在各种贸易往来中提供统一的技术依据,并对提高分析结果的权威性有重要的意义。

1.3.1 我国的食品标准

《中华人民共和国标准化法》将中国标准分为:国家标准、行业标准、地方标准和企业标准四级。

1985年,中华人民共和国首次发布了《食品卫生检验方法 理化部分 总则》,食品工业的发展使得食品检测项目不断增多,食品理化检测方法也就需要不断修订和增加,因此,先后于1996年、2003年、2008年、2010年进行了多次修订。2003版《食品卫生检验方法》涉及的理化检验标准方法中,分析内容广、项目多,包含了食物成分、保健食品功效成分、微量元素、维生素、食品包装材料、食品添加剂、兽药残留、农药残留、天然毒素、金属污染物及其他有机污染物的各种分析方法,详细的食品检测方法标准参见GB/T 5009.1—2003 至 GB/T 5009.222—2008,它奠定了我国食品卫生检验方法的基础。

随后,为维护公众身体健康、保障食品安全,实现食品安全科学管理、强化各环节监管,各项食品安全标准应运而生,并日臻完善。在2009年6月《中华人民共和国食品安全法》公布实施前,我国已有5000余项食品安全相关标准,其中,食品、食品添加剂、食品相关产品国家标准2000多项,行业标准2900多项,地方标准1200多项,基本建立了以国家标准为核心,行业标准、地方标准和企业标准为补充的食品标准体系。但是由于受食品产业发展水平、风险评估能力等因素制约，现行食品安全标准间存在矛盾、交叉、重复的现象，个别重要的标准或者重要的指标缺失，部分标准的科学性和合理性有待提高，还存在基础研究滞后、保障机制不健全等问题。因此，国家卫生部自 2010 年起开始食品标准的大清理，到 2013 年底，我国将完成对食用农产品质量安全标准、食品卫生标准、食品质量标准以及行业标准中强制执行内容的分析整理和评估工作，提出现行相关食品标准或技术指标继续有效、整合或废止的清理意见。根据食品标准清理工作结果，确定食品安全国家标准立项，启动食品安全国家标准制定和修订工作。换言之，现存的四套标准将统一为强制执行的食品安全国家标准。

1. 国家标准

由国家标准化主管机构批准发布，在全国范围内统一的技术要求，简称国标。国标按性质又分为强制性标准(GB)和推荐性标准(GB/T)。国家强制性标准是要求所有进入市场的同类产品(包括国产和进口)都必须达到的标准，这是关系到人们健康与安全的重要指标。如：微生物、有害金属、农药残留等限量。而国家推荐性标准是建议企业参照执行的标准。国标编号由国标的代号 GB 或 GB/T，加上国家标准发布的顺序号和标准发布的年号构成。例如：GB 2719—2003 食醋卫生标准；GB/T 5009.41—2003 食醋卫生标准的分析方法。

此外，对于技术尚在发展过程中，尤其一些变化快的技术领域，尚不能制定为标准但又需要有相应的标准文件引导其发展的项目，或者采用了国际标准化组织、国际电工委员会及其他国际组织的技术报告的项目，可以制定国家标准化指导性技术文件，代号为"GB/Z"，其编号由指导性技术文件代号、顺序号和年号(四位数字)构成，例如：GB/Z 26589—2011 洋葱生产技术规范。

2. 行业标准

《中华人民共和国标准化法》规定：由我国各主管部、委(局)批准发布，在该部门范围内统一使用的标准称为行业标准。由国务院有关行政主管部门制定，并报国务院标准化行政主管部门备案。当同一内容的国家标准公布则该内容的行业标准即行废止。行业标准分为强制性标准和推荐性标准，后者则需在行业标准代号后添加"/T"字样。其编号由代号、顺序号和年号构成。国家发展与改革委员会发布的轻工行业标准代号为 QB，如编号 QB/T 4261—2011 食品添加剂 5′-肌苷酸二钠；国家商务部发布的商业行业标准代号为 SB，如编号 SB/T 10381—2012 真空软包装卤肉制品；由国家农业部发布的农业行业标准代号为 NY，如编号 NY/T 2115—2012 大豆疫霉病检测技术规范；由国家农业部发布的水产行业标准代号为 SC，如编号 SC/T 3039—2008 水产品中硫丹残留量的测定 气相色谱法；国家进出口商品检验局发布的进出口商品检验行业标准代号为 SN，如编号 SN/T 0801.24—2011 出口动植物油脂 第 24 部分：水分的测定 卡尔·费休法。

3. 地方标准

为了加强地方标准的管理，根据《中华人民共和国标准化法》和《中华人民共和国标准化实施条例》有关规定，对没有国家标准和行业标准而又需要在省、自治区、直辖市范围内统一的要求，可以制定地方标准(含标准样品的制定)。在公布国家标准或行业标准之后，该地方标准即行废止。同样分为强制性地方标准和推荐性地方标准，代号分别为 DB×× 和 DB××/T，×× 表示省级行政区划代码前两位。其编号由代号、顺序号和年号构成，如：DB 33/T 875—2012 鲢鳙鱼增殖放流技术规范。

4.企业标准

企业标准是指企业所制定的产品标准和在企业内需要协调、统一的技术要求和管理、工作要求所制定的标准。对企业生产的产品，尚没有国际标准、国家标准、行业标准及地方标准的，如某些新开发的产品，企业必须自行组织制订相应的标准，报主管部门审批、备案，作为企业组织生产、经营活动的依据。企业标准代号为 Q，后缀加本企业及所在地拼音缩写、备案序号等。对已有国家标准、行业标准或地方标准的，鼓励企业制定严于国家标准、行业标准或地方标准要求的企业标准，这样可以更好地保障产品安全质量。

1.3.2 主要国际食品标准

1. ISO

ISO 标准是指国际标准化组织制订的国际标准外。ISO 除了制定出版国际标准，同时还协调世界范围内的标准化工作，与其他国际性组织合作研究有关标准化的问题。它的前身是国际标准化协会（ISA），后于 1946 年更名为国际标准化组织（ISO）。它是一个由各个国家标准化机构组成的世界范围的联合会，现有 140 个成员国，中国既是发起国也是首批成员国。该组织旨在世界范围内促进标准化工作的发展，推动国际物资流通，并扩大知识、科学、技术与经济方面的合作。ISO 负责食品、电子领域、船舶制造、石油等很多重要领域的标准化活动。其中，ISO 22000 族群 [food safety management systems—Requirements for any organization in the food chain（食物安全管理体系）]于 2005 年 9 月 1 日正式发布，这是一个新的旨在保证全球的安全食品供应的国际标准。我国于 2006 年 6 月 1 日发布《GB/T22000—2006 食品安全管理体系食品链中各类组织的要求》，正式将 ISO 22000：2005 标准转化为中国国家标准。ISO 22000：2005《食物安全管理系统 – 对整个食品供应链中组织的要求》的出台可以作为技术性标准对企业建立有效的食品安全管理体系进行指导。这一标准可以单独用于认证、内审或合同评审，也可与其他管理体系，如 ISO 9001：2000 组合实施。

2. CAC

1962 年，FAO 和 WHO 共同组建了 CAC，目前有包括我国在内的 186 个成员，即 185 个成员国和欧盟（2012 年止）。旨在保护消费者的健康，维护食品的公平竞争，促进国际食品贸易，职责是制订食品与农产品的标准与安全性法规，为各国食品标准的制订提供重要的科学参考依据。各项标准公布于食品法典中，标准编号由代号、序号和年份构成，如：CODEX STAN 72—1981 婴儿配方及特殊医用婴儿配方食品标准（2011 年修订）。由表 1 – 1 可见，食品法典共出版了 13 卷：第 1 卷总则涵盖了食品标签使用通则、食品添加剂、食品污染物、食品辐照（放射物）、进出口食品检测与认证和食品卫生操作规范的相关标准与规范；第 3 卷对食品中杀虫剂和兽药残留量做出了规定；第 13 卷对分析和抽样方法进行了详述；其他卷则分别针对果蔬及果汁、谷豆类及其制品和植物蛋白、油脂及其制品、鱼及其制品、肉及其制品、糖、可可、巧克力、牛奶及乳制品提出了确保其质量与安全的相应标准细则。

3. AOAC

美国公职分析化学家协会（Association of Official Analytical Chemists，AOAC）所制订的食品分析的标准方法在国际上享有很大的影响，被许多国家所采纳。AOAC 是世界性的会员组织，其宗旨在于促进分析方法及相关实验室质量保证的发展及规范化，其前身是始创于 1884 年的美国官方农业化学家协会（Association of Official Agricultural Chemists，AOAC），于 1965

年更名为美国官方分析化学家协会,后于 1991 年又更名为 AOAC INTERNATIONAL。

表 1-1　食品法典目录

卷	主　题	卷	主　题
1A	总则	6	果汁
1B	总则(卫生)	7	谷类、豆类及其制品、植物蛋白
2A	食品中杀虫剂残留量(一般内容)	8	油脂及其制品
2B	食品中杀虫剂残留量(最高允许残留量)	9	鱼及鱼制品
3	食品中兽药残留量	10	肉与肉制品、清汤和肉汤
4	食品中特殊食品资源的应用	11	糖、可可产品、巧克力
5A	水果和蔬菜的加工与速冻	12	牛奶与乳制品
5B	新鲜水果和蔬菜	13	分析和抽样方法

4．其他标准

此外,还有其他地区和国家有关组织出版的涉及食品分析的标准。例如,沙特阿拉伯标准化组织(SASO)出版的食品标准文献(如标签、测试方法)在除以色列外的中东地区颇有影响。此外,欧洲委员会制定的食品与食品添加剂标准广泛应用于欧洲经济共同体(EEC)的各成员国。美国食品化学法典委员会(FCC)制定了食品添加剂与化学成分鉴定与纯度标准。因此,有可能某公司会特别指出要购买"FCC"级产品。在世界范围内,食品添加剂 FAO/WHO 联合专家委员会(JECFA)制定了食品添加剂纯度标准。CAC 鼓励各国采用 JECFA 制定的标准,许多国家在制定本国标准时也时常参考 FCC 与 JECFA 制定的标准。

我国的食品标准体系是以国家标准为核心、其他标准为补充。无论食品外包装上所标明的产品标准属于哪一个级别,都应当是郑重、严肃、负责的,都是企业向消费者做出的保证和承诺。国家监督执法部门在监督检查中,对未达到国家强制性标准和未达到产品外包装上所标明标准的产品,一律判为不合格产品。标准经制订、审批、发布、实施,随着生产发展、科学的进步,当原标准已不长期利于产品质量的进一步提高时,就要对原标准进行修订或重新制订。

1.4　食品分析的方法

分析方法是通过许多非盈利性组织机构,通过对不同实验室运用同一方法所得结果进行对比,以及较少的标准程序的评估所发展及认定的。分析方法是基于分析目的以及对分析样品组成与性质的了解来确定的。法定方法对食品的分析甚严,以确保能够与政府部门所建立的合法要求相符。对于鉴定产品的质量或者分析产品的营养成分含量,应采用法定分析方法,而对于企业内部质量管理,如在食品加工控制过程中,通常只需采用快速的、操作简便、费用低廉的分析方法即可。在食品分析检测中,人们通常根据所用分析方法的性质将其分为五大类;即感官分析法、化学分析法、仪器分析法、微生物分析法和酶分析法。

1.4.1 感官分析法

感官分析法是通过人体的各种感觉器官(眼、耳、鼻、舌、皮肤)所具有的感觉、听觉、嗅觉、味觉和触觉,结合平时积累的实践经验,并借助一定的器具对食品的色、香、味、形等质量特性和卫生状况作出判定和客观评价的方法。该法既可作为广大消费者在选购食品时的判别标准,又适合专业技术人员在实验内进行技术鉴定。尤其适用于食品风味物质(酒的香味、茶的香味)的分析与鉴定。

1.4.2 化学分析法

化学分析法是以物质的化学反应为基础的分析方法。这是常规分析中大量使用的一类方法,其分析检测常常需要在实验室完成。如后续各章节中介绍的关于水分、灰分、重要无机元素、酸类物质、脂类、碳水化合物、蛋白质和氨基酸、维生素、食品添加剂、食品中有害物质或有效成分的含量测定方法,无一不用到化学分析法。

1.4.3 仪器分析法

仪器分析法是借助精密仪器测定物质特有的物理性质,如密度、黏度、折光率、旋光度等,或者物质的光学、电化学性质等物理化学性质,来分析食品的化学组成、组分的含量或化学结构的方法。如气相色谱法测定脂肪酸、高效液相色谱法测定苏丹红、氨基酸自动分析仪测定氨基酸组成与含量、原子吸收分光光度计测定微量元素、原子荧光光度法测定食品中的总砷等。仪器分析法快速、灵敏、准确的特点使之成为现代食品分析的重要支柱。

1.4.4 微生物分析法

微生物分析法是基于某种微生物能够特异性地利用食品中的某种物质的性质而进行分析的方法。被广泛地纳入如 AOAC、美国谷物化学家协会(American Association of Cereal Chemists,AACC),以及其他国家的标准方法之中。该法测定结果反映了样品中具有生物活性的被测物含量,常用来测定维生素 B_{12}、叶酸、生物素、泛酸等,克服了化学分析法和仪器分析法中待测成分易分解的缺点,且准确度高,但也存在分析周期较长、实验操作步骤繁琐等问题,因此,逐渐被其他简便、高效的方法所取代。

1.4.5 酶分析法

食品分析中的酶分析法是利用酶作为分析工具,测定样品中用一般化学方法难于检测的物质,如底物、辅酶、抑制剂或辅因子等含量的方法。酶分析法反应条件温和,具有特异性强、灵敏度高、试剂用量少、测定快速准确等特点,且无需精密的贵重仪器即可简便快速地完成检测工作。常用于对各种糖类、氨基酸类、有机酸类、毒素等物质进行定性及定量分析。

分析检测所用的方法往往是这几大类方法的结合体,如采用可见光分光光度计法测定某物质含量时,一般先需使待测物质与染料发生化学反应而呈色。

随着科学技术的不断进步、食品种类的不断丰富、人们对食品质量与安全的日益重视,食品分析方法也在不断地改进与革新,逐渐向快速、高效、自动化的方向发展。

1.5 食品分析方法的选择

选择正确的分析方法是为生产部门和监管部门提供准确、可靠分析数据的关键。对分析方法进行选择首先要考虑分析的目的，确定出选择方法的范围，然后详细了解方法的特点与使用范围，再考虑食品本身的组成与特性，当然还必须考虑方法的有效性，这样才能确保选出最为合适的分析方法。此外，分析方法的成功运用则依赖于对食品样品的适当选择与准备、细致认真的分析操作，以及合理的计算与数据分析(详见第 14 章介绍)。

1.5.1 分析的目的

根据分析目的对分析方法进行选择，比如，要分析食品的哪一成分或特性？对待测指标进行定性还是定量？定量分析结果是否用于检测食品的营养组分含量？等等，诸如此类的问题首先必须明确。此外，在分析工作中，还需要根据分析要求考虑选用方法的准确度、精确度、灵敏度及稳定性。用于快速现场处理的测定方法其精确度可能就低于法定方法；而具参考性、结论性的法定方法，常常要求拥有精良设备的实验室、拥有善于分析操作的人员。当然，快速的现场检测方法，主要应用于食品加工厂的生产线上，设备和人员要求不及法定方法苛刻。两类分析方法可根据实际分析目的来灵活运用。例如，折射指标常作为一个快速的辅助方法来分析食品中的糖分。可以采用糖度计来现场检测生产过程中食品的糖分含量，既快速又准确，而运用高效液相色谱法(HPLC)对产品糖分组成及含量进行精确检测，两种方法所得分析结果存在一定的相关性，相互佐证。

1.5.2 方法本身的特征

分析食品样品中某一特定性质或成分，常常会有很多方法。要选择分析方法或对其进行调整，就必须熟知各种方法的特征及关键步骤的原理。表 1-2 从方法的专一性、精确性和准确性，所用分析方法涉及的取样量、试剂、仪器和费用，方法实施耗时、可靠性与要求，以及操作人员安全性与分工等方面，进行了全面的总结，对评价现行方法以及经深思熟虑所得的新分析方法大有裨益。

1.5.3 食品组成与性质

许多分析方法的实施受到了食品基质成分的影响(如：食品主要化学组成，尤其是脂质、蛋白质和碳水化合物)。在食品分析中，食品基质成分常常给分析人员提出最大的挑战。例如，测定高脂或高糖食品时，其对分析方法准确性的干扰比低脂或低糖食品要多，因此，必须事先对样品进行消化和提取处理。正因为食品系统十分复杂，所以不仅仅只需要某一种有效的技术，而是更需要多样化的技术和程序来分析某些特定的食品组成，同时还需要对特定的食品基质成分进行了解。

AOAC 国际为了将食品按照食品基质种类进行区分，曾提出了一个"三角组合"，三角形的三个顶点分别代表不同的食品组别——100% 脂肪、100% 蛋白质、100% 碳水化合物。将食品中这三种对分析方法有强烈影响的营养组分含量定义为"高"、"中"、"低"三水平。如此便产生了脂肪、碳水化合物和蛋白质分别为高、中、低水平的九种可能组合。再根据食品中脂肪、碳水化合物以及蛋白质的含量，可将其放置在三角形中的特定位置。理论上，常规分析方法可以使九种组合中的每一种都能进行分析测试，从而无需开发其他的基于食品基质的分析方法。比如：分析薯片和巧克力这两种不同的食品，由于二者从食品基质成分来看，均属于低－蛋白质、中－脂肪、中－碳水化合物的食品，因此，根据"三角组合"仅需采用同一种分析方法进行测定。而对于高－蛋白质、低－脂肪、高－碳水化合物的食品，如脱脂奶粉则需采用其他方法。

表1－2　食品分析方法的选择标准

特　性		主要问题
内在性质	专一性	所测定的与要求测定的是否为同一性质；采取什么措施可确保高度的专一性。
	精确性	什么是方法的精密度？同批次、批与批之间、人与人之间是否存在差异？
	准确性	分析过程中哪一步骤会导致最大的变化性？新方法与旧方法或者标准方法在精确性上的差异如何？回收率是多少？
在实验室的应用	取样量	需多少待测样品量？根据需要取样量是太大还是太小？是否满足实验仪器和/或玻璃仪器的要求？
	试剂	是否准确配制试剂？需要哪些设备？试剂是否稳定、储存时间与条件如何？
	仪器	是否拥有合适的仪器？职员操作仪器的能力如何？
	费用	有关仪器、试剂和职员的费用是多少？
应用	所需时间	有多快？需要多快？
	可靠性	从精确性和稳定性的角度来看其可靠性如何？
	要求	是否能满足或更好地满足要求？
职员	安全性	是否需要专门的预防措施？
	分工	由谁来负责准备有关方法与试剂的书面材料？由谁负责进行必要的计算？

1.5.4　方法的有效性

所使用的仪器设备是否经过标准化校正调试，人员操作步骤是否规范适当，仪器设备的检测极限是否被考虑，等等，都将影响着分析方法的有效性，进而影响分析数据的有效性。在分析工作中，许多因素又都将影响着分析数据的有效性，因此，进行分析方法选择时，除了必须考虑方法本身与食品的特性外，还必须考虑供分析使用的样品性质、取样代表性及数量（详见第2章介绍），以及对分析数据的变异性与消费者可察觉的、可接受的偏差进行比较。

通常通过考察参照材料的分析结果来判定所选分析方法是否有效。参照材料也叫作标准参照样品或核查样品。分析时，标准参照样品和待测样品同时作为质量控制的重要部分，它们可以从一些权威的组织机构获得，如美国国家标准与技术研究所（NIST）、欧洲参照材料与测量研究所（IRMM）、比利时参照物共同局（BCR）。此外，其他政府相关团体也可提供标准参照样品用来评估方法的可靠性。比如，AACC国际组织就设有一个专门给由AACC国际组织准备的分析样品提供核查服务的实验室。其职能是对样品执行详细的分析检测，并将结果反馈给 AACC 国际组织。然后，AACC 国际组织对分析结果进行一个统计学评估，并将该数据与其他实验室数据进行比较后，公布该分析数据的准确程度。AACC 国际组织提供的标准参照样品有：面粉、粗粒面粉和其他谷物样品，可供水分、灰分、蛋白质、维生素、矿物质、糖分、钠元素、总膳食纤维、可溶性与不可性纤维以及 β - 葡聚糖的分析。这些样品也可用来进行物理特性、微生物特性分析以及作为食品卫生检测。美国油脂化学家社团（AOCS）专为油料种子、谷物油料种子、海生油料、黄曲霉毒素、胆固醇、反式脂肪酸、测定反式脂肪酸的特种油类，以及营养标注构想而设立的一个参照样品计划。

标准参照样品是确保数据可靠的重要工具，除了从权威组织机构来获取，还可以从实验室内部获得。但需要仔细挑选出一个合适的样品类型，对原材料进行大量收集，再将其充分混合均匀后，分装成小包装，最后妥善地存放，获得的样品可以作为标准参照样品。值得注意的是，无论采用哪种标准参照材料，都必须与分析样品的组成尽量接近。

小　结

食品分析是专门研究各种食品组成成分的检测方法及有关理论，进而评定食品品质的一门技术性学科，它主要涉及了食品营养成分、食品添加剂以及食品有毒有害物质的分析与检测，食品分析操作人员需遵照并执行国内外权威部门颁布实施的食品分析标准，并且需要基于分析目的、分析方法本身的特征、有效性以及食品的组成与性质来选择最适宜的分析方法。

思考题

1. 食品分析的学科性质及主要内容是什么？
2. 食品标准、食品分析标准有何区别？
3. 食品分析标准如何分类？试对国内、国际标准体系进行比较。
4. 什么是法定分析方法？并将食品分析方法进行归类。
5. 阐述选择食品分析方法必须考虑的因素。

参考文献

[1] 谢笔钧，何慧. 食品分析[M]. 北京：科学出版社，2009.
[2] S. Suzanne Nielsen. Food Analysis[M]. 4th ed. New York：Kluwar Academic/Plenum Publishers，2010.
[3] S. Suzanne Nielsen. 食品分析[M]. 杨严俊等，译. 第2版. 北京：中国轻工业出版社. 2002.
[4] 张水华. 食品分析实验[M]. 北京：化学工业出版社. 2008.
[5] DeVries J W, Silvera K R. AACC collaborative study of a method for determining vitamins A and E in foods by HPLC (AACC Method 86 - 06)[J]. Cereal Foods World, 2001, 46(5)：211 - 215.
[6] Sharpless K E, Greenberg R R, Schantz M M, Welch M J, Wise S A, Ihnat M. Filling the AOAC triangle with food - matrix standard reference materials[J]. Anal Bioanal Chem, 2004, 378：1161 - 1167.
[7] Ambrus A. Analysis of pesticides in food and environmental samples [C]// Tadeo JL. Quality assurance. New York：CRC, 2008：145.

第2章

采样与样品处理

本章学习目的与要求

1. 掌握样品的采集、制备、预处理与保存的一般方法；

2. 了解正确采样的意义。

2.1　样品的采集

2.1.1　概述

为了控制食品品质和安全性，监测原料、配料和加工成品的重要特性是非常重要的。如果分析技术快速且无破坏性，那么可对所有食品或指定批量配料实施评估。然而通常更可行的方法是从所有产品中选择一部分并假定所选部分的性质代表了整个批量的性质。

国际纯粹化学与应用化学联合会、分析化学命名委员会将样品定义为："从交付和选择的大量物质中以某种方式取出的、与整体物质具有相同性质的一部分物质"。从待测样品中抽取其中一部分来代表整体，这种方法就称为采样。根据研究目的确定的研究对象的全体称为总体，总体通常是一批原料或一批食品。适当的采样技术有助于确保样品品质的测定值能代表总体品质的准确可靠的评估值。与测总体相比，样品的采样能更迅速地得到品质评估结果，而所花的费用和时间更少。样品仅仅是对总体真实值的评估，不过只要采样技术适当，它可能是非常准确的估值。

不管是制成品，还是未加工的原料，即使是同一样品，其所含成分的分布也不会完全一致。食品的种类繁多，且组成很不均匀，采样是一个困难而且需非常谨慎的操作过程。要从一大批被测产品中，采集到能代表整批被测物质质量的小量样品，必须遵守一定的规则，掌握适当的方法，并防止在采样过程中，造成某种成分的损失或外来成分的污染。被检物品的状态可能有不同形态，如固态的、液态的或固液混合的等。固态的可能因颗粒大小、堆放位置不同而带来差异；液态的可能因混合不均匀，或分层而导致差异，采样时都应予以注意。

正确采样，必须遵循的原则是：第一，采集的样品必须具有代表性；第二，采样方法必须与分析目的保持一致；第三，采样及样品制备过程中设法保持原有的理化指标，避免预测组分发生化学变化或丢失；第四，要防止和避免预测组分的玷污；第五，样品的处理过程尽可能简单易行，所用样品处理装置尺寸应当与处理的样品量相适应。

采样之前，对样品的环境和现场进行充分的调查是必要的，需要弄清的问题有：①采样的地点和现场条件如何？②样品中的主要组分是什么，含量范围如何？③采样完成后要做哪些分析测定项目？④样品中可能会存在的物质组成是什么？

样品采集是食品分析工作中的重要环节，如果采样方法不正确，试样不具有代表性，则无论操作如何细心、结果如何精密，分析都将毫无意义，甚至可能得出错误的结论。因此，采样的正确与否，是检验工作成败的关键。

2.1.2　样品的分类

按照样品采集的过程，依次得到检样、原始样品和平均样品三类。

检样：由组批或货批中所抽取的样品称为检样。检样的多少，按该产品标准中检验规则所规定的抽样方法和数量执行。

原始样品：将许多分检样综合在一起称为原始样品。原始样品的数量是根据受检物品的特点、数量和满足检验的要求而定。

平均样品：将原始样品按照规定方法经混合平均，均匀地分出一部分，称为平均样品。从平均样品中分出三份，一份用于全部项目检验；一份用于在对检验结果有争议或分歧时作复检用，称作复检样品；另一份作为保留样品，需封存保留一段时间（通常一个月），以备有争议时再作验证，但易变质食品不作保留。

2.1.3　均相与多相总体

理想的总体（population）应该是在所有地方都均匀且完全相同，这样的总体就是均相（homogeneous phase）。从这样的总体中采样是非常简单的，因为样品可以在任何位置采得，得到的分析数据都代表整体。然而，这种情况很少发生，甚至在看起来很均匀的产品如糖浆中，许多地方的悬浮粒子和沉淀物可使总体变成多相的（heterogeneous）。事实上，许多待采样的总体都是多相的，因此，总体中的采样位置会影响得到的结论数据。

2.1.4　人工与连续采样

人工采样（manual sampling）的采样人员必须采用"随机样品"来防止采样方法中的人为偏差，为确保所采样品能代表整个总体，必须从总体的各个位置采用。对于小容器中的液体，可先摇匀再采样。而如果从储存在贮窖或筒仓内的大体积液体中采样时，就要充气使之成为均匀体。液体可用移液管、泵等采样。然而，当从槽车中采样时，混匀是不可能的，只能用采样器从槽车的随机几个点得到粉状或粉状材料。

连续采样（continuous sampling）由机械实施。连续采样法与人工采样法相比，人为误差的倾向性更小。

2.1.5　采样方法与理论

1. 随机采样(Random sampling)

随机采样系指等概率地从总体中采集试样,采样应在随机状态下进行,例如将分析对象全体划分成不同编号的部分,再根据随机数表进行采样,这种采样法也称概率采样。

对于随机采样,如果有 n_s 个样本,每个被分析了 n_a 次,则其总方差 σ_0^2 为

$$\sigma_0^2 = \frac{\sigma_s^2}{n_s} + \frac{\sigma_a^2}{n_s n_a} \qquad (2-1)$$

在此,σ_s^2 和 σ_a^2 分别表示采样方差和分析方差。式(2-1)可用于随机采样设计,设 $\sigma_a^2 = \alpha \sigma_s^2$,则式(2-1)可写成

$$\sigma_0^2 = \frac{\sigma_s^2}{n_s} + \frac{\alpha \sigma_s^2}{n_s n_a}$$

从此式我们可以得出下述结论:

①对于给定的 α、n_s、n_a,总方差将随着采样方差增加而增加;

②对于给定的总分析次数($n_s n_a$),如果不考虑分析成本,则随机采样应尽可能保证采样次数多为好。例如,对6个随机样本进行2次分析比对4个随机样本进行3次分析的总方差要小;

③随机采样的总方差是 α 的线性函数。当 α 为一很小数,即分析测定的方差比采样方差小得多时(在实际中通常是这种情况),$\frac{\alpha \sigma_s^2}{n_s n_a}$ 比起 $\frac{\sigma_s^2}{n_s}$ 来就可以忽略。对于这种情况,Youden 曾指出,当分析误差下降到采样误差1/3或更低时,再进一步改善分析误差已无意义,即宁可使用快速简便的、精密度不高但能与采样误差匹配的方法进行分析。其理论根据就在于此。

2. 系统采样(Systematic sampling)

系统采样系指为了检验某些系统假设而采集试样,例如生产或其他过程中成分随时间、温度的变化而在空间中变化,这种场合下的采样问题有重要的实际意义。一般是间隔一定区间(时间、空间、区域)采样,间隔不一定是等距的,有时,事先可预期总体成分是不均匀的,系统采样要尽量减少这种不均匀性的影响。对于这样的情况,可采用分层采样。系统采样的误差分析与随机采样是相似的。

通过正压或负压的垂直线或水平的气动管路系统进行取样。

3. 分层采样(Stratified sampling)

当分析对象可划分为若干采样单元时,可随机从总体的全体采样,亦可分层或分步采样。当被划分的各采样单元之间试样成分的变化显著大于每一单元内部成分变化情况时,分层采样是最好的选择。分层采样是先将分析对象划分成不同部分或层,然后对不同层次进行随机采样。此时,总方差为

$$\sigma_0^2 = \frac{\sigma_b^2}{n_b} + \frac{\sigma_s^2}{n_s n_b} + \frac{\sigma_a^2}{n_b n_s n_a} \qquad (2-2)$$

在此,n_b 为采样层数,σ_b^2 是层之间的方差,n_s 是每层的采样次数,σ_s^2 则是层内的方差。设分析对象是均匀分布总体,分层采样将等同随机采样,但如果层间方差与层内方差显著不同时,分层采样就明显优于随机采样。值得指出的是,由式(2-2)表达的方程不可能分别同

时唯一地求出 n_b、n_s 和 n_a，有必要在它们之间进行适当调整。

4. 代表性采样(Representative sampling)

代表性采样一般是指特定的分析项目所涉及的采样，例如按环境保护部门规定采集废水试样就是这种例子。在分析化学的实际工作中，代表性采样是分层采样的一种特殊情况，这种情况的分层采样可对目标成分提供总体均值的无偏估计。对于在分层采样中每层的大小和方差均不相同的情况下，为了得到总体均值在方差最小条件下的无偏估计，在 k 层的采样数目 n_{sk}，应与该层大小 w_k 和标准差 $(\sigma_s)_k$ 有关，即

$$n_{sk}/n = [w_k(\sigma_s)_k] / \sum_{k=1}^{n_b} [w_k(\sigma_s)_k]$$

如果每一层的标准差都相等，则上式可变为

$$n_{sk}/n = w_k / \sum_{k=1}^{n_b} w_k$$

此式说明，每层的采样数是与该层的大小成正比的。同时，还说明这样的采样是与随机采样不同的。很多的分析技术规程给出了怎样进行代表性采样的规定。代表性样本是按权威机构的规定为某种特殊目的而制成的样本。一般说来，在制代表性样本的过程中，主要考虑就是上述讨论的两个式子，显然，总体均值 $\bar{x}$ 的无偏估计应该是各分层均值 $\bar{x}_k$ 的加权值，即

$$\bar{x} = w_k / \sum_{k=1}^{n_b} (w_k \bar{x}_k)$$

复合试样也是制取代表性试样的一种方式，将一些采集的单个试样混合起来作为复合试样，必须考虑这样做能否取得正确的有代表性的结果。

2.1.6 最小采样数目及固体采样量估计

一般来说，取样份数越多，试样的组成越具有代表性，但所耗人力、物力将大大增加。因此，采样的数目应在能达到预期要求的前提下，尽可能做到节省。显然，采样数目与采样准确度有关。准确度越高，采样数目就应越多。其次，还与物料组成的不均以及颗粒大小、分散程度有关。物料越不均匀，分散度越大，要达到同样的准确度，采样数目就越多。最小采样数目的估计方法是建立在 t-分布统计量的基础上的。

根据 t-分布，可通过计算所得的均值 $\bar{x}$ 来对真实均值 μ 做出如下的区间估计

$$\mu = \bar{x} \pm ts/\sqrt{n} \qquad (2-3)$$

式中：s 为总标准偏差的 σ 的估计，t 为取一定置信度和自由度时的对应值。据此可以算出 n，即

$$n = \frac{(ts)^2}{(\bar{x}-\mu)^2} = \frac{(ts)^2}{e^2}$$

因 n 为一待求数，所以在对 t 查表取值时先用 $n = \infty$ 作为其自由度来确定 t 值，用此 t 值根据上式算出一个 n 后，继用此 n 再查一个新的 t 值，如此循环，直到 n 收敛于一常数。

可见，对分析结果的准确度要求越高，即 e 越小，采样单元数 n 就越大；s 越大，采样单元数也需增加；若置信度要求高，则 t 值变大，采样单元数相应增多。

例 1 测定某试样中某组分的质量分数时，$s = 0.2\%$，置信水平为 95% 时允许的误差为 0.15%，则采样单元数应为多少？

解 先假设采样单元数为∞，查t分布表可知，$t = 1.96$，则

$$n_1 = \left(\frac{1.96 \times 0.20}{0.15}\right)^2 = 6.8 \approx 7$$

$n = 7$时，查表$t = 2.45$，则

$$n_2 = \left(\frac{2.45 \times 0.20}{0.15}\right)^2 = 10.6 \approx 11$$

$n = 11$时，查表$t = 2.23$，则可求得$n_3 = 9$。如此反复迭代，当n值不再变化时，即为该题的解。此处，$n = 10$时不再变化。即至少需从10个采样点分别采集一份试样，试样混合后经适当处理再进行分析，也可以不经混合，分别分析后取其平均值。

固体采样量与试样的均匀度、粒度、易破碎度有关。最小采样量可使用切乔特经验公式进行估算，即

$$Q \geqslant Kd^a$$

式中：Q为采取试样的最小质量（kg）；d为试样中最大颗粒直径（mm）；K为反映物料特性的缩分系数，因物料种类和性质不同而异，它由各部分根据经验拟定，通常在$0.05 \sim 1$之间；a值由实验求得，一般介于$1.5 \sim 2.7$之间。

2.1.7 采样要求与注意事项

为保证采样的公正性和严肃性，确保分析数据的可靠，国家标准《食品卫生检验方法理化部分总则》（GB/T 5009.1）对采样过程提出了以下要求，对于非商品检验场合，也可供参考。

①采样必须注意生产日期、批号、代表性和均匀性（掺伪食品和食物中毒样品除外）。采集的数量应能反映该食品的卫生质量和满足检验项目对样品量的需要，一式三份，供检验、复验、备查或仲裁，一般散装样品每份不少于0.5 kg。

②采样容器根据检验项目，选用硬质玻璃瓶或聚乙烯制品。

③液体、半流体食品如植物油、鲜乳、酒或其他饮料，如用大桶或大罐盛装者，应先充分混匀后再采样。样品分别盛放在三个干净的容器中。

④粮食及固体食品应自每批食品上、中、下三层中的不同部位分别采取部分样品，混合后按四分法对角取样，再进行几次混合，最后得到有代表性的样品。

⑤肉类、水产等食品应按分析项目要求分别采取不同部位的样品或混合后采样。

⑥罐头、瓶装食品或其他小包装食品，应根据批号随机取样，同一批号取样件数为250 g以上的包装不得少于6个，250 g以下的包装不得少于10个。

⑦掺伪食品和食品中毒的样品采集，要具有典型性。

⑧检验后的样品保存：一般样品在检验结束后，应保留一个月，以备需要时复检。易变质食品不予保留，保存时应加封并尽量保持原状。检验取样一般皆系指取可食部分，以所检验的样品计算。

⑨感官不合格产品不必进行理化检验，直接判为不合格产品。

采样时还需注意以下几点：

①采样工具应该清洁，不应将任何有害物质带入样品中。例如，测定3，4-苯并芘的样品不可用石蜡封口，因为有的石蜡中含有该种物质；测定锌的样品不能用含锌的橡皮膏封

口；测定汞时不能用橡皮塞；需要进行微生物检验的食品，应采取无菌操作取样等。

②样品在检测前，不得受到污染、发生变化。有些样品，如测定核黄素的样品要避免阳光、紫外灯照射等。

③样品抽取后，一般应迅速送检测室进行分析。

④在感官性质上差别很大的食品不允许混在一起，要分开包装，并注明其性质。

⑤盛装容器上要贴上标签，并做好标记。

2.1.8 常规食品样品的采样

具体的取样，应根据具体情况和要求，按照相关的技术标准或操作规程所规定的方法进行。

1. 有完整包装(桶、袋、箱等)的食品

首先根据下列公式确定取样件数：

$$n = \sqrt{N/2}$$

式中：n——取样件数，N 为总件数。

从样品堆放的不同部位采取到所需的包装样品后，再按下述方法采样。

1)固体食品

如粮食和粉状食品，用双套回转取样管插入包装，回转 180° 取出样品。每一包装须由上、中、下三层取出三份检样，把许多份检样综合起来成为原始样品，再按四分法缩分至所需数量。

2)稠的半固体样品

如动物油脂、果酱等，启开包装后，用采样器从上、中、下三层分别取出检样，然后混合缩减至所需数量。

3)液体样品

如鲜乳、酒或其他饮料、植物油等，充分混匀后采取一定量的样品混合。用大容器盛装不便混匀的，可采样虹吸法分层取样，每层各取 500 mL 左右，装入小口瓶中混匀后，再分取缩减至所需数量。

2. 散装固体食品

可根据堆放的具体情况，先划分为若干等体积层，然后在每层的四角和中心分别用双套回转取样管采取一定数量的样品，混合后按四分法缩分至所需数量。

3. 肉类、水产品、果品、蔬菜等组成不均匀的食品

应根据检测目的分别取有代表性的部位(如蔬菜的根、茎、叶；动物的肌肉、脂肪等)，可按下方法采样。

1)肉类

根据不同的分析目的和要求而定。有时从不同部位取样，混合后代表该只动物；有时从一只或很多只动物的同一部位取样，混合后代表某一部位的情况。

2)水产品

小鱼、小虾可随机取多个样品，切碎、均匀后分取缩减到所需数量；对个体较大的鱼，可从若干个体上切割少量可食部分，切碎混匀分取，缩减到所需数量。

3)果蔬

体积较小的(如草莓、葡萄等),随机取若干个整体,切碎混匀,缩分到所需数量;体积较大的(如西瓜,苹果,萝卜等),可按成熟度及个体大小的组成比例,选取若干个个体,对每个个体按生长轴纵剖分4或8份,取对角线2份,切碎均匀,缩分到所需数量。体积膨松的叶菜类(如菠菜、小白菜等),由多个包装(一筐、一捆)分别抽取一定数量,混合后捣碎、混匀、分取,缩减到所需数量。

4. 罐头、瓶装食品或其他小包装食品

这类食品一般按班次或批号连同包装一起采样,如果小包装外还有大包装(如纸箱),可在堆放的不同部位抽取一定量的大包装,打开包装,从每箱中抽取小包装(瓶、袋)等,再缩减到所需数量。

1)罐头

如按生产班次取样,取样量为1/3000,尾数超过1000罐者,增取1罐,但每班每个品种取样基数不得少于3罐。生产量较大时,当大于20000罐时,取样量按1/10000,尾数超过1000罐,增取1罐。生产量过小时,同品种、同规格可合并班次取样,但并班后总罐数不超过5000罐,每生产班次取样量不少于1罐且并班后基数不少于3罐。

2)袋、听装奶粉

按批号取样,自该批次产品堆放的不同部位采取总数的千分之一,但不得少于2件,尾数超过500件的应加抽1件。

2.2 样品的制备

样品的制备是指对所采取的样品进行分取、粉碎、混匀等过程。由于用一般方法取得的样品数量较多、颗粒过大或组成不均匀,因此必须对采集的样品加以适当的制备,以保证其能代表全部样品并满足分析对样品的要求。

对于液态和气态的试样,由于易于混合均匀,而且采样量较少,充分混合后即可用于分析。对于固体试样,除粉末和均匀细颗粒的试样,往往都是不均匀的,不能直接用于分析。因此,试样的制备一般主要是针对不均匀的固体试样。需要注意的是,固体试样的采集和制备方法,会因试样的性质、所处环境、状态及分析测试要求不同而有所差异。

2.2.1 固体样品的制备

将固体的原始试样处理成分析试样,一般要经过以下步骤。

1. 破碎

通过机械或人工方法将大块的物料分散成一定细度物料的过程,称为破碎。常用的破碎工具有锷式破碎机、锥式轧碎机、锤击式粉碎机、圆盘粉碎机、球磨机等。具体采用哪种破碎工具,应根据物料的性质和对试样的要求进行选择。

对试样进行破碎,其目的是为了把试样粉碎到一定细度,既利于试样缩分,又利于试样的分解处理。如果上述处理仍未达到要求时,可进一步用研体研磨。为保证试样具有代表性,要注意破碎工具的清洁及不能磨损,防止引入杂质。同时要防止破碎过程中物料跳出及粉末飞扬,也不能随意丢弃难破碎的任何颗粒。

2. 过筛

粉碎后的物料需经过筛分。在筛分之前，要视物料的情况是否需烘干，以免过筛时粘结或将筛孔堵塞。试样过筛常用的筛子为标准筛，材质一般为铜网或不锈钢网，标准筛的筛号及筛孔直径的关系见表2-1。过筛方法有人工操作和机械振动两种。物料破碎后，要根据物料颗粒大小情况，选择合适筛号的筛子对物料进行筛分。但必须注意的是，在分段破碎、过筛时，可先将小颗粒物料筛出，而对于大颗粒物料不能弃去，要将其破碎后令全部物料通过筛孔。

表2-1　标准筛的筛号及孔径大小

筛号/目	3	6	10	20	40	60	80	100	120	140	200
筛孔直径/mm	6.72	3.36	2.00	0.83	0.42	0.25	0.177	0.149	0.125	0.105	0.074

3. 混匀

混匀的方法有人工混匀和机械混匀两种。

1）人工混匀法

人工混匀法是将原始平均试样或破碎后的物料置于木质或金属材质、混凝土质的板上，以堆锥法进行混匀。具体操作方法是：用一铁铲将物料往中心堆积成一圆锥（第一次）；然后将已堆好的锥堆物料，用铁铲从锥堆底开始一铲一铲地将物料铲起，在另一中心重堆成圆锥堆，这样反复操作3次，即可认为混合均匀。堆锥操作时，每一铲的物料必须从锥堆顶自然洒落，而且每铲一铲都朝同一方向移动，以保证均匀。

2）机械混匀法

将要混匀的物料倒入机械混匀（搅拌）器中，启动机器，经一段时间运作，即可将物料混匀。

另外，经缩分、过筛后的小量试样，也可采用一张四方的油光纸或塑料、橡胶纸等，反复对角线掀角，使试样翻动数次，将试样混合均匀。

4. 缩分

在不改变物料平均组成的情况下，通过某些步骤，逐步减少试样量的过程称为缩分。常用缩分方法有机械（分样器）缩分法、四分法、棋盘缩分法和正方形缩分法。

1）机械缩分法

采用机械缩分法具体操作：用一特制的铲子（其铲口宽度与分样器的进料口相吻合）将待缩分的物料缓缓倾入分样器中，进入分样器的物料顺着分样器的两端流出，被平均分为两份。将一份弃去（或保存备查），另一份则继续进行在破碎、混匀、缩分，直至所需的试样量。用分样器对物料进行缩分，具有简便、快速、减少劳动强度等特点。

2）四分法

如果没有分样器，最常用的缩分方法是四分法（图2-1），尤其是样品制备程序的最后一次缩分，基本都采用此法。这种方法是将已破碎的试样充分混匀后堆成圆锥体，然后用平板在圆锥体状物料的顶部垂直下压，将它压成圆台体，再通过圆台体中心按十字形将其分为四等份，弃去任意对角的两份（或保存备查），将留下的一半试样收集在一起混匀。这样试样便缩减了一半，称为缩分一次。经过多次缩分后，剩余试样可减少至所需量。但缩分的次数不是随意的，而是根据需保留的试样量确定的，每次缩分后应保留的试样量与试样的粒度有关。欲使试样量减少，粒度应相应减少，不然就应在进一步破碎后再缩分。

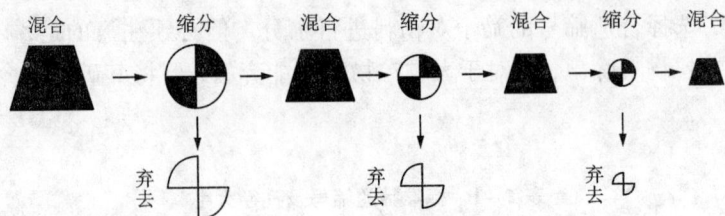

图 2 - 1　四分法

棋盘缩分法和正方形缩分法，其操作方法与四分法基本相同。

对于试样保留量与粒度的关系，有很多不同的经验公式，其中较简单的为切乔特经验公式，即 $Q \geqslant Kd^a$。

例2　有试样 10 kg，最大颗粒粒径为 3 mm 左右，设 K 值为 0.2，$a = 2$，问可缩分几次？如缩分后，再破碎至全部通过 20 号筛，问可再缩分几次？

解　最小试样量为 $Q = 0.2 \times 3^2 = 1.8$（kg）

缩分 2 次后余下的量 $Q = 10 \times 1/2 \times 1/2 = 2.5 > 1.8$

若再缩分一次则 $Q = 2.5 \times 1/2 = 1.25 < 1.8$，因此只能缩分 2 次，留下的试样量为 2.5 kg。

破碎过 20 号筛后，$d = 0.83$ mm，最小试样量 $= 0.2 \times 0.83^2 = 0.14$（kg）。

$2.5 \times (1/2)^n \geqslant 0.14$，$n = 4$，因此，可以再缩分 4 次。

2.2.2　常规食品样品的制备

制备时，根据待测样品的性质和检验项目的要求，可以采取不同的方法进行，如摇动、搅拌、研磨、粉碎、捣碎、匀浆等。

1. 液体、浆体或悬浮液体

一般将样品充分摇匀或搅拌均与即可。常用的搅拌工具有玻璃棒、搅拌器等。

2. 互不相容的液体

如油和水的混合物，可分离后再分别取样测定。

3. 固体样品

可视情况采用切细、捣碎、粉碎、反复研磨等方法将样品研细并混合均匀。常用的工具有研钵、粉碎机、绞肉机、高速组织捣碎机等，需要注意的是，样品在制备前必须先除去不可食用部分，水果除去皮、核；鱼、肉、禽类除去鳞、骨、毛、内脏等。固体试样的粒度应符合测定的要求，粒度的大小用试样通过的标准筛的筛号或筛孔直径表示，标准筛的筛号及筛孔直径的关系见表 2 - 1。

4. 罐头

水果类罐头在捣碎前要先清除果核；鱼类罐头、肉禽罐头应先剔除骨头、鱼刺及调味品

（葱、姜、辣椒等）后再捣碎、混匀。

2.2.3　测定农药残留量时样品的制备

1. 粮食

充分混匀后用四分法取 20 g 粉碎，全部过 0.4 mm 筛。

2. 肉类

除去皮和骨，将肥瘦混合取样，每份样品在检测农药残留量的同时还应进行粗脂肪的测定，以便必要时分别计算脂肪与瘦肉中的农药残留量。

3. 蔬菜、水果

洗去泥沙并除去表面附着水，依当地使用习惯，取可食用部分沿纵轴剖开，各取 1/4，然后切碎、混匀。

4. 蛋类

去壳后全部混匀。

5. 禽类

去毛及内脏，洗净并除去表面附着水，纵剖后将半只去骨的禽肉绞成泥肉状。检查农药残留量的同时应进行粗脂肪的测定。

6. 鱼

每份鱼样至少 3 条，去鳞、头、尾及内脏后，洗净并除去表面附着水，纵剖取每条的一半，去骨、刺后全部绞成泥状，混匀。

2.3　样品的预处理

在食品分析中，由于食品或食品原料种类繁多、组成复杂，其中的杂质或某些组分（蛋白质、脂肪、糖类等）对分析测定常常产生干扰。因此，在测定前必须对样品进行适当处理，使被测组分同其他组分分离，或者使干扰物质除去，以保证检验工作的顺利进行。此外，有些被测组分在样品中含量很低或含量太少，直接测定有困难，这就需要测定前还须将被测组分进行浓缩，以便准确测出它们的含量。而且，食品样品中有些预测组分常有较大的不稳定性（例如微生物作用、酶的作用或化学活性等），需要经过样品的预处理才能获得可靠的测定结果。

样品处理时，可根据被测物质的理化性质以及食品的类型、特点，选用不同的方法，具体应用时，根据需要也可几种方法配合使用，以期收到较好的效果。

2.3.1　预处理原则

总的原则是：①消除干扰因素，即干扰组分减少至不干扰被测组分的测定；②完整保留被测组分，即被测组分在分离过程中的损失要小至可忽略不计；③使被测组分浓缩，以便获得可靠的检测结果；④选用的分离富集方法应简便。

被测组分的损失可通过测定回收率来衡量：

$$回收率(\%) = \frac{分离后测得的待测组分质量}{原来所含待测组分质量} \times 100$$

对回收率的要求随被测组分的含量不同而不同，一般情况下，质量分数大于 1% 的组分，回收率应大于99.9%；质量分数为0.01% ~1%的组分，回收率大于99%；质量分数低于0.01%的痕量组分，回收率为90% ~95%，有时甚至允许更低。在实际工作中，试样中待测组分的真实含量是未知的，一般采用标准物质加入法（标准加入法）来测回收率。标准加入法是指将一定量已知浓度的标准溶液加入待测样品中，测定加入前后样品的浓度。

2.3.2 预处理常用方法

样品预处理的方法，应根据项目测定的需要和样品的组成及性质而定。在各项目的分析检验方法标准中都有相应的规定和介绍。

1. 有机物破坏法

在测定食品或食品原料中金属元素和某些非金属元素（如砷、硫、氮、磷等）的含量时常用这种方法。这些元素有的是构成食物中蛋白质等高分子有机化合物本身的成分，有的则是因受污染而引入的，并常常与蛋白质等有机物紧密结合在一起。在进行检验时，必须对样品进行处理，使有机物在高温或强氧化条件下破坏，被测元素以简单的无机化合物形式出现，从而易被分析测定。

有机物破坏的方法，可分为干法灰化法和湿法消化法两大类，各类方法又因原料的组成及被测元素的性质不同而有许多不同的操作条件，选择的原则应是：

①方法简便，使用试剂越少越好。

②方法耗时间越短，有机物破坏越彻底越好。

③被测元素不受损失，破坏后的溶液容易处理，不影响以后的测定步骤。

1）干法灰化法

干法灰化法是利用高温除去样品中的有机质，剩余的灰分用酸溶解，作为样品待测溶液。该法适用于食品和植物样品等有机物含量多的样品测定，不适用于土壤和矿质样品的测定。大多数金属元素含量分析适用干法灰化，但在高温条件下，汞、铅、镉、锡、硒等易挥发损失，不适用。

由于干法灰化是在高温下破坏分解有机物，极易产生元素损失，且会形成酸不溶性混合物，产生滞留损失。如何减少损失，从而提高方法的准确度是干法灰化所要解决的重要问题。样品在用高温电炉灰化以前，必须先在电热板上低温炭化至无烟（预灰化），然后移入冷的高温电炉中，缓缓升温至预定温度（500 ~550℃），否则样品因燃烧而过热导致金属元素挥发。若同时灰化许多试样，应常变换坩埚在高温电炉中位置，使样品均匀受热，防止样品局部过热。应保证瓷皿的釉层完好，因为使用有蚀痕或部分脱釉的瓷皿灰化试样时，器壁更易吸附金属元素，形成难溶的硅酸盐而导致损失。灰化前，可加入灰化助剂，常用的有HNO_3、H_2O_2、H_2SO_4、$(NH_4)_2SO_4$、$(NH_4)_2HPO_4$等，HNO_3可促进有机物氧化分解，降低灰化温度，后几种使易挥发元素转变为挥发性较小的硫酸盐和磷酸盐，从而减少挥发损失。如个别试样灰化不彻底，有炭粒，取出放冷，再加硝酸，小火蒸干，再移入高温电炉中继续完成灰化。有时可添加氧化镁、碳酸盐、硝酸盐等助剂，它们与灰分混杂在一起，使炭粒不被覆盖，但应做空白试验。

干法灰化法的主要优点是有机物破坏彻底，能处理较大样品量，操作简单、安全，使用试剂少。灰化温度一般在500 ~600℃，温度升高将会引入坩埚损失而造成的污染。样品量，干样一般不超过10 g，鲜样不超过50 g。样品量过大，易引起灰化困难或时间太长，这势必引入新的误差。但样品量太少也会引入样品不均匀性的误差。时间通常控制在 4 ~ 8 h。含脂肪、糖类多的样品需要较长时间，而含纤维素、蛋白质多的样品需要较短时间。灰化是否完全通常以灰分的颜色判断。当灰分呈白色或灰白色但不含炭粒，则认为灰化完全。

2）湿法消化法

也称湿灰化法或湿氧化法或消解法，在适量的食品中加入氧化性强酸，并同时加热消煮，使有机物质分解氧化成水以及 CO_2 等。为加速氧化进行，可同时加入各种催化剂，这种破坏食品中有机物质的方法就叫做湿法消化。含有大量有机物的生物样品通常采用混酸进行湿法消解，用于湿法消解的混酸包括 $HNO_3 - HClO_4$、$HNO_3 - HClO_3 - HClO_4$、$HNO_3 - HClO_4 - H_2SO_4$、$HNO_3 - H_2SO_4$、$H_2SO_4 - H_2O_2$ 和 $HNO_3 - H_2O_2$。其中沸点在 120℃ 以上的硝酸是广泛使用的预氧化剂，它可破坏样品中的有机质；硫酸具有强脱水能力，可使有机物炭化，使难溶物质部分降解并提高混合酸的沸点；热的高氯酸是最强的氧化剂和脱水剂，由于其沸点较高，可在除去硝酸以后继续氧化样品。在含有硫酸的混合酸中过氧化氢的氧化作用是基于过一硫酸的形成，由于硫酸的脱水作用，该混合溶液可迅速分解有机物质。当样品基体含有较多的无机物时，多采用含盐酸的混合酸进行消解；而氢氟酸主要用于分解含硅酸盐的样品。酸消化通常在玻璃或聚四氟乙烯容器中进行。由于湿法消解过程中的温度一般较低（200℃以下），待测物不容易发生挥发损失，也不易与所用容器发生反应，但有时会发生待测物与消解混合液中产生的沉淀发生共沉淀的现象。其中最常见的例子就是当用含硫酸的混合酸分解高钙样品时，样品中待测的铅会与分解过程中形成的硫酸钙产生共沉淀，从而影响铅的测定。做湿法消化时一般用 $HNO_3 - HClO_4$ 或 $H_2SO_4 - HClO_4$，比例一般为 4:1，但如果样品含有高脂肪、高蛋白、高糖，比例应为 5:1，这是防止在加热消解过程中产生爆沸。消解终点应是开始冒白色烟雾，最后再加蒸馏水赶酸，也是在出现白色烟雾时即可。

湿法消化的特点是加热温度较干法低，操作简便，减少了金属挥发逸散的损失，可一次处理较大量样品，适用于生物样品中痕量金属元素分析。该法的缺点是：①耗用试剂较多，在做样品消化的同时，必须做空白试验。②某些混酸对消解后元素的光谱测定存在干扰，例如当溶液中含有较多的 $HClO_4$ 或 H_2SO_4 时会对元素的石墨炉原子吸收测定带来干扰，测定前将溶液蒸发至近干可除去此类干扰。③湿法消解时间长，比如猪肉含油脂比较多，相对蔬菜来说比较难消化，茶叶消解过程中会产气泡，途中需取下冷却一下，白酒、黄酒在消解前需先浓缩至小体积。④消化过程中，产生大量有毒气体，操作需在通风柜中进行，此外，在消化初期，产生大量泡沫易冲出瓶颈，造成损失，故需操作人员随时照管，操作中还应控制火力，注意防爆。

近年来，高压消解罐消化法得到广泛应用。此法是在聚四氟乙烯内罐中加入样品和消化剂，放入密封罐内并在 120 ~ 150℃ 烘箱中保温数小时。此法克服了常压湿法消化的一些缺点，但要求密封程度高，而且高压消解罐的使用寿命有限。

3）紫外光分解法

紫外光分解法属氧化分解法，主要用于消解样品中的有机物从而测定其中的无机离子。当需测定样品中 Mn^{2+}、I^-、NO_2^- 和 SO_3^{2-} 等易被氧化的成分时，不宜用该法。由于该法只用极少的试剂，污染少、试剂空白值低、回收率高。紫外光分解一般是用高压汞灯在 (85 ± 5)℃ 的温度下进行光解，时间可根据样品的类型和有机物的量而改变。在光解过程中通常加入双氧水，提供羟基自由基，破坏残留的有机基体以加速有机物的降解。有报导称测定植物样品

中的 Cl^-、Br^-、SO_4^{2-}、PO_4^{3-}、Cd^{2+}、Pb^{2+}、Cu^{2+}、Zn^{2+}、Co^{2+} 等离子时，称取 50～300 mg 磨碎或匀化的植物样品置于石英管中，加入 1～2 mL 双氧水(30%)后，用紫外光光解 60～120 min 即可将其完全消解。测定橄榄油、花生油、豆油、葵花油及人造黄油中的无机阴、阳离子时，称取 1000 mg 植物油或油脂样品，与 2 mL 乙醇(95%)、2 mL 水及 0.5 g KOH 混合均匀，在 50℃ 皂化 30 min。再加入 100 μL 双氧水(30%)，紫外光解 30～60 min 可将皂化后的样品完全消解。

4）微波消解法

微波消解法(microwave - digestion)是一种利用微波为能量对样品进行消解的新技术，包括溶解、干燥、灰化、浸取等，该法适于处理大批量样品及萃取极性与热不稳定的化合物。微波消解法于 1975 年首次用于消解生物样品，但直到 1985 年才开始引起人们的重视。与传统的传导加热方式(如电热板加热，加热方式是热源"由外到内"间接加热分解样品)相反，微波消解是对试剂(包括吸附微波的试样)直接进行由微波能到热能的转换加热。微波消解法以其快速、溶解用量少、节省能源、易于实现自动化等优点而广泛应用。已用于消解废水、废渣、淤泥、生物组织、流体、医药等多种试样，被认为是"理化分析实验室的一次技术革命"。美国公共卫生组织已将该法作为测定金属离子时消解植物样品的标准方法。

日立公司、美国的 CEM 公司等已有多种型号的微波消解仪生产。Yamane 等用微波消解法，以填充有强酸型阳离子交换树脂的硼硅酸盐玻璃柱为分离柱，测定大米粉样品中的 Pb、Cd、Mn 时，用硝酸及盐酸的混合液进行微波消解。往 300 mg 样品中加入 2 mL HNO_3 及 0.3 mL 0.6 mol/L HCl，于微波辐射下进行消解。开始加热时间为 3 min，最后阶段的加热时间为 2 min。将消解产物转移到 50 mL 玻璃烧杯中，在电热板上小心地将溶液蒸至近干，加入少量水将剩余的部分溶解，然后转移至 25 mL 容量瓶中，加入 2.5 mL 1.1×10^{-2} mol/L N—(二硫代羧基)肌氨酸(DTCS)，以去离子水定容，即可进行离子色谱分析。经典的氨基酸水解需在 110℃ 水解 24 h，而用微波消解法只需 150℃，10～30 min，不但能够切断大多数的肽键，而且不会造成丝氨酸和苏氨酸的损失。蛋氨酸在微波水解样品过程中相当稳定，用标准酸水解条件水解样品时，不能定量测定胱氨酸和色氨酸。胱氨酸被过甲酸氧化为磺基丙氨酸后即可定量测定。苯酚可用做氨基酸的稳定剂，尽管如此，仍不能准确测定被氧化后的蛋白质样品中的酪氨酸和色氨酸。因此，欲测定蛋白质样品中的所有氨基酸，需采用三种不同的水解方式：标准水解法、氧化后再水解及碱性条件下水解，然而无论用何种水解方式，在微波炉内水解蛋白质可极大地减少水解时间。

2. 蒸馏法

此法是利用被测物质中各组分挥发性的不同来进行分离的方法。可以用于除去干扰组分，也可以使被测组分定量分离出去后再测定。例如测定样品中挥发性酸含量时，可用水蒸气蒸馏样品，将馏出的蒸汽冷凝，测定冷凝液中酸的含量即为样品中挥发性酸含量。

根据样品中待测定成分性质的不同，可采用常压蒸馏、减压蒸馏、水蒸气蒸馏等蒸馏方式。常压蒸馏适用于被测组分受热不易分解的或沸点不太高的样品，加热方式可视情况选择水浴、油浴或直接加热。减压蒸馏用于常压蒸馏容易使被测组分分解或沸点太高的样品。水蒸气蒸馏可用于被测组分加热到沸点时可能发生分解；或被蒸馏组分沸点较高，直接加热蒸馏时，因受热不均易引起局部炭化的样品。

近年来已有带微处理器的自动控制蒸馏系统，使分析人员能够控制加热速度、蒸馏容器和蒸馏头的温度及系统中的冷凝器和回流阀门等，使蒸馏法的安全性和效率得到很大提高。

3. 溶剂抽提法

此法是使用无机溶剂如水、稀酸、稀碱溶液，或有机溶剂如乙醇、乙醚、石油醚、氯仿、丙酮等，从样品中抽提被测物质或除去干扰物质，是常用的处理食品样品的方法。

被提取的样品，可以是固体或液体。用溶剂浸泡固体样品，抽提其中的溶质，习惯上称为浸提，例如用水浸提固体原料中的糖分，用石油醚浸提肉制品中的油脂等。用溶剂提取与它互不相溶或部分相溶的液体样品中的溶质，称为萃取。例如，测定饮料中糖精钠、苯甲酸的含量时，用乙醚(酸性条件下)萃取出饮料中的糖精钠或苯甲酸后，再挥发除去溶剂，最后用层析法或比色法测定。

经典的抽提方法有振荡浸提法、索氏抽提法和连续液 – 液萃取法等。加速溶剂提取(ASE)是一种全新的处理固体和半固体样品的方法，该法是在较高的温度(50~200℃)和压力(10.3~20.6 MPa)下用有机溶剂萃取样品。它的突出优点是有机溶剂用量少(1 g 样品仅需 1.5 mL 溶剂)、快速(约 15 min)和回收率高，已成为样品前处理最佳方式之一，广泛用于环境、药物、食品和高聚物等样品的前处理，特别是农残的分析。市面已有加速溶剂萃取仪商品供应。

超临界流体萃取(SFE)是 20 世纪 70 年代开始用于工业生产中有机化合物萃取的，它是用超临界流体(最常用的是 CO_2)作为萃取剂，从各组分复杂的样品中，把所需要的组分分离提取出来的一种分离提取技术。已有人将其用于色谱分析样品处理中，也可以与色谱仪器实现在线联用，如 SFE – GC、SFE – HPLC 和 SFE – MS 等。

微波萃取(MAE)是一种萃取速度快、试剂用量少、回收率高、灵敏以及易于自动控制的新的样品制备技术，可用于色谱分析的样品制备。特别是从一些固态样品，如蔬菜、粮食、水果、茶叶、土壤以及生物样品中萃取六六六、DDT 等残留农药。

4. 色层分离法

色层分离法又称色谱分离法，是一种在载体上进行物质分离的一系列方法的总称。根据分离原理的不同，可分为吸附色谱分离、分配色谱分离和离子交换色谱分离等。

1) 吸附色谱分离

利用聚酰胺、硅胶、硅藻土、氧化铝等吸附剂经活化处理后所具有的适当的吸附能力，对被测成分或干扰组分进行选择性吸附而进行的分离称吸附色谱分离。例如：聚酰胺对色素有强大的吸附力，而其他组分则难于被其吸附，在测定食品中的色素含量时，常用聚酰胺吸附色素，经过过滤洗涤，再用适当溶剂解吸，可以得到较纯净的色素溶液，供测试用。

2) 分配色谱分离

此法是以分配作用为主的色谱分离法，是根据不同物质在两相间的分配比不同所进行的分离。两相中的一相是流动的(称流动相)，另一相是固定的(称固定相)。被分离的组分在流动相中沿着固定相移动的过程中，由于不同物质在两相中具有不同的分配比，当溶剂渗透在固定相中并向上渗展时，这些物质在两相间的分配作用反复进行，从而达到分离的目的。例如，分离多糖类样品的纸层析。

3) 离子交换色谱分离

离子交换色谱分离法是利用离子交换剂与溶液中的离子之间所发生的交换反应来进行分离的方法。分为阳离子交换和阴离子交换两种。交换作用可用下列反应式表示：

阳离子交换：$\qquad$ R—H + M$^+$X$^-$ ══ R—M + HX

阴离子交换：$\qquad$ R—OH + M$^+$X$^-$ ══ R—X + MOH

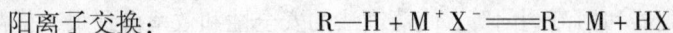

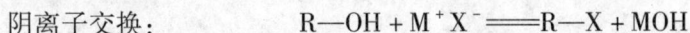

式中：R——离子交换剂的母体；

$\qquad$ MX——溶液中被交换的物质。

当将被测离子溶液与离子交换剂一起混合振荡，或将样液缓慢通过离子交换剂时被测离子或干扰离子留在离子交换剂上，被交换出的 H$^+$ 或 OH$^-$ 以及不发生交换反应的其他物质留在溶液内，从而达到分离的目的。在食品分析中，可应用离子交换剂分离法制备无氨水、无铅水。离子交换剂分离法还常用于较为复杂的样品。

5. 化学分离法

1）磺化法和皂化法

磺化法和皂化法是除去油脂的一种方法，常用于农药分析中样品的净化。

（1）磺化法

本法是用浓硫酸处理样品提取液，能有效地除去脂肪、色素等干扰杂质。其原理是浓硫酸能使脂肪磺化，并与脂肪和色素中的不饱和键发生加成反应，形成可溶于硫酸和水的强极性化合物，不再被弱极性的有机溶剂所溶解，从而达到分离净化的目的。此法简单、快速、净化效果好，但仅适用于对强酸稳定的被测组分的分离。如用于农药分析时，仅限于在强酸介质中稳定的农药(如有机氯农药中六六六、DDT)提取液的净化，其回收率在80%以上。

（2）皂化法

本法是用热碱溶液处理样品提取液，以除去脂肪等干扰杂质。其原理是利用氢氧化钾乙醇溶液将脂肪等杂质皂化除去，以达到净化目的。此法仅试用于对碱稳定的组分，如维生素A、维生素 D 等提取液的净化。

2）沉淀分离法

沉淀分离法是利用沉淀反应进行分离的方法。在试样中加入适当的沉淀剂，使被测组分沉淀下来，或将干扰组分沉淀下来，经过过滤或离心将沉淀与母液分开，从而达到分离目的。

例如：测定冷饮中糖精钠含量时，可在试剂中加入碱性硫酸铜，将蛋白质等干扰杂质沉淀下来，而糖精钠仍留在试液中，经过滤除去沉淀后，取滤液进行分析。

3）掩蔽法

此法是利用掩蔽剂与样液中干扰成分作用，使干扰成分转变为不干扰测定状态，即被掩蔽起来。运用这种方法可以不经过分离干扰成分的操作而消除其干扰作用，简化分析步骤，因而在食品分析中应用十分广泛，常用于金属元素的测定。如双硫腙比色法测定铅时，在测定条件(pH=9)下，Cu^{2+}/Cd^{2+} 等离子对测定有干扰，可加入氰化钾和柠檬酸铵掩蔽，消除它们的干扰。

6. 浓缩法

食品样品经提取、净化后，有时净化液的体积较大，在测定前需进行浓缩，以提高被测成分的浓度。常用的浓缩方法有常压浓缩法和减压浓缩法两种。

1）常压浓缩法

此法主要用于待测组分为非挥发性的样品净化液的浓缩，通常采用蒸发皿直接挥发；若要回收溶剂，则可用一般蒸馏装置或旋转蒸发器。该法简便、快速，是常用的方法。

2）减压浓缩法

此法主要用于待测组分为热不稳定性或易挥发的样品净化液的浓缩，通常采用 K-D 浓缩器。浓缩时，水浴加热并抽气减压。此法浓缩温度低、速度快、被测组分损失少，特别适用于农药残留量分析中样品净化液的浓缩。

7. 灭酶法

在样品的预处理过程中，面临的一个问题就是酶的作用。通常情况下，如果某样品它所有成分的含量都已经确定了，这个时候就没有必要考虑酶灭活了。但是如果要分析检测一些样品中糖、脂肪、蛋白质等成分时，就要考虑酶的作用，必须采用一定的手段处理酶，使其失活，从而保证分析结果的稳定性和准确性。

无论什么时候，在对样品进行分析时，都应该尽可能采用新鲜的材料。这时采用一定的手段使酶灭活，以使目标化合物以最初的形式存在。一般来说，酶的活性受温度变化的影响比较大，所以常用的灭酶手段就是加热。例如，真菌中对热敏感的淀粉酶，通过相对较低的温度处理就可以达到使其灭活的目的；而一些细菌的淀粉酶耐热性就相对强一些，它可以承受面包烘烤温度。

对样品进行干燥时应该尽可能使用较低的温度、较短的时间，与此同时，样品表面积的扩大有利于干燥加快。一般来说，60℃真空干燥条件，如果样品中不含热敏感和挥发性成分，也可以采用加热到 70~80℃维持数分钟，采用加热条件，可以达到使大多数酶失活和破坏细胞的目的。

一般情况下，在干燥的过程中，酶失活的同时也伴随着维生素的损失，而蛋白质和脂肪的变化不大。此外，如果在干燥的过程中处理不小心，酸性食品中可能会发生焦糖化和糖转化反应，这可能会影响样品的分析。

2.4 样品的保存

样品采集应于当天分析，以防止其中水分或挥发性物质的散失以及待测组分含量的变化。如不能马上分析则应妥善保存，不能使样品出现受潮、挥发、风干、变质等现象，以保证测定结果的准确性。制备好的平均样品应装在洁净、密封的容积内（最好用玻璃瓶，切忌使用带橡皮垫的容器），必要时贮存于避光处，容易失去水分的样品应先取样测定水分。

容易腐败变质的样品可以用以下方法保存，使用时可根据需要和测定要求选择。

①冷藏。短期保存温度一般以 0~5℃为宜。

②干藏。可根据样品的种类和要求采用风干、烘干、升华干燥等方法。其中升华干燥又称冷冻干燥，它是在低温及高压真空度的情况下对样品进行干燥（温度：-30~-10℃，压强：10~40 Pa），所以食品的变化可以减至最小程度，保存时间也较长。

③罐藏。不能即时处理的鲜样，在允许的情况下可制成罐头贮藏。例如，将一定量的试样切碎后，放入乙醇中煮沸 30 min（最终乙醇浓度应在 78%~82% 的范围内），冷却后密封，可保存一年以上。

一般样品在检验结束后应保留一个月，以备需要时复查，保质期从检验报告单签发之日起开始计算；易变质食品不予保留。保留样品加封存入适当的地方，并尽可能保持原状。

小 结

食品品质的检测贯穿各个加工步骤，要进行100%的检查是不可能的。为确保总体的代表性样品供分析，必须采用合理的采样方法及可减少样品数的方法。根据检验目的、食品生产工艺、检测方法和总体性质决定选择何种采样方法。增加检测样品数一般能提高分析结果的可靠性。可用多重采样技术将分析样品数减少至最低。采样非常重要，因为它常是整个分析过程中最具变化性的一个步骤。采样是食品分析工作中的重要环节，如果采样方法不正确，试样不具有代表性，则无论操作如何细心、结果如何精密，分析都将毫无意义，甚至可能得出错误的结论。因此，采样的正确与否，是检验工作成败的关键。

由于用一般方法取得的样品数量较多、颗粒过大或组成不均匀，因此必须对采集的样品加以适当的制备，以保证其能代表全部样品并满足分析对样品的要求。对样品处理时，可根据被测物质的理化性质以及食品的类型、特点，选用不同的方法。总的原则是：①消除干扰因素，即干扰组分减少至不干扰被测组分的测定；②完整保留被测组分，即被测组分在分离过程中的损失要小至可忽略不计；③使被测组分浓缩，以便获得可靠的检测结果；④选用的分离富集方法应简便。

思考题

1.采样的定义及要求？采样时应注意什么？试举例说明谷物、果蔬、罐头食品如何采样？

2.说明预处理的目的和常用方法。进行预处理时应遵循的原则？

3.指出干灰化法和湿灰化法的特点和应用范围。

4.微波消解法有哪些优势？

参考文献

[1] 王永华. 食品分析[M]. 第2版. 北京：中国轻工业出版社，2010.

[2] 侯曼玲. 食品分析[M]. 北京：化学工业出版社，2004.

[3] 武汉大学. 分析化学[M]. 第5版. 北京：高等教育出版社，2006.

[4] 梁逸曾，俞汝勤. 化学计量学[M]. 北京：高等教育出版社，2003.

[5] Baker W L, Gehrke C W. Krause G. F. Mechanism of sampler bias[J]. Journal of the association of official analytical chemists, 1967, 50：407 –413.

[6] GB/T 5490—2010 粮油检验一般规则.

[7] GB/T 5009.1—2003 食品卫生检验方法理化部分总则.

[8] Youden W J. The role of statistics in regulatory work[J]. Journal of the Association of Official Analytical Chemists, 1967, 50：1007 –1013.

[9] Ingamell C O. New approaches to geochemical analysis and sampling[J]. Tananta, 1974, 21：141 –155.

[10] Kratochvil B, Tayloe J K. Sampling for Chemical Analysis [J]. Analytical Chemistry, 1981, 53：924A –938A.

第3章

水分和水分活度测定

本章学习目的与要求

1. 掌握水分、水分活度的定义;

2. 熟悉 GB 5009.3—2010 直接干燥法测定水分，A_w 测定仪法测定水分活度;

3. 了解水分、水分活度的其他测定方法。

水分是食品的天然成分，虽然常常不被看作营养素，但它可使糖类、无机盐等溶解在其中形成溶液，并且可将淀粉、蛋白质等高分子物质分散在其中形成凝胶来保持一定的形态，可使脂肪、某些不溶于水的蛋白质在适当的条件下分散于其中成为乳浊液或胶体溶液，因此，水分的存在在食品中具有十分重要的意义。

不同食品中水分含量差异很大，水分含量的多少，直接影响到食品的感官形状，影响胶体状态的形成和测定。如脱水蔬菜的非酶褐变会随着水分含量的增加而随之增加，水分含量减少也可能会导致蛋白质的变性、糖和盐的结晶等。食品的变质或腐败是由于微生物的生长引起的，这与食品的水分含量也有直接关系。所以，控制食品中的水分含量，对于保持食品良好的感官性状、维持食品中其他组分的平衡关系、保证食品具有一定的保质期等均起着重要作用。

3.1 概述

3.1.1 水分的存在状态

各种食品中水分的含量差别很大，如鲜果为 70% ~93%、鲜菜为 80% ~97%、鱼类为 67% ~81%、蛋类为 67% ~74%、乳类为 87% ~89%、猪肉为 43% ~59%，即使是干食品，也含有少量水分，如面粉为 12% ~14%、饼干为 2.5% ~4.5%。但食品在切开时一般不会流出水来，这是由于水与食品中的各种复杂成分以不同的方式结合，即水分子在食品中的存在状态是不同的。一般来说，可将食品中的水分为自由水和结合水。

1. 自由水（free water）

自由水又称游离水，是指没有被非水物质化学结合的水，是食品的主要分散剂，可分为滞化水或不可移动水、毛细管水、自由流动水。滞化水是指被组织中的显微或亚显微结构与膜所阻留住的水，不能自由流动；毛细管水在生物组织的细胞间隙和制成食品的结构组织中存在着的一种由毛细管力所系留的水，其性质与滞化水相同；自由流动水是指动物的血浆、淋巴，植物的导管和细胞内液泡中的水，可以自由流动。自由水具有水的一切性质，比如易结冰，易转移，易失去，易被微生物利用，易参与各种与水有关的反应，具有水的溶解能力，易对食品品质产生各种影响。

2. 结合水（bound water）

结合水也称束缚水，是指食品中的非水成分与水通过氢键结合的水，可细分为化学结合水和物理化学结合水。化学结合水主要包括结晶水，结合强度大，难以去除；物理化学结合水包括吸附、渗透和结构的水分，吸附水与物料的结合最强，水分既可被物料的外表面吸附，也可吸附于物料的内部表面，在吸附水分结合时有热量放出，脱去时则需吸收热量，渗透水分与物料的结合是由于物料组织壁的内外溶解物的浓度有差异而产生的渗透压所造成，结合强度相对弱小，结构水分存在于物料组织内部，在胶体形成时将水结合在内，此类水分的离解可由蒸发、外压或组织的破坏。

食品中的水分一般指在大气压下，100℃左右加热所失去的物质，但实际上在此温度下所失去的是挥发性物质的总量，而不完全是水，尤其是在高温下不稳定的食品。在干燥过程中，最初出来的是结合力最弱的自由水，然后是一部分结合力较弱的物理化学结合水，最后才是结合力较强的化学结合水。但是如果在水分测定时不加限制地长时间地对食品进行加热干燥，必然会使食品发生质变，影响分析结果，所以水分测定要在一定的温度、一定的时间和规定的操作条件下进行，方能得到满意的结果。

根据食品中的水分与其他物料之间相互作用的强弱，可将食品中的水分为化学结合水、物理化学结合水和机械结合水。

1. 化学结合水（chemical combined water）

化学结合水指的是按照定量比牢固地和物料结合的水分，它们的结合力最强，结合最稳定。

2. 物理化学结合水（physical – chemical bond water）

1）吸附结合水

在物料胶体微粒内、外表面上因分子吸引力而被吸着的水分。结合力很强，需消耗大量的热量才有可能将它们除去。

2）结构结合水

当胶体溶液凝固成凝胶体时，保持在凝胶体内部的一种水分，受到结构结合的束缚，较难除去。

3）渗透结合水

存在于分子溶液和胶体溶液中的水分，受到溶质的束缚，溶液浓度愈高，愈难除去。

3. 机械结合水或游离水(free water)

1)毛细管水

充满在毛细管内的水分,有的是微毛细管内液体表面张力下吸入的凝结水分,有的是毛细管和水直接接触时才得以充满的水分。

2)湿润水

物料外表面在表面张力作用下所附着的水分。

3.1.2 水分活度(water activity, A_w)

食品中的水分一般都是与食品中的其他成分以不同的方式结合起来的,这就使得单纯的水分含量并不能成为表示食品稳定性的可靠指标,有相同含水量的食品却有不同的腐败变质现象。为综合反映食品中存在的水分的性质,提出水分活度(A_w)的概念。A_w为水分的蒸气压与纯水蒸气压之比,表示食品中水分存在的状态,反映水分与食品中的其他成分的结合程度或游离程度。结合程度越高,则A_w越低;结合程度越低,则A_w越高。同种食品,一般水分含量越高,其A_w越高,但不同食品,即使水分含量相同,A_w也往往不同。

3.1.3 水分测定的意义

水分含量的测定是食品分析最基本、最重要的检测项目之一。测定和控制食品中的水分含量有以下几方面的意义。

①水分含量在食品保藏中是一个关键的因素,可以直接影响一些产品的稳定性。如全脂乳粉水分含量控制在 2.5% ~3.0%,可抑制微生物的生长,延长保质期。

②水分含量与食品的鲜度、软硬度、流动性等许多方面有着甚为重要的关系,常被用作控制质量的重要因素。如新鲜面包的水分含量若低于 28% ~30%,其外观形态干瘪,失去光泽;水果硬糖的水分含量一般控制在 3.0% 左右,过低会出现返砂甚至返潮现象。

③水分含量的降低有利于食品的包装和运输,如浓缩牛奶、脱水产品、浓缩果汁等。

④有些产品的总固形物含量通常有严格的国家标准规定,过多的水分含量将被视为不合格产品。如国家标准中硬质干酪的水分含量必须≤42%(GB 5420—2003)。

⑤各种原料中水分含量的高低,对于它们的品质和保存、成本核算、提高工厂的经济效益等均有重大意义。

3.1.4 水分活度测定的意义

水分活度值对食品的色、香、味、组织结构以及食品的稳定性有着重要的影响,测定和控制食品的水分活度值,可提高产品的质量,延长食品的保藏期,故食品水分活度的测定已逐渐成为食品检验的一个重要项目。

3.2 水分的测定

食品分析中水分测定的方法很多,通常分为直接法和间接法两大类。利用水分本身的物理性质和化学性质测定水分的方法称作直接法,如干燥法(直接干燥法、减压干燥法、红外线干燥法等)、蒸馏法、卡尔·费休法;利用食品的密度、折射率、电导率、介电常数等物理性质通过函数关系测定水分的方法称作间接法。相比较而言，通过直接法测定的结果准确度要高于间接法，实际应用时测定水分的方法要根据食品性质和测定目的来选定。

3.2.1 直接干燥法(direct drying method)

1. 原理

利用食品中水分的物理性质，在 101.3 kPa(一个大气压)，101～105℃下采用挥发方法测定样品中干燥减少的重量，包括吸湿水、部分结晶水和该条件下能挥发的物质(如芳香油、醇、有机酸等)，再通过干燥前后的称量数值计算出水分的含量。

2. 试剂和材料

除非另有规定，本方法中所用试剂均为分析纯。

①盐酸：优级纯。

②氢氧化钠：优级纯。

③盐酸溶液(6 mol/L)：量取 50 mL 盐酸，加水稀释至 100 mL。

④氢氧化钠溶液(6 mol/L)：称取 24 g 氢氧化钠，加水溶解并稀释至 100 mL。

⑤海砂：取用水洗去泥土的海砂或河砂，先用 6 mol/L 盐酸煮沸 0.5 h，用水洗至中性，再用 6 mol/L 氢氧化钠溶液煮沸 0.5 h，用水洗至中性，经 105℃干燥备用。

3. 仪器和设备

扁形铝制或玻璃制称量瓶；电热恒温干燥箱；干燥器(内附有效干燥剂)；电子天平(感量为 0.1 mg)。

4. 分析步骤

一般情况下，食品都以固体(如面包、饼干、乳粉等)、半固体或液体(如炼乳、糖浆、果酱、牛乳、果汁等)状态存在，水分含量的测定步骤因食品的存在状态不同而异。

1)固体试样

取洁净铝制或玻璃制的扁形称量瓶，置于 101～105℃干燥箱中，瓶盖斜支于瓶边，加热 1.0 h，取出盖好，置干燥器内冷却 0.5 h，称量，并重复干燥至前后两次质量差不超过 2 mg，即为恒重。将混合均匀的试样迅速磨细至颗粒小于 2 mm，不易研磨的样品应尽可能切碎，称取 2～10 g 试样(精确至 0.0001 g)，放入此称量瓶中，试样厚度不超过 5 mm，如为疏松试样，厚度不超过 10 mm，加盖，精密称量后，置 101～105℃干燥箱中，瓶盖斜支于瓶边，干燥 2～4 h 后，盖好取出，放入干燥器内冷却 0.5 h 后称量。然后再放入 101～105℃干燥箱中干燥 1 h 左右，取出，放入干燥器内冷却 0.5 h 后再称量。并重复以上操作至前后两次质量差不超过 2 mg，即为恒重。

2)半固体或液体试样

取洁净的称量皿，内加 10 g 海砂及一根小玻棒，置于 101～105℃干燥箱中，干燥 1.0 h 后取出，放入干燥器内冷却 0.5 h 后称量，并重复干燥至恒重。然后称取 5～10 g 试样(精确至 0.0001 g)，置于蒸发皿中，用小玻棒搅匀放在沸水浴上蒸干，并随时搅拌，擦去皿底的水滴，置 101～105℃干燥箱中干燥 4 h 后盖好取出，放入干燥器内冷却 0.5 h 后称量。然后再放入 101～105℃干燥箱中干燥 1 h 左右，取出，放入干燥器内冷却 0.5 h 后再称量。并重复以上操作至前后两次质量差不超过 2 mg，即为恒重。

5. 结果计算

$$X = \frac{m_1 - m_2}{m_1 - m_3} \times 100 \qquad (3-1)$$

式中：X——试样中水分的含量，单位为 g/100 g；

m_1——称量瓶（或称量皿加海砂、玻棒）和试样的质量，单位 g；

m_2——称量瓶（或称量皿加海砂、玻棒）和试样干燥后的质量，单位为 g；

m_3——称量瓶（或称量皿加海砂、玻棒）的质量，单位为 g。

水分含量≥1 g/100 g 时，计算结果保留三位有效数字；水分含量 <1 g/100 g 时，结果保留两位有效数字。要求精密度在重复性条件下获得的两次独立测定结果的绝对差值不得超过算术平均值的 5%。

6. 适用范围

直接干燥法是食品中水分测定国家标准（GB 5009.3—2010）第一法，适用于在 101 ~ 105℃温度范围内，不含或含其他挥发性物质甚微的谷物及其制品、豆制品、乳制品、肉制品及卤菜制品等食品中水分的测定，不适用于水分含量小于 0.5 g/100 g 的样品。

7. 说明及注意事项

①直接干燥法操作时间较长，不能完全排出食品中的结合水，不适用于胶体、高脂肪食品（脂肪与空气中的氧发生氧化，使样品重量增重）、高糖食品（氧化分解，使样品重量减轻）及含有较多高温易氧化、易挥发物质的食品（含有较多氨基酸、蛋白质及羧基化合物的样品，长时间加热则会发生羰氨反应析出水分；酒精、醋酸、香精油、磷脂等容易挥发逸散，使样品重量减轻）。

②一般水分含量在 14% 以下时称为安全水分，即在实验室条件下进行粉碎过筛等处理，水分含量一般不会发生变化。但任何试样都需尽量缩短在空气中暴露的时间，尽可能减少摩擦加热，装食品的容器尽量少留空间，以预防水分含量变化。

③当固体试样所含水分在安全水分以上时，在实验条件下的粉碎、过筛等处理会使试样中的水分含量发生损失，此时应采用二步干燥法。即先称出试样总质量后，切成厚为 2 ~ 3 mm 的薄片，在自然条件下风干 15 ~ 20 h，使其与大气湿度大致平衡，然后再次称量，并将试样粉碎、过筛、混匀，放于称量瓶中以直接干燥法测定水分。

④半固体或液体试样直接置于高温加热时，半固体试样的表面易结硬壳焦化或块状，使内部水分蒸发受阻，故在测定前，需加入精制海砂和样品一起搅拌均匀，使样品分散，以增大蒸发面积，防止食品结块及表面硬皮的形成，减少样品水分蒸发的障碍，加速水分蒸发，缩短分析时间，精制海砂的用量依样品质量而定，一般每 3 g 样品加 20 ~ 30 g，也可用硅藻土、无水硫酸钠代替；液体试样会因沸腾而造成样品损失，故需先经低温浓缩后，再进行高温干燥。

⑤常用的称量瓶有玻璃称量皿和铝制称量盒。玻璃称量皿能耐酸碱；铝制称量盒质量轻，导热性强，但不耐酸。称量瓶的大小一般根据盛装样品的质量来选择，盛装样品的厚度不高于称量瓶的 1/3 高度。

⑥干燥温度一般为 101 ~ 105℃，对热稳定的样品（如谷类）可提高到 120 ~ 130℃；对还原糖含量高的食品应先用低温（50 ~ 60℃）干燥 0.5 h，再用 101 ~ 105℃干燥。

⑦干燥之后的称量瓶应存放在干燥器中备用，以免吸潮增重；在测定过程中，称量瓶从

烘箱中取出后,应迅速放入干燥器中进行冷却,否则,不易达到恒重。干燥器内一般用硅胶作干燥剂,硅胶吸湿后效能会减低,当硅胶蓝色减褪或变红时,需及时换出,置135℃左右烘2~3 h使其再生后再用。

⑧两次恒重值在最后计算中,取最后一次的称量值。

3.2.2 减压干燥法(vacuum drying method)

1. 原理

在减压条件下,水的沸点会随之降低。利用食品中水分的物理性质,在达到40~53 kPa压力后加热至(60±5)℃,采用减压烘干方法去除试样中的水分,再通过烘干前后的称量数值计算出水分的含量。

2. 仪器和设备

真空干燥箱;真空泵;干燥器(内附有效干燥剂);电子天平(感量为0.1 mg);扁形铝制或玻璃制称量瓶等。减压干燥设备流程如图3-1所示。

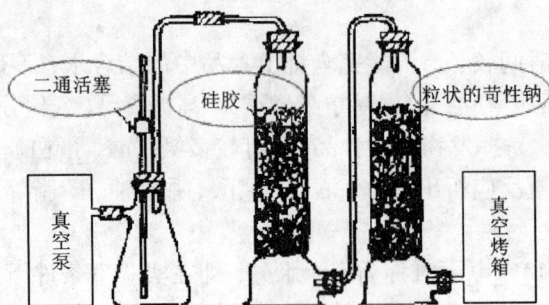

图3-1 减压干燥设备流程图

3. 分析步骤

1)试样的制备

粉末和结晶试样直接称取;较大块硬糖经研钵粉碎,混匀备用。

2)水分含量的测定

取已恒重的称量瓶称取2~10 g(精确至0.0001 g)试样,放入真空干燥箱内,将真空干燥箱连接真空泵,抽出真空干燥箱内空气(所需压力一般为40~53 kPa),并同时加热至所需温度(60±5)℃。关闭真空泵上的活塞,停止抽气,使真空干燥箱内保持一定的温度和压力,经4 h后,打开活塞,使空气经干燥装置缓缓通入至真空干燥箱内,待压力恢复正常后再打开。取出称量瓶,放入干燥器中0.5 h后称量,并重复以上操作至前后两次质量差不超过2 mg,即为恒重。

4. 结果计算

同3.2.1直接干燥法。

5. 适用范围

减压干燥法是食品中水分测定国家标准(GB 5009.3—2010)第二法,测定结果比较接近真正水分,重现性好,适用于在100℃以上加热易分解、变质或不易除去结合水的食品,如糖、味精等,不适用于水分含量小于 0.5 g/100 g 的样品。

6. 说明及注意事项

①减压干燥法一般选择压力为 40~53 kPa,选择温度为 50~60℃。但实际应用可根据样品性质及干燥箱耐压能力不同调整压力和温度。如美国官方分析化学家协会(AOAC)的方法中,咖啡为 3.3 kPa、98~100℃;奶粉 13.3 kPa、100℃;干果 13.3 kPa、70℃;坚果和坚果制品 13.3 kPa、95~100℃;糖及蜂蜜 6.7 kPa、60℃等。

②由于采用较低的温度,可防止含脂肪高的试样中的脂肪在高温下氧化;含糖高的试样在高温下脱水炭化;含高温易分解成分的试样在高温下分解。

③因真空下热量不能被很好地传导,所以铝盒应直接置放在金属架上以确保热传导。

④蒸发是一个吸热过程,要注意由于多个样品放在同一烘箱中使箱内温度降低的现象,冷却会影响蒸发,但不能通过升温来弥补冷却效应,否则样品在最后干燥阶段可能会产生过热现象。

⑤干燥时间取决于总水分含量、食品的性质、单位重量的表面积,是否用海砂作为分散剂以及是否含有较强的持水能力和易分解的高糖和其他化合物等。一般自干燥箱内部压力降至规定真空度时起计算干燥时间,每次烘干时间为 2 h。

3.2.3 蒸馏法(distillation method)

1. 原理

基于两种互不相溶的液体的二元体系的沸点低于各组分的沸点这一事实,利用食品中水分的物理化学性质,在水分测定器中加入比水轻且与水互不相溶的共沸试剂和样品,组成沸点较低的二元共沸体系,加热,试样中的水分与共沸试剂共同蒸出,水分冷凝回流落入接受管的下部,共沸试剂浮在水面。当流入接收管的共沸试剂液面高于接收管的支管时,就流回至锥形瓶中。待水分体积不再增加,读取接收管中水分的体积即得到样品中的水分含量。

2. 试剂和材料

共沸试剂(苯或甲苯或二甲苯或二甲苯和正戊醇,体积比为 1:1)。取 100 mL 共沸试剂,先用水饱和后,分去水层,进行蒸馏,收集馏出液备用。

3. 仪器和设备

水分测定器,如图 3-2 所示(带可调电热套),水分接收管容量 5 mL,最小刻度值 0.1 mL,容量误差小于 0.1 mL;天平(感量为 0.1 mg)。

4. 分析步骤

1)水分测定器的准备

使用前用铬酸洗涤液充分洗涤去油污,烘干,备用。

2)样品制备

固态样品,粉碎混匀;液态或浓稠态样品直接取样。

3)水分含量的测定

准确称取适量试样(应使最终蒸出的水在 2~5 mL,但最多取样量不得超过蒸馏瓶的 2/3),放入水分测定器的锥形瓶中,加入新蒸馏的共沸试剂 75

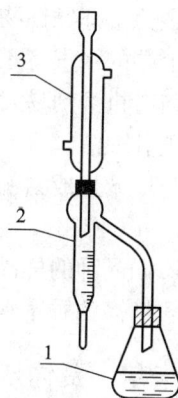

图 3-2　水分测定器

1—锥形瓶;2—水分接收管,有刻度;3—冷凝管

mL，连接冷凝管与水分接收管，从冷凝管顶端注入共沸试剂，装满水分接收管。加热慢慢蒸馏，使每秒钟得馏出液2滴，待大部分水分蒸出后，加速蒸馏，使每秒钟得馏出液4滴，当水分全部蒸出后，接收管内的水分体积不再增加时，从冷凝管顶端加入共沸试剂冲洗。如冷凝管壁附有水滴，可用附有小橡皮头的铜丝擦下，再蒸馏片刻至接收管上部及冷凝管壁无水滴附着，接收管水平面保持10 min不变为蒸馏终点，读取接收管水层的容积。

5.结果计算

$$X = \frac{V}{m} \times 100 \qquad (3-2)$$

式中：X——试样中水分的含量，单位为mL/100 g（或按水在20℃的密度0.99820 g/mL计算质量）；

    V——接收管内水的体积，单位为mL；

    m——试样的质量，单位为g。

以重复性条件下获得的两次独立测定结果的算术平均值表示，结果保留三位有效数字。要求精密度在重复性条件下获得的两次独立测定结果的绝对差值不得超过算术平均值的10%。

6.适用范围

蒸馏法是食品中水分测定国家标准（GB 5009.3—2010）第三法，设备简单经济，管理方便、快速，测量精度比一般干燥法略高，适用于含较多其他挥发性物质的食品，如油脂、香辛料等，特别是对于香料，蒸馏法是唯一公认的水分检验分析方法。

7.说明与注意事项

①为避免接受器和冷凝管壁附着水珠，仪器必须洗涤干净，且所用试剂和器皿都要保证干燥。

②一般加热时要用石棉网，如样品含糖量高，用油浴加热较好。

③样品为粉状或半流体时，先将瓶内底部铺满干洁海砂，再加入样品及共沸试剂。

④为避免了挥发性物质以及脂肪氧化造成的误差，加热温度不宜太高。同时，温度太高时冷凝管上端的水汽将难以全部回收。

⑤水与有机溶剂易发生乳化现象，使分层不理想，造成读数误差，可加少量戊醇或异丁醇防止出现乳浊液。

⑥水与甲苯形成共沸物，84.1℃沸腾；水与二甲苯形成共沸物，92℃沸腾；水与苯形成共沸物，69.4℃沸腾。

⑦对不同品种的样品，可以选择不同的共沸试剂。甲苯多用于测定大多数香辛料；己烷用于测定含糖高的香辛料；对热不稳定的食品常选用低沸点的苯做共沸试剂。

3.2.4 卡尔·费休法

卡尔·费休法，简称费休法或K-F法，是一种迅速而准确的水分测定法，全过程无须加热，可有效地避免易氧化、热敏性组分的氧化、分解，国际标准化组织把这个方法定为国际标准测定微量水分的分析方法，我国也把这个方法定为国家标准测定微量水分的分析方法。

1. 原理

在水存在时，卡尔·费休试剂中的 SO_2 与 I_2 产生氧化还原反应。

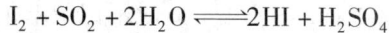
$$I_2 + SO_2 + 2H_2O \Longrightarrow 2HI + H_2SO_4$$

该反应是可逆的，当硫酸浓度达到 0.05% 以上时，即发生逆反应。如果我们需要让反应只朝正方向进行，需要加入适当的碱性物质，以中和反应生成的酸。经实验证明，在体系中加入吡啶（C_5H_5N）可使反应顺利向右进行。

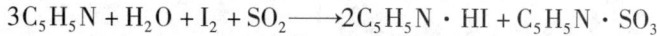
$$3C_5H_5N + H_2O + I_2 + SO_2 \longrightarrow 2C_5H_5N \cdot HI + C_5H_5N \cdot SO_3$$

生成的 $C_5H_5N \cdot SO_3$ 很不稳定，能与水发生副反应，消耗一部分水而干扰测定，若有无水甲醇存在，可防止上述副反应发生，生成稳定的 $C_5H_5N(H)SO_4 \cdot CH_3$。

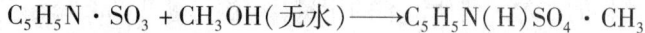
$$C_5H_5N \cdot SO_3 + CH_3OH（无水） \longrightarrow C_5H_5N(H)SO_4 \cdot CH_3$$

由此可见，滴定操作中所用的标准溶液是将碘（I_2）、二氧化硫（SO_2）、吡啶（C_5H_5N）按一定比例溶解在甲醇（CH_3OH）溶液中，该溶液被称为卡尔·费休试剂。我们把这上面三步反应写成总反应式为：

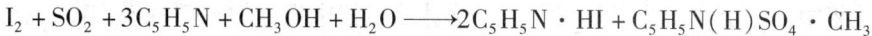
$$I_2 + SO_2 + 3C_5H_5N + CH_3OH + H_2O \longrightarrow 2C_5H_5N \cdot HI + C_5H_5N(H)SO_4 \cdot CH_3$$

从反应式可以看出 1 mol H_2O 需要 1 mol I_2、1 mol SO_2、3 mol C_5H_5N、1 mol CH_3OH，产生 2 mol $C_5H_5N \cdot HI$、1 mol $C_5H_5N(H)SO_4 \cdot CH_3$，这是理论上的数据，实际上，卡尔·费休试剂中的 SO_2、C_5H_5N 和 CH_3OH 的用量都是过量的。

用卡尔·费休试剂滴定水分时，其终点可用试剂本身的 I_2 作为指示剂，试剂中有 H_2O 存在时，呈淡黄色；接近终点时呈琥珀色；当刚出现微弱的黄棕色时，表示有过量的 I_2 存在，说明已到滴定终点。这种确定终点的方法适用于含有 1% 或更多水分的样品。如测定样品中的微量水分，常用电化学方法来指示终点，其原理是浸入溶液中的电极间加 10 ~ 25 mV 电压，当溶液中另有碘化合物而无游离碘时，电极间极化无电流通过；当溶液中存在游离碘时，体系变为去极化，则溶液导电，有电流通过，微安表指针偏转至一定刻度并稳定不变，则为终点。

2. 试剂和材料

①I_2：将固体 I_2 置于硫酸干燥器内干燥 48 h 以上。

②无水 C_5H_5N：要求含水量在 0.1% 以下，脱水方法为取 C_5H_5N 200 mL，置于干燥的蒸馏瓶中，加入 40 mL 苯，加热蒸馏，收集 110 ~ 116℃ 馏分备用。

③无水 CH_3OH：要求含水量在 0.05% 以下，脱水方法为取 CH_3OH 200 mL，置于干燥圆底烧瓶中，加光洁镁条 15 g 和 I_2 0.5 g，接上冷凝装置，冷凝管的顶端和接收器支管要装上无水 $CaCl_2$ 干燥管，加热回流至镁条溶解，分馏，用干燥的抽滤瓶作接收器，收集 64 ~ 65℃ 馏分备用。CH_3OH 有毒，处理时应避免吸入其蒸气。

④卡尔·费休试剂：称取 85 g I_2 置于干燥的有塞棕色试剂瓶中，加入 670 mL 无水 CH_3OH，盖好瓶塞，摇匀，至 I_2 全部溶解，加入 270 mL 无水 C_5H_5N，混匀，冰浴冷却至 4℃，通入 60 ~ 70 g 经硫酸干燥的 SO_2 气体，盖上瓶塞，混匀后于暗处放置 24 h，备用。

3. 仪器和设备

卡尔·费休水分测定仪；天平（感量为 0.1 mg）。

4. 分析步骤

1）卡尔·费休试剂的标定

在水分测定仪的反应瓶中加入一定体积(浸没铂电极)的无水甲醇,接通电源,启动电磁搅拌器,先把卡尔·费休试剂滴入甲醇中使其中残存的微量水分与试剂作用达到计量点,即为微安表的一定刻度值,并保持 1 min 内不变,此时不记录卡尔·费休试剂的消耗量。然后加入 10 mg(精确至0.0001 g)蒸馏水,此时微安表指针偏向左边接近零点,用卡尔·费休试剂滴定至原定终点,记录卡尔·费休试剂的消耗量。卡尔·费休试剂的滴定度按下式计算:

$$T = \frac{M}{V} \tag{3-3}$$

式中:T——卡尔·费休试剂的滴定度,单位为克每毫升(g/mL);

　　　M——水的质量,单位为克(g);

　　　V——滴定水消耗的卡尔·费休试剂的用量,单位为毫升(mL)。

2)试样前处理

可粉碎的固体试样要尽量粉碎,使之均匀。不易粉碎的试样可切碎。

3)试样中水分的测定

于反应瓶中加一定体积的甲醇或卡尔·费休测定仪中规定的溶剂浸没铂电极,在搅拌下用卡尔·费休试剂滴定至终点。迅速将易溶于上述溶剂的试样直接加入滴定杯中;对于不易溶解的试样,应采用对滴定杯进行加热或加入已测定水分的其他溶剂辅助溶解后,用卡尔·费休试剂滴定至终点。对于某些需要较长时间滴定的试样,需要扣除其漂移量。

4)漂移量的测定

在滴定杯中加入与测定样品一致的溶剂,并滴定至终点,放置不少于 10 min 后再滴定至终点,两次滴定之间的单位时间内的体积变化即为漂移量(D)。

5.结果计算

固体试样中水分的含量按式(3-4),液体试样中水分的含量按式(3-5)进行计算:

$$X = \frac{(V_1 - Dt) \times T}{m} \times 100 \tag{3-4}$$

$$X = \frac{(V_1 - Dt) \times T}{V_2\rho} \times 100 \tag{3-5}$$

式中:X——试样中水分的含量,单位为克每百克(g/100 g);

　　　V_1——滴定样品时卡尔·费休试剂体积的数值,单位为毫升(mL);

　　　T——卡尔·费休试剂的滴定度的准确数值,单位为克每毫升(g/mL);

　　　m——样品质量的数值,单位为克(g);

　　　V_2——液体样品体积的数值,单位为毫升(mL);

　　　D——漂移量,单位为毫升每分钟(mL/min);

　　　t——滴定时所消耗的时间,单位为分钟(min);

　　　ρ——液体样品的密度,单位为克每毫升(g/mL)。

水分含量≥1 g/100 g时,计算结果保留三位有效数字;水分含量<1 g/100 g时,计算结果保留两位有效数字。在重复性条件下获得的两次独立测定结果的绝对差值不得超过算术平均值的10%。

6.适用范围

卡尔·费休法是食品中水分测定国家标准(GB 5009.3—2010)第四法,分析速度快、精确度较高，广泛应用于各种液态、固态以及一些气态样品中水分含量的测定，也常作为水分痕量级（如面粉、砂糖、人造奶油、可可粉、糖蜜、茶叶、乳粉、炼乳及香料等）标准分析方法，还可用此法校定其他的测定方法。

卡尔·费休法不适用于能与卡尔·费休试剂的主要成分发生反应并生成水的样品，以及能还原的碘或氧化碘化物的样品中水分的测定，如食品中含有氧化剂、还原剂、碱性氧化物、氢氧化物、碳酸盐、硼酸等，都会与卡尔·费休试剂所含组分起反应，干扰测定。

7. 说明与注意事项

①卡尔·费休试剂的有效浓度取决定于碘的浓度，新鲜配制的试剂，有效浓度会不断降低，其原因是由于试剂中各组分本身也含有一些水分，但试剂浓度降低的主要原因是由一些副反应引起的，它消耗了一部分碘。新鲜配制的卡尔·费休试剂，混合后需放置一定时间后才能使用，同时，每次临用前均应标定。

②在使用卡尔·费休法时，若要水分萃取完全，样品的颗粒大小非常重要。通常样品细度以 40 目为宜，最好用粉碎机而不用研磨，以防止水分损失，在粉碎样品中还要保证样品含水量的均匀性。

③卡尔·费休法不仅可测得样品中的自由水，而且可测出结合水，即此法测得结果更客观地反映出样品中总水分含量。

④由于卡尔·费休试剂很容易吸收水分，因此要求滴定剂发送系统的滴定管和滴定池（测量池）等采取较好的密封系统，否则由于吸湿现象易造成终点长时间的不稳定和结果偏高。

⑤滴定时搅拌要充分且均匀。在滴定黏度较大的样品溶液时更要注意搅拌的充分，这样才能得到较好的测定精度。进样时，要防止注射器头受外界的污染而影响测定结果，如操作者呼气和擦注射器头时的污染等。同时要防止进样时样品的损失，如注射器头上的挂滴和溅到测量池壁或电极杆上。

⑥滴定过程中，有时会出现假终点现象，也就是提前到达终点，造成测定结果偏低。特别在测定低浓度含水量的样品时影响更大，甚至无法进行测定。这主要是因为空气中的氧将滴定池中的碘离子氧化为碘，从而减少了试剂的耗用量。阳光也会明显地促进氧与碘离子的氧化反应，因此要对试剂采取避光措施。

3.2.5 其他方法

1. 快速微波干燥法

微波是指频率范围为 $1 \times 10^3 \sim 3 \times 10^5$ MHz（波长为 $0.1 \sim 30$ cm）的电磁波。当微波通过含水样品时，因微波能把水分从样品中驱除而引起样品质量的损耗，在干燥前后用电子天平来测定质量差，并且用数字百分读数的微处理机将质量差换算成水分含量。本法操作方便，可同时测定各种样品，适用于奶酪、肉及肉制品、番茄制品等食品中的水分测定。

2. 红外吸收光谱法

红外线指的是波长为 $0.75 \sim 1000$ μm 的电磁波，水分子对红外线具有选择吸收作用。红外吸收光谱法测定的是食品中的分子对辐射的吸收，即频率不同的红外辐射被食品分子中不同的官能团所吸收，这与紫外－可见光谱中的紫外光或可见光的应用相类似。红外吸收光谱法测定样品中的水分含量就是基于水分对某一波长的红外线的吸收程度与其在样品中含量存在一定的关系。

红外吸收光谱法准确、快速、方便，不需加热介质，可充分利用热能，适用于水分含量较低的干菜等干制品中水分含量的测定，且具有深远的研究意义和广阔的应用前景。

3. 介电容量法

介电容量法是根据样品的介电常数与含水率有关，水的介电常数（80.37, 20℃）比其他大部分溶剂都要高，以含水食品作为测量电极间的充填介质，通过电容的变化达到对食品水分含量的测定。如水的介电常数是 80.37，而蛋白质和淀粉的介电常数只有 10，根据检测样品时仪器的读数从预先制作好的标准曲线上就可得到谷物中水分含量的测定值。

介电容量法的测定速度快，对于需要进行质量控制而要连续测定的加工过程非常有效，但该方法测定水分含量的仪器需要使用已知水分含量的样品来进行校准，且样品的密度、温度等因素对结果影响较大，因此，不大适用于检测水分含量低于 30% ~ 35% 的食品。

4. 电导率法

电导率法的原理是当样品中水分含量变化时，可导致其电流传导性随之变化，因此通过测量样品的电阻，就可快速测定出样品中的水分含量。如含水量为 13% 的小麦的电阻是含水量为 14% 的小麦电阻的 7 倍，是含水量为 15% 的小麦电阻的 50 倍。

用电导率法测定样品时，必须要保持温度的恒定，而且每个样品的测定时间都必须恒定为 1 min。

5. 折光法

油、糖浆或其他液体的折光率是可以用来表示食品性质的常数。溶液的折射率随溶液浓度的升高而升高的现象已在碳水化合物类食品的总可溶性固形物的分析中得到了实际应用。折光法不仅仅简单地应用在实验室，还能安装在生产线上以监测产品的波美度，如碳酸饮料、桔汁及牛奶中的固形物含量。但折光法只能测定可溶性固形物的含量，因为固体粒子不能在折光仪上反映出它的折光率。如果操作正确且无明显晶体粒子存在，折光法是最快并且准确性非常高的用于水分含量测定的方法。

3.3　水分活度的测定

在食品工业中，水分活度的测定方法很多，如水分活度测定仪法、康威氏皿扩散法、溶剂萃取法、蒸汽压力法、电湿度计法、近似计算法等，下面介绍几种常用的测定方法。

3.3.1　水分活度测定仪法

食品水分活度测定仪分为两大类：一类是用冷却镜露点技术，另一类是采用电容传感器技术。冷却镜露点法的优点是精确、快速，便于操作。电容传感器的优点是便宜，但其精确度比冷却镜露点法低，且测量时间相对更长。下面以电容传感器法为例来学习水分活度测定仪法测定食品的水分活度。

1. 原理

在一定温度下，用标准饱和溶液校正水分活度测定仪的水分活度值，在同一条件下测定样品，利用水分活度测定仪中的传感器，根据食品中水的蒸汽压的变化，从仪器的表头上读出指示的水分活度。在样品测定前需用饱和溶液校正水分活度测定仪的水分活度。

水分活度(Water Activity)主要反映物料平衡状态下的水分状态。A_w-1型智能水分活度测定仪由高精密度传感器采样,单片机为核心,进行信号采集和处理,并用标准盐饱和溶液分段校准。可在短时间内精确测定样品的水分活度。

2.试剂和材料

饱和氯化钾、碘化钾、硝酸镁溶液等。

3.仪器和设备

A_w-1型智能A_w测定仪。

4.分析步骤

(1)将测量头小心接入主机(见图3-3)。

(2)接通电源开关,电源指示灯亮,蜂鸣器鸣叫两声,数码显示亮,表示开机正常。数秒后,根据当时温度,自动重新设置测量时间,秒点开始闪烁,进入稳定的测量周期。

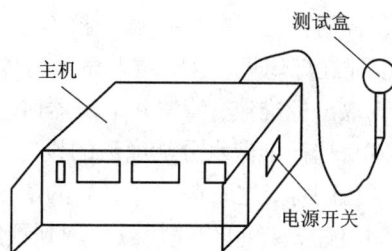

图3-3 整机连接示意图

(3)校准

①估计样品A_w值,选择A_w最为接近的标准盐进行校准。按"标准"键(见图3-4),每按一次分别选中"氯化钾"、"碘化钾"、"硝酸镁"和"自选",对应绿灯亮。根据标准盐饱和溶液A_w值与温度的关系,选择标准盐。标准盐饱和溶液A_w值与温度的关系见表3-1所示。

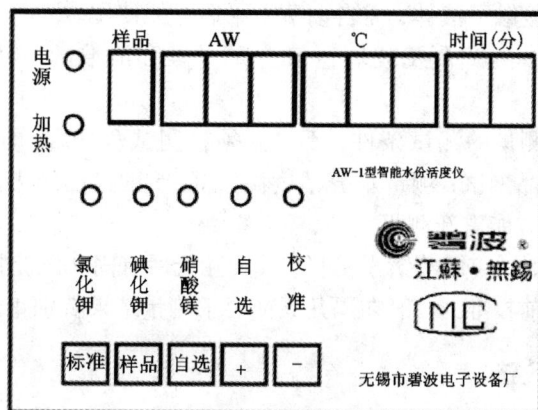

图3-4 前面板示意图

表3-1 三种盐的标准液在不同温度下的水分活度值

温度/℃	0	5	10	15	20	25	30
硝酸镁	0.604	0.598	0.574	0.559	0.544	0.529	0.514
碘化钾	0.744	0.733	0.721	0.710	0.700	0.689	0.679
氯化钾	0.885	0.877	0.868	0.859	0.851	0.843	0.836

②将选中的标准饱和盐溶液倒入玻璃器皿中 1/3 ~ 1/2 的高度(玻璃器皿中应有沉淀物),把器皿放入测试盒,顺时针方向旋紧密封,然后将测试盒小心与主机相连。

③按"样品"键,使"样品"显示为对应的插座号,按"−"键,则倒计时开始计时。当环境温度在 20℃ 以下时,测量时间为 30 min,在 20℃ 以上时(含 20℃),为 20 min。

④同时按"+"、"−"键,校准红灯亮,当时间到 00 后,测量时间到,蜂鸣器鸣报数秒钟,校准红灯熄灭,这时结果显示为该标准液的水分活度值。

⑤取出标准液,清洗并干燥器皿。

⑥自选标准液水分活度值的设定:按"标准"键,选中"自选",灯亮,按"自选"键,A_w 的最末一位闪烁,这时按"+",A_w 的最末一位增加 1,按"−",则减少 1。如按"+"或"−"键的时间超过 2 s,可快速增减。调到预定值后,按"自选"键,设定完毕,停止闪烁,显示测量值,其他步骤按②、③、④、⑤做。

(4)样品中水分含量的测定

校准完毕后,可测量样品,把样品放入玻璃器皿中,块状样品要碾成芝麻粒大小,越小越好。然后顺时针方向旋紧密封,将测试盒小心与主机相连。重复校准步骤③,当时间到 00 后,测量时间到,蜂鸣器鸣报数秒钟,这时结果显示为该样品的 A_w 值。

(5)从玻璃器皿中取出样品,清洗并干燥器皿。

5. 说明与注意事项

①测量头(测试盒内器件)为贵重的精密器件,需轻拿轻放,严禁直接接触样品和水,不能用手触摸。如不小心接触了液体,需自动蒸发干后方能使用。

②为提高测量精度,测试盒及玻璃器皿应是干燥和清洁的,每次用毕后应清洗干燥处理。

③为了保证校准与测量的测试条件一致,必须将测试盒开启(即传感器暴露在空气中)5 min,才能进行一次样品测试;测量水分活度高于 0.95 的样品结束后,应立即把测量头放在通风处,经 10 min 后方能重新测量。

④配制饱和盐溶液时,应用蒸馏水稀释,放置几天后有固体沉淀物,才能使用。

⑤不必每次测量之前校准,一般在隔几天或要求测量结果特别正确时进行校准。

3.3.2 康威微量扩散法

1. 原理

样品在康威氏微量扩散皿的密封和恒温条件下,分别在水分活度值较高和较低的标准饱和溶液中扩散平衡后,根据样品质量的增加(即在较高水分活度值标准溶液中平衡后)和减少(即在较低水分活度值标准溶液中平衡后)的量,求出样品的水分活度值值。

2. 试剂和材料

标准水分活度值饱和盐溶液。标准水分活度值试剂见表 3-2。

3. 仪器和设备

康威氏微量扩散皿(由具同心圆的外室和内室构成,内室的壁高度为外室的壁高度的1/2);分析天平;恒温培养箱;小铝皿或玻璃皿(盛放样品用,直径为 25~28 mm,深度为 7 mm 的圆形皿)。

表 3 - 2   标准 A_w 试剂及其在 25℃时的 A_w 值。

标准试剂	A_w	标准试剂	A_w	标准试剂	A_w
氯化锂	0.110	硝酸镁	0.528	硝酸钾	0.924
乙酸钾	0.224	溴化钠	0.577	重铬酸钾	0.986
氯化镁	0.330	氯化钠	0.752		
碳酸钾	0.427	氯化钾	0.842		

4. 分析步骤

1) 样品制备

固体、液体或流动的浓稠状样品，可直接取样进行称量；如果是瓶装固体、液体混合样品可取液体部分；若为质量多样的混合样品，则应取有代表性的混合均匀的样品。

2) 样品中水分活度的测定

①在预先准确称重过的铝皿或玻璃皿中，准确称取约 1.00 g 已切碎均匀的样品，迅速放入康威氏微量扩散皿的内室中。在康威氏微量扩散皿的外室预先放入标准水分活度饱和盐溶液 5 mL，或标准的上述各式盐 5.0 g，加入少许蒸馏水湿润。在操作时通常选择 2~4 种标准饱和试剂，每只皿装一种，其中 1~2 份的水分活度值大于或小于试样的水分活度值。

②在康威氏微量扩散皿磨口边缘均匀涂上一层凡士林，样品放入后，迅速加盖密封，并移至 25℃的恒温箱中放置 2~3 h(几乎绝大多数样品可在 2 h 后测得水分活度值)。

③取出铝皿或玻璃皿，用分析天平迅速称量，分别计算各样品的质量变化量。

5. 分析结果的表述

以各种标准饱和溶液在 25℃时的水分活度值为横坐标，样品的质量变化量为纵坐标在坐标纸上作图，将各点连接成一条直线，这条线与横坐标的交点即为所测样品的水分活度值。例如，某食品样品在硝酸钾中增重 7 mg，在氯化钡中增重 3 mg，在氯化钾中减重 9 mg，在溴化钾中减重 15 mg，可求得其水分活度为 0.878。

6. 说明及注意事项

①取样要均匀，并在同一条件下进行，操作要迅速。

②康威氏微量扩散皿、铝皿应事先干燥至恒重。康威氏微量扩散皿应该具有良好的密封性。

③绝大多数样品可在 2 h 后测得水分活度值，但有的样品，如米饭类、油脂类、油浸烟熏类食品在 25℃下放置 2~3 h 测不出水分活度值，可继续放置 1~4 d，先测定 2 h 后的试样重量，然后间隔一定时间称重，再作坐标求出。把首次与横坐标的相交点作为测定值。为防止试样腐烂，可以加入样品量 0.2% 的山梨酸作为防腐剂，并以其水溶液作空白对照。

④若试样中含有水溶性挥发物质时难以正确测定水分活度值。

⑤每个样品测定时应做平行实验，其测定值的平行误差不得超过 0.02。

3.3.3 溶剂萃取法

1. 原理

食品中的水可用不混溶的溶剂苯来萃取。在一定温度下，苯所萃取的水量随样品的水分活度而变化，即苯所萃取的水量与水相的水分活度成正比，用卡尔·费休法分别测定苯从食品和纯水中萃取出的水量，并求出两者之比值，即为样品的水分活度值。

2. 试剂和材料

①I_2：将固体 I_2 置于硫酸干燥器内干燥 48 h 以上。

②无水 C_5H_5N：要求含水量在 0.1% 以下，脱水方法为取 C_5H_5N 200 mL，置于干燥的蒸馏瓶中，加入 40 mL 苯，加热蒸馏，收集 110~116℃ 馏分备用。

③无水 CH_3OH：要求含水量在 0.05% 以下，脱水方法为取 CH_3OH 200 mL，置于干燥圆底烧瓶中，加光洁镁条 15 g 和 I_2 0.5 g，接上冷凝装置，冷凝管的顶端和接收器支管要装上无水 $CaCl_2$ 干燥管，加热回流至镁条溶解，分馏，用干燥的抽滤瓶作接收器，收集 64~65℃ 馏分备用。CH_3OH 有毒，处理时应避免吸入其蒸气。

④卡尔·费休试剂：称取 85 g I_2 置于干燥的有塞棕色试剂瓶中，加入 670 mL 无水 CH_3OH，盖好瓶塞，摇匀，至 I_2 全部溶解，加入 270 mL 无水 C_5H_5N，混匀，冰浴冷却至 4℃，通入 60~70 g 经硫酸干燥的 SO_2 气体，盖上瓶塞，混匀后于暗处放置 24 h，备用。

⑤苯：光谱纯，开瓶后可覆盖氢氧化钠保存。

3. 仪器和设备

卡尔·费休水分测定仪；天平（感量为 0.1 mg）。

4. 分析步骤

1）卡尔·费休试剂的标定

在水分测定仪的反应瓶中加入一定体积（浸没铂电极）的无水甲醇，接通电源，启动电磁搅拌器，先把卡尔·费休试剂滴入甲醇中使其中残存的微量水分与试剂作用达到计量点，即为微安表的一定刻度值，并保持 1 min 内不变，此时不记录卡尔·费休试剂的消耗量。然后加入 10 mg（精确至 0.0001 g）蒸馏水，此时微安表指针偏向左边接近零点，用卡尔·费休试剂滴定至原定终点，记录卡尔·费休试剂的消耗量。卡尔·费休试剂的滴定度按下式计算：

$$T = \frac{M}{V} \tag{3-6}$$

式中：T——卡尔·费休试剂的滴定度，单位为毫克每毫升（mg/mL）；

M——水的质量，单位为毫克（mg）；

V——滴定水消耗的卡尔·费休试剂的用量，单位为毫升（mL）。

2）试样前处理

可粉碎的固体试样要尽量粉碎，使之均匀。不易粉碎的试样可切碎。

3）试样中水分的测定

准确称取粉碎均匀样品 1.00 g 置于 250 mL 干燥的磨口三角瓶中，加入苯 100 mL，塞上瓶塞，然后放在摇瓶机上振摇 1 h，再静置 10 min，吸取此溶液 50 mL 于卡尔·费休水分测定仪中，并加入无水甲醇 70 mL，混合，用卡尔·费休试剂滴定至产生稳定的橙红色不褪为止，或滴定至微安表指针偏转并保持 1 min 不变时即为终点。整个测定操作需保持在（25±1）℃下进行。另取蒸馏水 10 mL 代替样品，加苯 100 mL，振摇 2 min，静置 5 min，然后按上述样品测定步骤进行滴定，至终点后，同样记录消耗卡尔·费休试剂的体积数。

5. 结果计算

$$A_w = \frac{V_n}{V_0} \times 10 \tag{3-7}$$

式中：V_n——从食品中萃取的水量[用卡尔·费休试剂的滴定度乘以滴定样品所消耗该试剂的体积(mL)数]；

V_0——从纯水中萃取的水量[用卡尔·费休试剂的滴定度乘以滴定 10 mL 纯水萃取液时所消耗该试剂的体积(mL)数]。

6. 说明及注意事项

①在溶剂萃取法中，除用苯提取样品水分外，其他步骤与水分测定中的卡尔·费休法相同。

②所用的所有玻璃器皿都必须干燥。

③所得结果与水分活度测定仪法所得结果相当。

小　结

水分含量和水分活度的测定是食品分析过程中一项十分重要的分析工作。水分含量和水分活度的测定看起来似乎很简单，但最不容易的是如何获得精确可靠的结果。而要想获得精确可靠的结果，样品的采集和处理显得极其重要，同时分析方法也是尤为关键的影响因素。而对于分析方法的选择，需根据食品本身的性质，食品中其他组分的特性，仪器的性能，对检测速度、精确度和可靠程度的要求及其用途等相关因素进行灵活选择。

思考题

1. 对浓稠态样品，在测定前加精制海砂或无水硫酸钠的作用是什么？
2. 试比较干燥法、蒸馏法、卡尔·费休法的特点及在食品中水分含量测定的适用范围。
3. 请阐述水分活度值的概念以及在食品工业生产中的重要意义。

参考文献

[1] 王永华. 食品分析[M]. 北京：中国轻工业出版社，2010.
[2] 刘绍. 食品分析与检验[M]. 武汉：华中科技大学出版社，2012.
[3] 吴国峰. 工业发酵分析[M]. 北京：化学工业出版社，2010.

第4章

灰分的测定

本章学习目的与要求

1. 掌握灰分的概念，理解灰化的原理；

2. 熟悉灰分的一般分析步骤；

3. 了解不同食品灰化条件的差别。

4.1 概 述

灰分(ash)是指食品经灼烧后残留的无机物。灰分是食品营养评估的一项重要指标，测定某些矿物元素的含量时常常需要先灰化测定灰分。对于富含某些矿物元素的食品，灰分含量的测定非常重要。通常动物性食品的矿物元素含量比较稳定，而植物性食品如果产地来源不同，其灰分含量就可能差别比较大。表4-1为常见食物中的灰分含量。

表4-1 常见食物中的灰分含量

食物名称	灰分(g, 以100 g 可食部计)	食物名称	灰分(g, 以100 g 可食部计)
谷类、薯类、淀粉、干豆及制品		畜禽肉类及制品	
小麦	1.6	猪肉(肥瘦)($\bar{x}$)	0.6
麸皮	4.3	牛肉(肥瘦)($\bar{x}$)	1.1
挂面($\bar{x}$)	1.2	羊肉(肥瘦)($\bar{x}$)	1.2
面包	0.6	鸡($\bar{x}$)	1.0
稻米($\bar{x}$)	0.6	鸭($\bar{x}$)	0.7
玉米(鲜)	0.7	乳类、蛋及制品	
马铃薯	0.8	牛乳($\bar{x}$)	0.6

续表 4 – 1

食物名称	灰分（g，以100 g 可食部计）	食物名称	灰分（g，以100 g 可食部计）
玉米淀粉	0.8	牛乳粉	4.7
黄豆（大豆）	4.6	酸奶（$\bar{x}$）	0.8
豆腐（$\bar{x}$）	1.2	鸡蛋（$\bar{x}$）	1.0
水果、蔬菜类		鸭蛋（$\bar{x}$）	1.0
苹果（$\bar{x}$）	0.2	鱼、虾等水产品	
桃（$\bar{x}$）	0.4	草鱼	1.1
葡萄（$\bar{x}$）	0.3	河虾	3.9
橙	0.5	婴幼儿食品	
白萝卜	0.6	母乳化奶粉	3.6
扁豆	0.6	饮料类	
茄子（$\bar{x}$）	0.4	红茶	5.7
大蒜	1.1	啤酒（$\bar{x}$）	0.2
大白菜（$\bar{x}$）	0.6	油脂	
海带	2.2	牛油	—
		花生油	0.1

数据来源：《中国食物成分表》（2009），—表示没有确定数值；$\bar{x}$ 为该条数据为几种相同食物数据均值。

干法灰化（dry ashing）是测定灰分的常用方法，灰化过程中无需另加试剂和扣除空白，无需操作人员长时间照看，是一种比较安全的方法。干法灰化需要马弗炉等专用设备。马弗炉内可同时放置许多坩埚，一次灰化大量样品。灰化后得到的灰分可进一步用于分析水溶性灰分、酸溶性灰分、水不溶性灰分，以及具体某种矿物元素的含量等。干法灰化过程中灼烧温度高达 500～600℃，一些挥发性元素如 As，B，Cd，Cr，Cu，Fe，Pb，Hg，Ni，P，V 和 Zn 等容易在高温灼烧过程中挥发损失。另一方面，某些金属氧化物会吸收有机物分解产生的二氧化碳而形成碳酸盐，又使无机成分增多，因此，灰分并不能准确地表示食品中原来的无机成分的总量。高温灼烧时各元素之间和元素与坩埚之间也易发生副反应。

4.2　灰化条件与过程

1. 样品制备

灰分测定的取样量一般在 2～10 g。灰化前样品需要首先研磨或者碾碎。选择研磨和碾碎设备时，要避免金属部件中的元素污染样品，特别是有些样品灰化后需要进一步测定矿物元素。反复使用的玻璃器皿也可能带来污染。稀释用的水通常需采用去离子水。

1）植物样品

一般植物样品在碾碎之前需要先干燥。新鲜的茎、叶组织可能需要两步干燥（比如先在低温55℃干燥，再转到更高的温度下烘干）。水分含量在15%及以下的植物样品可以直接灰化不需要干燥。

2)含糖和脂肪高的样品

含有大量脂肪、水分(易膨胀、溅出)或糖(起泡)的样品如动物性食品、糖浆和香料等,灰化前需要前处理,否则会造成灰化过程中样品的损失。肉、糖和糖浆需要先用水浴或红外灯蒸干水分。对容易形成表面硬壳的样品,加1~2滴油可以帮助水蒸气从样品中蒸发出来。一些样品在灰化过程中可能发烟或者着火(如奶酪、海产品和香料),可以先将马福炉的门开着,等发烟和燃烧结束后再开始灰化。脂肪含量高的样品可以先干燥、提取脂肪再灰化。

2. 操作条件的选择

1)坩埚(crucible)的选择

测定灰分通常以坩埚作为灰化容器。常用的坩埚有瓷坩埚(porcelain crucibles)、石英坩埚(quartz crucibles)、不锈钢坩埚(steel crucibles)、铂金坩埚(platinum crucibles)和石英纤维坩埚(quartz fiber crucibles)。石英坩埚高温下耐酸和耐卤素,不耐碱。瓷坩埚性质与石英坩埚类似,但在温度急剧变化时容易破裂。瓷坩埚价格低廉是最常用的坩埚。不锈钢坩埚导热性好、高温下耐酸和碱,价格低廉,但其含有的镍和铬可能污染样品。铂金坩埚具有耐高温、耐碱、导热性好、吸湿性小等优点,可能是性能最好的坩埚,但是价格太昂贵,不适合日常大量样品的检测。一次性使用的石英纤维坩埚不易破碎,可耐1000℃高温。石英纤维多孔,可允许样品周围空气流通,加速燃烧,能显著减少灰化时间,适用于固体和黏稠液体样品。石英纤维坩埚数秒即可冷却下来,降低了着火的风险。所有的坩埚都必须用实验室墨水做好标记,还可使用钻头蚀刻坩埚后用$FeCl_3$(0.5M,溶于20% HCl)染色。坩埚在使用前必须清洗和灼烧至恒重。

2)取样量

灰分大于10 g/100 g的试样,称取2~3 g(精确至0.0001 g);灰分小于10 g/100 g的试样,称取3~10 g(精确至0.0001 g)。

3)灰化温度

灰化温度的高低对灰分测定结果影响很大。由于各种食品中的无机成分组成性质及含量各不相同,灰化温度也应有所不同,一般为525~600℃。其中只有黄油规定在500℃以下,这是因为用溶剂除去脂类后,残渣加以干燥,由灰化减量算出酪蛋白,以残渣作为灰分,还要在灰化后对食盐进行定量测定,所以采用抑制氯的挥发温度,其他食品全是525℃,550℃,600℃及700℃。700℃仅适合于添加醋酸镁的快速法。灰化温度选定在此范围,是因为灰化温度过高,将引起钾、钠、氯等元素的挥发损失,而且磷酸盐、硅酸盐类也会熔融,将炭粒包藏起来,使炭粒无法氧化,灰化温度过低,则灰化速度慢,时间长,不易灰化完全,也不利于除去过剩的碱(碱性食品)吸收的二氧化碳。此外,加热速度也不可太快,以防急剧干馏时灼热物的局部产生大量气体而使微粒飞失爆燃。

4)灰化时间

一般以灼烧至灰分呈白色或浅灰色,无炭粒存在并达到恒重为止。灰化至达到恒重的时间因试样不同而异,一般需2~5 h。通常根据经验灰化一定时间后,观察一次残灰的颜色,以确定第一次取出时间,取出后冷却、称重,然后再置入马福炉中灼烧,直至达恒重。应该指出,对有些样品,即使灰化完全,残灰也不一定呈白色或浅灰色。如铁含量高的食品,残灰呈褐色,锰、铜含量高的食品,残灰呈蓝绿色。有时即使灰的表面呈白色,内部仍残留有碳块,所以应根据样品的组成、性状注意观察残灰的颜色,以正确判断灰化程度。

表 4 - 2　AOAC 公定法规定不同食品灰分测定温度与重量

食品	测定温度	试样量
谷物及其制品	550℃ 或 700℃	3 ~ 5 g
通心粉、鸡蛋面条及制品	550℃	3 ~ 5 g
淀粉制品、淀粉、甜食粉	525℃	5 ~ 10 g
大豆粉	600℃	2 g
肉及其制品	525℃	3 ~ 5 g
乳及乳制品	≤550℃	3 ~ 5 g
鱼类及海产品	≤525℃	2 g
水果及其制品	≤525℃	25 g
蔬菜及其制品	525℃	5 ~ 10 g
砂糖及其制品	525℃	3 ~ 5 g
糖蜜	525℃	5 g
醋	525℃	25 mL
啤酒	525℃	50 mL
蒸馏酒	525℃	25 ~ 100 mL
茶叶	525℃	5 ~ 101 g

注:AOAC 公定法(Official Methods of Analysis of the Association of Analytical Chemists)

5)加速灰化的方法

在常规灰化步骤的基础上,有一些方法可以加速灰化的过程:

①样品经初步灼烧后,如果仍有炭粒存在,可以加几滴去离子水或者硝酸再灰化。将初步灰化的灰分悬浮在去离子水中,水溶性盐类溶解,被包住的炭粒暴露出来,悬浮液用无灰滤纸过滤,滤液经过水浴蒸发至干后与滤纸一起放进马福炉再次灰化。

②硝酸、乙醇、碳酸铵、双氧水,甘油和氢气都可以加速灰化。这些物质经灼烧后完全消失不至于增加残灰的重量。样品经初步灼烧后,加入上述物质如硝酸(1:1)或双氧水,蒸干后再灼烧到恒重,利用他们的氧化作用来加速炭粒灰化,也可加入 10% 碳酸铵等疏松剂,在灼烧时分解为气体逸出,使灰分呈现松散状态,促进未灰化的炭粒灰化。

③含磷较多的谷物及其制品,磷酸过剩于阳离子,随灰化的进行,磷酸将以磷酸二氢钾、磷酸二氢钠等形式存在,在比较低的温度下会熔融而包住炭粒,难以完全灰化。加入乙酸镁的醇溶液可以加速谷物的灰化。乙酸镁随着灰化的进行而分解,与过剩的磷酸结合,残灰不熔融而呈松散状态,避免炭粒被包裹,可大大缩短灰化时间。该方法需做空白试验,以校正加入的镁盐灼烧后分解产生的 MgO 的量。

4.3 灰分测定

4.3.1 总灰分的测定

1. 原理(GB 5009.4—2010)

食品样品于 500~600℃的马福炉中高温灼烧,水分和挥发成分被蒸发,有机物质被空气中的氧气燃烧成二氧化碳和氮的氧化物。灼烧过程中大部分的矿物质被转变成氧化物、硫酸盐、氯化物和硅酸盐。一些元素如铁、硒、铅和汞部分挥发。灰分数值系灼烧、称重后计算得出。

2. 试剂和材料

①乙酸镁[(CH$_3$COO)$_2$Mg·4H$_2$O)]:分析纯。

②乙酸镁溶液(80 g/L):称取 8.0 g 乙酸镁加水溶解并定容至 100 mL,混匀。

③乙酸镁溶液(240 g/L):称取 24.0 g 乙酸镁加水溶解并定容至 100 mL,混匀。

3. 仪器和设备

①马福炉:温度≥600 ℃。

②天平:感量为 0.1 mg。

③石英坩埚或瓷坩埚。

④干燥器(内有干燥剂)。

⑤电热板。

⑥水浴锅。

4. 分析步骤

1)坩埚的灼烧

取大小适宜的石英坩埚或瓷坩埚置马福炉中, 在 550℃下灼烧 0.5 h, 冷却至 200℃左右, 取出, 放入干燥器中冷却 30 min, 准确称量。重复灼烧至前后两次称量相差不超过 0.5 mg 为恒重。

2)称样

灰分大于 10 g/100 g 的试样称取 2~3 g(精确至 0.0001 g);灰分小于 10 g/100 g 的试样称取 3~10 g(精确至 0.0001 g)。

3)测定

(1) 一般食品

液体和半固体试样应先在沸水浴上蒸干。固体或蒸干后的试样,先在电热板上以小火加热使试样充分炭化至无烟,然后置于马福炉中,550℃灼烧 4 h。然后冷却至 200℃左右,取出,放入干燥器中冷却 30 min, 称量前如发现灼烧残渣有炭粒时,应向试样中滴入少许水湿润,使结块松散,蒸干水分再次灼烧至无炭粒即表示灰化完全,方可称量。重复灼烧至前后两次称量相差不超过 0.5 mg 为恒重。按式(4−1)计算。

(2)含磷量较高的豆类及其制品、肉禽制品、蛋制品、水产品、乳及乳制品

称取试样后,加入 1.00 mL 乙酸镁溶液或 3.00 mL 乙酸镁溶液,使试样完全润湿。放置 10 min 后, 在水浴上将水分蒸干。蒸干水分的样品先在电热板上以小火加热使试样充分炭化至无烟,然后置于马福炉中,550℃灼烧 4 h。然后冷却至 200℃左右,取出,放入干燥器中冷却 30 min, 称量前如发现灼烧残渣有炭粒时,应向试样中滴入少许水湿润,使结块松散,蒸

干水分再次灼烧至无炭粒即表示灰化完全，方可称量。重复灼烧至前后两次称量相差不超过 0.5 mg 为恒重。按式(4-2)计算。

（3）吸取 3 份与上述步骤(2)相同浓度和体积的乙酸镁溶液，做 3 次试剂空白试验。当 3 次试验结果的标准偏差小于 0.003 g 时，取算术平均值作为空白值。若标准偏差超过 0.003 g 时，应重新做空白值试验。

4）计算

$$X_1 = \frac{m_1 - m_2}{m_3 - m_2} \times 100 \qquad (4-1)$$

$$X_2 = \frac{m_1 - m_2 - m_0}{m_3 - m_2} \times 100 \qquad (4-2)$$

式中：X_1(测定时未加乙酸镁溶液)——试样中灰分的含量，单位为 g/100 g；

X_2(测定时加入乙酸镁溶液)——试样中灰分的含量，单位为 g/100 g；

m_0——氧化镁的质量(乙酸镁燃烧后的生成物)，单位为 g；

m_1——坩埚和灰分的质量，单位为 g；

m_2——坩埚的质量，单位为 g；

m_3——坩埚和试样的质量，单位为 g。

试样中灰分含量≥10 g/100 g 时，保留三位有效数字。

试样中灰分含量≤10 g/100 g 时，保留两位有效数字。

5）精密度

在重复性条件下获得的两次独立测定结果的绝对差值不得超过算术平均值 5%。

6）说明

本法适用于除淀粉及其衍生物之外的食品中灰分含量的测定。

4.3.2 AOAC 测定灰分的一般步骤

1. 测定

①称量 5~10 g 样品到已灼烧恒重的坩埚中(如果样品含水分较多需要预先干燥)。

②放置称好样品的坩埚到冷却的马福炉内(如果马福炉仍处于高温状态操作人员需使用钳子、手套和护眼罩)。

③550℃ 灼烧 12~18 h(或者过夜)。

④关闭马福炉，等炉温降至 250℃ 以下再打开炉门。开炉门时要小心，避免蓬松的灰分损失。

⑤使用坩埚钳将坩埚快速转移到干燥器中(带有干燥剂和瓷盘)。盖上坩埚盖，密闭干燥器，让坩埚冷却至室温后称重。

2. 计算

$$X = \frac{m_1 - m_2}{m \times s} \times 100 \qquad (4-3)$$

式中：X——灰分的干基百分比，%；

m——试样的质量，单位为 g；

m_1——坩埚和灰分的质量，单位为 g；

m_2——坩埚的质量,单位为 g;

s——干物质系数。例如玉米面干物质含量为87%,干物质系数就是0.87。计算样品的灰分含量(湿基含水分)时应去掉分母中的干物质系数。

3. 说明

①热的坩埚会使干燥器内的空气升温。干燥器的盖子不能盖严,要留出缝隙。坩埚冷却后干燥器内会形成真空。冷却结束取出坩埚时要小心向一边逐步推开干燥器的盖子,以防止气流突然进入。

②一些样品,比如果酱,灼烧时可能溅出,可以与棉絮混合后再灰化。

③盐分含量高的食品须测定水不溶性灰分。灼烧含有盐的水提物时坩埚必须盖上盖子,以防止样品飞溅。

4.3.3 其他灰分测定的方法

1. 水溶性灰分和水不溶性灰分的检测(soluble and insoluble ash)

水溶性灰分指在规定条件下总灰分中溶于水的部分。水溶性灰分反映的是污染的可溶性的钾、钠、钙、镁等的氧化物和盐类的含量。水不溶性灰分是在规定条件下总灰分中不溶于水的部分,反映的是污染的泥沙和铁、铝等氧化物及碱土金属的碱式磷酸盐的含量,应用于水果、蔬菜产品,香辛料、调味品和茶等的检测。相关标准如:AOAC Method 900.02;GB/T 12729.8—2008 等。

1)原理

用热水提取总灰分,经无灰滤纸过滤、灼烧,称量残留物,测得水不溶性灰分;根据总灰分和水不溶性灰分的质量之差算出水可溶性灰分。

2)计算

水不溶性灰分以干态质量分数计,数值以%表示:

$$水不溶性灰分含量(\%) = \frac{M_1 - M_2}{M_0 \times m} \times 100 \qquad (4-4)$$

式中:M_1——坩埚和水不溶性灰分的质量,g;

M_2——坩埚的质量,g;

M_0——试样的质量,g;

m——试样干物质含量,%。

水溶性灰分:

$$水溶性灰分含量(\%) = \frac{M_1 - M_2}{M_0 \times m} \times 100 \qquad (4-5)$$

式中:M_1——总灰分的质量,g;

M_2——水不溶性灰分的质量,g;

M_0——试样的质量,g;

m——试样干物质含量,%。

2. 酸不溶性灰分的检测(ash insoluble in acid)

酸不溶性灰分指的是规定条件下总灰分经盐酸处理后的残留物,反映的是污染的泥沙和食品中原来存在的微量氧化硅的含量,应用于香辛料和调味品、茶、蔬菜和水果等的检测。

测定结果可反映水果、蔬菜、小麦和稻米的表面污染情况。相关标准如：GB/T 12729.9—2008；ISO 763—2003 等。

1）原理

用盐酸处理总灰分，过滤、灰化，称量灰化后的残留物。

2）计算

酸不溶性灰分以干态质量分数计，数值以%表示：

$$X = \frac{M_2 - M_0}{M_1} \times \frac{100}{100 - H} \times 100 \qquad (4-6)$$

式中：X——酸不溶性灰分的百分比，%；

M_2——坩埚和酸不溶性灰分的质量，g；

M_0——坩埚的质量，g；

M_1——试样的质量，g；

H——试样的水分含量，%。

3. 灰分的碱度（alkalinity of ash）

水果和蔬菜的灰分呈碱性；肉类食品和一些谷物的灰分呈酸性。水溶性灰分碱度指的是中和水溶性灰分浸出液所需的酸的量，或相当于该酸量的碱量。相关标准如：AOAC Method 900.02，940.26；ISO 5520—1981 等。

4. 硫酸化灰分（sulfated ash）

应用于糖、糖浆、色素、淀粉及其衍生物等的灰分测定。相关标准如 GB/T 22427.8—2008；ISO 5809：1982；AOAC Method 900.02，950.77 等。硫酸的作用是有助于破坏有机物和避免氯化物挥发而造成损失。

小 结

灰分是食品中无机成分总量的指标，常采用干法灰化进行检测。常规的干法灰化是基于样品在马福炉内高温灼烧破坏和去除有机物质。干法灰化得到的灰分常常用于进一步检测具体某种矿物元素的含量。

思考题

1. 试述干法测定总灰分的原理。

2. 请举出四种灰分测定中样品制备过程可能出现的误差来源，并说明如何克服这些误差。

3. 一般干法灰化后，如果灰分中夹杂有未灰化的炭粒，可用哪些方法使灰化完全？

4. 水溶性灰分与酸不溶性灰分各含些什么物质？如何测定？

5. 分析某谷物样品的灰分时，至少要获得 100 mg 灰分，假设该样品平均灰分含量为 2.5%，灰化时应该称取多少样品？

参考文献

［1］杨月欣，王光亚，潘兴昌. 中国食物成分表［M］.第二版，北京：北京大学医学出版社，2009

［2］Nielsen S S. Food Analysis［M］. 4th ed. New York：Kluwer Academic/Plenum Publishers, 2010

［3］Semih Ötles. Methods of Analysis of Food Components and Additives［M］. 2nd ed, CRC Press, 2012

［4］Pomeranz Y, Meloan C. Food analysis：theory and practice［M］. 3rd ed. New York：Chapman & Hall, 1994

［5］张水华. 食品分析［M］.北京：中国轻工业出版社，2004

［6］食品安全国家标准《食品中灰分的测定 GB 5009.4—2010》

［7］中华人民共和国国家标准《香辛料和调味品 酸不溶性灰分的测定 GB/T 12729.9—2008》

［8］中华人民共和国国家标准《香辛料和调味品 水不溶性灰分的测定 GB/T 12729.8—2008》

［9］International Standard, Fruit and vegetable products-determination of ash insoluble in hydrochloric acid, ISO 763 － 2003

［10］中华人民共和国国家标准《淀粉及其衍生物硫酸化灰分测定 GB/T 22427.8—2008》

第5章

食品中矿物质元素测定

本章学习目的与要求

1. 掌握食品中主要营养矿物质元素（钙、铁、碘、磷等）和主要有害元素（铅、镉、汞、砷等）的测定方法及其原理；

2. 熟悉食品中无机元素分析前的预处理方法；

3. 了解原子吸收分光光度计、荧光光度计、分光光度计等仪器的结构及特点。

5.1 概述

食物中几乎含有自然界存在的各种元素，目前的技术水平在人体内可检出的元素约有 70 种，在这些元素中，有 20 多种元素是构成人体组织、维持生理功能、生化代谢所必需的。其中除构成水分子和以有机化合物形式存在的 C，H，O，N 等 4 种元素以外，其他的元素统称矿物质元素。

存在于食品中的各种矿物质元素，从营养学的角度，可分为必需元素、非必需元素和有毒元素三类；从人体需要的角度，可分为常量元素（macroelements）、微量元素（microelements 或 trace elements）两类。常量元素指含量大于机体重量的 0.01% 者，其需求比例较大，如钾、钠、钙、镁、磷、硫、氯等；微量元素指含量小于机体重量的 0.01% 者，如铜、钴、铬、铁、氟、碘、硒、锌等。微量元素的需求浓度常严格局限在一定的范围内，而且有些元素的这个范围相当窄。微量元素在这个特定的浓度范围内可以使组织的结构和功能的完整性得到维持，当其含量低于需要浓度时，组织功能会减弱或不健全，甚至会受到损害，处于不健康状态之中。但如果浓度高于这一特定的范围，则可能导致不同程度的毒性反应，严重的可以引起死亡。这一浓度范围，有的元素比较宽，有的元素却非常窄。现在一般认为，人体必需微量元素有 14 种，但随着研究的深入，将会发现更多的人体需要的微量元素。

有些元素目前尚未证实对人体具有生理功能，而其极小的剂量，即可导致机体呈现毒性反应,这类元素我们称之为有毒元素,如铅、镉、汞、砷等。这类元素在人体中具有积蓄性,随着有毒元素在人体内积蓄量的增加,机体会出现各种中毒反应,如致癌、致畸甚至致人死亡。对于这类元素,必需严格控制其在食品中的含量。

食品中的矿物质元素主要来自以下几个途径:

①由自然条件(如地质、地理、生物种类、品种等)所决定的,食物本身天然存在的矿物质元素。

②为营养强化而添加到食品中的微量矿物质元素或食品在加工、包装、贮存时,受到污染,引入了重金属元素。

③随着经济的发展,各种新材料的出现,造成了新的食物污染。

④工业"三废"(废水、废气、废渣)以及农药、化肥用量的增加,造成土壤、水源、空气等的污染,使重金属及有毒元素在动、植物体内富集。

食品中无机元素常用的测定方法有原子吸收分光光度法、原子荧光光度法、比色法、滴定法等。

5.1.1 原子吸收分光光度法(atomic absorption spectrophotometry, AAS)

1. 原理

原子吸收分光光度法就是利用被测元素基态原子跃迁到高能态时对特征辐射线的吸收程度进行定量分析的方法。试样中被测元素的化合物在高温中被离解成基态原子,光源发射出的特征辐射线经过原子蒸汽时,将被选择性地吸收,在一定的条件下被吸收的程度与基态原子的数目成正比。通过分光系统分光,检测器测量该辐射线被吸收的程度,就可以测得试样中被测元素的含量。

原子吸收分光光度法与紫外-可见分光光度法在本质上都属于吸收光谱分析的范畴,只是前者使用锐线光源,是原子对光谱的吸收,后者使用连续光源,是分子或离子对光谱的吸收。

2. 原子吸收分光光度计的结构

包括光源、原子化器、分光系统、检测系统4个主要部分构成,见图5-1。

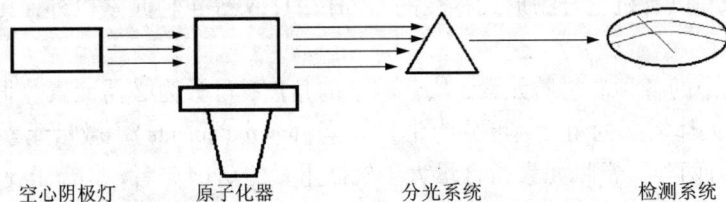

空心阴极灯　　　原子化器　　　分光系统　　　检测系统

图5-1 原子吸收分光光度计的结构简图

1)光源

应用最广泛的是空心阴极灯,空心阴极灯由一个阳极和空心圆柱形阴极组成,见图5-2。阴极材料只含一种元素时,只能测定这种元素,阴极材料若为合金,可连续测定多种元素,但灯光强度较弱,易产生光谱干扰,使用寿命短。

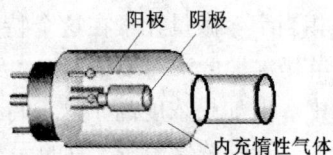

阳极　阴极

内充惰性气体

图5-2 空心阴极灯

2）分光系统

是由光栅和反射镜等组成的单色器，单色器装有入射狭缝及出射狭缝。单色器的作用是将所需要的分析线，即待测元素的特征谱线与其他的谱线分开，通过改变狭缝宽度获得单一的分析线。

3）检测系统

检测系统主要由检测器、放大器、对数变换器、显示装置组成。常用光电倍增管作检测器，其作用是将单色器分出的光信号进行光电转换；放大器的作用是将光电倍增管输出的电压信号放大；对数变换器的作用是将吸收前后的光强度的变化与试样中待测元素的浓度关系进行对数变换；显示装置就是将测定值最终由指示仪表显示出来。

4）原子化器

原子化器的作用是将试样中的待测元素转变成自由原子蒸气，并使其进入光源的辐射光程中，使待测元素原子化的方法有火焰原子化法和石墨炉原子化法及低温原子化法3类。

（1）火焰原子化（flame atomization）

由火焰提供热能，使待测元素原子化。火焰原子化器包括雾化器和燃烧器两部分，雾化器将试液雾化，试液雾化后进入燃烧器内与燃气混合燃烧，雾滴干燥、气化，产生自由原子蒸气。使用最广泛的燃气、助燃气体是乙炔–空气焰，可用于大多数元素的分析。氢气–空气焰适用于特征谱线在远紫外部分的元素分析。丙烷–空气焰可适用于铜、镉、铅等元素的分析。

（2）石墨炉原子化（graphite furnace atomization）

由电提供热能，使待测元素原子化。石墨炉原子化器的结构主要就是一个石墨管，通过电源装置供电加热，使试样在石墨管内随着温度的升高而干燥、灰化、原子化及净化。干燥的目的是蒸发除去试样中的溶剂；灰化除去有机物或低沸点的无机物，减少基体组分对待测元素的干扰；净化的目的是去除残留物，净化石墨管。

与火焰原子化法相比，石墨炉原子化具有原子化效率高（惰性保护气体及强还原性石墨介质中进行，有利于难熔氧化物的分解）、样品量少（固体样品 20 ~ 40 μg，液体样品为 5 ~ 100 μL）、灵敏度高（基态原子在测定区停留时间长，灵敏度提高 10 ~ 200 倍）、化学干扰少（没有火焰与组分间的化学作用）等优点；其缺点是基体干扰大（共存化合物有较强的背景吸收和基体效应）、重现性差（取样量少，进样量及注入管内位置变动引起偏差）、成本高。

（3）低温原子化（cryogenic atomization）

也称化学原子化法，是通过化学反应使待测元素易于在室温到数百摄氏度之间原子化的方法。包括氢化物法和汞低温原子化法2种。

①氢化物法：主要用于测定 As, Sb, Bi, Sn, Ge, Se, Pb 及 Te 等元素。这些元素在酸性环境下与 $NaBH_4$ 或 KBH_4 反应生成易挥发易分解的氢化物，该氢化物在较低温度下（700 ~ 900℃）原子化，该法灵敏度高、选择性好、基体和化学干扰少。

②汞低温原子化（mercury cryogenic atomization）：汞在室温下，有较大蒸汽压。样品中的汞离子被 $SnCl_2$ 或盐酸羟胺还原为单质汞，由载气将气态汞原子蒸气带入吸收池进行吸收测定。

3. 原子吸收分光光度计的类型

按光束分有单光束和双光束之分；按波道数不同有单、双及多道之分。同时使用 2 种以上的空心阴极灯,使光辐射同时通过原子蒸气而被吸收,然后再分别引到不同分光和检测系统,就属于多道。

常见的原子吸收分光度计属于单道单光束,单光束的局限是光源辐射不稳引起基线飘移,影响实验结果,而采用双光束系统(如图5-3)可以解决这一问题。

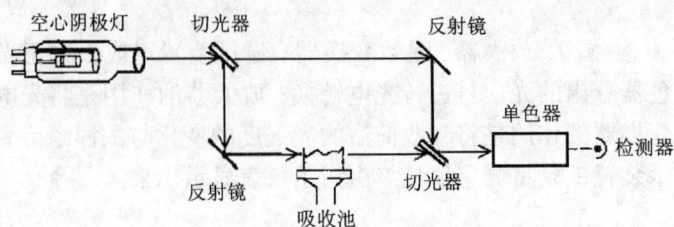

图5-3　单道双光束原子吸收分光光度计简图

4.利用原子吸收分光光度法进行定量测定的方法

1)标准曲线法

被测元素低浓度时,对分析线的吸收与其浓度之间呈较好的线性关系,故可配制低浓度的标准溶液,分别测定吸光度,在坐标纸上以吸光度为纵坐标、浓度为横坐标绘制标准曲线。根据样液的吸光度,在标准曲线上求出样液的浓度。

2)标准加入法

样液中若含某些干扰成分,不能用标准曲线法定量时,可采用加入法。在标准溶液系列中,加入等量的样品溶液,再按标准曲线法做出标准曲线。此标准曲线不经过原点,将此线延长至横坐标相交,相交点到原点的横坐标所示的浓度值即为样液中被测元素含量。

5.1.2　原子荧光光谱法(atomic fluorescence spectrometry,AFS)

1.原理

原子蒸气在高强度的特征谱线照射下,由基态跃迁至激发态,随后回到基态,发射出与吸收波长相同或不同的荧光,用检测器检测荧光的强度,便可求得待测元素的含量,不同元素的荧光波长不同。

2.原子荧光光谱仪的结构

与原子吸收分光光度计相似,包括光源、原子化器、分光系统、检测系统4个部分。但原子荧光光谱仪为了避免检测到光源的共振辐射,必须将激发光源的光轴置于垂直于分光系统和检测系统的光轴上,如图5-4所示。其光源可用连续光源或锐线光源。常用的连续光

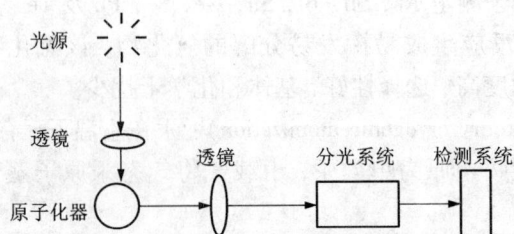

图5-4　原子荧光光谱仪结构简图

源是高压氙灯,常用的锐线光源有高强度空心阴极灯、无极放电灯、激光光源、等离子体光源等。连续光源稳定性好,操作简单,寿命长,能用于多元素测定,但检出限差,使用时需要用单色器来选择谱线;锐线光源辐射强度高且稳定,可得到更好检出限。

原子荧光光谱分析法灵敏度高,检出限低,一般可达 $10^{-10} \sim 10^{-12}$ g/mL,特别适用于微量或痕量组分分析原子荧光谱线简单,干扰小,容易实现多元素同时测定,在地质、冶金、石油、生物医学、地球化学、材料和环境科学等各个领域内获得了广泛的应用,但存在荧光淬灭效应和散射光干扰等问题。

5.1.3 比色法(colorimetry)

1. 原理

有色物质的颜色深浅与其含量相关,因此通过比较颜色深浅来测定物质的浓度的方法称为比色法。

直接用肉眼观察称目视比色法,用分光光度计来代替肉眼进行测定称分光光度法。需要指出的是目视比色法中有色物质浓度高,吸收该色光强,透过的互补光就越突出,颜色就越深;分光光度法中则是有色物质浓度高,吸收该色光强,透过的该色光弱,差值越大,转换后的光电信号就越强。

分光光光度法不但消除了人的主观误差,而且将入射光的波长范围由可见光扩大至紫外及红外区,使一些在紫外及红外区有特征吸收波长的无色物质也可用分光光度法进行测定;而且分光光度法用较高纯度的单色光代替了白光,更严格地满足朗伯–比尔定律的要求,从而提高了准确度。

2. 分光光度计的结构

主要包括光源、单色器、吸收池、检测器和显示系统五部分。

在可见、近红外区测定时,用 6 ~ 12 V 钨灯或碘钨灯作光源,它们的辐射使用范围为 320 ~ 2500 nm;在近紫外区,适用氢灯或氚灯,它们在 180 ~ 375 nm 波长范围内产生连续光谱。单色器的功能是获得单一波长的光。吸收池也称比色皿,材料一般为光学玻璃,但用于紫外区的比色皿应用石英玻璃制造。

5.1.4 滴定分析法(titrimetric analysis)

滴定分析法是将一种已知准确浓度的试剂溶液(标准溶液)由滴定管加到被测物质的溶液中,或者是将被测物质的溶液滴加到标准溶液中,直到标准溶液与被测物质按一定的化学反应方程式所确定的化学计量关系完全反应为止(化学计量点),然后根据标准溶液的浓度和所消耗的体积,计算出被测物质的含量。

由于在化学计量点时滴定溶液的外观通常并无明显变化,因此需要加入某种指示剂确定化学计量点,而指示剂颜色突变时(滴定终点)未必就是化学计量点,由此而引起的误差称为滴定误差。为了减小这种误差,选择合适的指示剂很重要。

根据滴定方式的不同,分为直接滴定法、返滴定法、置换滴定法和间接滴定法。根据滴定反应的类型,可分为酸碱滴定法、配位滴定法、沉淀滴定法及氧化还原滴定法。

①直接滴定法:用标准溶液直接滴定被测物质溶液的方法。

②返滴定法:先在被测溶液中准确加入过量的标准溶液,待反应完成后,再用另一种标

准溶液滴定剩余的标准溶液。

③置换滴定法：被测物质与标准溶液发生反应时，若不能按化学计量关系定量地进行，就不能采用直接滴定法。可先用适当试剂与被测物质反应，使其定量地置换为另一种物质，再用标准溶液滴定这种物质，求得被测物质的含量。

④间接滴定法：被测物质不能直接与滴定剂发生化学反应时，可通过其他反应，间接测定被测物质的含量。

⑤酸碱滴定法：以酸碱反应为基础的一种滴定分析法，可用来测定酸性物质和碱性物质。

⑥配位滴定法：以配位反应为基础的一种分析方法，可用来测定多数金属离子。

⑦沉淀滴定法：以生成沉淀的反应为基础的一种分析方法，可用来测定 Ag^+，SCN^- 和卤素离子等。

⑧氧化还原滴定法：以氧化还原反应为基础的一种分析方法，可用来测定具有氧化性或还原性的物质。

5.2 食品中主要矿物质元素的测定

对人类有影响的矿物质元素有 20 余种。本章仅介绍对人体影响较大的矿物质元素的分析，如主要的营养矿物元素钙、铁、碘、磷等的测定；有害元素铅、镉、汞、砷等的测定。

5.2.1 食品中钙元素的测定

钙(Calcium)是人体中含量最丰富的矿物元素，其作用除了作为机体骨骼和牙齿的组成成分外，还参与多种生理活动，缺钙会引起软骨病，我国推荐每日膳食中钙的供给量为 800 ~ 1000 mg。许多食品中含有钙，尤以乳及乳制品含钙丰富，且易被吸收。食品中钙的测定有火焰原子吸收光谱法、滴定法等。

1. 火焰原子吸收光谱法

1）原理

样品经湿法消化后，导入原子吸收分光光度计中，经火焰原子化后，吸收 422.7 nm 的共振线，其吸收量与含量成正比，与标准系列比较定量。

2）试剂

要求使用去离子水，优级纯试剂。

①混合酸消化液：硝酸 + 高氯酸(4 + 1)。

②0.5 mol/L 硝酸溶液：量取 32 mL 硝酸，加去离子水并稀释至 1000 mL。

③20 g/L 氧化镧溶液：称取 23.45 g 氧化镧(纯度大于 99.99%)，先用少量水湿润再加 75 mL 盐酸于 1000 mL 容量瓶中，加去离子水稀释至刻度。

④钙标准储备溶液：准确称取 1.2486 g 碳酸钙(纯度大于 99.99%)，加 50 mL 去离子水，加盐酸溶解，移入 1000 mL 容量瓶中，加 20 g/L 氧化镧溶液稀释至刻度。贮存于聚乙烯瓶内，4℃保存。此溶液每毫升相当于 500 μg 钙。

3）仪器

原子吸收分光光度计(带钙空心阴极灯)；电热板；所用玻璃仪器使用前必须用硫酸 - 重

铬酸钾洗液浸泡数小时,再用洗衣粉充分洗刷,后分别用水和去离子水冲洗干净后晾干或烘干。

4)操作步骤

(1)试样制备

鲜样(如蔬菜、水果、鲜鱼、鲜肉等)先用自来水冲洗干净后,再用去离子水充分洗净。干粉类试样(如面粉、奶粉等)取样后立即装容器密封保存,防止空气中的灰尘和水分污染。

(2)样品消化

精确称取均匀干试样0.5~1.5 g(湿样2.0~4.0 g,饮料等液体试样5.0~10.0 g)于250 mL高型烧杯中,加混合酸消化液20~30 mL,上盖表面皿。置于电热板或沙浴上加热消化。如未消化好而酸液过少时,再补加几毫升混合酸消化液,继续加热消化,直至无色透明为止。加几毫升水,加热以除去多余的硝酸。待烧杯中液体接近2~3 mL时,取下冷却。用20 g/L氧化镧溶液洗并转移于10 mL刻度试管中,并定容至刻度。

取与消化试样相同量的混合酸消化液,按上述操作做试剂空白试验测定。

(3)测定

操作参数,波长422.7 nm,空气-乙炔火焰。将消化好的试样液、试剂空白液和钙元素的标准浓度系列(0.5 μg/mL,1.0 μg/mL,1.5 μg/mL,2.0 μg/mL,3.0 μg/mL)分别进行测定。

5)分析结果的表述

$$X = \frac{(C_1 - C_2) \times V \times f \times 100}{m \times 1000} \tag{5-1}$$

式中:X——试样中元素的含量,单位为毫克每百克(mg/100 g);

C_1——测定用试样液中元素的浓度,单位为微克每毫升(μg/mL);

C_2——试剂空白液中元素的浓度,单位为微克每毫升(μg/mL);

f——稀释倍数;

V——定容体积,单位为毫升(mL);

m——试样质量,单位为克(g)。

计算结果保留到小数点后两位。在重复性条件下获得的两次独立测定结果的绝对差值不得超过算术平均值的10%。

2.EDTA滴定法

1)原理

钙与钙红指示剂络合形成酒红色,当乙二胺四乙酸二钠(EDTA二钠)加入时,与钙形成更稳定的络合物,钙红指示剂变成游离态,pH 12~14时呈蓝色。

2)试剂

①1.25 mol/L氢氧化钾溶液:精确称取70.13 g氢氧化钾,用水稀释至1000 mL。

②10 g/L氰化钠溶液:称取1.0 g氰化钠,用水稀释至100 mL。

③0.05 mol/L柠檬酸钠溶液:称取14.7 g柠檬酸钠($Na_3C_6H_5O_7 \cdot 2H_2O$),用水稀释至1000 mL。

④混合酸消化液:硝酸+高氯酸=4+1。

⑤EDTA溶液:准确称取4.5 gEDTA(乙二胺四乙酸二钠),用水稀释至1000 mL,贮存于

聚乙烯瓶中,4℃保存。使用时稀释10倍即可。

⑥钙标准溶液:准确称取0.1248 g碳酸钙(纯度大于99.99%,105~110℃烘干2 h),加20 mL水及3 mL 0.5 mol/L盐酸溶解,移入500 mL容量瓶中,加水稀释至刻度,贮存于聚乙烯瓶中,4℃保存。此溶液每毫升相当于100 μg钙。

⑦钙红指示剂:称取0.1 g钙红指示剂($C_{21}O_7N_2SH_{14}$),用水稀释至1000 mL,溶解后即可使用。贮存于冰箱中可保持一个半月以上。

3)仪器

所有玻璃仪器均以硫酸-重铬酸钾洗液浸泡数小时,再用洗衣粉洗刷,后用水反复冲洗,最后用去离子水冲洗晾干或烘干,方可使用。

高型烧杯:500 mL;微量滴定管:1 mL或2 mL;碱式滴定管:50 mL;刻度吸管:0.5~1 mL;电热板:1000~3000 W。

4)测定步骤

(1)样品处理

同原子吸收分光光度法。

(2)标定EDTA浓度

吸取0.50 mL钙标准溶液,以EDTA滴定,标定其EDTA的浓度,根据滴定结果计算出每毫升EDTA相当于钙的毫克数,即滴定度(T)。

(3)试样及空白滴定

分别吸取0.10~0.50 mL(根据钙的含量而定)试样消化液及空白于试管中,加1滴氰化钠溶液和0.1 mL柠檬酸钠溶液,用滴定管加1.5 mL 1.25 mol/L氢氧化钾溶液,加3滴钙红指示剂,立即以稀释10倍EDTA溶液滴定,至指示剂由紫红色变蓝为止。

(4)分析结果的表述

$$X = \frac{(V - V_0) \times T \times f}{m} \times 100 \tag{5-2}$$

式中:X——试样中钙含量,mg/100 g;

$\qquad T$——EDTA滴定度,mg/mL;

$\qquad V$——滴定试样时所用EDTA量,mL;

$\qquad V_0$——滴定空白时所用EDTA量,mL;

$\qquad f$——试样稀释倍数;

$\qquad m$——试样质量,g。

计算结果保留到小数点后两位。在重复性条件下获得的两次独立测定结果的绝对差值不得超过算术平均值的10%。

3. 说明

①上述两种测定钙的方法选自GB/T 5009.92—2003,适用于各种食品中钙的测定。火焰原子吸收分光光度法检出限为0.1 μg,线性范围为0.5~2.5 μg;滴定法线性范围为5~50 μg。

②火焰原子吸收分光光度法中,配制钙标准溶液时以氧化镧溶液作为稀释剂的理由是消除磷酸等能与钙生成沉淀物质的干扰,因为氧化镧在水中生成氢氧化镧,继而生成磷酸镧沉淀。

③EDTA 络合滴定实验中，加入氰化钠溶液的目的是消除锌、铜、铁、铝、镍、铅等金属离子的干扰，而柠檬酸钠的目的是防止钙与磷酸生成磷酸钙沉淀。

④EDTA 络合滴定实验中，pH 应控制在 12 ~ 14，否则游离的钙红指示剂不呈蓝色。

5.2.2 食品中铁元素的测定

铁(iron)是人体必需微量元素中含量最多的一种，随年龄、性别、营养状况和健康状况而有较大的个体差异。铁缺乏时常导致缺铁性贫血，还会对人体造成其他身体不适反应。测定方法有原子吸收分光光度法、比色法等。

1. 火焰原子吸收分光光度法

1)原理

样品经消化后，导入原子吸收分光光度计中，经火焰原子化后，吸收波长 248.3 nm 的共振线，其吸收量与铁含量成正比，与标准系列比较定量。

2)试剂

要求使用去离子水，酸为优级纯。

①混合酸：硝酸 + 高氯酸(4 + 1)；

②0.5 mol/L 硝酸：量取 32 mL 硝酸，加入适量的水中，用水稀释并定容至 1000 mL。

③铁标准储备液：精确称取 1.0000 g 金属铁(纯度大于 99.99%)或含 1.0000 g 铁相对应的氧化物，加硝酸使之溶解，移入 1000 mL 容量瓶中，用 0.5 mol/L 硝酸定容至刻度，储存于聚乙烯瓶内，在冰箱内 4℃ 保存。此溶液每毫升相当于 1 mg 铁。

④铁标准使用液：吸取铁标准储备液 10.00 mL 置于 100 mL 的容量瓶中，用 0.5 mol/L 硝酸溶液稀释至刻度，该溶液每毫升相当于 100 μg 铁。储存于聚乙烯瓶内，冰箱内 4℃ 保存。

3)仪器

原子吸收分光光度计(带铁空心阴极灯)；电热板；所用玻璃仪器使用前必须用 20% 硝酸浸泡 24 h 以上，然后分别用水和去离子水冲洗干净后晾干。

4)操作步骤

(1)样品湿法消化

精确称取均匀样品适量(按样品含铁量定，如干样 0.5 ~ 1.5 g，湿样 2.0 ~ 4.0 g，饮料等液体样品 5.0 ~ 10.0 g)于 150 mL 高型烧杯中，加混合酸消化液 20 ~ 30 mL，上盖表面皿，放置过夜。次日置于电热板或电沙浴上加热消化，溶液变成棕红色，应注意防止炭化。如发现消化液颜色变深，再滴加浓硝酸，继续加热消化至冒白色烟雾，取下放冷后，加入约 10 mL 水继续加热赶酸至冒白烟为止。放冷后用去离子水洗至 25 mL 的刻度试管中。同时做试剂空白。

(2)标准曲线制备

吸取 0.50 mL，1.00 mL，2.00 mL，3.00 mL，4.00 mL 铁标准使用液，分别置于 100 mL 容量瓶中，以 0.5 mol/L 的硝酸稀释至刻度，混匀，此标准系列分别含 0.5 μg，1.0 μg，2.0 μg，3.0 μg，4.0 μg 的铁。

(3)仪器条件

波长 248.3 nm，灯电流、狭缝、空气乙炔流量及灯头高度均按仪器说明调至最佳状态。

（4）样品测定

将处理好的样品溶液、试剂空白液和铁标准溶液分别导入火焰原子化器进行测定。记录其对应的吸光度值，与标准曲线比较定量。

5）分析结果的表述

$$X = \frac{(A_1 - A_2) \times V \times f \times 100}{m \times 1000} \qquad (5-3)$$

式中：X——样品中铁的含量，mg/100 g；

A_1——测定用样品液中铁的含量，$\mu g/mL$；

A_2——试剂空白液中铁的含量，$\mu g/mL$；

V——试样定容体积，mL；

f——稀释倍数；

m——样品质量，g。

计算结果保留到小数点后两位。在重复性条件下获得的两次独立测定结果的绝对差值不得超过算术平均值的10%。

6）说明

本方法为国家标准分析法，检出限：0.2 $\mu g/mL$。测定铁含量的方法还有硫氰酸钾比色法、邻二氮菲比色法等。

5.2.3 食品中碘元素的测定

碘（iodine）是一种人体所必需的微量元素，摄入量长时间不足可引发碘缺乏病，而长时间摄入过多则会导致碘过多病。由于食品的种类较多，产地较广，且许多食品具有地域性，使得食品中碘含量的测定在各地区碘摄入的研究中显得尤为重要。

1. 氯仿萃取比色法

1）原理

样品在碱性条件下灰化，碘被还原成碘离子，碘离子与碱金属离子结合成碘化物，碘化物在酸性条件下被 K_2CrO_7 氧化定量析出单质碘。当用氯仿萃取时，碘溶于氯仿中呈粉红色，当碘含量低时，其颜色深浅与碘含量成正比，故可用比色法测定。其最大吸收峰在510 nm 波长处。反应式如下：

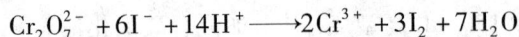

$$Cr_2O_7^{2-} + 6I^- + 14H^+ \longrightarrow 2Cr^{3+} + 3I_2 + 7H_2O$$

2）试剂

①碘标准溶液：称取0.1308 g 经105℃烘干1 h 的 KI 固体于小烧杯中，加少量水溶解，转入1000 mL 容量瓶中，用水定容至刻度，摇匀。此溶液碘浓度为0.1 mg/mL，使用时稀释成0.01 mg/mL。

②$K_2Cr_2O_7$溶液（0.002 mol/L）：称取1.47 g $K_2Cr_2O_7$固体于小烧杯中，加少量水溶解，转入250 mL 容量瓶中，用水定容，摇匀。取10 mL 配制的溶液再稀释成100 mL 溶液。

③KOH 溶液（10 mol/L）：称取约28 g KOH 固体于小烧杯中，加少量水溶解，转入50 mL 容量瓶中，用水定容，摇匀。

3）仪器

721 型分光光度计，分液漏斗，容量瓶（50 mL，100 mL，250 mL），烧杯，吸量管等。

4）分析步骤

（1）样品处理

准确称取均匀样品 2 ~ 3 g 于坩埚中。加入 5 mL KOH，烘干，炭化后，移入高温炉中在 460 ~ 500℃ 下灰化完全。冷却，加 10 mL 水浸渍灰分，加热使灰分溶解，并过滤到 50 mL 容量瓶中。再用约 30 mL 热水分数次洗涤坩埚和滤纸，洗液并入容量瓶中，用水定容至刻度。

（2）标准曲线绘制

准确吸取 0.01 mg/mL 碘标准溶液 0.00 mL，1.00 mL，2.00 mL，3.00 mL，4.00 mL，5.00 mL，分别置于 125 mL 的分液漏斗中，加水至总体积为 40 mL，再加浓 H_2SO_4 2 mL，0.02 mol/L $K_2Cr_2O_7$ 15 mL，摇匀后放置 30 min。加入氯仿 10 mL，振摇 1 min，静置分层后，通过脱脂棉将氯仿过滤到 1 cm 的比色皿中，以空白试剂调零，在波长 510 nm 处，测定标准系列的吸光度，绘制标准曲线。

（3）样品分析

根据样品含碘量的高低，吸取数毫升样液置于 125 mL 的分液漏斗中，按标准曲线绘制的同样步骤操作，测定样品溶液的吸光度。从标准曲线上查出测定用样液中的碘量。

5）分析结果的表述

$$X = \frac{m_0}{m \times \dfrac{V_1}{V_2}} \tag{5-4}$$

式中：X——样品中碘含量；

m_0——从标准曲线上查得的测定用样液中的碘量，g；

V_1——测定时吸取样液的体积，mL；

V_2——样液的总体积，mL；

m——样品质量，g。

6）说明

①样品灰化后以热水分数次洗涤并过滤，避免碘的损失。

②吸取样液量要合适，保证其吸光度值尽量在标准曲线内。

③碘标准液配制时要确保 KI 中水分彻底脱除，并精确测量。

④碘的测定还有硫酸铈接触法等。

5.2.4　食品中磷元素的测定

磷（phosphorus）是构成细胞中很多重要成分的元素之一，在动物体内，磷构成骨骼和牙齿，还以复杂的有机态磷形式构成生物体的主要成分，核酸、卵磷脂、磷脂和某些辅酶等均含有磷。故测定食品中磷的含量在营养学上有重要意义。目前，食品中磷的测定方法有重量法、滴定法和钼蓝分光光度法等。

1.钼酸铵分光光度法

1）原理

食品中的有机物经酸氧化，使磷在酸性条件下与钼酸铵结合生成磷钼酸铵。此化合物经对苯二酚、亚硫酸钠还原成蓝色化合物——钼蓝。用分光光度计在波长 660 nm 处测定钼蓝的吸光值，以定量分析磷含量。

2）试剂

①高氯酸–硝酸消化液：1+4 混合液；

②15% 硫酸溶液：取 15 mL 硫酸徐徐加入到 80 mL 水中混匀。冷却后用水稀释至 100 mL；

③硫酸：相对密度 1.84；

④钼酸铵溶液：称取 0.5 g 钼酸铵，用 15% 硫酸稀释至 100 mL；

⑤对苯二酚溶液：称取 0.5 g 对苯二酚于 100 mL 水中，使其溶解，并加入一滴浓硫酸（减缓氧化作用）；

⑥亚硫酸钠溶液：称取 20 g 亚硫酸钠于 100 mL 水中，使其溶解。此溶液最好临用时配制，否则可使钼蓝溶液发生浑浊；

⑦磷标准贮备液（100 μg/mL）：精确称取在 105℃ 下干燥的磷酸二氢钾（优级纯）0.4394 g，加水溶解并定容至 1000 mL，此溶液含磷 100 mg/L；

⑧磷标准使用液：精确吸取 1 mL 磷贮备液，置于 100 mL 容量瓶中并稀释至刻度，此溶液含磷 1 μg/mL。

3）分析步骤

（1）样品处理

准确称取各类食物的均匀干样 0.1~0.5 g 或湿样 2~5 g 于 100 mL 凯氏烧瓶中，加入 3 mL 硫酸，3 mL 高氯酸–硝酸消化液，置于电炉上，瓶中液体原为棕黑色，待溶液变成无色或微带黄色清亮液体时，即完全消化。将溶液冷却，加 20 mL 水，冷却后转移至 100 mL 容量瓶中。用水多次洗涤凯氏烧瓶，合并洗液并倒入容量瓶中，加水至刻度，混匀。此样液为样品测定液。

取与消化样品同量的硫酸、高氯酸–硝酸消化液，按同一方法做空白试验。

（2）标准曲线绘制

精确吸取磷标准使用液 0 mL，0.5 mL，1.0 mL，2.0 mL，3.0 mL，4.0 mL，5.0 mL，分别置于 20 mL 具塞试管中，依次加入 2 mL 钼酸铵溶液摇匀，静置几秒钟。加入 1 mL 亚硫酸钠溶液，1 mL 对苯二酚溶液摇匀。加水至刻度，混匀。静置 0.5 h 后，在分光光度计 660 nm 波长处测定吸光度。以测出的吸光度对磷含量绘制标准曲线。

（3）样品测定

根据样品含磷量的高低，准确移取数毫升样品测定液按标准曲线绘制的同样步骤操作，测定样品溶液的吸光度。从标准曲线上查出试样测定液中磷的质量。

4）分析结果的表述

$$X = \frac{m_1 \times V_1}{m \times V_2} \times \frac{100}{1000} \tag{5-5}$$

式中：X——样品中磷含量，mg/100 g；

m_1——由标准曲线查得或回归方程算得试样测定液中磷的质量，μg；

m——样品质量，g；

V_1——样品消化液的总体积，mL；

V_2——测定用样品消化液的体积，mL。

在重复条件下获得的两次独立测定结果的绝对差值不得超过算术平均值的 5%。

5）说明

本方法选自国家标准 GB/T 5009.87—2003，钼酸铵比色法应用较多，此法简单快速，准确性好，精密度高。钼酸铵试剂的配制、还原剂的选择和配制以及磷标准的配制等要注意操作的规范性。

5.3 食品中主要有害元素的测定

5.3.1 食品中铅元素的测定

铅(lead)不是人体需要的元素，而是有害金属元素。吃受铅污染的食品，铅在体内积累，会引起慢性中毒，引起造血、胃肠道及神经系统病变。铅对儿童的危害更大，主要损害儿童组织，造成儿童智力发育迟缓等，所以测定食品中的铅是十分重要的食品卫生监督工作。

1. 石墨炉原子吸收分光光度法

1）原理

试样经灰化或酸消解后，注入原子吸收分光光度计石墨炉中，电热原子化后吸收283.3 nm 共振线，在一定浓度范围，其吸收量与铅含量成正比，与标准系列比较定量。

2）试剂

要求用去离子水，优级纯或高级纯试剂。

铅标准使用液：精确称取 1.0000 g 金属铅(99.99%)，分次加入 6 mol/L 硝酸溶液，总量不超过 37 mL，再加水定容至 1000 mL。然后吸取 1.00 mL，加入 0.5% 硝酸溶液稀释至 100 mL。如此多次以 0.5% 硝酸溶液稀释至溶液每毫升相当于 10.0 ng，20.0 ng，40.0 ng，60.0 ng，80.0 ng 铅的标准使用液。

3）仪器

原子吸收分光光度计(附石墨炉及铅空心阴极灯)，消解装置。

所用玻璃仪器均以 10%～20% 硝酸浸泡 24 h 以上，用水反复冲洗，最后用去离子水冲洗、晾干后才能使用。

4）测定

(1)样品处理

①谷类：除壳、磨碎，称取 1.0～5.0 g 置于石英或瓷坩埚中，加 5 mL 硝酸放置 0.5 h，小火蒸干，继续加热炭化，移入高温炉中于 500℃ 灰化 1 h，取出放冷，再加 1 mL 硝酸浸湿灰分，小火蒸干。称取 2 g 过硫酸铵，覆盖灰分，再移入高温炉中，于 800℃ 灰化 20 min，冷却后取出，以 0.5% 硝酸溶液溶解并洗入 100 mL 容量瓶中，稀释至刻度。

②水产类：取可食部分捣成匀浆，称取 1.0～5.0 g，接下来按上述谷类样品处理中"置于石英或瓷坩埚中"起依法操作。

③乳、炼乳、乳粉、茶、咖啡：称取 2 g 混匀或磨碎样品，置于瓷坩埚中，加热炭化后，置于高温炉中 420℃ 灰化 3 h，放冷后加水少许，稍加热后加入 1 mL 硝酸溶液(1+1)，加热溶解后，加水定容至 100 mL。

④油脂类：称取 2.0 g 混匀样品，固体油脂先加热融成液体，置于 100 mL 锥形瓶中，加 10 mL 石油醚，用 10% 硝酸溶液提取 2 次，每次 5 mL，振摇 1 min，合并硝酸液于 50 mL 容

量瓶中,加水至刻度。

⑤饮料、酒、醋等:吸取 2.0 mL 样品置于 100 mL 容量瓶中,加 0.5% 硝酸溶液至刻度,混匀备用。

(2)标准曲线绘制

吸取上面配制的铅标准使用液 10.0 ng/mL、20.0 ng/mL、40.0 ng/mL、60.0 ng/mL、80.0 ng/mL 各 10 μL,注入石墨炉,测得其吸光值并求得吸光值与浓度关系的一元线性回归方程。

(3)样品测定

分别吸取样液和试剂空白液各 10 μL,注入石墨炉,测得其吸光值,代入标准系列的一元线性回归方程中求得样液中铅含量。

(4)测定条件

根据各自仪器性能调至最佳状态。参考条件为灯电流 5~7 mA,波长 283.3 nm,狭缝 0.2~1.0 nm,空气流量 7.5 L/min,乙炔流量 1 L/min,灯头高度 3 mm,氘灯背景校正(也可根据仪器型号,调至最佳条件)。

对有干扰试样,则注入适量的基体改进剂磷酸二氢铵溶液(20 g/L),一般为 5 μL 或与试样同量消除干扰。绘制铅标准曲线时也要加入与试样测定时等量的基体改进剂磷酸二氢铵溶液。

5)分析结果的表述

$$X = \frac{(A_1 - A_2) \times V \times 1000}{m \times 1000 \times 1000} \tag{5-6}$$

式中:X——样品中铅的含量,mg/kg 或 mg/L;

　　　A_1——测定用样品中铅的含量,ng/mL;

　　　A_2——试剂空白液中铅的含量,ng/mL;

　　　V——样品处理液的总体积,mL;

　　　m——样品质量,g 或 mL。

计算结果保留两位有效数字。在重复性条件下获得的两次独立测定结果的绝对差值不得超过算术平均值的 20%。

2.二硫腙比色法(GB 5009.12—2010 第四法)

1)原理

铅与二硫腙在碱性(pH 值 8.5~9.0)溶液中形成红色络合物,络合物颜色的深浅与样品中铅的含量成正比,反应式如下:

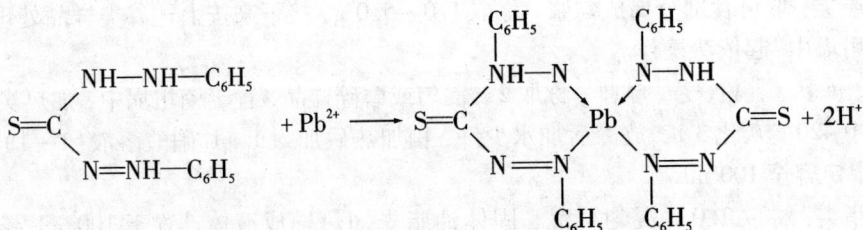

样品经处理后，在 pH 值 8.5 ~ 9.0 时，铅离子与二硫腙生成红色络合物，溶于氯仿，加入柠檬酸铵、氰化钾和盐酸羟胺等，防止铁、铜、锌等离子干扰，根据所呈红色的深浅进行比色定量。

2）试剂

①20% 盐酸羟胺溶液：称取 20 g 盐酸羟胺，加水溶解至约 50 mL，加 2 滴酚红指示剂，加氨水（1 + 1）调 pH 值至 8.5 ~ 9.0（由黄变红，再多加 2 滴），用二硫腙 – 氯仿溶液提取至氯仿层的绿色不变为止，再用氯仿洗涤二次，弃去氯仿层，水层加盐酸溶液（1 + 1）至呈酸性，加水至 100 mL。

②20% 柠檬酸铵溶液：称取 50 g 柠檬酸溶液，溶于 100 mL 水中，加 2 滴酚红指示剂，用氨水（1 + 1）调 pH 值至 8.5 ~ 9.0，用二硫腙 – 氯仿溶液提取数次，每次 10 ~ 20 mL，至氯仿层的绿色不变为止。弃去氯仿层，再用 10 mL 氯仿洗涤两次，弃去氯仿层，加水稀释至 250 mL。

③氯仿：不应含氧化物。若含氧化物则可按以下操作去除：于氯仿中加 1/20 ~ 1/10 体积的 20% 硫代硫酸钠溶液洗涤，再用水洗后，加入少量无水氯化钙脱水后，进行蒸馏，弃去最初及最后的 1/10 馏出液，收集中间馏出液备用。

④二硫腙溶液：0.05% 氯仿溶液保存于冰箱中，必要时二硫腙可按比色法中的方法进行提纯。

⑤二硫腙使用液：吸取 1.0 mL 二硫腙溶液，加氯仿至 10 mL，混匀。用 1 cm 比色皿，以氯仿调节零点，于波长 510 nm 处测吸光度 A，用下式算出配制 100 mL 二硫腙使用液（70% 透光率）所需二硫腙溶液的毫升数（V）。

$$V = \frac{10 \times (2 - \lg 70)}{A} = \frac{1.55}{A} \tag{5 - 7}$$

⑥铅标准使用液：称取 0.1598 g 硝酸铅，加 1% 硝酸溶液 10 mL，加水定容至 100 mL。再吸取 1.00 mL 铅标准溶液，加水稀释至 100 mL。此溶液含铅量为 10 mg/L。

3）测定

（1）样品处理

称取 5.000 g 样品，置于坩埚中，加热炭化，然后移入高温炉中，于 500℃ 灰化 3 h，放冷，取出坩埚，加硝酸润湿灰分，用小火蒸干，500℃ 灼烧 1 h，放冷，取出坩埚，加硝酸溶液（1 + 1）1 mL，加热，使灰分溶解，移入 50 mL 容量瓶中，加水至刻度。

含水分多的食品或液体样品，则移取 5.00 mL 样品，置于蒸发皿中，先在水浴上蒸干，再按上述"加热炭化"起操作。同时作试剂空白试验。

（2）样品测定

吸取 10.00 mL 消化后的定容溶液和同量的试剂空白液，分别置于 125 mL 分液漏斗中，各加水至 20 mL。吸取 0.00 mL，0.10 mL，0.20 mL，0.30 mL，0.40 mL，0.50 mL 铅标准使用液，分别置于 125 mL 分液漏斗中，各加 1% 硝酸溶液至 20 mL。于样品消化液、试剂空白液和铅标准液中各加 20% 柠檬酸铵溶液 2 mL、20% 盐酸羟胺溶液 1 mL 和 2 滴酚红指示剂，用氨水（1 + 1）调至红色，各加 10% 氰化钾溶液 2 mL，混匀，再各加 5.0 mL 二硫腙使用液，剧烈振摇 1 min，静置分层后，四氯化碳层经脱脂棉滤入 1 cm 比色杯中，以零管调节零点，于波长 510 nm 处测定吸光度，绘制标准曲线进行比较。

4) 分析结果的表述

$$X = \frac{(A_1 - A_2) \times 1000}{m \times \dfrac{V_2}{V_1} \times 1000}$$　　　　　　　　(5-8)

式中：X——样品中铅的含量，mg/kg 或者 mg/L；

　　　A_1——测定样品消化液中铅的含量，μg；

　　　A_2——试剂空白液中铅的含量，μg；

　　　m——样品质量（体积），g 或者 mL；

　　　V_1——样品消化液的总体积，mL；

　　　V_2——测定用样品消化液体积，mL。

计算结果保留两位有效数字。在重复性条件下获得的两次独立测定结果的绝对差值不得超过算术平均值的 10%。

5) 说明

①上述两种铅的测定方法都选自我国的国家标准 GB 5009.12—2010，测定铅的国家标准法还有氢化物原子荧光光谱法、火焰原子吸收光谱法、单扫描极谱法等。各方法检出限：石墨炉原子吸收光谱法为 5 μg/kg；氢化物原子荧光光谱法固体试样为 5 μg/kg，液体试样为 1 μg/kg；火焰原子吸收光谱法为 0.1 mg/kg；比色法为 0.25 mg/kg；单扫描极谱法为 0.085 mg/kg。

②二硫腙易被氧化，不仅产生干扰色，并且失去与金属络合的能力，因此，应严格注意所用试剂及二硫腙的纯化。

③二硫腙可与多种金属离子作用生成络合物，在 pH 值 8.5～9.0 时，加入氰化钾可掩蔽 Cu^{2+}、Hg^{2+}、Zn^{2+} 等离子的干扰；加入盐酸羟胺可排除 Fe^{3+} 的干扰；加入柠檬酸铵，可防止生成氢氧化物沉淀使铅被吸附而受损失。

④可根据实验条件选用其他消解方法，比如微波消解法、压力罐法等。

5.3.2　食品中镉元素的测定

镉（cadmium）在工业上应用十分广泛，通过废水、烟尘和矿渣都可造成环境及食品的污染。在铝制品、搪瓷、陶瓷食具容器生产时也会带入镉。人体内镉的蓄积可引起肝、肾慢性中毒，导致负钙平衡，引起骨质疏松症。我国卫生标准中规定，搪瓷、陶瓷、铝制食具容器 4% 乙酸浸泡液中，其镉含量分别不得超过 0.5 mg/L，0.5 mg/L，0.02 mg/L（以 Cd 计）。

食品中镉的测定通常采用原子吸收分光光度法和比色法。

1. 火焰原子吸收光谱法

1) 原理

样品经处理后，在 pH 值 6 左右的溶液中镉离子与二硫腙形成配合物，并经乙酸丁酯萃取分离，导入原子吸收分光光度计中，经火焰原子化后，吸收波长 228.8 nm 的共振线，其吸收值与镉含量成正比，与标准系列比较定量。

2) 试剂

①混合酸：硝酸 + 高氯酸（4 + 1），取 4 份硝酸与 1 份高氯酸混合。

②氨水。

③柠檬酸钠缓冲液(2 mol/L)：称取 226.3 g 柠檬酸钠及 48.46 g 柠檬酸，加水溶解，必要时加温助溶，冷却后用水定容至 500 mL。临用前用二硫腙 – 乙酸丁酯(1 g/L)处理以降低空白值。

④二硫腙 – 乙酸丁酯(1 g/L)：称取 0.1 g 二硫腙，加 10 mL 三氯甲烷溶解后，再加乙酸丁酯稀释至 100 mL。临用时现配。

⑤镉标准贮备液：精确称取 1.0000 g 金属镉(纯度大于 99.99%)，溶于 20 mL 盐酸(5 + 7)中，加入 2 滴硝酸后，移入 1000 mL 容量瓶中，用去离子水定容至刻度，贮存于聚乙烯瓶内，冰箱内保存。此溶液每毫升相当于 1 mg 镉。

⑥镉标准使用液：吸取镉标准溶液 10.00 mL，置于 100 mL 的容量瓶中，用盐酸(1 + 11)稀释至刻度，混匀。如此多次稀释至每毫升 0.2 μg 镉。

3)仪器

原子吸收分光光度计。

4)分析步骤

(1)样品消化

①固体样品：精确称取均匀样品适量(按样品含镉量定，如干样称取称取 0.5 ~ 1.5 g，湿样称取 2.0 ~ 4.0 g，饮料等液体样品称取 5.0 ~ 10.0 g)于 150 mL 高型烧杯，加混合酸消化液 20 ~ 30 mL，上盖表面皿，放置过夜。次日置于电热板或电沙浴上加热消化，溶液变成棕红色，应注意防止炭化。如发现消化液颜色变深，再滴加浓硝酸，继续加热消化至冒白色烟雾，取下放冷后，加入约 10 mL 水继续加热赶酸至冒白烟为止。放冷后用去离子水洗至 25 mL 的刻度试管中。同时做试剂空白。

②液体样品：吸取均匀样品 10 ~ 20 mL 于 150 mL 的三角瓶中，放入几粒玻璃珠。酒类和碳酸类饮品先于电热板上小火加热除去酒精和二氧化碳，然后加入 20 mL 的混合酸，于电热板上加热至颜色由深变浅，至无色透明冒白烟时取下，放冷后加入 10 mL 水继续加热赶酸至冒白烟为止。冷却后用去离子水洗至 25 mL 的刻度试管中。同时做试剂空白。

(2)萃取分离

吸取 0.00 mL，0.25 mL，0.50 mL，1.50 mL，2.50 mL，3.50 mL，5.00 mL 镉标准使用液(相当于 0.00 μg，0.05 μg，0.10 μg，0.30 μg，0.50 μg，0.70 μg，1.00 μg 镉)。分别置于 125 mL 分液漏斗中，各加盐酸(1 + 1)至 25 mL。于样品处理液、试剂空白液和镉标准溶液各分液漏斗中加 5 mL 柠檬酸钠缓冲溶液，以氨水调 pH 值至 5 ~ 6.4，然后各加水至 50 mL，混匀。再各加 5 mL 二硫腙 – 乙酸丁酯溶液，振摇 2 min，静置分层，弃去下层水相，将有机相放入具塞试管中，备用。

(3)仪器条件

测定波长 228.8 nm，灯电流、狭缝、空气乙炔流量及灯头高度均按仪器说明调至最佳状态。

(4)样品测定

将镉标准溶液、试剂空白和处理好的样品溶液分别导入火焰原子化器进行测定。记录其对应的吸光度值，与标准曲线比较定量。

5)分析结果的表述

$$X = \frac{(A_1 - A_2) \times V \times 1000}{m \times 1000} \tag{5-9}$$

式中：X——样品中镉的含量，mg/kg（或 mg/L）；

A_1——测定用样品液中镉的含量，μg/mL；

A_2——试剂空白液中镉的含量，μg/mL；

V——样品处理液的总体积，mL；

m——样品质量（或体积），g（或 mL）。

计算结果保留两位有效数字。在重复性条件下获得的两次独立测定结果的绝对差值不得超过算术平均值的10%。

2. 比色法

1）原理

样品经消化后，在碱性溶液中，镉离子与6-溴苯并噻唑偶氮萘酚形成红色配合物，溶于三氯甲烷，与标准系列比较定量。

2）试剂

①三氯甲烷。

②二甲基甲酰胺。

③混合酸：硝酸＋高氯酸（3＋1）。

④酒石酸钾钠溶液：400 g/L。

⑤氢氧化钠溶液：200 g/L。

⑥柠檬酸钠溶液：250 g/L。

⑦镉试剂：称取38.4 mg 6-溴苯并噻唑偶氮萘酚，溶于50 mL 二甲基甲酰胺，贮于棕色瓶中。

⑧镉标准溶液：准确称取1.0000 g 金属镉（99.99%），溶于20 mL 盐酸（5＋7）中，加入2滴硝酸后，移入1000 mL 容量瓶中，以水稀释至刻度，混匀，贮于聚乙烯瓶中。

⑨镉标准使用液：吸取10.00 mL 镉标准溶液，置于100 mL 容量瓶中，以盐酸（1＋11）稀释至刻度，混匀。如此多次稀释至每毫升相当于1.0 μg 镉。

3）仪器

分光光度计。

4）分析步骤

（1）样品消化

称取5.00～10.00 g 样品，置于150 mL 锥形瓶中，加入15～20 mL 混合酸（如在室温放置过夜，则次日易于消化），小火加热，待泡沫消失后，可慢慢加大火力，必要时再加少量硝酸，直至溶液澄清无色或微带黄色，冷却至室温。

（2）测定

将消化好的样液及试剂空白液用20 mL 水分数次洗入125 mL 分液漏斗中，用氢氧化钠溶液（200 g/L）调节至 pH 值为7左右。吸取0.00 mL、0.50 mL、1.00 mL、3.00 mL、5.00 mL、7.00 mL、10.00 mL 镉标准使用液（相当于0.0 μg、0.5 μg、1.0 μg、3.0 μg、5.0 μg、7.0 μg、10.0 μg 镉），分别置于125 mL 分液漏斗中，再各加水至20 mL。用氢氧化钠溶液调节 pH 值为7左右。于样品消化液、试剂空白及镉标准液中依次加入3 mL 柠檬酸钠溶液（250 g/L）、4 mL 酒石酸钾钠溶液（400 g/L）及1 mL 氢氧化钠溶液（200 g/L），混匀。再各加5.0 mL 三氯甲烷及0.2 mL 镉试剂，立即振摇2 min，静置分层后，将三氯甲烷层经脱脂棉滤于试管中,以三氯甲烷调节零点,于 1 cm 比色杯在波长 585 nm 处测吸光度。各标准点减去空白管吸收值后绘制标准曲线或计算直线回归方程,样液含量与曲线比较或代入方程求出。

5)分析结果的表述

$$X = \frac{(m_1 - m_2) \times 1000}{m \times 1000} \qquad (5-10)$$

式中:X——样品中镉的含量,mg/kg;

  m_1——测定用样品液中镉的质量,μg;

  m_2——试剂空白液中镉的质量,μg;

  m——样品质量,g。

6)说明

上述方法选自 GB/T 5009.15—2003,该标准中介绍的方法还有石墨炉原子化法、原子荧光法等。

本方法检出限:石墨炉原子化法为 0.1 μg/kg;火焰原子化法为 5.0 μg/kg;比色法为 50 μg/kg;原子荧光法检出限量为 1.2 μg/kg;标准曲线线性范围为 0 ~ 50 ng/mL。

5.3.3 食品中汞元素的测定

汞(mercury)是人体非必需金属元素,在常温下呈液态,受热易挥发。汞蒸气毒性很大,汞可以通过多种途径污染食品。汞进入机体后可对神经系统起抑制作用,出现中毒现象。汞的有机形式甲基汞的毒性更大。

1. 二硫腙比色法

1)原理

试样经消化后,汞离子在酸性溶液中可与二硫腙生成橙红色络合物,溶于三氯甲烷,与标准系列比较定量。

2)试剂

①硝酸,硫酸,氨水,三氯甲烷。

②硫酸(1+35):量取 5 mL 硫酸,缓缓倒入 150 mL 水中,冷后加水至 180 mL。

③硫酸(1+19):量取 5 mL 硫酸,缓缓倒入水中,冷后加水至 100 mL。

④盐酸羟胺溶液(200 g/L):吹清洁空气,除去溶液中含有的微量汞。

⑤溴麝香草酚蓝 - 乙醇指示液(1 g/L)。

⑥二硫腙 - 三氯甲烷溶液(0.5 g/L):保存冰箱中,必要时用下述方法纯化。

称取 0.5 g 研细的二硫腙,溶于 50 mL 三氯甲烷中,如不全溶,可用滤纸过滤于 250 mL 分液漏斗中,用氨水(1+99)提取三次,每次 100 mL,将提取液用棉花过滤至 500 mL 分液漏斗中,用盐酸(1+1)调至酸性,将沉淀出的二硫腙用三氯甲烷提取 2~3 次,每次 20 mL,合并三氯甲烷层,用等量水洗涤两次,弃去洗涤液,在 50℃ 水浴上蒸去三氯甲烷。精制的二硫腙置硫酸干燥器中,干燥备用,或将沉淀出的二硫腙依次用 200 mL,200 mL,100 mL 三氯甲烷提取三次,合并三氯甲烷层即为二硫腙溶液。

⑦二硫腙使用液:吸取 1.00 mL 二硫腙溶液,加氯仿至 10 mL,混匀。用 1 cm 比色杯,以氯仿调节零点,于波长 510 nm 处测吸光度(A),用下式算出配制 100 mL 二硫腙使用液(70% 透光率)所需二硫腙溶液的毫升数(V)。

$$V = \frac{10 \times (2 - \lg 70)}{A} = \frac{1.55}{A} \qquad (5-11)$$

⑧汞标准溶液：精确称取 0.1354 g 于干燥器内干燥的二氯化汞，加硫酸（1 + 35）溶解，移入 100 mL 容量瓶中并定容至刻度，此溶液每毫升相当于 1.0 mg 汞。

⑨汞标准使用液：吸取 1.00 mL 汞标准溶液，置于 100 mL 容量瓶中，加硫酸（1 + 35）稀释至刻度，此溶液每毫升相当于 10.0 μg 汞。再吸取此液 5.0 mL 于 50 mL 容量瓶中，加硫酸（1 + 35）稀释至刻度，此溶液每毫升相当于 1.0 μg 汞。

3）仪器

消化装置，可见分光光度计。

4）试样消化

①粮食或水分少的食品：称取 20.00 g 试样，置于消化装置锥形瓶中，加玻璃珠数粒及 80 mL 硝酸、15 mL 硫酸，转动锥形瓶，防止局部炭化。装上冷凝管后，小火加热，待开始发泡即停止加热，发泡停止后加热回流 2 h。如加热过程中溶液变棕色，再加 5 mL 硝酸，继续回流 2 h，放冷，用适量水洗涤冷凝管，洗液并入消化液中，取下锥形瓶，加水至总体积为 150 mL。按同一方法做试剂空白试验。

②植物油及动物油脂：称取 10.00 g 试样，置于消化装置锥形瓶中，加玻璃珠数粒及 15 mL 硫酸，小心混匀至溶液变棕色，然后加入 45 mL 硝酸，装上冷凝管后，接下来按上述粮食或水分少的食品试样消化操作自"小火加热……"起依法操作。

③蔬菜、水果、薯类、豆制品：称取 50.00 g 捣碎、混匀的试样（豆制品直接取样，其他试样取可食部分洗净、晾干），置于消化装置锥形瓶中，加玻璃珠数粒及 45 mL 硝酸、15 mL 硫酸，转动锥形瓶，防止局部炭化。装上冷凝管后，接下来按上述自"小火加热……"起依法操作。

④肉、蛋、水产品：称取 20.00 g 捣碎混匀试样，置于消化装置锥形瓶中，加玻璃珠数粒及 45 mL 硝酸、15 mL 硫酸，装上冷凝管后，接下来按上述自"小火加热……"起依法操作。

⑤牛乳及乳制品：称取 50.00 g 牛乳、酸牛乳，或相当于 50.00 g 牛乳的乳制品（6 g 全脂乳粉，20 g 甜炼乳，12.5 g 淡炼乳），置于消化装置锥形瓶中，加玻璃珠数粒及 45 mL 硝酸，牛乳、酸牛乳加 15 mL 硫酸，乳制品加 10 mL 硫酸，装上冷凝管后，接下来按上述自"小火加热……"起依法操作。

5）测定

①取消化液（全量），加 20 mL 水，在电炉上煮沸 10 min，除去二氧化氮等，放冷。

②于试样消化液及试剂空白液中各加高锰酸钾溶液（50 g/L）至溶液呈紫色，然后再加盐酸羟胺溶液（200 g/L）使紫色褪去，加 2 滴麝香草酚蓝指示液，用氨水调节 pH 值，使橙红色变为橙黄色（pH 值为 1 ~ 2），定量转移至 125 mL 分液漏斗中。

③吸取 0.00 mL、0.50 mL、1.00 mL、2.00 mL、3.00 mL、4.00 mL、5.00 mL、6.00 mL 汞标准使用液（相当于 0 μg、0.5 μg、1.0 μg、2.0 μg、3.0 μg、4.0 μg、5.0 μg、6.0 μg 汞），分别置于 125 mL 分液漏斗中，加 10 mL 硫酸（1 + 19），再加水至 40 mL，混匀。再各加 1 mL 盐酸羟胺溶液（200 g/L），放置 20 min，并不停振摇。

④于试样消化液、试剂空白液及标准液振摇放冷后的分液漏斗中加 5.0 mL 二硫腙使用液，剧烈振摇 2 min，静置分层后，经脱脂棉将三氯甲烷层滤入 1 cm 比色杯中，以三氯甲烷调

节零点,在波长 490 nm 处测吸光度,标准管吸光度减去零管吸光度,绘制标准曲线。

6)分析结果的表述

$$X = \frac{(A_1 - A_2) \times 1000}{m \times 1000} \qquad (5-12)$$

式中：X——试样中汞含量,mg/kg;

$\quad$ A_1——试样消化液中汞的质量,μg;

$\quad$ A_2——试剂空白液中汞的质量,μg;

$\quad$ m——试样质量,g。

在重复性条件下获得的两次独立测定结果的绝对差值不得超过算术平均值的 10%。

2. 原子荧光光谱法

1)原理

样品经酸加热消解后,在酸性介质中,样品中汞被硼氢化钾(KBH$_4$)或硼氢化钠(NaBH$_4$)还原成原子态汞,由载气(氩气)带入原子化器中,在特制汞空心阴极灯照射下,基态汞原子被激发至高能态,在去活化回到基态时,发射出特征波长的荧光,其荧光强度与汞含量成正比,与标准系列比较定量。

2)试剂

除特殊规定外,本方法所用的试剂均为分析纯,试验用水为去离子水或同等纯度的水。

①硝酸(优级纯),30% 过氧化氢,硫酸(优级纯)。

②硫酸 + 硝酸 + 水混合酸(1 + 1 + 8)：量取 10 mL 硫酸和 10 mL 硝酸,缓缓倒入 80 mL 水中,冷却后小心混匀。

③硝酸溶液(1 + 9)：量取 50 mL 硝酸,缓慢倒入 450 mL 水中,混匀。

④氢氧化钾溶液(5 g/L)：称取 5.0 g 氢氧化钾,溶于 1000 mL 水中,混匀。

⑤硼氢化钾溶液(5 g/L)：称取 5.0 g 硼氢化钾,溶于 1000 mL 5.0 g/L 的氢氧化钾溶液中,现用现配。

⑥汞标准储备溶液：精密称取 0.1354 g 于干燥器中干燥过的二氯化汞,加硫酸 + 硝酸 + 水混合酸(1 + 1 + 8)溶解后移入 100 mL 容量瓶中,并稀释至刻度,混匀,此溶液每毫升相当于 1 mg 汞。

⑦汞标准使用液：用移液管吸取汞标准储备液(1 mg/mL)1 mL 于 100 mL 容量瓶中,用硝酸溶液(1 + 9)稀释至刻度,混匀,此溶液浓度为 10 μg/mL。再分别吸取 10 μg/mL 汞标准溶液 1.00 mL 和 5.00 mL 于两个 100 mL 容量瓶中,用硝酸溶液(1 + 9)稀释至刻度,混匀,溶液浓度分别为 100 ng/mL 和 500 ng/mL。分别用于测定低浓度试样和高浓度试样,制作标准曲线。

3)仪器

AFS 型双道原子荧光光光度计或同类型仪器,高压消解罐(10 mL 容量),微波消解炉。

4)样品消解

(1)高压消解法

本方法适用于粮食、豆类、蔬菜、水果、瘦肉类、鱼类、蛋类及乳与乳制品类食品中汞的测定。

①粮食及豆类等干样：称取经粉碎混匀过 40 目筛的干样 0.20 ~ 1.00 g,置于聚四氟乙烯

塑料内罐中,加 5 mL 硝酸,混匀后放置过夜,再加 3 mL 过氧化氢,盖上内盖放入不锈钢外套中,旋紧密封,然后将消解器放入普通干燥箱(烘箱)中加热,升温至 120℃ 后保持恒温 2~3 h 至消解完全,自然冷至室温。将消解液用硝酸溶液(1 + 9)定量转移并定容至 25 mL,摇匀。同时做试剂空白试验,待测。

②蔬菜、瘦肉、鱼类及蛋类水分含量高的鲜样:用捣碎机打成匀浆,称取匀浆 1.00~5.00 g,置于聚四氟乙烯塑料罐内,加盖留缝放于 65℃ 鼓风干燥箱或一般烘箱中烘至近干,取出,加 5 mL 硝酸,混匀后放置过夜,再加 3 mL 过氧化氢,盖上内盖放入不锈钢外套中,旋紧密封,然后将消解器放入普通干燥箱(烘箱)中加热,升温至 120℃ 后保持恒温 2~3 h 至消解完全,自然冷至室温。将消解液用硝酸溶液(1 + 9)定量转移并定容至 25 mL,摇匀。同时做试剂空白试验,待测。

(2)微波消解法

称取 0.10~0.50 g 样品于消解罐中加入 1~5 mL 硝酸,1~2 mL 过氧化氢,盖好安全阀后,将消解罐放入微波炉消解系统中,根据不同种类的样品设置微波炉消解系统的最佳分析条件(参见表 5-1 和表 5-2),至消解完全,冷却后用硝酸溶液(1 + 9)定量转移并定容至 25 mL(低含量样品可定容至 10 mL),混匀待测。

表 5-1　粮食、蔬菜、鱼肉类样品微波分析条件

步骤	1	2	3
功率/(%)	50	75	90
压力/psi[(1)]	50	100	160
升压时间/min	30	30	30
保压时间/min	5	7	5
排风量/(%)	100	100	100

表 5-2　油脂、糖类样品微波分析条件

步骤	1	2	3	4	5
功率/(%)	50	70	80	100	100
压力/psi[(1)]	50	75	100	140	180
升压时间/min	30	30	30	30	30
保压时间/min	5	7	5	7	5
排风量/(%)	100	100	100	100	100

注:(1) 1psi = 6894.76 Pa。

5)标准系列配制

①低浓度标准系列:分别吸取 100 ng/mL 汞标准使用液 0.25 mL,0.50 mL,1.00 mL,2.00 mL,2.50 mL 于 25 mL 容量瓶中,用硝酸溶液(1 + 9)稀释至刻度,混匀。各自相当于汞浓度 1.00 ng/mL,2.00 ng/mL,4.00 ng/mL,8.00 ng/mL,10.00 ng/mL。此标准系列适用

于一般样品测定。

②高浓度标准系列：分别吸取 500 ng/mL 汞标准使用液 0.25 mL，0.50 mL，1.00 mL，2.00 mL，2.50 mL 于 25 mL 容量瓶中，用硝酸溶液(1 + 9)稀释至刻度，混匀。各自相当于汞浓度 5.00 ng/mL，10.00 ng/mL，20.00 ng/mL，40.00 ng/mL，50.00 ng/mL。此标准系列适用于鱼及含汞量偏高的样品测定。

6)测定

(1)仪器参考条件

光电倍增管负高压240 V；汞空心阴极灯灯电流30 mA；原子化器温度300℃，高度8.0 mm；氩气流速500 mL/min，屏蔽气1000 mL/min；测量方式为标准曲线法；读数方式为峰面积；读数延迟时间1.0 s；读数时间10.0 s；硼氢化钾溶液加液时间8.0 s；标准或样品液加液体积2 mL。

(2)测定方法

根据实验情况可任选下列一种方法。

①浓度测定方式测量：设定好仪器最佳条件，逐步将炉温升至所需温度后，稳定10～20 min后开始测量。连续用硝酸溶液(1 + 9)进样，待读数稳定后，转入标准系列测量，绘制标准曲线。转入样品测量，先用硝酸溶液(1 + 9)进样，使读数基本回零，再分别测定样品空白和样品消化液，每次测不同的样品前都应清洗进样器。

②仪器自动计算结果方式测量：按上述设定好的仪器最佳条件，在样品参数画面输入样品质量(g 或 mL)，稀释体积(mL)，并选择结果的浓度单位，逐步将炉温升至所需温度，稳定后测量。连续用硝酸溶液(1 + 9)进样，待读数稳定后，转入标准系列测量，绘制标准曲线。在转入样品测定之前，再进入空白值测量状态，用样品空白消化液进样，让仪器取其平均值作为扣除的空白值。随后即可依法测定样品。测定完毕后，选择"打印报告"即可将测定结果自动打印。

7)分析结果的表述

$$X = \frac{(C - C_0) \times V \times 1000}{m \times 1000 \times 1000} \tag{5-13}$$

式中：X——样品中汞的含量，mg/kg(或 mg/L)；

C——样品消化液测定浓度，ng/mL；

C_0——试剂空白液测定浓度，ng/mL；

V——样品消化液总体积，mL；

m——样品质量(体积)，g(mL)。

在重复性条件下获得的两次独立测定结果的绝对差值不得超过算术平均值的10%。

3.甲基汞的测定——气相色谱法

1)原理

试样中的甲基汞，用氯化钠研磨后加入含有 Cu^{2+} 的盐酸(1 + 11)，完全萃取后(Cu^{2+} 与试样中结合的甲基汞交换)，经离心或过滤，将上清液调试至一定的酸度，用巯基棉吸附，再用盐酸(1 + 5)洗脱，最后以苯萃取甲基汞，用带电子捕获鉴定器的气相色谱仪分析。

2)试剂

①氯化钠。

②苯：色谱上无杂峰，否则应重蒸馏纯化。

③无水硫酸钠：用苯提取，浓缩液在色谱上无杂峰。

④盐酸(1 + 5)：取优级纯盐酸，加等体积水，恒沸蒸馏，蒸出盐酸为(1 + 1)，稀释配制。

⑤氯化铜溶液(42.5 g/L)。

⑥氢氧化钠溶液(40 g/L)：称取 40 g 氢氧化钠加水稀释至 1000 mL。

⑦盐酸(1 + 11)：取 83.3 mL 盐酸(优级纯)加水稀释至 1000 mL。

⑧淋洗液(pH 3.0 ~ 3.5)：用盐酸(1 + 11)调节水的 pH 值为 3.0 ~ 3.5。

⑨巯基棉：在 250 mL 具塞锥形瓶中依次加入 35 mL 乙酸酐、16 mL 冰乙酸、50 mL 硫代乙醇酸、0.15 mL 硫酸、5 mL 水，混匀，冷却后，加入 14 g 脱脂棉，不断翻压，使棉花完全浸透，将塞盖好，置于恒温培养箱中，在(37 ± 0.5)℃保温 4 天(注意切勿超过 40℃)，取出后用水洗至近中性，除去水分后平铺于瓷盘中，再在(37 ± 0.5)℃恒温箱中烘干，成品放入棕色瓶中，放置冰箱保存备用(使用前，应先测定巯基棉对甲基汞的吸附效率，在 95% 以上方可使用)。

注：制备巯基棉所用试剂用苯萃取，萃取液不应在气相色谱上出现甲基汞的峰。

⑩甲基汞标准溶液：准确称取 0.1252 g 氯化甲基汞，用苯溶解于 100 mL 容量瓶中，加苯稀释至刻度，此溶液每毫升相当于 1.0 mg 甲基汞。放置冰箱保存。

⑪甲基汞标准使用液：吸取 1.00 mL 甲基汞标准溶液，置于 100 mL 容量瓶中，用苯稀释至刻度。此溶液每毫升相当于 10 μg 甲基汞，取此溶液 1.00 mL，置于 100 mL 容量瓶中，用盐酸(1 + 5)稀释至刻度，此溶液每毫升相当于 0.1 μg 甲基汞，临用时新配。

⑫甲基橙指示液(1 g/L)。

3)仪器

气相色谱仪：附^{63}Ni 电子捕获鉴定器或气氚源电子捕获检定器。

酸度计。

离心机：带 50 ~ 80 mL 离心管。

巯基棉管：用内径 6 mm、长度 20 cm，一端拉线(内径 2 mm)的玻璃滴管内装 0.1 ~ 0.15 g 巯基棉，均匀填塞，临用现装。

玻璃仪器：均用硝酸(1 + 20)浸泡一昼夜，用水冲洗干净。

4)气相色谱参考条件

^{63}Ni 电子捕获鉴定器：柱温 185℃，鉴定器温度为 260℃，汽化室温度 215℃。

氚源电子捕获鉴定器：柱温 185℃，鉴定器温度为 190℃，汽化室温度 185℃。

载气：高纯氮，流量为 60 mL/min(选择仪器的最佳条件)。

色谱柱：内径 3 mm，长 1.5 m 的玻璃柱，内装涂有质量分数为 7% 的丁二酸乙二醇聚酯(PEGS)或涂质量分数为 1.5% 的 OV - 17 和 1.95% QF - 1 或质量分数为 5% 的丁二乙酸二乙醇酯(DEGS)固定液的 60 ~ 80 目 chromosorb WAWDMCS。

5)测定

①称取 1.00 ~ 2.00 g 去皮、去刺、绞碎混匀的鱼肉(称取 5 g 虾仁，研碎)，加入等量 NaCl，在乳钵中研成糊状，加入 42.5 g/L 氯化铜溶液 0.5 mL，轻轻研匀，用 30 mL 盐酸(1 + 11)分次完全转入 100 mL 带塞锥形瓶中，剧烈振摇 5 min，放置 30 min(也可用振荡器振荡 30

min)，样液全部转入 50 mL 离心管中，用 5 mL 盐酸(1 + 11)淋洗锥形瓶，洗液并入离心管中，离心 10 min(转速为 2000 r/min)，将上清液全部转入 100 mL 分液漏斗中，于残渣中再加 10 mL 盐酸(1 + 11)，用玻璃棒搅拌均匀后再离心，合并两份离心溶液。

②加入与盐酸(1 + 11)等量的氢氧化钠溶液(40 g/L)中和，加 1 ~ 2 滴甲基橙指示液，再调至溶液变黄色，然后滴加盐酸(1 + 11)至溶液从黄色变橙色，此溶液的 p 值在 3.0 ~ 3.5 范围内(可用 pH 计校正)。

③将塞有巯基棉的玻璃滴管接在分液漏斗下面，控制流速为 4 ~ 5 mL/min；然后用 pH 3.0 ~ 3.5 的淋洗液冲洗漏斗和玻璃管，取下玻璃管，用玻璃棒压紧巯基棉，用洗耳球将水尽量吹尽，然后加入 1 mL 盐酸(1 + 5)分别洗脱一次，用洗耳球将洗脱液吹尽，收集于 10 mL 具塞比色管中。

④另取两支 10 mL 具塞比色管，各加入 2.00 mL 甲基汞标准使用液(0.1 μg/mL)。向含有试样及甲基汞标准使用液的具塞比色管中各加入 1.00 mL 苯，提取振摇 2 min，分层后吸出苯液，加少许无水硫酸钠，摇匀，静置，吸取一定量进行气相色谱测定，记录峰高，与标准峰高比较定量。

6)分析结果的表述

$$X = \frac{m_1 \times h_1 \times V_1 \times 1000}{m_2 \times h_2 \times V_2 \times 1000} \quad\quad (5-14)$$

式中：X——试样中甲基汞的含量，mg/kg；

m_1——甲基汞标准量，μg；

h_1——试样峰高，mm；

V_1——试样苯萃取溶剂的总体积，μL；

V_2——测定用试样的体积，μL；

h_2——甲基汞标准峰高，mm；

m_2——试样质量，g。

在重复性条件下获得的两次独立测定结果的绝对差值不得超过算术平均值的20%。

7)说明

上述方法选自 GB/T 5009.17—2003，适用于各类食品中总汞的测定。

原子荧光光谱分析法：检出限 0.15 μg/kg，标准曲线最佳线性范围 0 ~ 60 μg/L；冷原子吸收法的检出限：压力消解法为 0.4 μg/kg，其他消解法为 10 μg/kg；比色法为 25 μg/kg。

5.3.4　食品中砷元素的测定

砷(arsenic)普遍存在于动植物的细胞组织中，在无污染条件下，人每天从膳食中都会摄入微量的砷。痕量的砷对动物的生长是有益的，但砷的三价化合物具有强烈毒性，如砒霜(三氧化二砷)、三氯化砷、亚砷酸、砷化氢等。人体摄入砷后，因积累作用，可引起慢性中毒，如多发性神经炎、结膜炎等。所以食品中砷的含量各国都有限量标准。GB 2762—2005《食品中污染物限量》规定砷限量指标为 0.05 ~ 1.0 mg/kg，因食品种类不同而有差异。

食物中的砷主要来源于农药、肥料、环境的污染以及开采业、焙烧、冶炼厂的废水等。

砷的定性快速测验方法有：

①量取经过滤的样品浸泡液 400 mL，在沸水浴上浓缩至 20 mL 左右，用盐酸强烈酸化，

加入适量的磷酸二氢钠,如有砷存在,砷即可呈胶体状态析出,溶液变成褐色。

②将 KI 加入高度浓缩而经盐酸酸化过的热样品浸泡液中,如溶液中有红色的三碘化砷产生,则表示样液中有砷的存在。

砷含量的定量测定方法有银盐法、氢化物原子荧光光度法、氢化物原子吸收光谱法、古蔡氏法等。

1. 氢化物原子荧光光度法

1)原理

食品试样经湿消解或干灰化后,加入硫脲使五价砷预还原为三价砷,再加入硼氢化钠或硼氢化钾使还原生成砷化氢,由氩气载入石英原子化器中分解为原子态砷,在特制砷空心阴极灯的发射光激发下产生原子荧光,其荧光强度在固定条件下与被测液中的砷浓度成正比,与标准系列比较定量。

2)试剂

①氢氧化钠溶液:2 g/L。

②硼氢化钠溶液:10 g/L,称取硼氢化钠 10.0 g,溶于 2 g/L 氢氧化钠液 1000 mL 中,混匀。此液于冰箱可保存 10 天,取出后应当日使用(也可称取 14 g 硼氢化钾代替 10 g 硼氢化钠)。

③硫脲溶液:50 g/L。

④硫酸溶液(1 + 9):量取硫酸 100 mL,小心倒入水 900 mL 中,混匀。

⑤氢氧化钠溶液:100 g/L(供配制砷标准溶液用,少量即够)。

⑥砷标准储备液:含砷 0.1 mg/mL。精确称取于 100℃ 干燥 2 h 以上的三氧化二砷 0.1320 g,加 100 g/L 氢氧化钠 10 mL 溶解,用适量水转入 1000 mL 容量瓶中,加(1 + 9)硫酸 25 mL,用水定容至刻度。

⑦砷使用标准液:含砷 1 μg/mL。吸取 1.00 mL 砷标准储备液于 100 mL 溶量瓶中,用水稀释至刻度。此液应当日配制使用。

⑧湿消解试剂:硝酸、硫酸、高氯酸。

⑨干灰化试剂:六水硝酸镁(150 g/L)、氯化镁、盐酸(1 + 1)。

3)仪器

原子荧光光度计。

4)分析步骤

(1)试样消解

可采用湿法消解或干法灰化。

①湿消解:固体试样称样 1 ~ 5 g,液体试样称样 5 ~ 10 g(或 mL)精确至小数点后第二位),置于 50 ~ 100 mL 锥形瓶中,同时做两份试剂空白。加硝酸 20 ~ 40 mL,,硫酸 1.25 mL,摇匀后放置过夜,置于电热板上加热消解。若消解液处理至 10 mL 左右时仍有未分解物质或色泽变深,取下放冷,补加硝酸 5 ~ 10 mL,再消解至 10 mL 左右观察,如此反复两三次,注意避免炭化。如仍不能消解完全,则加入高氯酸 1 ~ 2 mL,继续加热至消解完后,再持续蒸发至高氯酸的白烟散尽,硫酸的白烟开始冒出。冷却,加水 25 mL,再蒸发至冒硫酸白烟。冷却,用水将内容物转入 25 mL 容量瓶或比色管中,加入 50 g/L 硫脲 2.5 mL,补水至刻度并混匀,备测。

②干灰化：一般应用于固体试样。称取 1 ~ 2.5 g（精确至小数点后第二位）于 50 ~ 100 mL 坩埚中，同时做两份试剂空白。加 150 g/L 硝酸镁 10 mL 混匀，低热蒸干，将氧化镁 1 g 仔细覆盖在干渣上，于电炉上炭化至无黑烟，移入 550℃ 高温炉灰化 4 h。取出放冷，小心加入(1 + 1)盐酸 10 mL 以中和氧化镁并溶解灰分，转入 25 mL 容量瓶或比色管中，向容量瓶或比色管中加入 50 g/L 硫脲 2.5 mL，另用(1 + 9)硫酸分次涮洗坩埚后转出合并，直至 25 mL 刻度，混匀备侧。

（2）标准系列制备

取 25 mL 容量瓶或比色管 6 支，依次准确加入 1 μg/mL 砷使用标准液 0.00 mL，0.05 mL，0.20 mL，0.50 mL，2.00 mL，5.00 mL（各相当于砷浓度 0.0 ng/mL，2.0 ng/mL，8.0 ng/mL，20.0 ng/mL，80.0 ng/mL，200.0 ng/mL，各加(1 + 9)硫酸 12.5 mL，50 g/L 硫脲 2.5 mL，补加水至刻度，混匀备测。

（3）测定

仪器参考条件：光电倍增管电压：400 V；砷空心阴极灯电流：35 mA；原子化器：温度 820 ~ 850℃；高度 7 mm；氩气流速：载气 600 mL/min；测量方法：荧光强度或浓度直读，读数方式：峰面积；读数延迟时间：1 s；读数时间 15 s；硼氢化钠溶液加入时间：5 s；标液或样液加入体积：2 mL。

5）分析结果的表述：

$$X = \frac{C_1 - C_0}{m} \times \frac{25}{1000} \qquad (5-15)$$

式中：X——试样的砷含量，mg/kg 或 mg/L；

C_1——试样被测液的浓度，ng/mL；

C_0——试剂空白液的浓度，ng/mL；

m——试样的质量或体积，g 或 mL。

计算结果保留两位有效数字。湿消解法在重复性条件下获得的两次独立测定结果的绝对差值不得超过算术平均值的 10%。干灰化法在重复性条件下获得的两次独立测定结果的绝对差值不得超过算术平均值的 15%。

湿消解法测定的回收率为 90% ~ 105%；干灰化法测定的回收率为 85% ~ 100%。

6）说明

①上述方法选自 GB/T 5009.11—2003，适用于各类食品中总砷的测定。本方法检出限：氢化物原子荧光光度法：0.01 mg/kg，线性范围为 0 ~ 100 ng/mL；而国家标准中的银盐法检出限为：0.2 mg/kg；砷斑法检出限为 0.25 mg/kg；硼氢化物还原比色法检出限为：0.05 mg/kg。

②无机砷的测定：食品中的砷可能以不同的化学形式存在，包括无机砷和有机砷。在 6 mol/L 盐酸水浴条件下，无机砷以氯化物形式被提取，实现无机砷和有机砷的分离。采用氢化物原子荧光光度法，在 2 mol/L 盐酸条件下可测定总无机砷。

小 结

随着消费者对食物成分知情权意识的提高，食物中元素分析的种类和范围也将越来多、越来越广,对元素分析的要求也将越来越高。食物中元素分析有两个重要环节,一是样品预处理,二是元素含量测定。样品预处理的消化方法有采用微波消化代替传统消化的趋势。元素含量测定的方法总结起来,常用的有三大类:滴定法、分子分光光度法、原子分光光度法。原子分光光度法在元素含量低的样品分析时具有所需样品少、灵敏度高、重现性好、快速等优点,在食物中元素分析工作中,有逐步普及的趋势。

思考题

1. 说明二硫腙比色测定食品中微量元素的原理,测定过程中会有哪些干扰? 如何消除?
2. 为什么用原子吸收分光光度法测定食品中的矿物质元素时,一般都要做空白实验?
3. 在原子吸收分光光度法测定矿物质元素中,如何减少误差,提高分析结果的准确度?
4. 比较测定汞的样品消化方法与测铅的样品消化方法有何不同? 为什么?
5. 测定食品中砷含量存在哪些干扰及影响因素,应如何消除?

参考文献

[1] 张意静.食品分析技术[M].北京:中国轻工业出版社,2001.

[2] 赵杰文,孙永海.现代食品检测技术[M].北京:中国轻工业出版社,2005.

[3] 宁正祥.食品成分分析手册[M].北京:中国轻工业出版社,1998.

[4] 穆华荣,于淑萍.食品分析[M].北京:化学工业出版社,2004.

[5] 杨祖英.食品检验[M].北京:化学工业出版社,2001.

[6] 王世平,王静,仇厚援.现代仪器分析原理与技术[M].哈尔滨:哈尔滨工程大学出版社,1999.

[7] 刘兴友,刁有祥.食品理化检验学[M].北京:北京农业大学出版社,1995.

[8] 胡琴,黄庆华.分析化学·案例[M].北京:科学出版社,2010.

[9] 徐春祥.基础化学[M].北京:人民卫生出版社,2007.

[10] 陈虹锦.无机及分析化学[M].北京:科学出版社,2008.

[11] S. Suzanne Nielsen. Food Analysis Laboratory Manual (Second edition)[M]. New York:Springer, 2010.

第6章

酸类物质测定

本章学习目的与要求

1. 掌握食品酸度的含义，掌握总酸度、pH 值、挥发性酸的测定方法、原理及注意事项；

2. 熟悉食品中存在的主要有机酸；

3. 了解有机酸分离的方法。

6.1 概 述

食品中的酸类物质，主要是溶于水的一些有机酸和无机酸。在果蔬及其制品中，以苹果酸、柠檬酸、酒石酸、琥珀酸和醋酸为主；在肉、鱼类食品中则以乳酸为主。此外，还有一些无机酸，像盐酸、磷酸等。这些酸味物质，有的是食品中的天然成分，像葡萄中的酒石酸，苹果中的苹果酸；有的则是人为加进去的，像配制型饮料中加入的柠檬酸；还有的是在发酵中产生的，像酸牛奶中的乳酸。表 6-1 至表 6-5 分别列出了部分食品的有机酸种类、含量及 pH 值。

表 6-1 果实中主要有机酸种类

名称	有机酸种类	名称	有机酸种类
苹果	苹果酸、少量柠檬酸	梅	柠檬酸、苹果酸、草酸
桃	苹果酸、柠檬酸、奎宁酸	温州蜜橘	柠檬酸、苹果酸
洋梨	柠檬酸、苹果酸	夏橙	柠檬酸、苹果酸、琥珀酸
梨	苹果酸、果心部分有柠檬酸	柠檬	柠檬酸、苹果酸
葡萄	酒石酸、苹果酸	菠萝	柠檬酸、苹果酸、酒石酸
樱桃	苹果酸	甜瓜	柠檬酸
杏	苹果酸、柠檬酸	番茄	柠檬酸、苹果酸

表6-2 蔬菜中主要有机酸种类

名称	主要有机酸种类	名称	主要有机酸种类
菠菜	草酸、苹果酸、柠檬酸	甜菜叶	草酸、柠檬酸、苹果酸
甘蓝	柠檬酸、苹果酸、琥珀酸、草酸	莴苣	苹果酸、柠檬酸、草酸
笋	草酸、酒石酸、乳酸、柠檬酸	甘薯	草酸
芦笋	柠檬酸、苹果酸、酒石酸	蓼	甲酸、乙酸、戊酸

表6-3 果蔬中柠檬酸和苹果酸的含量

名称	柠檬酸含量/%	苹果酸含量/%	名称	柠檬酸含量/%	苹果酸含量/%
草莓	0.91	0.1	豌豆荚	0.03	0.13
苹果	0.03	1.02	甘蓝	0.14	0.1
葡萄	0.43*	0.65	胡萝卜	0.09	0.24
橙	0.98	+	洋葱	0.02	0.17
柠檬	3.84	+	马铃薯	0.51	
香蕉	0.32	0.37	甘薯	0.07	-
菠萝	0.84	0.12	南瓜	-	0.15
桃	0.37	0.37	菠菜	0.08	0.09
梨	0.24	0.12	花椰菜	0.21	0.39
杏(干)	0.35	0.81	番茄	0.47	0.05
洋梨	0.03	0.92	黄瓜	0.01	0.24
甜樱桃	0.1	0.5	芦笋	0.11	0.1

注：*——酒石酸的含量；+——痕量；-——缺乏。

表6-4 一些果蔬的 pH 值

名称	pH 值	名称	pH 值	名称	pH 值
苹果	3.0~5.0	甜樱桃	3.2~3.95	葡萄	2.55~4.5
梨	3.2~3.95	草莓	3.8~4.4	西瓜	6.0~6.4
杏	3.4~4.0	酸樱桃	2.5~3.7	甘蓝	5.2
桃	3.2~3.9	柠檬	2.2~3.5	番茄	4.1~4.8
辣椒(青)	5.4	菠菜	5.7	橙	3.55~4.9
南瓜	5.0	胡萝卜	5.0	豌豆	6.1

表6-5　某些食品的 pH 值

名称	pH 值	名称	pH 值	名称	pH 值
牛肉	5.1~6.2	蛤肉	6.5	鲜蛋	8.2~8.4
羊肉	5.4~6.7	蟹肉	7.0	鲜蛋白	7.8~8.8
猪肉	5.3~6.9	牡蛎肉	4.8~6.3	鲜蛋黄	6.0~6.3
鸡肉	6.2~6.4	小虾肉	6.0~7.0	面粉	6.0~6.5
鱼肉	6.6~6.8	牛乳	6.5~7.0	米饭	6.7

数据来源: 张水华. 食品分析. 北京: 中国轻工业出版社, 2004。

6.1.1　酸类物质在食品中的作用

1. 显味剂

不论是哪种途径得到的酸类物质, 都是食品重要的显味剂, 对食品的风味有很大的影响。其中大多数的有机酸具有很浓的水果香味, 能刺激食欲, 促进消化, 在维持人体体液酸碱平衡方面也起着重要的作用。

2. 保持颜色稳定

食品中的酸类物质的存在, 即 pH 值的高低, 对保持食品的颜色的稳定性, 也起着一定的作用。在水果加工过程中, 如果加酸降低介质的 pH 值, 可抑制水果的酶促褐度; 选用 pH 值 6.5~7.2 的沸水热烫蔬菜, 能很好地保持绿色蔬菜特有的鲜绿色。

3. 防腐作用

食品中的酸类物质还具有一定的防腐作用。当食品的 pH 值小于 2.5 时, 一般除霉菌外, 大部分微生物的生长都会受到抑制; 若将醋酸的浓度控制在 6% 时, 可有效地抑制腐败菌的生长。

6.1.2　酸度的概念

分析和研究食品的酸类物质, 首先应区分如下几种不同概念。

1. 总酸度

总酸度是指食品中所有酸性成分的总量。它包括未离解的酸的浓度和已离解的酸的浓度, 其大小可借滴定法来确定, 故总酸度又称为"可滴定酸度"。

2. 有效酸度

有效酸度是指被测溶液中 H^+ 的浓度, 准确地说应是溶液中 H^+ 的活度, 所反映的是已离解的那部分酸的浓度, 常用 pH 值来表示, 其大小可借酸度计(即 pH 计)来测定。

3. 挥发酸

挥发酸是指食品中易挥发的有机酸, 如甲酸、乙酸及丁酸等低碳链的直链脂肪酸, 其含量可通过蒸馏法分离, 再用标准碱滴定来测定。

4. 牛乳酸度

牛乳有如下两种酸度:

1)外表酸度

又叫固有酸度(潜在酸度), 是指刚挤出来的新鲜牛乳本身所具有的酸度, 是由磷酸、酪蛋白、白蛋白、柠檬酸和 CO_2 等所引起的。外表酸度在新鲜牛乳中占 0.15% ~0.18%（以乳酸计）。

2）真实酸度

也叫发酵酸度，是指牛乳放置过程中，在乳酸菌作用下乳糖发酵产生了乳酸而升高的那部分酸度。若牛乳中含酸量超过 0.15% ~0.20%，即表明有乳酸存在，因此习惯上将 0.2% 以下含酸量的牛乳称为新鲜牛乳，若达 0.3% 就有酸味，0.6% 就能凝固。

具体表示牛乳酸度有两种方法：

①用°T 表示牛乳的酸度，°T 指滴定 100 mL 牛乳样品消耗 0.1000 mol/L NaOH 溶液的体积，或滴定 10 mL 牛乳所用去的 0.1000 mol/L NaOH 的体积数乘以 10。新鲜牛乳的酸度为 16~18°T。

②以乳酸的百分数来表示，与总酸度计算方法同样，用乳酸表示牛乳酸度。

6.1.3 食品中酸类物质的测定意义

1. 有机酸影响食品的色、香、味及稳定性

果蔬中所含色素的色调与其酸度密切相关，在一些变色反应中，酸是起很重要作用的成分。如叶绿素在酸性条件下变成黄褐色的脱镁叶绿素，花青素于不同酸度下，颜色亦不相同。果实及其制品的口感取决于糖、酸的种类、含量及比例，酸度降低则甜味增加，同时水果中适量的挥发酸含量也会带给其特定的香气。另外，食品中有机酸含量高，则其 pH 值低，而 pH 值的高低对食品稳定性有一定影响。降低 pH 值，能减弱微生物的抗热性和抑制其生长，所以 pH 值是果蔬罐头杀菌条件的主要依据。在水果加工中，控制介质的 pH 值可以抑制水果褐变。有机酸能与 Fe、Sn 等金属反应，加快设备和容器的腐蚀作用，影响制品的风味与色泽；有机酸可以提高维生素 C 的稳定性，防止其氧化。

2. 食品中有机酸的种类和含量是判别其质量好坏的一个重要指标

挥发酸的种类是判别某些制品腐败的标准，如某些发酵制品中有甲酸积累，则说明已发生细菌性腐败；挥发酸的含量也是某些制品质量好坏的指标，如水果发酵制品中含有 0.1% 以上的醋酸，则说明制品腐败；牛乳及乳制品中乳酸过高时，亦说明已由乳酸菌发酵而产生腐败。新鲜的油脂常常是中性的，不含游离脂肪酸。但油脂在存放过程中，本身含的解脂酶会分解油脂而产生游离脂肪酸，使油脂酸败，故测定油脂酸度（以酸价表示）可判别其新鲜程度。有效酸度也是判别食品质量的指标，如新鲜肉的 pH 值为 5.7~6.2，若 pH >6.7，说明肉已变质。

3. 利用有机酸的含量与糖含量之比，可判断某些果蔬的成熟度

有机酸在果蔬中的含量，因其成熟度及生长条件不同而异，一般随着成熟度提高，有机酸含量下降，而糖含量增加，糖酸比增大。故测定酸度可判断某些果蔬的成熟度，对于确定果蔬收获及加工工艺条件很有意义。

6.2 酸度的测定

6.2.1 总酸度的测定

1. 原理

食品中的酒石酸、苹果酸、柠檬酸、草酸、乙酸等其电离常数均大于 10^{-8}，可以用强碱

标准溶液直接滴定，用酚酞作指示剂，当滴定至终点(溶液呈浅红色，30 s 不退色)时，根据所消耗的标准碱溶液的浓度和体积，可计算出样品中总酸含量。其反应式如下：

$$RCOOH + NaOH \longrightarrow RCOONa + H_2O$$

2. 适用范围

本法适用于各类色浅的食品中总酸含量的测定。

3. 试剂

①0.1 mol/L NaOH 标准溶液：称取氢氧化钠(AR)120 g 于 250 mL 烧杯中，加入蒸馏水 100 mL，振摇使之溶解成饱和溶液，冷却后注入聚乙烯塑料瓶中，密闭，放置数日澄清后备用。准确吸取上述溶液的上层清液 5.6 mL，加新煮沸过并已冷却的无二氧化碳蒸馏水至 1000 mL，摇匀。

标定：精密称取 0.4 ~ 0.6 g(准确至 0.0001 g)经 105 ~ 110℃烘箱干燥至恒重的基准邻苯二甲酸氢钾，加 50 mL 新煮沸过的冷蒸馏水，振摇使其溶解，加酚酞指示剂 2 ~ 3 滴，用配制的 NaOH 标准溶液滴定至溶液呈微红色 30 s 不褪色为终点。同时做空白试验。计算式如下：

$$c = \frac{m \times 1000}{(V_1 - V_2) \times 204.2} \tag{6-1}$$

式中：c——氢氧化钠标准溶液的浓度，mol/L；

  m——基准邻苯二甲酸氢钾的质量，g；

  V_1——标定时所耗用氢氧化钠标准溶液的体积，mL；

  V_2——空白实验中耗用氢氧化钠标准溶液的体积，mL；

  204.2——邻苯二甲酸氢钾的摩尔质量，g/mol。

②1% 酚酞乙醇溶液：称取 1 g 酚酞溶解于 100 mL 95% 乙醇中。

4. 操作方法

1)样品制备

①固体样品(如干鲜果蔬、蜜饯及罐头)：将样品用粉碎机或高速组织捣碎机捣碎并混合均匀。取适量样品(按其总酸含量而定)，用 15 mL 无 CO_2 蒸馏水(果蔬干品须加 8 ~ 9 倍无 CO_2 蒸馏水)将其移入 250 mL 容量瓶中，在 75 ~ 80℃水浴上加热 0.5 h(果脯类沸水浴加热 1 h)，冷却后定容，用干滤纸过滤，弃去初始滤液 25 mL，收集滤液备用。

②含 CO_2 的饮料、酒类：将样品置于 40℃水浴上加热 30 min，以除去 CO_2，冷却后备用。

③调味品及不含 CO_2 的饮料、酒类：将样品混匀后直接取样，必要时加适量水稀释(若样品浑浊，则需过滤)。

④咖啡样品：将样品粉碎通过 40 目筛，取 10 g 粉碎的样品于锥形瓶中，加入 75 mL 80% 乙醇，加塞放置 16 h，并不时摇动，过滤。

⑤固体饮料：称取 5 ~ 10 g 样品，置于研钵中，加少量无 CO_2 蒸馏水，研磨成糊状，用无 CO_2 蒸馏水加入 250 mL 容量瓶中，充分振摇，过滤。

2)测定

准确吸取上法制备滤液 50 mL，加酚酞指示剂 3 ~ 4 滴，用 0.1 mol/L NaOH 标准溶液滴定至微红色 30 s 不退，记录消耗 0.1 mol/L NaOH 标准溶液的体积(mL)。

5. 结果计算

$$总酸度 = \frac{c \times V \times K \times V_0}{m \times V_1} \times 100 \tag{6-2}$$

式中：c——标准 NaOH 溶液的浓度，mol/L；

V——滴定消耗标准 NaOH 溶液体积，mL；

m——样品质量或体积，g 或 mL；

V_0——样品稀释液总体积，mL；

V_1——滴定时吸取的样液体积，mL；

K——换算系数，即 1 mmol NaOH 相当于主要酸的质量(g)。

因食品中含有多种有机酸，总酸度测定结果通常以样品中含量最多的那种酸表示(见表 6 - 6)。

表 6 - 6　换算系数 K 的选择

分析样品	主要有机酸	换算系数 K
葡萄及其制品	酒石酸	0.075
柑橘类及其制品	柠檬酸	0.064 或 0.070(带 1 分子结晶水)
苹果、核果及其制品	苹果酸	0.067
乳品、肉类、水产品及其制品	乳酸	0.090
酒类、调味品	乙酸	0.060
菠菜	草酸	0.045

6. 说明

①食品中的酸是多种有机弱酸的混合物，用强碱滴定测其含量时滴定突跃不明显，其滴定终点偏碱，一般在 pH 值 8.2 左右，故可选用酚酞作终点指示剂。

②对于颜色较深的食品，因它使终点颜色变化不明显，遇此情况，可通过加水稀释，用活性炭脱色等方法处理后再滴定。若样液颜色过深或浑浊，则宜采用电位滴定法。

③样品浸渍、稀释用的蒸馏水不能含有 CO_2，因为 CO_2 溶于水中以酸性的 H_2CO_3 形式存在，影响滴定终点时酚酞颜色变化，无 CO_2 蒸馏水在使用前应煮沸 15 min 并迅速冷却备用。必要时须经碱液抽真空处理。

④样品中 CO_2 对测定亦有干扰，故在测定之前将其除去。

⑤样品浸渍、稀释之用水量应根据样品中总酸含量来慎重选择，为使误差不超过允许范围，一般要求滴定时消耗 0.1 mol/L NaOH 溶液不得少于 5 mL，最好在 10 ~ 15 mL。

6.2.2　有效酸度(pH 值)的测定

食品的 pH 值变动很大，这不仅取决于原料的品种和成熟度，而且取决于加工方法。对于肉食品，特别是鲜肉，测定肉中有效酸度即 pH 值的有助于评定肉的品质(新鲜度)和动物宰前的健康状况。动物在宰前，肌肉的 pH 值为 7.1 ~ 7.2，宰后由于肌肉代谢发生变化，使肉的 pH 值下降。宰后 1 h 的鲜肉，pH 值为 6.2 ~ 6.3；24 h 后，pH 值下降到 5.6 ~ 6.0，这种 pH 值可一直维持到肉发生腐败分解之前，此 pH 值称为"排酸值"。当肉腐败时，由于肉中蛋白质在细菌酶的作用下，被分解为氨或胺类等碱性化合物，可使肉的 pH 值显著增高。此外动物在宰前由于过劳患病，肌糖原减少，宰后肌肉中乳酸形成减少，pH 值也因此增高。在酿造行业，pH 值对于产品质量保证及生产工艺的所有阶段都非常重要。如啤酒生产过程中，pH 值的微小变化可能影响到部分啤酒花的溶解度从而导致啤酒成品的苦味加重。啤酒的 pH 值通常维持在 4.4~4.6。pH 值水平保持得当则增加啤酒的稳定性，延长其货架期。

pH 值测定方法有 pH 值试纸法、标准色管比色法和 pH 值计测定法。三种方法比较以 pH 值计法准确且简便。

1. pH 值计法(电位法)

1) 原理

pH 值计属于电化学分析仪器，基于电位分析法的原理测量溶液中氢离子的浓度。pH 值计系统主要的三个部分是：复合电极，即将参比电极和指示电极做成一支电极；在高阻状态下能够测量微小的电动势变化的电位计或放大器；待测样品。

将复合电极插入待测溶液中形成一个原电池，其电动势的大小与溶液中的氢离子活度呈线性关系：

$$E = E^\ominus - 0.0591 \text{pH 值}(25℃)$$

式中：E——测量电极电势；

$E^\ominus$——标准电极电势，在标准的温度、离子浓度和电极条件下，等于各个电极电动势之和，为常数。

在 25℃ 时，每差一个 pH 值单位就产生 59.1 mV 的电池电动势，利用酸度计测量电池电动势并直接以 pH 值表示，故可从酸度计表头上读出样品溶液的 pH 值。需要注意的是，只有在 25℃ 温度下，上述的电位差与 pH 值的关系才成立，随着温度的改变，pH 值读数会发生变化。

2) 适用范围

本法适用于各类饮料、果蔬及其制品，以及肉、蛋类等食品中 pH 值的测定。测定值可准确到 0.01 pH 值单位。

3) 试剂

①pH 值 1.68(20℃)标准缓冲液。准确称取 12.61 g $KHC_2O_4 \cdot H_2C_2O_4 \cdot 12H_2O$ 溶于无 CO_2 的蒸馏水，稀释至 1000 mL 摇匀。每隔 2 个月应重新配制。

②pH 值 4.01(20℃)标准缓冲液。准确称取在(115 ± 5)℃烘干 2~3 h 的优级邻苯二甲酸氢钾($KHC_8H_4O_4$) 10.12 g，溶于无 CO_2 的蒸馏水中，稀释至 1000 mL，摇匀。

③pH 值 6.86(20℃)标准缓冲液。准确称取在(115 ± 5)℃烘干 2~3 h 的磷酸二氢钾(KH_2PO_4)3.387 g 和无水磷酸氢二钠(Na_2HPO_4)3.533 g，溶于无 CO_2 的蒸馏水中，稀释至 1000 mL，摇匀。

④pH 值 9.18(20℃)标准缓冲液。准确称取纯硼砂 3.80 g($Na_2B_4O_7 \cdot 10H_2O$)溶于无 CO_2 的蒸馏水中，稀释至 1000 mL，摇匀。

4) 仪器

①pH 值 S-2F 型酸度计(或其他型号)；

②复合电极；

③电磁搅拌器；

④高速组织捣碎机。

5)操作方法

(1)样品处理

①一般液体样品(如牛乳、不含 CO_2 的果汁、酒等样品)摇匀后可直接取样测定。

②含 CO_2 的液体样品(如碳酸饮料、啤酒等):将样品置于40℃水浴上加热30 min,除去 CO_2,冷却后备用。

③果蔬样品:将果蔬样品榨汁后,取果汁直接进行 pH 值测定。对果蔬干制品,可取适量样品,加数倍的无 CO_2 蒸馏水,于水浴上加热30 min,再捣碎、过滤,取滤液测定。

④肉类制品:称取10 g 已除去油脂并捣碎的样品于250 mL 锥形瓶中,加入100 mL 无 CO_2 蒸馏水,浸泡15 min,并随时摇动,过滤后取滤液测定。

⑤鱼类等水产品:称取10 g 切碎样品,加无 CO_2 蒸馏水100 mL,浸泡30 min(随时摇动),过滤后取滤液测定。

⑥皮蛋等蛋制品:取皮蛋数个,洗净剥壳,按皮蛋与水质量比为2:1的比例加入无 CO_2 蒸馏水,于组织捣碎机中捣成匀浆。再称取15 g 匀浆(相当于10 g 样品),加无 CO_2 蒸馏水至150 mL,搅匀,纱布过滤后,取滤液测定。

⑦罐头制品(液固混合样品):先将样品沥汁,取浆汁液测定,或将液固混合物捣碎成浆状后,取浆状物测定。若有油脂,则应先分离出油脂。

⑧含油及油浸样品:先分离出油脂,再把固形物经组织捣碎机捣成浆状,必要时加少量无 CO_2 蒸馏水(20 mL/100 g 样品)搅匀后,进行 pH 值测定。

(2)酸度计的校正

①先将 pH 计的电极连接好,接通电源,预热30 min。

②选择适当 pH 值的标准缓冲液(其 pH 值与被测样液的 pH 值应相接近)。

③把选择开关旋钮调到 pH 挡。

④测量标准缓冲溶液的温度,调节温度补尝旋钮,使旋钮白线对准溶液温度值。

⑤把斜率调节旋钮顺时针旋到底(即调到100%位置)。

⑥把用蒸馏水清洗过的电极插入 pH 值 =6.86 的缓冲溶液中,调节定位调节旋钮,使仪器显示读数与该缓冲溶液当时温度下的 pH 值相一致。

⑦用蒸馏水清洗电极、再插入 pH 值 =4.01(或 pH 值 =9.18)的标准缓冲溶液中,调节斜率旋钮使仪器显示读数与该缓冲液中当时温度下的 pH 值一致。

(3)样液 pH 值的测定

①用无 CO_2 蒸馏水淋洗电极,并用滤纸吸干,再用被测溶液清洗一次。

②根据样液温度调节酸度计温度补偿旋钮,将电极插入待测样液中,稳定1 min 后,酸度计指针所指 pH 值即为待测样液 pH 值。

③样品测定完毕后,将电极取下,清洗电极。

6)说明

①制备好的样品不宜久存,应立即测定。

②电极在测量前必须用已知 pH 值的标准缓冲溶液进行定位校准,其值愈接近被测值愈好。

③取下电极套后,应避免电极的敏感玻璃泡与硬物接触,因为任何破损或擦毛都使电极失效。

④测量后，及时将电极保护套套上，套内应放少量外参比补充液以保持电极球泡的湿润。切忌浸泡在蒸馏水中。

⑤复合电极的外参比补充液为 3 mol/L 氯化钾溶液，补充液可以从电极上端小孔加入，复合电极不使用时，拉上橡皮套，防止补充液干涸。

⑥电极的引出端必须保持清洁干燥，绝对防止输出两端短路，否则将导致测量失准或失效。

⑦仪器一经标定，定位和调零这两个旋钮就不得随意触动，否则必须重新标定。

2. 比色法

比色法是利用不同的酸碱指示剂来显示 pH 值，由于各种酸碱指示剂在不同的 pH 值范围内显示不同的颜色，故可用不同指示剂的混合物显示各种不同的颜色来指示样液的 pH 值。

根据操作方法的不同，此法又分为试纸法和标准管比色法。

1) 试纸法(尤其适用于固体和半固体样品 pH 值的测定)

将滤纸裁成小片，放在适当的指示剂溶液中，浸渍后取出干燥即可，用干净的玻璃棒蘸上少量样液，滴在经过处理的试纸上(有广泛与精密试纸之分)，使其显色，在 2~3 s 后，与标准色相比较，以测出样液的 pH 值。此法简便、快速、经济，但结果不够准确，仅能粗略估计样液的 pH 值。

2) 标准管比色法

用标准缓冲液配制不同 pH 值的标准系列，再各加适当的酸碱指示剂使其于不同 pH 值条件下呈不同颜色，即形成标准色，在样液中加入与标准缓冲液相同的酸碱指示剂，显色后与标准色管之颜色进行比较，与样液颜色相近的标准色管中缓冲溶液的 pH 值即为待测样液的 pH 值。

此法适用于色度和浑浊度甚低的样液 pH 值的测定，因其受样液颜色、浊度、胶体物和各种氧化剂和还原剂的干扰，故测定结果不甚准确，其测定仅能准确到 0.1 个 pH 值单位。

6.2.3 挥发酸的测定

挥发酸是食品中所含低碳链的直链脂肪酸，主要是乙酸和痕量的甲酸、丁酸等，不包括可用水蒸气蒸馏的乳酸、琥珀酸、山梨酸以及 CO_2 和 SO_2 等。对于发酵食品、乳制品等，挥发酸的含量和种类是其制品质量好坏的重要指标。正常生长的食品中，其挥发酸的含量较稳定，若在生产中使用了不合格的原料或违反正常的工艺操作，则会由于糖的发酵而使挥发酸量增加，降低食品的品质，因此挥发酸含量是某些食品的一项质量控制指标。

总挥发酸可用直接法或间接法测定。直接法是通过水蒸气蒸馏或溶剂萃取把挥发酸分离出来，然后用标准碱滴定；间接法是将挥发酸蒸发除去后，滴定不挥发酸，最后从总酸度中减去不挥发酸，即可得出挥发酸含量。前者操作方便，较常用，适合于挥发酸含量较高样品。若蒸馏液有所损失或被污染，或样品中挥发酸含量较少，宜用间接法。

下面介绍水蒸气蒸馏法。

1) 原理

样品经适当处理后，加适量磷酸使结合态挥发酸游离出，用水蒸气蒸馏分离出总挥发酸，经冷凝，收集后，以酚酞作指示剂，用标准碱液滴定至微红色30s不退为终点，根据标准碱消耗量计算出样品中总挥发酸含量。

2）适用范围

本法适用于各类饮料、果蔬及制品（如发酵制品、酒类）中总挥发酸含量的测定。

3）试剂

①0.1 mol/L NaOH 标准溶液。配制方法同总酸度的测定。

②1% 酚酞乙醇溶液。配制方法同 6.2.1 总酸度的测定。

③10% 磷酸溶液。称取 10.0 g 磷酸，用少许无 CO_2 蒸馏水溶解并稀释至 100 mL。

4）仪器

①水蒸气蒸馏装置（图 6-1）；

②电磁搅拌器。

5）样品处理方法

①一般果蔬及饮料可直接取样。

②含 CO_2 的饮料、发酵酒类，须排除 CO_2，方法是：取 80~100 mL（g）样品置三角瓶中，在用电磁搅拌器连续搅拌的同时，于低真空下抽气 2~4 min，以除去 CO_2。

③固体样品（如干鲜果蔬及其制品）及冷冻、黏稠等制品，先取可食部分加入一定量无 CO_2 蒸馏水（冷冻制品先解冻）用高速组织捣碎机捣成浆状，再称取处理样品 10 g，加无 CO_2 蒸馏水溶解并稀释至 25 mL。

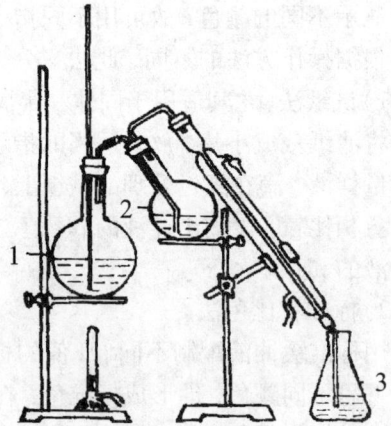

图 6-1 水蒸气蒸馏装置
1—蒸汽发生瓶；2—样品瓶；3—接受瓶

6）操作方法

（1）样品蒸馏

取 25 mL 经上述处理的样品移入蒸馏瓶中，加入 25 mL 无 CO_2 蒸馏水和 1 mL 10% H_3PO_4 溶液，如图 6-1 连接水蒸气蒸馏装量，加热蒸馏至馏出液约 300 mL 为止。于相同条件下做一空白试验。

（2）滴定

将馏出液加热至 60~65℃（不可超过），加入 3 滴酚酞指示剂，用 0.1 mol/L NaOH 标准溶液滴定到溶液呈微红色 30 s 不退色，即为终点。

7）结果计算

$$X = \frac{(V_1 - V_2) \times c}{m} \times 0.06 \times 100 \qquad (6-3)$$

式中：X——挥发酸含量（以乙酸计），g/100 g 样品；

m——样品质量或体积，g 或 mL；

V_1——样液滴定消耗标准 NaOH 的体积，mL；

V_2——空白滴定消耗标准 NaOH 的体积，mL；

c——标准 NaOH 溶液的浓度，mol/L；

0.06——换算为乙酸的系数，即 1 mmol NaOH 相当于乙酸的质量，g。

8）说明

①样品中挥发酸的蒸馏方式可采用直接蒸馏和水蒸气蒸馏，但直接蒸馏挥发酸是比较困

难的，因为挥发酸与水构成有一定百分比的混溶体，并有固定的沸点。在一定的沸点下，蒸汽中的酸与留在溶液中的酸之间有一平衡关系，在整个平衡时间内，这个平衡关系不变。但用水蒸气蒸馏，则挥发酸与水蒸气是和水蒸气分压成比例地自溶液中一起蒸馏出来的，因而加速了挥发酸的蒸馏过程。

②蒸馏前应先将水蒸气发生瓶中的水煮沸 10 min，或在其中加 2 滴酚酞指示剂并滴加 NaOH 使其呈浅红色，以排除其中的 CO_2。

③溶液中总挥发酸包括游离挥发酸和结合态挥发酸。由于在水蒸气蒸馏时游离挥发酸易蒸馏出，而结合态挥发酸则不易挥发出，给测定带来误差。故测定样液中总挥发酸含量时，须加少许磷酸使结合态挥发酸游离出，便于蒸馏。

④在整个蒸馏时间内，应注意蒸馏瓶内液面保持恒定，否则会影响测定结果，另要注意蒸馏装置密封良好，以防挥发酸损失。

⑤滴定前必须将蒸馏液加热到 $60 \sim 65 ℃$，使其终点明显，加速滴定反应，缩短滴定时间，减少溶液与空气接触机会，以提高测定精度。

⑥样品中含有 CO_2 和 SO_2 等易挥发性成分，对结果有影响，须排除其干扰。排除 CO_2 方法同总酸度的测定。排除 SO_2 方法如下：在已用标准碱液滴定过的蒸馏液中加入 5 mL 25% H_2SO_4 酸化，以淀粉溶液作指示剂，用 0.02 mol/L I_2 滴定至蓝色，10 s 不退为终点，并从计算结果中扣除此滴定量（以乙酸计）。

6.3 食品中有机酸的分离与测定简介

分析食品中的有机酸时可分为两种情况，一是要求了解总酸量，它可使用酸碱指示剂以规定的碱溶液滴定来求得。另一是要求了解特定的酸的含量，有时要了解全部有机酸的组成，这正是食品科学研究发展所需要的分析项目。有机酸不仅作为酸味成分，而且在食品的加工、贮存、品质管理、质量评价以及生物化学等广泛领域，被认为是重要的成分。因此对于有机酸的分离与定量具有现实意义。

食品中有机酸的分离与定量测定可用气相色谱法（GC）、离子交换色谱法（IC）、高效液相色谱法（HPLC）、毛细管电泳（CE）等。气相色谱法需要对样品衍生，误差较大；而高效液相色谱法操作简便、准确度高、重现性好，可同时定量多种有机酸，因此已获得广泛的应用。

气相色谱法不仅可以分析香气成分之类的挥发性物质，而且糖和氨基酸等不挥发性物质，经过转变成为挥发性衍生物后也能分析，在适当条件下，许多物质都能准确、迅速、容易地加以分析，因而这方法具有普及性。但在一般气相色谱条件下，许多种类有机酸是不挥发性的，故需将其转化成挥发性衍生物，常用方法有甲酯化法和三甲基硅烷（TMS）衍生法，所以说采用此法仍需对样品进行前处理，以分离出有机酸。

离子交换色谱法最初用于有机酸的分析时是采用将分离的各馏分滴定中和的方法。近年来，此法有很大进展，已研究出对有机酸的羧基有特异性的高灵敏度检测方法及带有这种检测器的自动分析仪（即羧酸分析仪），并研究开发出一种新型的离子交换色谱法即离子色谱法，由于这种新型离子交换色谱法具有简便、快速和高灵敏度等独特优点，使该方法被广泛地用于分析各种食品中有机酸的组成和含量。

近年来，随着高效液相色谱分析法的广泛应用，也已用于有机酸的分离与测定，此法只需对样品进行离心或过滤等简单预处理，而不需要太多的分离处理手续，操作十分简单，其他组分的干扰少。高效液相色谱法最初用于有机酸分析时，采用强阴、阳离子交换树脂的柱通过离子排斥和分配色谱分离有机酸，以示差折光检测器或紫外分光检测器检测。目前，由于键合填料在 HPLC 上的应用，使得采用 C_{18} 等反相柱分离食品中有机酸，并以紫外分光检测器或电化学检测器检测沉淀的方法越来越完善、准确。

毛细管电泳法是近年来发展较快并较有前途的分析方法，毛细管电泳除了比其他色谱分离分析具有更高分离效率、改善灵敏度、快速、样品和试剂消耗量更少、应用面同样广泛等特点外，其仪器结构也相对简单。

小　结

食品中的酸类物质，包括有机酸、无机酸、酸式盐以及某些酸性有机化合物（如单宁、蛋白质分解产物等）。食品中的酸类物质构成了食品的酸度，在食品生产过程中通过酸度的控制和检测来保证食品的品质。酸度可分为总酸度、有效酸度和挥发酸度。食品中的酸类物质主要是有机酸，因此测定食品的酸度就是要了解食品中有机酸的含量多少。另外在某些情况下，还要求了解有机酸的组成，这正是食品科学研究发展所需要的分析项目。

思考题

1. 食品酸度的测定有何意义？
2. 什么是食品中的总酸度、有效酸度和挥发酸？各用什么方法测定？
3. 牛乳酸度定义是什么？如何表示？
4. 食品总酸度测定时，应该注意一些什么问题？
5. 用水蒸气蒸馏测定挥发酸时，加入 10% 磷酸的作用是什么？

参考文献

[1] 张水华.食品分析[M].北京：中国轻工业出版社，2004.
[2] 张意静.食品分析技术[M].北京：中国轻工业出版社，2001.
[3] 谢笔钧，何慧.食品分析[M].北京：科学出版社，2009.
[4] 无锡轻工大学，天津轻工业学院等.食品分析[M].北京：中国轻工业出版社，1983.

第7章

脂类的测定

> ## 本章学习目的与要求
>
> （1）掌握食品中脂类含量的测定原理和方法；
>
> （2）熟悉碘价、过氧化值、酸价、皂化值的测定原理和方法；
>
> （3）了解测定食品中脂类的意义。

7.1 概 述

7.1.1 脂类的定义以及存在形式

脂类是食品中重要的营养物质之一，为人体的新陈代谢提供所需的能量和碳源、必需脂肪酸、脂溶性维生素和其他脂溶性营养物质。通常所说的"脂类"是一个俗称，因为不同的原料和不同的萃取技术会得到不同化学成分的"脂类"，这使得对脂类物质的具体成分定义变得很困难，所以国际上更倾向于使用"总脂"。食品中的脂类主要包括脂肪（甘油三酸酯）和一些类脂质，如脂肪酸、磷脂、糖脂、甾醇、固醇等，各种食品的脂肪含量不同，其中动物性食品及某些植物性的食品（如种子、果实、果仁）都含有天然脂肪或类脂化合物。各种食品含脂量不同，其中动物性和植物性油脂中含脂量最高，而水果、蔬菜中脂肪含量很低。膳食中脂类主要来源于植物油及动物脂肪。植物油含有丰富的不饱和脂肪酸和必需脂肪酸，经常食用基本可满足人类对必需脂肪酸的需要。动物脂肪根据其来源与部位不同，种类和含量也有所不同，其中脂肪组织含有大量的饱和脂肪酸，脑、心、肝、肺含较多的磷脂；乳及蛋黄是婴幼儿脂类的良好来源。不同食品的脂肪含量如表 7 - 1 所示。

表 7−1 不同食品中脂肪的含量

食品	脂肪含量/%	食品	脂肪含量/%
谷物食品、面包、通心粉		水果和蔬菜	
大米	0.7	苹果(带皮)	0.4
高粱	3.3	橙子	0.1
小麦胚芽	2.0	黑莓(带皮)	0.4
黑麦	2.5	鳄梨(美国产)	15.3
天然小麦粉	9.7	芦笋	0.2
黑麦面包	3.3	利马豆	0.8
小麦面包	3.9	甜玉米(黄色)	1.2
干通心粉	1.6	豆类	
乳制品		成熟的生大豆	19.9
液体全脂牛乳	3.3	成熟的生黑豆	1.4
液体脱脂牛乳	0.2	肉和鱼	
干酪	33.1	牛肉	10.7
酸奶	3.2	焙烤或油炸的鸡肉	1.2
脂肪和油脂		腌制的咸猪肉	57.5
猪脂	100	新鲜的生猪腰肉	12.6
黄油(含盐)	81.1	大西洋和太平洋的生比目鱼	2.3
人造奶油	80.5	大西洋生鳕鱼	0.7
色拉调味料		其他	
意大利产品	48.3	生椰子	33.5
千岛产品	35.7	干杏仁	52.2
法国产品	41.0	干樱桃	56.6
蛋黄酱(豆油制)	79.4	新鲜全蛋	10.0

数据来源：王光亚等. 中国食物成分表. 北京大学医学出版社, 2009

7.1.2 脂类物质的测定意义

脂肪是食品中重要的营养物质之一，为人体机体的生理活动提供能量，同时还为人体提供必需的脂肪酸(亚油酸、亚麻酸)，与碳水化合物、蛋白质组成三大营养素；作为脂溶性维生素的良好溶剂，促进人体的吸收利用；与蛋白质结合生成脂蛋白，调节人体的生理功能。适量的摄入有利于身体健康，过多的摄入含脂食品会对健康产生不利的影响，如过量摄入动物的内脏，会使得人体的胆固醇含量升高，导致心血管疾病的发生。

食品的加工、储藏过程中，原料、半成品、成品中的脂肪含量是评价该食品品质的一项重要指标，并可以影响产品的外观、风味、口感、组织结构和品质等。例如，蔬菜中脂肪含量较低，在生产蔬菜罐头时，添加适量的脂肪可以改善产品的风味；对于面包之类的焙烤食品，脂肪含量特别是卵磷脂等组分，对面包的柔软度、面包的体积及及其结构都有影响。由于脂类物质的本身特性(水解性、被氧化性、加成性、生色性等)决定了脂类在食品加工、储藏过程中可能会发生变化，引起食品变质。

因此，食品中脂肪含量是一个重要的指标，测定脂肪含量对食品品质的评价，衡量食品的营养价值，而且对实现生产过程中的质量管理，实行工艺监督，研究食品的储藏方式是否得当等方面有着重要的意义。

7.1.3　脂类的测定

食品的种类不同，其中的脂肪含量及其存在的形态不同，测定的方法就不同。食品中脂肪存在形式主要有两种，即游离态脂肪和结合态脂肪，动物性脂肪和植物性油脂为游离态的脂肪；天然存在的磷脂、糖脂、脂蛋白及某些加工食品(如焙烤食品和麦乳精等)中的脂肪是以结合态的形式存在。对于大多数食品来说，游离态的脂肪是主要的，结合态的脂肪含量较少。通常测定脂类的目的可分为：测定食品中总脂肪的含量，测定脂类的组成和品质。对于不同的物料样品及要求，所要测定的脂类侧重点也不同。例如，对于物料种子采购时，首要测定的是总脂肪的含量和品质，而其他的粗脂肪成分要求较少。但是对于采购油脂(如毛油或者一些精炼油)时，总脂肪的测定就不是很重要，更重要的是油脂的纯度和品质的测定。

脂类不溶于水，易溶于有机溶剂。游离脂类可用溶剂萃取，常用溶剂有乙醚、石油醚等。乙醚溶解脂肪能力强，应用最多，但沸点低($34.6℃$)，易燃，且可饱和2%的水分。含水乙醚会同时抽出糖分等，所以需用无水乙醚提取，且样品应无水。石油醚溶解脂肪能力比乙醚弱，但吸收水分比乙醚少，没有乙醚易燃，使用时允许样品含有微量的水分，这两种溶剂只能直接提取游离的脂类，对于结合态脂肪，必须预先用酸或碱破坏脂类和非脂类成分的结合后才能够提取。因二者各自有特点，故常常混合起来使用。氯仿－甲醇是另一种有效的溶剂，它对于脂蛋白、磷脂的提取效率较高，特别适用于水产品、家禽、蛋制品等食品脂肪的提取。

用溶剂来提取食品中的脂类时，要根据食品的种类、性状及所选取的分析方法，在测定之前必须对样品进行预处理。有时需要将样品粉碎、切碎、碾磨等；有时需将样品烘干；有的样品容易结块，可加入4~6倍量的洁净海砂；有的样品含水量较高，可加入适量无水硫酸钠，使样品成粒状。通过这些方法处理，目的都是为了增加样品的表面积，减少样品的含水量，使有机溶剂能够更有效率地提取出脂类。

7.2　脂类含量的测定

食品的种类不同，其中脂肪的含量及存在形式就不同，测定脂肪的方法就不同。常用的测定脂类的方法有索氏提取法、酸水解法、罗斯－哥特里法、巴布科克氏法、盖勃式法和氯仿甲醇提取法。其中，过去普遍采用的一种方法索氏提取法，一直作为代表性脂肪测定方法沿用至今，但对某些样品其测定值往往偏低。酸水解法能对包括结合脂在内的全部脂类进行测定。罗斯－哥特里法、巴布科克氏法、盖勃式法主要用于乳及乳制品中的脂类的测定。

7.2.1 索氏提取法

索氏提取法,又名连续提取法、索氏抽提法,是从固体物质中萃取化合物的一种方法,是测定脂肪含量普遍采用的经典方法,是国标的方法之一,也是美国 AOAC 法 920.39,960.39 中脂肪含量测定方法(半连续溶剂萃取法)。随着科学技术的发展,目前已有自动脂肪测定仪法。以下重点介绍索氏提取法的原理,适用范围及特点、操作过程、注意事项等。

1. 原理

利用脂类物质不挥发的特性,将经前处理后的样品用无水乙醚或者石油醚回流提取,利用相似相溶原理,使样品中的脂肪进入溶剂中,蒸去溶剂后得到的残留物,即为脂肪(或粗脂肪)。本法提取的残留物为脂肪类物质的混合物,除含有脂肪外还含有磷脂、色素、树脂、固醇、芳香油等醚溶性物质。因此,用索氏提取法测得的脂肪也称之为粗脂肪。

2. 适用范围及特点

索氏提取法适用于脂类含量较高,结合态的脂类含量较少,能烘干磨细,不易吸湿结块的样品的测定。索氏提取法测得的只是游离脂肪,而结合态脂肪测不出来。对于食品中结合态的脂肪不能用乙醚、石油醚进行直接提取,需经过在一定条件下进行水解等处理使结合脂肪转变为游离脂肪后才可提取。

索氏提取法是测定脂肪含量使用最为广泛的方法,其优点:

1)选择性好

索氏萃取的选择性主要取决于目标物质和溶剂性质的相似性。萃取剂可用 CS_2、苯、甲醇等。通常的做法是将萃取剂按照极性不同的顺序进行多级萃取。从而提高了产品的萃取纯度,将不同类的物质分别萃取出来。

2)能耗低

由于索氏萃取是直接对萃取剂进行加热,且选用的萃取剂一般沸点都较低,从根本上保证了能量的快速传导和充分利用。而且萃取剂是在索氏萃取器中循环利用的,这既减少了溶剂用量,又缩短了操作时间,大大降低了能耗。

3)设备简单、操作简便

不同的分离方法有不同的操作方法,对应的实验设备也各有不同。但索氏萃取的设备简单、操作简便。且其造价低,体积小,适于实验室应用。

其缺点:费时间,溶剂用量大,且需专门的索氏抽提器。

3. 仪器和试剂

1)仪器

索氏提取器,恒温水浴锅,干燥器,分析天平(感量 0.1 mg),电热鼓风干燥箱(温控 $103 \pm 2℃$)

2)试剂

①无水乙醚或石油醚(分析纯)。

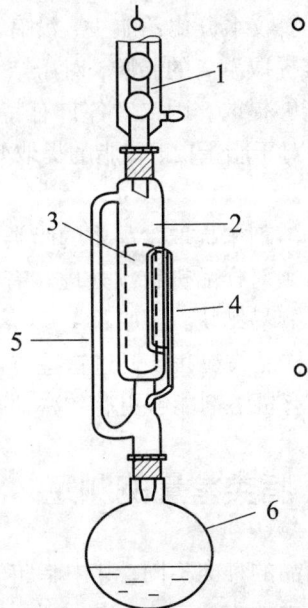

图 7-1 索氏提取装置

1—冷凝管;2—抽提筒;3—滤纸筒;
4—虹吸管;5—蒸汽路径;6—圆底烧瓶

②中性干燥海砂。

4. 操作方法

1）滤纸筒的制备

将大小 8 cm×15 cm 的滤纸，用直径约 2 cm 的试管为模型，将滤纸以试管壁为基础，折叠成底端封口的滤纸筒，筒内底部放一小片脱脂棉。在 105℃ 中烘 2 h，取出放入干燥器中，冷却至室温。

2）仪器的预处理

将索氏抽取器各部分充分洗涤并用蒸馏水清洗后烘干，接收瓶在 (100±5)℃ 的电热鼓风干燥箱内干燥至恒重（前后 2 次称重差不超过 0.002 g），取出放入干燥器中备用。

3）样品处理

①固体样品：称取 2.00~5.00 g 样品干燥，研细（可取测定水分后的试样），必要时拌以海砂，全部移入滤纸筒内。

注：固体样品用粉碎机粉碎后，颗粒大小通过 40 目筛即可。

②半固体或液体样品：称取 5.0~10.0 g 样品置于蒸发皿中，再加入海沙 20 g，于沸水浴上蒸干后，在 (100±5)℃ 干燥，研细，全部移入滤纸筒内。蒸发皿及附有试样的玻璃棒，均用沾有乙醚的脱脂棉擦净，并将棉花放入滤纸筒内，再用脱脂棉线封捆滤纸筒口。

5. 抽取

将装有样品的滤纸筒放入抽提筒中，连接已干燥至恒重的脂肪烧瓶，由抽提器冷凝管上端加入无水乙醚或石油醚至接收瓶的 2/3 体积处。连接好抽提器各部分，接通冷凝水，在恒温水浴中进行抽提，调节水温在 65~80℃ 之间，使冷凝下滴的提取溶剂成连珠状（120~150 滴/min 或回流 7 次/h 以上），抽提至抽取筒内的乙醚或者石油醚用滤纸点滴检查无油迹为止（一般提取时长 6~12 h）。抽提完毕后，用长镊子取出滤纸包，在通风处使乙醚挥发（抽提室温以 12~25℃ 为宜）。提取瓶中的乙醚或石油醚要做回收处理。

6. 回收溶剂、烘干、称重

取下接收瓶，回收乙醚或石油醚，待接收瓶内乙醚剩 1~2 mL 时在水浴上蒸干，再将接收瓶于 (100±5)℃ 烘箱干燥 2 h，置于干燥器内冷却至室温后称重。重复操作直至恒重为止。

7. 结果计算

$$X = \frac{M_2 - M_1}{M} \times 100 \qquad (7-1)$$

式中：X——样品中粗脂肪的含量，g/100 g；

M_1——为接收瓶的质量，g；

M_2——为接收瓶和脂肪的质量，g；

M——为样品的质量（如为测定水分后的样品，以测定水分前的质量计），g。

8. 说明及注意事项

①样品应干燥后研细，样品含水会影响溶剂提取效果，而且容易导致水溶性非脂成分析出。装样品的滤纸要严密，不能外漏样品，也不能包得过于严实而影响溶剂渗透。放入滤纸筒时高度不能超过回流弯道，否则超过弯道样品中的脂肪不能抽提，造成误差。判断抽提是否完全可用滤纸进行检查，由抽提管下口滴下的乙醚或石油醚滴在滤纸上。挥发后不留下油迹表明已抽提完全，若留下油迹说明抽提不完全。

②抽提用的乙醚或石油醚要求无水、无醇、无过氧化物，挥发残渣含量低。

③反复加热会因脂类氧化而增重，重量增重时，以增加的重量为恒重。

④在抽提时，冷凝管上端最好连接一支氯化钙燥管，如无此装置可塞一团干燥的脱脂棉球。这样可防止空气中水分进入，也可避免乙醚在空气中挥发。

⑤提取时水浴温度不可过高，以每分钟从冷凝管滴下 80 滴左右，每小时 6~12 次为宜，提取过程应注意防火。

⑥对含糖及糊精多的样品，要先以冷水使糖及糊精溶解，经过滤除去，将残渣连同滤纸一起烘干，放入抽提管中。

⑦由于乙醚是易燃、易爆物质，抽提室内要注意通风并严禁有火源。

⑧抽提用的乙醚中不得放置长时间，否则会产生过氧化物。

乙醚中过氧化物的检查方法是：取适量乙醚，加入碘化钾溶液，用力摇动，放置 1 min，若出现黄色则表明存在过氧化物，应进行处理后方可使用。

除去过氧化物的方法：将乙醚导入蒸馏瓶当中，加一段无锈铁丝或者铝丝，收集重蒸乙醚。

7.2.2 酸水解法

本法用于测定包括游离态和结合态的脂肪的总脂肪，适用于各类食品(固体、半固体、黏稠液体或者液体)脂肪的测定。尤其是加工后的混合食品，易吸湿、结块，不易烘干的食品，不能用索氏提取法测定脂肪的，用酸水解法效果较好。但此法不宜测定磷脂含量较高的脂类物质，对于含有较多磷脂的(如鱼类、贝类和蛋类)，在酸性条件下，磷脂加热时完全分解成脂肪酸和碱，测定的值偏低。此法也不宜测定含糖高的食品，因为强酸遇碳类易炭化而影响测定结果。

1. 原理

样品与盐酸溶液一同加热进行水解时，可使结合或包藏在组织里的脂肪游离出来，再由乙醚和石油醚提取脂肪，回收溶剂后即为脂肪含量，其结果为游离及结合脂肪的总量。

2. 试剂

①盐酸(分析纯)。

②95% 乙醇。

③乙醚(不含过氧化物)。

④石油醚(30~60℃沸程)。

3. 仪器

100 mL 具塞量筒。

4. 步骤

1)样品处理

固体样品：精密称取样品 2.00 g，置于 50 mL 大试管中，加 8 mL 蒸馏水，混匀后加 10 mL 盐酸。

液体或半固体样品：准确称取样品 10.00 g，置于 50 mL 大试管中，加 10 mL 盐酸。

2)酸水解

将大试管置于 70~80℃水浴中，每隔 5~10 min 用玻璃棒搅拌 1 次，至样品脂肪游离消化完全为止，需 35~50 min。

3）提取

在样品水解液中加入 10 mL 的 95% 乙醇，混合均匀，冷却后将混合物移入 100 mL 具塞量筒中，用 25 mL 乙醚分数次洗涤试管，加塞振摇 1 min，小心开塞放出气体，并用石油醚 - 乙醚（1∶1）混合液冲洗塞及筒内附着的脂肪，再塞好静置 10~20 min，待上部液体澄清，吸出上清液于已恒重的锥形瓶内，加 5 mL 乙醚于具塞量筒内，振摇，静置，吸取上层乙醚，放入原锥形瓶内合并。

4）称量

将锥形瓶水浴加热，回收溶剂，挥干溶剂，置于 100~105℃烘箱干燥 2 h，取出，于干燥器内冷却 30 min 后称重，并重复以上操作直至恒重。

5）结果计算

$$X = \frac{M_2 - M_1}{M} \times 100 \tag{7-2}$$

式中：X——样品中粗脂肪的含量，g/100 g；

M_1——锥形瓶的质量，g；

M_2——锥形瓶和脂肪的质量，g；

M——试样的质量，g。

计算结果精确至小数点后第一位，在重复性条件下获得的 2 次独立测定结果的绝对差值不得超过算术平均值的 10%。

6）说明及注意事项

①测定的固体试样需要充分磨细，液体试样需充分混合，以使消化完全至无块状，否则结合性脂肪不能完全游离，致使结果偏低。

②水解时，注意防止水分大量损失，以免使酸度过高。

③乙醇可使一切能溶于乙醇的物质留在溶液内。

④水解后加入乙醇可使蛋白质沉淀，降低表面张力，促进脂肪球聚合，同时溶解碳水化合物、有机酸等。后面用乙醚提取脂肪时，因乙醇可溶于乙醚，故需加入石油醚，降低乙醇在醚中的溶解度，使乙醇溶解物残留在水层，并使分层清晰。

⑤挥发干溶剂后，残留物中若有黑色焦油状杂质，是分解物与水一同混入所致，会使测量值增大，造成误差。可用等量的乙醚及石油醚溶解后过滤，再次进行挥发干溶剂的操作。

7.2.3 罗兹 - 哥特里法

本法适用于各种液体乳（生乳、加工乳、部分脱脂乳、脱脂乳等）、各种炼乳、奶粉、奶油、奶油及冰激凌等在碱性溶液中溶解的乳制品，也适用于豆乳或加水呈乳状的食品。本法被国际标准化组织（ISO）、联合国粮农组织/世界卫生组织（FAO/WHO）等采用，是乳液、乳制品脂类定量的国际标准法。

1. 原理

本法是利用氨 - 乙醇溶液破坏乳的胶体性状及脂肪球膜，使其中非脂成分溶解在氨 - 乙醇溶液中，而脂肪游离出来，再用乙醚 - 石油醚提取出脂肪，除去溶剂后，残留物即乳脂肪。

2.试剂及仪器

1)试剂

①250 g/L氨水(相对密度0.91)。

②95%(体积分数)乙醇。

③乙醚(不含过氧化物)。

④石油醚(沸程30~60℃)。

⑤乙醇(分析纯)。

2)仪器

100 mL具塞量筒。

3.操作步骤

精确吸(称)取样品(牛奶10.00 mL;乳粉1~5 g用10 mL 60℃的水,分数次溶解)于抽脂瓶(或具塞量筒)中,加入1.25 mL氨水,混合充分,置于60℃水浴中加热5 min,再振摇2 min,加入95%乙醇溶液10 mL,加塞,充分摇匀,于冷水中冷却后,加入25 mL乙醚,加塞摇匀,小心放出气体,再塞紧,剧烈振荡1 min,小心开塞放出气体并取下塞子,加入25 mL石油醚,加塞振荡30 s后静置半小时,待上层液体澄清后,读取醚层的体积数,放出一定量的乙醚于一已恒重的烧瓶中,蒸馏回收乙醚和石油醚后,放入100~105℃烘箱中干燥1.5 h,取出放入干燥器中冷却至室温后称重,重复操作直至恒重。

4.结果计算

$$X = \frac{M_2 - M_1}{M \times V_1/V} \times 100 \tag{7-3}$$

式中：X——脂类的含量，g/100 g；

M_2——烧瓶和脂肪的质量，g；

M_1——空烧瓶的质量，g；

M——试样的质量，g；

V——读取醚层总体积，mL；

V_1——放出醚层体积，mL。

5.说明及注意事项

①乳类脂肪虽然也属于游离态脂肪，但因脂肪球被乳中酪蛋白钙盐包裹，又处于高度分散的胶体体系中，故不能直接被乙醚、石油醚提取，需预先用氨水处理，使酪蛋白钙盐成为可溶性的钙盐，所以本法又叫碱性乙醚油提法。

②加氨水后，要充分混匀，否则会影响下一步醚对脂肪的提取。

③加入乙醇的作用是沉淀蛋白质以防止乳化，并溶解醇溶性的物质，使其留在水中，避免进入醚层，影响结果，同时乙醇还能溶解卵磷脂等物质，防止其形成胶状物质。

④加入石油醚可除去溶于乙醚的水分，使其只提出脂肪，并可使醚层和水层分层清晰。

⑤对已结块的乳粉，用本法测定，结果往往偏低。

7.2.4 氯仿-甲醇提取法

索氏抽提法只能提取游离态的脂肪，而对脂蛋白、磷脂等结合态的脂类，则不能完全提取出来，酸水解法又会使磷脂水解而损失。而在一定水分存在下，极性的甲醇与非极性的氯仿混合液(简称 CM 混合液)却能有效地提取结合态脂类。本法适合于含结合态脂类比较高,特别是磷脂含量高的样品(如鲜鱼、贝类、肉、禽蛋等),对于含水量高的试样更为有效。

1. 原理

将样品分散于氯仿 – 甲醇混合液中,在水浴中轻微沸腾,氯仿 – 甲醇及样品中一定的水分形成提取脂类的溶剂,在使样品中组织中结合态脂类游离出来的同时与磷脂等极性脂类的亲和性增大,从而有效地提取出全部脂类,经过滤除出非脂成分,回收溶剂,残留的脂类用石油醚提取,蒸馏除去石油醚后即得脂肪。

2. 仪器

具塞离心管;离心机;布氏漏斗;具塞三角瓶。

3. 试剂

①氯仿:97% (体积分数)以上。

②甲醇:96% (体积分数)以上。

③氯仿 – 甲醇混合液:按 2∶1 体积比混合。

④石油醚(沸程 30 ~ 60℃)。

⑤干燥无水硫酸钠。

4. 测定方法

1)提取

准确称取样品 5 g,放入 200 mL 具塞三角瓶中(高水分样品可加适量硅藻土使其分散,干燥食品加入 2 ~ 3 mL 水)加入 60 mL 混合氯仿 – 甲醇溶液,连接冷凝管,于 65℃水浴中加热,从微沸开始计时,提取 1 h。

2)回收溶剂

提取结束后,取下三角瓶,用布氏漏斗过滤,滤液用另一具塞三角瓶收集,用氯仿 – 甲醇混合液洗涤原锥形瓶,过滤器及滤器中试样残渣,洗涤液并入滤液中。并把锥形瓶置于 65 ~ 70℃水浴中蒸发回收溶剂,至烧瓶内物料呈浓稠态(不能使其干涸),冷却。

3)萃取、定量

冷却后,用移液管加入 25 mL 石油醚溶解内容物,再加入无水硫酸钠 15 g,立即加塞振荡 1 min,将醚层移入具塞离心沉淀管进行离心分离 5 min(3000 r/min)。用移液管迅速吸取离心管中澄清的醚层 10 mL 于已恒重的称量瓶内,蒸发去除石油醚后,于 100 ~ 105℃烘箱中干燥 30 min,取出放入干燥器中冷却至室温后称重,重复操作直至恒重。

5. 结果计算

$$X = \frac{(M_2 - M_1) \times 2.5}{M} \times 100 \qquad (7 - 4)$$

式中:X——脂类的含量,g/100 g;

M——试样质量,g;

M_2——称量瓶与脂类质量,g;

M_1——称量瓶质量,g;

2.5——从 25 mL 石油醚中取 10 mL 进行干燥,故乘以系数 2.5。

6. 说明及注意事项

①蒸馏回收溶剂时不能完全干涸,否则脂类难以溶解于石油醚中,使结果偏低。

②磷脂会被吸收到滤纸上，因此过滤时不能使用滤纸。

③在进行萃取时，无水硫酸钠必须在石油醚之后加入，以免影响石油醚对脂类的溶解，其加入量可根据残留物中的水分含量来确定，一般为 5~15 g。

7.2.5　巴布科克法和盖勒氏法

这两种方法都是测定乳脂肪的标准方法，适用于鲜乳及乳制品的测定，但不适宜对含糖多的乳品（如甜炼乳、加糖乳粉等），因为采用此方法时硫酸易使糖焦化，使测定结果的误差较大。这两种方法操作简单、迅速，对大多数样品来说其测定精度满足要求，但不如罗兹－哥特里法准确。

1. 原理

利用浓硫酸酸解乳中的乳糖和蛋白质等非脂肪成分，将牛奶中的酪蛋白钙盐转变成可溶性的重硫酸酪蛋白，脂肪球膜被破坏，脂肪游离出来，再利用加热离心，使脂肪完全迅速分离，直接读取脂肪层可知被测乳的含脂量。

2. 试剂及仪器

1）试剂

①浓硫酸 98%（体积分数）。

②异戊醇（分析纯）。

2）仪器

巴布科克氏乳脂瓶：颈部刻度有 0.0% ~0.8%，0.0% ~10.0% 两种，最小刻度值为 0.1%；盖勒氏乳脂计及盖勒氏离心机：颈部刻度有 0.0% ~0.8%，最小刻度值为 0.1%；标准移乳管（17.6 mL，11 mL）；离心机。

3）操作步骤

（1）巴布科克法

①以标准移乳管精确吸取 20℃均匀鲜乳 17.6 mL 于巴布科克氏乳脂瓶中。

②沿瓶颈壁加入 17.5 mL 浓硫酸（15~20℃），将瓶颈回旋，充分混合至无凝块并呈均匀的棕色。

③将乳脂瓶放入离心机 1000 r/min 离心 5 min，脂肪分离升至瓶颈基部。

④取出加入 60℃ 以上热水使脂肪上浮到瓶颈基部，再离心 2 min。

⑤再加入 60℃ 以上热水至脂肪上浮到 2 或 3 刻度（瓶颈刻度标线约 4%）处，再离心 1 min。

⑥取出置于 55~60℃ 水浴 5 min 后，保温数分钟，待脂肪稳定后，读取脂肪层最高与最低点所占的格数（读数时以上端凹面最高点为准），即为样品含脂肪的百分率。

图 7－2　巴布科克氏乳脂瓶

（2）盖勒氏法

①将 10 mL 硫酸倒入盖勒氏乳脂瓶中（颈口勿沾湿硫酸）。

②精确吸取 11 mL 牛乳沿管壁缓缓加入盖勒氏乳脂瓶中。

③加入 1 mL 异戊醇，用橡皮塞塞紧，用布包裹瓶口(以防冲出酸液溅蚀衣物)，用力振摇至呈均匀棕色液体，静置数分钟。置于 65～70℃ 水浴中 5 min。

④取出擦干，调节橡皮塞使脂肪柱在乳脂计的刻度内，放入离心机 800～1000 r/min 中离心 5 min。

⑤取出将乳脂计置于 65～70℃ 水浴(水浴水面应高于乳脂计脂肪层)5 min，取出后立即读数，即为脂肪的含量。

4)说明及注意事项

①硫酸可破坏脂肪球膜，使脂肪游离出去，还可增加液体相对密度，使脂肪易浮出。

②硫酸浓度应严格遵守规定要求，过浓会使乳炭化成黑色溶液而影响读数，过稀不能使酪蛋白完全溶解，使测定结果偏低并使脂肪层浑浊。

③异戊醇作用是促使脂肪析出，并降低脂肪球表面张力，利于形成脂肪层。异戊醇应能完全溶于酸中，如果不纯，可能会使部分析出物掺入油层，使结果偏高。检验异戊醇纯度的方法如下：将硫酸、水(代替牛乳)及异戊醇按测定样品时的数量注入乳脂计中，振摇后静置 24 h 澄清，如在乳脂计的上部狭长部分无油层析出，认为适用，否则表明异戊醇质量不佳，不能采用。

④加热(65～70℃ 水浴)和离心的目的是促使脂肪离析，注意水浴水面应高于乳脂计脂肪层。

7.2.6 差量测定法

在含脂类物质的食品(如食用油等)中，非脂类成分及杂质含量一般都不超过 0.2%，因而直接测定之类的方法无法得到准确的结果。为此，我们可以通过测定非脂成分含量来确定脂类含量。

1. 水分及挥发性物质的测定

1)原理

将定量的样品置于烘箱内 105℃ 条件下加热 3 h 左右，所的样品恒定减少的量即为所含水分及挥发性物质的质量。但在实际加热过程中，某些成分氧化吸收氧或发生羰氨反应释放 CO_2 等过程，都会影响测定结果。但考虑到本方法简单方便且规范化。所以通常情况下均可用此方法测定水分和挥发物。

2)操作方法

用烘至恒重的称量皿称取样品 10 g 左右(M，精确至 0.0001 g)。放置烘箱内 105℃ 烘约 1 小时，干燥器中冷却约半小时，称重。如此循环操作，直至前后两次测量质量差值不超过 0.002 g 为止。如果后一次质量大于前一次质量，取前一次质量(M_1)。

3)结果计算

$$X = \frac{M - M_1}{M} \times 100 \qquad (7-5)$$

式中：X——水分及挥发性物质的含量，g/100 g；

M——烘前样品的质量，g；

M_1——烘后样品的质量，g。

如果条件允许，可用真空干燥方法代替，以避免吸氧氧化问题。真空烘箱法是将样品置于75℃左右的真空箱内，在真空的环境中测定样品的水分及挥发性物质，操作方法及结果计算与上述直接干燥法相似。

2. 不溶性杂质的测定

脂类中不溶性杂质主要包括机械类杂质(如土、碎屑等)、矿物质、碳水化合物、含氮物质及某些胶质等。

1)原理

过量的有机溶剂试剂处理试样，过滤溶液，再用溶剂洗涤，直到洗出溶液完全透明，105℃烘干称重，所选溶剂不同，可能会导致不溶性杂质的不同。

2)操作步骤

称取样品30.00～50.00 g(M)，放置在250 mL的锥形瓶中，加入等量的石油醚(或苯)于水浴中加热，使样品完全溶解于有机溶剂中。然后，用干燥至恒重的滤纸(M_2)过滤，滤纸上的过滤物，用经过不超过50℃水浴加热的石油醚进行洗涤，直到洗出的滤液完全透明。

过滤完全后，静置一段时间直到滤纸在漏斗上干燥后，放入已知恒重的称量瓶中，置于100～105℃的干燥箱中干燥，直到恒重为止(M_1)。

3)计算结果

$$X = \frac{M_1 - M_2}{M} \times 100 \tag{7-6}$$

式中：X——杂质含量，g/100 g；

M_1——经过滤、干燥后滤纸的质量，g；

M_2——滤纸质量，g；

M——样品的质量，g。

7.3　油脂物理性质的测定

7.3.1　油脂相对密度测定

密度在指在特定条件下单位体积的物质的量，用 g/cm^3 表示。不同的油脂在不同的温度下密度有差异，而相对密度(即物质在20℃时的密度与同体积的水在4℃时的密度之比)来作为描述物质相对密度的指标，记做 d_4^{20}。各种纯净的油脂，在一定的温度下均有其特定的相对密度范围，通过试验测定样品油脂的相对密度，可作为确定密度样品纯度和种类的重要依据。以密度瓶法为例：

1. 原理

在一定温度下用同一密度瓶称量等体积油脂及蒸馏水，两者质量之比即为该油脂的相对密度。

2. **方法**

①测定瓶子质量，瓶塞瓶盖一起称量。

②测定水的质量，将蒸馏水注入密度瓶中，盖上带温度计的瓶塞后，置于20℃水浴中，待瓶内水温达到20℃时，取出擦干瓶身，加瓶塞瓶盖30 min后称量。

③测定样品质量，同②。

④计算。

$$d_{20}^{20} = \frac{m_2}{m_1}$$

(7 - 7)

其中：m_1——水质量，g；

m_2——样品质量，g；

d_{20}^{20}——油温，水温均在20℃时油脂相对密度。

7.3.2 油脂熔点的测定

常用的测定方法是毛细管法。取样 20 g，在低于150℃条件下加热，使油相和水相分层，过滤，烘干油相。取干燥洁净毛细玻璃管 3 支，分别吸取样品达 10 mm 高度。用喷灯火焰将吸取试样的管端封闭。置于4~10℃冰箱过夜之后，用橡皮筋将其紧扎在温度计上，样品与水银球平行，后将两者置于水浴中加热。水银球浸入水中 30 mm。开始温度要低于8℃，同时搅动水，使水温以 0.5℃/min 上升，随着温度生高，玻璃管内试样开始软化，直至管内样品溶解至透明，读取温度计示数，计算 3 只管的平均值，即为试验的熔点。

7.3.3 油脂透明度、气味、滋味、色泽以及折射率的测定

1. 透明度

油脂透明度是指油样在一定的温度下，静置一定时间后，目测油样的透明程度，是一种感官评价方法。通常方法：量取 100 mL 样品置于比色管中，在20℃下静置24 h，于白色灯光前或白色背景下观察其透明度。比色用"透明""微浊""浑浊"表示。

2. 气味、滋味的测定

各种油脂都有特定的气味和滋味，通过油脂气味和滋味的鉴定，可以了解油脂种类，品质的好坏，酸败程度等。取样 10~15 mL 加热至50℃，之后嗅其气味，品尝。

3. 色泽的测定

色泽的深浅是植物油的重要质量指标之一，测定油脂的色泽可以了解油脂精制程度及判断其品质。我国植物油国家标准是以罗维朋比色计进行测定的。将样品注入比色槽，固定黄色，调整红色至色度相等，读取黄色、红色玻璃片数字即为油脂色泽值。

4. 折射率的测定

折射率是指光线由空气进入油脂中入射角正弦和折射角止弦之比。通常采用阿贝折光仪，以钠黄光 D 线为光源。20℃作为标准温度，结果以 n_D^{20} 表示。

用玻璃棒取样两滴于棱镜上，转动上棱镜，关紧两块棱镜，经约 3 min，待样品温度稳定后，转动手轮使视野中清晰可见两个明暗部分，使分界线恰在十字交叉焦点上。标尺上的读数即为该温度下的折射率。

7.3.4 油脂黏性测定

油脂中含脂肪相对分子量越大，黏度越大。脂肪酸不饱和程度越大，黏度越小。常用测定方法为旋转式黏度计法。选适当的转子，将样品装于 100 mL 烧杯中，调整升降开关至转子液标与液面平行。开启开关调速，开始测定，读数，计算。

7.4 油脂化学特性的测定

7.4.1 碘价的测定

碘价(亦称碘值),是指 100 g 油脂所能够吸收的氯化碘或溴化碘换算成碘的质量(g)。碘价的高低反应了油脂的不饱和程度。碘价越高,表示油脂中脂肪酸中的双键越多,愈不饱和、不稳定,容易氧化分解。测定碘价,可以了解油脂脂肪酸的组成是否正常,有无掺杂等。测定碘价时,常用卤素化合物(氯化碘、溴化碘、次碘酸等)作为试剂。在一定反应条件下,能很快地饱和双键,而不发生取代反应,最常用的是氯化碘 – 乙酸溶解法(韦氏法)。

1. 原理

在试样中,加入韦氏碘液,氯化碘与油脂中的不饱和脂肪酸发生加成反应:

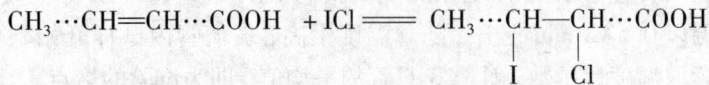

$$CH_3 \cdots CH \!\!=\!\! CH \cdots COOH \; + ICl \Longrightarrow CH_3 \cdots CH \!-\! CH \cdots COOH$$
$$\qquad\qquad\qquad\qquad\qquad\qquad\qquad\qquad\quad | \qquad |$$
$$\qquad\qquad\qquad\qquad\qquad\qquad\qquad\qquad\quad I \qquad Cl$$

再加入过量的碘化钾与剩余的溴化碘反应,析出碘:

$$KI + ICl \Longrightarrow KCl + I_2$$

析出的碘可用硫代硫酸钠标准溶液滴定:

$$I_2 + 2Na_2S_2O_3 \Longrightarrow Na_2S_4O_6 + 2NaI$$

同时做空白对照试验组,从而计算出被油脂所吸收的溴化碘的质量,求出碘价。

2. 试剂

①溴化碘醋酸溶液:13.2 g 碘,置于 1000 mL 冰醋酸中,冷却至 25℃时,取出 20 mL,用 0.1 mol/mL 硫代硫酸钠标准溶液测得其含碘量。

②0.01 mol/mL 硫代硫酸钠标准溶液。

③15% 碘化钾。

④0.5% 淀粉指示剂。

⑤三氯甲烷。

⑥盐酸。

⑦碘。

⑧高锰酸钾。

⑨冰醋酸。

3. 操作

精确称取油样 0.10 ~ 0.25 g,置于洁净干燥的碘量瓶中,加入 10 mL 氯仿溶解,准确加入溴化碘醋酸钠溶液 25 mL,加塞,于暗处放置 30 min,碘价高于 130 的,放置 60 min,不时振摇,然后加入 15% 碘化钾溶液 20 mL,塞严,用力振摇,以 100 mL 新沸冷却的蒸馏水将瓶口瓶塞上的游离碘洗入瓶内,混匀,用 0.01 mol/mL 硫代硫酸钠标准溶液滴至淡黄色时,加入 1 mL 1% 淀粉溶液,继续滴定至蓝色消失为终点(近终点时,用力振摇,使溶于氯仿的碘析出),在完全相同的条件下(不加样品)作一空白试验。

4. 计算

$$碘价 = \frac{(V_1 - V_2) \times c \times 0.1269}{m} \times 100 \qquad (7-8)$$

式中：c——硫代硫酸钠标准溶液的浓度；mol/L；

V_1——空白滴定耗硫代硫酸钠标准溶液量，mL；

V_2——样品滴定耗硫代硫酸钠标准溶液量，mL；

m——样品的质量，g；

0.1269——I_2的1/2毫摩尔质量，g/mmol。

5. 说明及注意事项

①光线和水分可与溴化碘作用，对测定结果影响很大，所以要求所用仪器必须清洁、干燥，碘液必须用棕色瓶盛装且要放于暗处。

②加入碘液的速度，放置作用时间和温度要与空白试验一致。

7.4.2 过氧化值的测定

油脂在储藏期间，受光、热、空气中的氧以及油脂中水分和酶的作用，常会发生各类复杂的化学变化而引起油脂性质的变化，一般称作酸败。油脂酸败过程中的中间产物过氧化物，是油脂与空气中的氧气发生氧化作用所产生的，具有高度的活性，能继续分解生成具有挥发性的醛类、酮类和低分子的脂肪酸等，使得油脂具有一种特殊的臭味和带有刺激性的气味，俗称"哈喇味"，降低油脂品质，酸败严重时甚至不能使用。

过氧化值是油脂中过氧化物含量多少的表征，是油脂在贮存或使用过程中是否发生酸败的反映，过氧化值的测定，从油脂发生酸败的机理出发，可衍生出许多方法，直接或间接反映过氧化值的大小。

1. 原理

碘化钾在酸性条件下能与油脂中的过氧化物反应而析出碘。析出的碘用硫代硫酸钠溶液滴定，根据硫代硫酸的用量来计算油脂的过氧化值。

2. 试剂

①氯仿-冰乙酸混合液：取氯仿40 mL加冰乙酸60 mL，混匀；

②饱和碘化钾溶液：取碘化钾10 g，加水5 mL；

③储于棕色瓶中0.01 mol/L硫代硫酸钠标准溶液：用移液管吸取约0.1 mol/L的硫代硫酸钠溶液10 mL，注入100 mL容量瓶中，加水稀释至刻度；

④10 g/L淀粉指示剂。

3. 仪器

碘价瓶；微量滴定管；量筒；移液管；容量瓶；滴瓶；烧瓶等。

4. 实验步骤

①称取混合均匀的油样2.0~3.0 g于碘量瓶中，或先估计过氧化值，再按表7-2称样。

②加入氯仿-冰乙酸混合液30 mL，充分混合。

③加入饱和碘化钾溶液1 mL，加塞后摇匀，在暗处放置3分钟。

④加入50 mL蒸馏水，充分混合后立即用0.01 mol/L硫代硫酸钠标准溶液滴定至浅色时，加淀粉指示剂1 mL，继续滴定至蓝色消失为止。

⑤同时做不加油样的空白试验。

表7-2 油样称取量参考值

估计的过氧化值/(mmol·kg^{-1})	所需油样/g
0 ~ 12	5.0 ~ 2.0
12 ~ 20	2.0 ~ 1.2
20 ~ 30	1.2 ~ 0.8
30 ~ 50	0.8 ~ 0.5
50 ~ 90	0.5 ~ 0.3

5. 结果计算

$$X = \frac{(V_1 - V_2) \times c}{W} \times 1000 \qquad (7-9)$$

式中：X——样品的过氧化值，mmol/kg；

V_1——油样用去的硫代硫酸钠溶液体积，mL；

V_2——空白试验用去的硫代硫酸钠溶液体积，mL；

c——硫代硫酸钠标准溶液浓度，mol/L；

W——油样重，g。

6. 注意事项

①油脂长时间放置于自然光下，也会加速油脂氧化，使测定结果偏高。故油脂保存时一定要装在深色玻璃瓶中，应避免强光，放在阴凉干燥处。在测定时称量后剩下的油脂也要尽量避光放置。

②振摇在油脂测定过程中，振摇的次数和力度大小都会影响测定结果。在油脂中加入饱和碘化钾溶液后，在反应时间内，如果剧烈且频繁地振摇碘量瓶，会使测定结果偏高，因此不能剧烈也不能频繁地振摇碘量瓶，只需要缓缓地振摇碘量瓶3~4次。

③在用硫代硫酸钠溶液滴定的过程中，溶剂和滴定液需要时间充分混合，因此需要用力振荡，且在蓝色将要消失时更要加盖剧烈振荡碘量瓶，振荡后再滴1~2滴滴定液至蓝色消失，即为终点。在滴定过程中如果振动幅度太小，就有可能造成硫代硫酸钠溶液与油脂中游离的碘反应不充分，在观察到蓝色将要消失时剧烈振荡碘量瓶蓝色就消失了，这时的滴定液可能已经滴过量了，从而使测定结果偏高。

④加入碘化钾后，静置时间长短以及加水量多少，对测定结果均有影响。

7.4.3 酸价的测定

酸价是指中和1g油脂中游离脂肪酸所需的氢氧化钾的毫克数。同一种植物油，如酸价高，则表明油脂水解而产生更多的游离脂肪酸。

酸价是脂肪中游离脂肪酸含量的标志，脂肪在长期保藏过程中，由于微生物、酶和热的作用发生缓慢水解，产生游离脂肪酸。而脂肪的质量与其中游离脂肪酸的含量有关。一般常用酸价作为衡量标准之一。在脂肪生产的条件下，酸价可作为水解程度的指标，在其保藏的条件下，则可作为酸败的指标。酸价越小，说明油脂质量越好，新鲜度和精炼程度越好。它的大小不仅是衡量毛油和精油品质的一项重要指标，而且也是计算酸价炼耗比这项主要技术经济指标的依据。而毛油酸价则是炼油车间在碱炼操作过程中计算加碱量、碱液浓度的依据。

在一般情况下，酸价和过氧化值略有升高不会对人体的健康产生损害。但如果酸价过高，则会导致人体肠胃不适、腹泻并损害肝脏。

GB/T 5530—2005 规定了测定动植物油脂酸度的方法，包括热乙醇测定法、冷溶剂测定法和电位滴定法，其中热乙醇测定法为参考标准法，冷溶剂法只适用于浅色油脂，电位滴定法是利用 pH 计判断滴定终点，然后根据滴定所需氢氧化钾的量计算油脂酸值。

1. 原理

油脂中的游离脂肪酸与氢氧化钾产生中和反应以酚酞作指示剂，从氢氧化钾标准溶液消耗量可计算出游离脂肪酸的量。

2. 试剂

①中性醇醚混合液或中性苯醇混合液：取 95% 乙醇与乙醚按 1:2 混合，或苯与 95% 乙醇按 1:1 混合，然后加入酚酞指示剂数滴，用 0.1 mol/mL 氢氧化钾溶液中和至微红色。

②0.1 mol/mL 氢氧化钾标准溶液。

3. 仪器

碱式滴定管；锥形瓶；试剂瓶；容量瓶；移液管；称量瓶；天平(感量 0.001 g)；100 mL 量筒。

4. 操作方法

准确称取油样 5.0 ~ 10.0 g，置于烧杯中，加入混合液 50 mL，振摇溶解(必要时加热)，加入 1% 酚酞指示剂 3 ~ 4 滴，用 0.1 mol/mL 氢氧化钾标准溶液滴定至淡红色 1 min 内不褪色为终点。

5. 结果计算

$$X = \frac{c \times V \times 56.1}{m} \tag{7-10}$$

式中：X——样品的酸价，mg/g；

c——氢氧化钾标准溶液的浓度，mol/L；

V——消耗氢氧化钾标准溶液的量，mL；

m——样品的质量，g；

56.1——氢氧化钾的摩尔质量，g/mol。

两次实验结果允许差不超过 0.2 mg KOH/g，其平均值即为测定结果，测定结果保留小数点后一位。

6. 注意事项

①测定蓖麻油所用试剂只能为中性乙醇而不可以用混合溶剂；

②测定深色油脂时，为了使溶液变色更加明显，常减少试样用量或适当增加混合溶剂的用量。

7.4.4　皂化值的测定

皂化值是指完全皂化 1 g 油脂所需氢氧化钾的毫克数，是三酰甘油中脂肪酸平均链长的量度,即三酰甘油平均分子量的量度。

皂化值是酯值与酸值的总和。一般用于含游离脂肪酸及脂肪酸甘油酯等的理化性质的测定。皂化值的大小与油脂中所含甘油酯的化学成分有关,一般油脂的相对分子质量和皂化值的关系是:甘油酯相对分子质量愈小,皂化值愈高。另外,若游离脂肪酸含量增大,皂化值随之增大。

油脂的皂化值是指导肥皂生产的重要数据,可根据皂化值计算皂化所需碱量、油脂内的脂肪酸含量和油脂皂化后生成的理论甘油量三个重要数据。

药典规定注射用油的皂化值为 185 ~ 200。皂化值愈高,脂肪酸分子量愈小,亲水性较强,易失去油脂的特性;皂化值愈低,则脂肪酸分子量愈大或含有较多的不皂化物,油脂接近固体,难以注射和吸收,所以注射用油需规定一定的皂化值范围,使油中的脂肪酸在 C16 ~ C18 的范围。

1. 皂化值测定原理

测定皂化值是利用酸碱中和法,将油脂在加热条件下与过量的氢氧化钾乙醇溶液进行皂化反应。剩余的氢氧化钾以酸标准溶液进行反滴定。并同时做空白试验,从而可计算出中和油脂所需的氢氧化钾质量(mg)。其反应式如下:

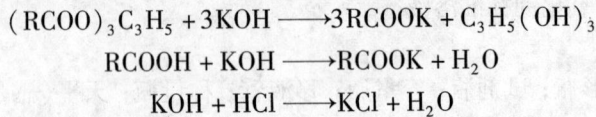

$$(RCOO)_3 C_3 H_5 + 3KOH \longrightarrow 3RCOOK + C_3 H_5 (OH)_3$$
$$RCOOH + KOH \longrightarrow RCOOK + H_2 O$$
$$KOH + HCl \longrightarrow KCl + H_2 O$$

2. 试剂

①0.5 mol/mL 盐酸标准溶液。

②中性乙醇:在95%乙醇中加酚酞指示剂数滴,用0.1 mol/L 氢氧化钾中和至呈微红色。

③0.5 mol/L 氢氧化钾乙醇溶液:称取化学纯氢氧化钾30 g,溶于95%乙醇中,摇匀,静置24 h,倾出上层清夜,贮于装有苏打石灰球管的玻璃瓶中。

3. 仪器

恒温水浴,50 mL 滴定管。

4. 操作

准备称取油样约2.0 g,置于锥形瓶中,再准确加入0.5 mol/L 氢氧化钾乙醇溶液25 mL,在水浴上回流加热30 min,不时摇动,取下冷凝管,加入10 mL 中性乙醇,1%酚酞指示剂0.5 mL。用0.5 mol/L 盐酸溶液滴定至红色消失,同时做空白试验。

5. 结果计算

$$X = \frac{(V_2 - V_1) \times c}{m} \qquad\qquad (7-11)$$

式中:X——样品的皂化值,mg/g;

　　　c——盐酸标准溶液的浓度,mol/L;

　　　V_1——空白滴定消耗盐酸标准溶液体积,mL;

　　　V_2——样品滴定消耗盐酸标准溶液体积,mL;

　　　m——样品的质量,g。

6. 注意事项

①如果溶液颜色较深,终点观察不明显,可以改用酚酞作指示剂。

②皂化时要防止乙醇从冷凝管口挥发，同时要注意滴定液的体积，酸标准溶液用量大于 15 mL，要适当补加中性乙醇，加入量参照酸值测定。

③两次平行测定结果允许误差不大于0.5。

小　结

本章节分别介绍了食品中脂类的定义、脂类多种测定方法及原理、油脂中碘价、过氧化值、酸价、皂化值的测定原理和方法。

思考题

1. 总脂肪的测定有哪些方法，各方法的区别有哪些？
2. 简述索氏抽提器的提取原理。
3. 脂类测定操作过程应注意什么？
4. 食用油脂的理化指标有哪些？

参考文献

[1] 刘玉兰.油脂制取与加工工艺学[M].北京：科学出版社，2010
[2] 王永华.食品分析[M].北京：中国轻工业出版社，2010
[3] 刘绍.食品分析与检验[M].武汉：华中科技大学出版社，2011
[4] 李桂华.油料油脂检验与分析[M].武汉：化学工业出版社，2006
[5] 毕艳兰.油脂化学[M].武汉：化学工业出版社，2006
[6] 谢笔钧.食品分析[M].北京：科学出版社，2009

第8章

碳水化合物的测定

本章学习目的与要求

1. 掌握碳水化合物的分类,还原糖、淀粉的测定原理和方法;

2. 熟悉膳食纤维、果胶等成分的分析测定;

3. 了解其他多糖的分析方法。

8.1 概 述

碳水化合物占陆生植物和海藻干重的3/4,它存在于所有的谷物、蔬菜、水果以及其他人类能食用的动、植物及微生物中。碳水化合物是食品的主要组成成分之一,不仅提供了人类主要的膳食热量,而且由于其独特的结构及理化性质,赋予了人们期望的质构和口感。另外,碳水化合物在加工及储藏过程中的变化也为食品提供了需宜的和不需宜的产物,进而影响着食品的风味、质量及安全性。因此碳水化合物的测定是食品分析的常规项目之一。

8.1.1 碳水化合物的定义

碳水化合物(carbohydrate)亦称糖类化合物,由碳、氢、氧三种元素组成,是自然界存在最多、分布最广的一类重要的有机化合物。由于它的分子结构通式可用 $C_m(H_2O)_n$ 表示,氢和氧的比例为 $2:1$,和水一样,故称为碳水化合物。但随着后来的研究发现了一些符合此通式的非糖物质[如甲醛(CH_2O)]和一些不符合此通式的糖类物质[如鼠李糖($C_6H_{12}O_5$)],使得把糖类物质再叫做碳水化合物显得并不确切。但由于沿用已久,至今我们还习惯把糖类化合物称作碳水化合物,其实质是具有多羟基醛或多羟基酮及其缩合物和衍生物的总称。

8.1.2 碳水化合物的分类

根据分子缩合的多寡,中国营养学会把碳水化合物分为糖、寡糖和多糖三大类。

1. 糖

糖由 1 ~ 2 个单糖组成，泛指单糖(monosaccharide)、双糖(disaccharide)和糖醇(alditol)。

单糖是碳水化合物的最基本组成单位，是指用水解方法不能将其分解的碳水化合物，主要包括葡萄糖、果糖、半乳糖、核糖、阿拉伯糖、木糖等。

双糖由两个单糖分子通过糖苷键连接而形成的化合物，主要包括蔗糖、乳糖、麦芽糖和海藻糖等。蔗糖由一分子葡萄糖和一分子果糖缩合而成，乳糖是由一分子葡萄糖和一分子半乳糖缩合而成，麦芽糖由两分子葡萄糖缩合而成。

糖醇是单糖分子的醛基或酮基被还原成醇基，使糖转变为多元醇。糖醇是一种多元醇，含有两个以上的羟基。糖醇虽然不是糖但具有某些糖的属性，目前开发的有山梨糖醇、甘露糖醇、赤藓糖醇、麦芽糖醇、乳糖醇、木糖醇等。

2. 寡糖

寡糖(oligosaccharide)又称为低聚糖，是由 3 ~ 9 个单糖通过糖苷键连接而成的聚合物，主要包括异麦芽低聚糖(多种异麦芽低聚糖的混合物)、低聚果糖、低聚半乳糖、低聚木糖、棉籽糖和水苏糖等。

3. 多糖

多糖(polysaccharide)是由很多单糖通过糖苷键缩合而成的高分子化合物，由 10 个以上的单糖组成，主要由淀粉和非淀粉多糖组成。淀粉主要包括直链淀粉、支链淀粉、变性淀粉、抗消化淀粉等，广泛存在于谷类、豆类及薯类等作物中。非淀粉多糖主要包括纤维素、半纤维素、果胶、亲水胶质物(如黄原胶、瓜尔豆胶、阿拉伯胶等)和活性多糖(如香菇多糖、枸杞多糖等一大类具有降血脂、抗氧化、提高免疫功能等的活性物质)等。

8.1.3 碳水化合物的分布与含量

碳水化合物广泛地存在于自然界中，是自然界存在最多、分布最广的一类重要的有机化合物。粮谷类中碳水化合物的含量较高，占总物质的 60% ~ 80%，如水稻、小麦、玉米、大麦、燕麦、高粱等。薯类中碳水化合物占 15% ~ 29%；豆类中占 40% ~ 60%；水果和部分蔬菜中也含有大量的碳水化合物。蔗糖广泛分布在植物中，尤其是甘蔗和甜菜中含量最高。乳糖是哺乳动物的主要成分，人乳中含乳糖量约为 7%，牛乳中约含 5%。棉籽糖、水苏糖主要存在于豆类食品中。人体内的糖原有 1/3 存在于肝脏中，2/3 存在于肌肉中。

8.1.4 碳水化合物测定的意义

碳水化合物是食品重要的组成部分，它是人体热能的重要来源，也是构成机体的一种重要物质。现代营养学认为，合理的膳食组成中，碳水化合物应占摄入总能量的 55% ~ 65%。食品中的碳水化合物影响着食品的形态、组织结构、物化性质，同时还和食品的色、香、味以及食品的功能有着密切的联系。如糖果中糖的组成及比例直接关系到其风味和质量；还原糖在热作用下会和食品中的其他成分中的氨基反应发生羰氨反应，从而对食品的色泽和风味产生影响；游离糖本身就具有甜味，是天然的甜味剂，其含量与食品的甜度有着密切的关系；食品的黏弹性也与食品中碳水化合物的含量紧密相关，像添加了卡拉胶、果胶对食品黏弹性的影响给人的感觉最为直接；食品中纤维素、果胶虽然不易被人体吸收，但对食品的质构有重要的作用，而且还具有促进肠道蠕动等生理功能；食品中一些多糖和低聚糖具有特殊的生理保健功能, 其起作用的碳水化合物的含量直接关系到其营养价值。碳水化合物测定历来是食品的主要分析指标之一, 在食品工业中具有十分重要的意义。

8.1.5 碳水化合物测定的方法

测定食品中碳水化合物的的方法很多, 一般分为物理法、化学法、酶法、色谱法、质谱法、毛细管电泳法等。物理法主要有折光法、相对密度法和旋光法, 大多用于测定单糖和低聚糖; 化学法相对与其他方法是用途最广泛的测定方法, 常用的方法有碱性铜盐法、铁氰化钾法、碘量法、蒽酮法等, 一般来说此法测的是总糖含量。随着科学的发展, 现在测定的方法越来越丰富, 无论是效率还是精确度都有了很大的提高, 如酶法、色谱法、毛细管电泳法都是具有发展前景的测定方法。

8.2 还原糖的测定

在碱性条件下, 含有醛基或酮基的糖可以转化为非常活泼的烯二醇结构而具有一定的还原性, 可以和氧化剂发生反应, 这一类糖我们称之为还原糖。一般常见的还原糖包括葡萄糖、果糖、麦芽糖、乳糖, 实际上全部的单糖和具有半缩醛羟基的低聚糖都具有还原糖的性质。

还原糖测定的方法有很多种, 根据测定原理的不同大致可分为碱性铜盐法、铁氰化钾法、碘量法、比色法及酶法等。在介绍方法之前, 我们有必要对样品前处理作必要的介绍。

8.2.1 还原糖的提取和澄清

1. 提取

还原糖最常用的提取方法是水提取, 温度为 $40 \sim 50 ℃$。一般来说该法主要是针对淀粉含量较少的食品, 如水果、蔬菜及其制品。但是对于淀粉含量较高的食品, 如薯类、豆类、干果类、谷类, 用水提取往往会影响实验结果, 因为用水提取时除了提取还原糖以外, 还会使部分淀粉、果胶、糊精等成分进入溶液而影响分析结果, 故一般采用乙醇溶液($75\% \sim 85\%$)作为这类食品的提取剂。

2. 澄清

在食品中糖类的提取液中, 除了还原糖以外, 还可能夹杂着蛋白质、氨基酸、多糖、色素、有机酸等物质, 这些物质的存在将影响还原糖的测定结果。因此, 我们就需要对提取液中的干扰物质进行分离, 需要在提取液中加入澄清剂以除去这些干扰物质。

澄清剂能够除去对测定结果有影响的干扰物质。澄清剂的种类很多, 较为常见的有中性醋酸铅、乙酸锌和亚铁氰化钾、硫酸铜和氢氧化钠、碱性醋酸铅、氢氧化铝、活性碳等, 我们在使用时应根据提取液的性质、干扰物质的种类与含量以及采取的测定方法等进行选择。但我们选择的总体原则是: 能够完全或者尽可能完全地除去干扰物质而又不会吸附需要检测的糖类, 也不会改变糖类的理化性质。

8.2.2 还原糖的测定

8.2.2.1 碱性铜盐法

1. 直接滴定法(GB/T 5009.7—2008)

1)原理

将适量的酒石酸铜甲、乙液等量混合,立即反应生成蓝色的氢氧化铜沉淀,生成的沉淀很快与酒石酸钾钠反应,络合生成深蓝色可溶的酒石酸钾钠铜络合物。试样经前处理后,在加热条件下,以亚甲蓝做指示剂,滴定标定过的碱性酒石酸铜溶液,样品中的还原糖与酒石酸钾钠铜反应,生成红色的氧化铜沉淀,微过量的还原糖会和亚甲基蓝反应,溶液中的蓝色会消失,即为滴定终点。根据样品液消耗体积计算还原糖含量。各步反应式(以葡萄糖为例)如下:

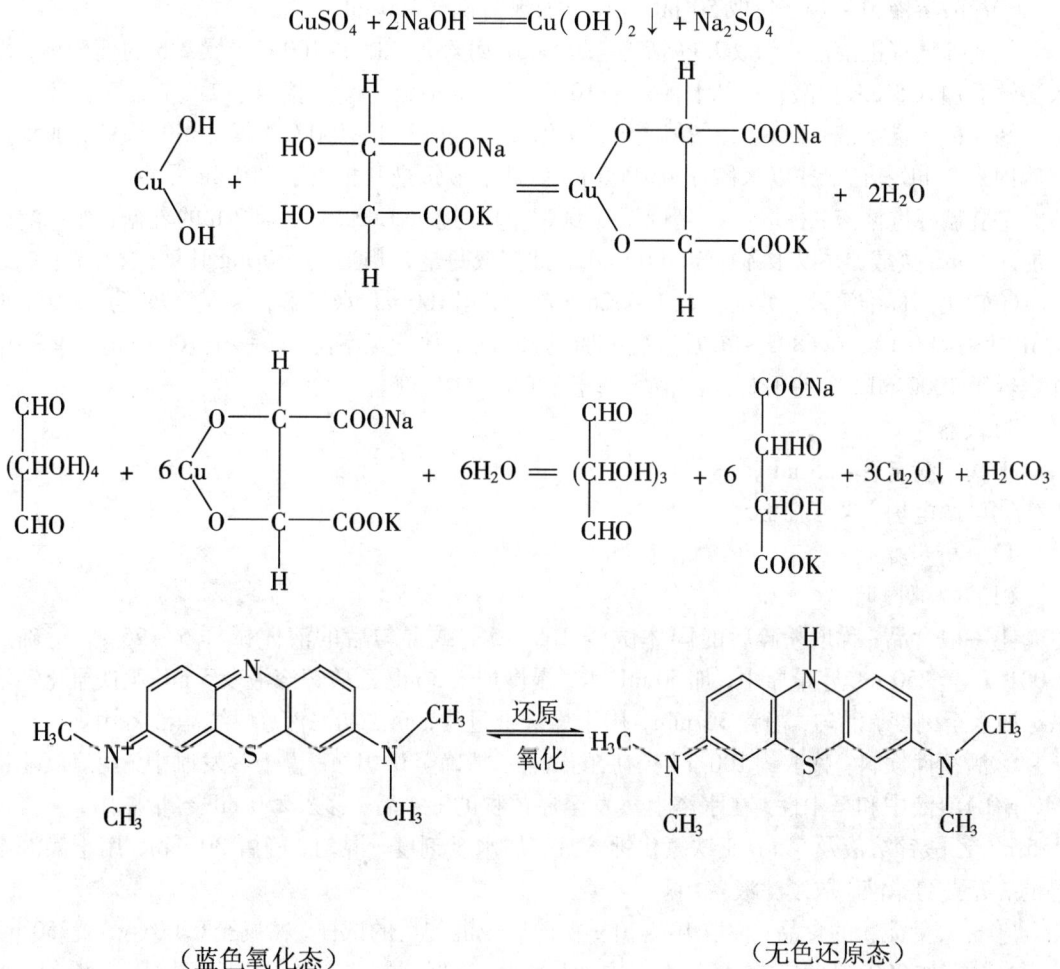

$$CuSO_4 + 2NaOH \Longrightarrow Cu(OH)_2\downarrow + Na_2SO_4$$

(蓝色氧化态)　　　　　　　　　(无色还原态)

2)试剂

盐酸(HCl),硫酸铜($CuSO_4 \cdot 5H_2O$),酒石酸钾钠($C_4H_4O_5KNa \cdot 4H_2O$),亚甲基蓝($C_{16}H_{18}ClN_3S \cdot 3H_2O$)指示剂,氢氧化钠(NaOH),乙酸锌($Zn(CH_3COO)_2 \cdot 2H_2O$),冰乙酸

$(C_2H_4O_2)$，亚铁氰化钾$(K_4Fe(CN)_6 \cdot 4H_2O)$，葡萄糖$(C_6H_{12}O_6)$，果糖$(C_6H_{12}O_6)$，乳糖$(C_6H_{12}O_6)$，蔗糖$(C_{12}H_{22}O_{11})$。

除非另有规定，本方法中所用试剂均为分析纯。

①碱性酒石酸铜甲液：称取 15 g 硫酸铜及 0.05 g 亚甲基蓝，溶于水中并稀释至 1000 mL。

②碱性酒石酸铜乙液：称取 50 g 酒石酸钾钠、75 g 氢氧化钠，溶于水中，再加入 4 g 亚铁氰化钾，完全溶解后，用水稀释至 1000 mL，贮存于橡胶塞玻璃瓶内。

③乙酸锌溶液(219 g/L)：称取 21.9 g 乙酸锌，加 3 mL 冰乙酸，加水溶解并稀释至 100 mL。

④亚铁氰化钾溶液(106 g/L)：称取 10.6 g 亚铁氰化钾，加水溶解并稀释至 100 mL。

⑤氢氧化钠溶液(40 g/L)：称取 4 g 氢氧化钠，加水溶解并稀释至 100 mL。

⑥盐酸溶液(1 + 1)：量取 50 mL 盐酸，加水稀释至 100 mL。

⑦葡萄糖标准溶液：称取 1 g(精确至 0.0001 g)经过 98℃ ~100℃ 干燥 2 h 的葡萄糖，加水溶解后加入 5 mL 盐酸，并以水稀释至 1000 mL。此溶液每毫升相当于 1.0 mg 葡萄糖。

⑧果糖标准溶液：称取 1 g(精确至 0.0001 g)经过 98℃ ~100℃ 干燥 2 h 的果糖，加水溶解后加入 5 mL 盐酸，并以水稀释至 1000 mL。此溶液每毫升相当于 1.0 mg 果糖。

⑨乳糖标准溶液：称取 1 g(精确至 0.0001 g)经过 96℃ ±2℃ 干燥 2 h 的乳糖，加水溶解后加入 5 mL 盐酸，并以水稀释至 1000 mL。此溶液每毫升相当于 1.0 mg 乳糖(含水)。

⑩转化糖标准溶液：准确称取 1.0526 g 蔗糖，用 100 mL 水溶解，转入具塞三角瓶中，加 5 mL 盐酸(1 + 1)，在 68℃ ~70℃ 水浴中加热 15 min，放置至室温，转移至 1000 mL 容量瓶中并定容至 1000 mL，每毫升标准溶液相当于 1.0 mg 转化糖。

3)仪器

①酸式滴定管：25 mL。

②可调电炉：带石棉板。

4)分析步骤

(1)试样处理

①一般食品：称取粉碎后的固体试样 2.5 ~5 g 或混匀后的液体试样 5 ~25 g，精确至 0.001 g，置 250 mL 容量瓶中，加 50 mL 水，慢慢加入 5 mL 乙酸锌溶液及 5 mL 亚铁氰化钾溶液，加水至刻度，混匀，静置 30 min，用干燥滤纸过滤，弃去初滤液，取续滤液备用。

②酒精性饮料：称取约 100 g 混匀后的试样，精确至 0.01 g，置于蒸发皿中，用氢氧化钠(40 g/L)溶液中和至中性，在水浴上蒸发至原体积的 1/4 后，移入 250 mL 容量瓶中，慢慢加入 5 mL 乙酸锌溶液及 5 mL 亚铁氰化钾溶液，加水至刻度，混匀，静置 30 min，用干燥滤纸过滤，弃去初滤液，取续滤液备用。

③含大量淀粉的食品：称取 10 ~20 g 粉碎后或混匀后的试样，精确至 0.001 g，置250 mL 容量瓶中，加 200 mL 水，在 45℃ 水浴中加热 1 h，并时时振摇。冷后加水至刻度，混匀，静置，沉淀。吸取 200 mL 上清液至另一个 250 mL 容量瓶中，慢慢加入 5 mL 乙酸锌溶液及 5 mL亚铁氰化钾溶液，加水至刻度，混匀，静置 30 min，用干燥滤纸过滤，弃去初滤液，取续滤液备用。

④碳酸类饮料：称取约 100 g 混匀后的试样，精确至 0.01 g，试样置蒸发皿中，在水浴上

微热搅拌除去二氧化碳后,移入 250 mL 容量瓶中,并用水洗涤蒸发皿,洗液并入容量瓶中,再加水至刻度,混匀后,备用。

(2)标定碱性酒石酸铜溶液

吸取 5.0 mL 碱性酒石酸铜甲液及 5.0 mL 碱性酒石酸铜乙液,置于 150 mL 锥形瓶中,加水 10 mL,加入玻璃珠两粒,从滴定管滴加约 9 mL 葡萄糖标准溶液或其他还原糖标准溶液,控制在 2 min 内加热至沸腾,趁热以每 2 s 1 滴的速度继续滴加葡萄糖标准溶液或其他还原糖标准溶液,直至溶液蓝色刚好褪去为终点,记录消耗葡萄糖标准溶液或其他还原糖标准溶液的总体积,同时平行操作三份,取其平均值,计算每 10 mL(甲、乙液各 5 mL)碱性酒石酸铜溶液相当于葡萄糖的质量或其他还原糖的质量(mg)[也可以按上述方法标定 4~20 mL 碱性酒石酸铜溶液(甲、乙液各半)来适应试样中还原糖的浓度变化]。

(3)试样溶液预测

吸取 5.0 mL 碱性酒石酸铜甲液及 5.0 mL 碱性酒石酸铜乙液,置于 150 mL 锥形瓶中,加水 10 mL,加入玻璃珠两粒,控制在 2 min 内加热至沸腾,保持沸腾以先快后慢的速度,从滴定管中滴加试样溶液,并保持溶液沸腾状态,待溶液颜色变浅时,以每 2 s 1 滴的速度滴定,直至溶液蓝色刚好褪去为终点,记录样液消耗体积。当样液中还原糖浓度过高时,应适当稀释后再进行正式测定,使每次滴定消耗样液的体积控制在与标定碱性酒石酸铜溶液时所消耗的还原糖标准溶液的体积相近,约 10 mL 左右,结果按式(8-1)计算。当浓度过低时则采取直接加入 10 mL 样品液,免去加水 10 mL,再用还原糖标准溶液滴定至终点,记录所消耗的体积,并计算与标定时消耗的还原糖标准溶液体积之差相当于 10 mL 样液中所含还原糖的量,结果按式(8-2)计算。

(4)试样溶液测定

吸取 5.0 mL 碱性酒石酸铜甲液及 5.0 mL 碱性酒石酸铜乙液,置于 150 mL 锥形瓶中,加水 10 mL,加入玻璃珠两粒,从滴定管滴加比预测体积少 1 mL 的试样溶液至锥形瓶中,使在 2 min 内加热至沸腾,保持沸腾继续以每 2 s 1 滴的速度滴定,直至蓝色刚好退去为终点,记录样液消耗体积,同时平行操作三份,得出平均消耗体积。

(5)结果计算

试样中还原糖的含量(以某种还原糖计)按式(8-1)进行计算:

$$X = \frac{m_1}{m \times V/250 \times 1000} \tag{8-1}$$

式中:X——试样中还原糖的含量(以某种还原糖计),单位为克每百克(g/100 g);

m_1——碱性酒石酸铜溶液(甲、乙液各半)相当于某种还原糖的质量,单位为毫克(mg);

m——试样质量,单位为克(g);

V——测定时平均消耗试样溶液体积,单位为毫升(mL)。

当浓度过低时试样中还原糖的含量(以某种还原糖计)按式(8-2)进行计算:

$$X = \frac{m_2}{m \times 10/250 \times 1000} \tag{8-2}$$

式中:X——试样中还原糖的含量(以某种还原糖计),单位为克每百克(g/100 g);

m_2——标定时体积与加入样品后消耗的还原糖标准溶液体积之差相当于某种还原糖的

质量，单位为毫克(mg)；

m——试样质量，单位为克(g)。

还原糖含量≥10 g/100 g 时，计算结果保留三位有效数字；还原糖含量<10 g/100 g 时，计算结果保留两位有效数字。

(6)说明与注意事项

①该方法试剂用量少，操作简单快速，终点明显，准确度高，重现性好，可广泛适用于各类食品中的还原糖的测定。

②碱性酒石酸甲液和乙液要现用现配，如若配制好放置的时间过长会导致酒石酸钾钠铜络合物解析出氧化亚铜沉淀，而导致试剂浓度降低。

③由于产物中含有有色产物氧化亚铜，会对滴定终点的判断产生影响，为了减小实验误差，提高准确度，我们可以向碱性酒石酸钾钠铜乙液中添加少量的亚铁氰化钾，亚铁氰化钾会和氧化亚铜络合，从而使滴定的结果更容易判断。

④滴定必须在沸腾的条件下进行，因为氧气会和指示剂反应，导致滴定终点延迟，通过在沸腾条件下进行以保证空气中的氧气难以和指示剂接触，从而避免了此种情况的发生，同时在滴定过程中还要注意尽量减少不必要的摇动且不要把锥形瓶移开热源。

⑤如果条件允许，可以进行预实验。通过预实验可以估计样液的大概消耗量，避免滴定过量。

2. 高锰酸钾滴定法(GB/T 5009.7—2008)

1)原理

试样经除去蛋白质后，其中还原糖把铜盐还原为氧化亚铜，加硫酸铁后，氧化亚铜被氧化为铜盐，以高锰酸钾溶液滴定氧化作用后生成的亚铁盐，根据高锰酸钾消耗量，计算氧化亚铜含量再查附表 1 得还原糖量。

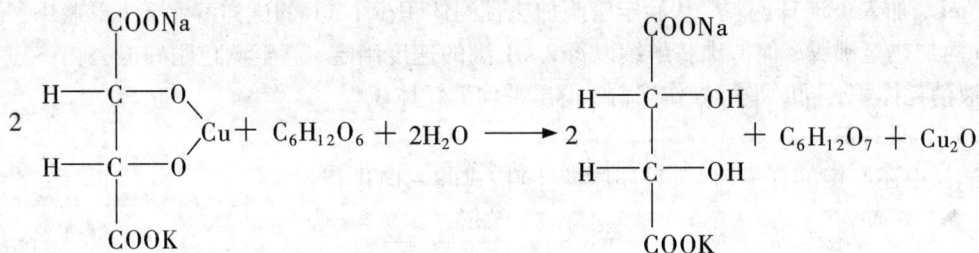

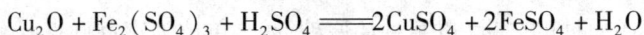

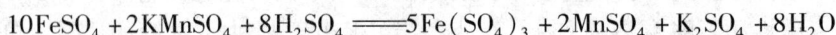

$$2 \begin{array}{c} \text{COONa} \\ | \\ \text{H—C—O} \\ | \qquad \rangle \text{Cu} \\ \text{HC—C—O} \\ | \\ \text{COOK} \end{array} + C_6H_{12}O_6 + 2H_2O \longrightarrow 2 \begin{array}{c} \text{COONa} \\ | \\ \text{H—C—OH} \\ | \\ \text{HC—C—OH} \\ | \\ \text{COOK} \end{array} + C_6H_{12}O_7 + Cu_2O$$

$$Cu_2O + Fe_2(SO_4)_3 + H_2SO_4 === 2CuSO_4 + 2FeSO_4 + H_2O$$

$$10FeSO_4 + 2KMnSO_4 + 8H_2SO_4 === 5Fe(SO_4)_3 + 2MnSO_4 + K_2SO_4 + 8H_2O$$

2)试剂

除非另有规定，本方法中所用试剂均为分析纯。

硫酸铜($CuSO_4 \cdot 5H_2O$)，氢氧化钠(NaOH)，酒石酸钾钠($KNaC_4H_4O_6 \cdot 4H_2O$)，硫酸铁($Fe_2(SO_4)_3$)，盐酸(HCl)。

①碱性酒石酸铜甲液：称取 34.639 g 硫酸铜，加适量水溶解，加 0.5 mL 硫酸，再加水稀释至 500 mL，用精制石棉过滤。

②碱性酒石酸铜乙液：称取 173 g 酒石酸钾钠、50 g 氢氧化钠，加适量水溶解，并稀释至 500 mL，用精制石棉过滤，贮存于胶塞玻璃瓶内。

③氢氧化钠溶液(40 g/L)：称取4 g氢氧化钠，加水溶解并稀释至100 mL。

④硫酸铁溶液(50 g/L)：称取50 g硫酸铁，加入200 mL水溶解后，慢慢加入100 mL硫酸，冷却，加水稀释至1000 mL。

⑤盐酸(3 mol/L)：量取30 mL盐酸，加水稀释至120 mL。

⑥高锰酸钾标准溶液$[c(1/5 \ KMnO_4) = 0.1000 \ mol/L]$。

⑦精制石棉：取石棉先用盐酸(3 mol/L)浸泡2~3 d，用水洗净，再加氢氧化钠溶液(40 g/L)浸泡2~3 d，倾去溶液，再用热碱性酒石酸铜乙液浸泡数小时，用水洗净。再以盐酸(3 mol/L)浸泡数小时，以水洗至不呈酸性为止。然后加水振摇，使成细微的浆状软纤维，用水浸泡并贮存于玻璃瓶中即可作填充古氏坩埚用。

3)仪器

①25 mL古氏坩埚或G4垂融坩埚。

②真空泵。

4)分析步骤

(1)试样处理

①一般食品：称取粉碎后的固体试样2.5~5 g或混匀后的液体试样25~50 g，精确至0.001 g，置250 mL容量瓶中，加水50 mL，摇匀后加10 mL碱性酒石酸铜甲液及4 mL氢氧化钠溶液(40 g/L)，加水至刻度，混匀。静置30 min，用干燥滤纸过滤，弃去初滤液，取续滤液备用。

②酒精性饮料：称取约100 g混匀后的试样，精确至0.01 g，置于蒸发皿中，用氢氧化钠溶液(40 g/L)中和至中性，在水浴上蒸发至原体积的1/4后，移入250 mL容量瓶中。加50 mL水，摇匀后加10 mL碱性酒石酸铜甲液及4 mL氢氧化钠溶液(40 g/L)，加水至刻度，混匀。静置30 min，用干燥滤纸过滤，弃去初滤液，取续滤液备用。

③含大量淀粉的食品：称取10~20 g粉碎或混匀后的试样，精确至0.001 g，置250 mL容量瓶中，加200 mL水，在45℃中加热1 h，并时时振摇。冷却后加水至刻度，混匀静置。吸取200 mL上清液置另一250 mL容量瓶中，摇匀后加10 mL碱性酒石酸铜甲液及4 mL氢氧化钠溶液(40 g/L)，加水至刻度，混匀。静置30 min，用干燥滤纸过滤，弃去初滤液，取续滤液备用。

④碳酸类饮料：称取约100 g混匀后的试样，精确至0.01 g，试样置于蒸发皿中，在水浴上除去二氧化碳后，移入250 mL容量瓶中，并用水洗涤蒸发皿，洗液并入容量瓶中，再加水至刻度，混匀后备用。

(2)测定

吸取50 mL处理后的试样溶液，于400 mL烧杯内，加入25 mL碱性酒石酸铜甲液及25 mL乙液，于烧杯上盖一表面皿，加热，控制在4 min内沸腾，再准确煮沸2 min，趁热用铺好石棉的古氏坩埚或G4垂融坩埚抽滤，并用60℃热水洗涤烧杯及沉淀至溶液不呈碱性为止。将古氏坩埚或垂融坩埚放回原400 mL烧杯中，加25 mL硫酸铁溶液及25 mL水，用玻棒搅拌使氧化亚铜溶解，以高锰酸钾标准溶液$[c(1/5 \ KMnO_4) = 0.1000 \ mol/L]$滴定至微红色为终点。

同时吸取50 mL水，加入与测定试样时相同量的碱性酒石酸铜甲液、乙液、硫酸铁溶液及水，按同一方法做空白试验。

5)结果计算

试样中还原糖质量相当于氧化亚铜的质量,按式(8 - 3)进行计算。

$$X = (V - V_0) \times c \times 71.54 \qquad (8-3)$$

式中:X——试样中还原糖质量相当于氧化亚铜的质量,单位为毫克(mg);

　　　V——测定用试样液消耗高锰酸钾标准溶液的体积,体积为毫升(mL);

　　　V_0——试剂空白消耗高锰酸钾标准溶液的体积,单位为毫升(mL);

　　　c——高锰酸钾标准溶液的试剂浓度,单位为摩尔每升(mol/L);

　　　71.54——1 mL 1.000 mol/L 高锰酸钾溶液相当于氧化亚铜的质量,单位为毫克(mg)。

根据式中计算所得氧化亚铜质量,查附表1,再计算试样中还原糖含量,按式(8 - 4)进行计算。

$$X = \frac{m_3}{m_4 \times V/250 \times 1000} \times 100 \qquad (8-4)$$

式中:X——试样中还原糖的含量,单位为克每百克(g/100 g);

　　　m_3——查表得还原糖质量,单位为毫克(mg);

　　　m_4——试样质量(体积),单位为克或毫升(g 或 mL);

　　　V——测定用试样溶液的体积,单位为毫升(mL);

　　　250——试样处理后的总体积,单位为毫升(mL)。

还原糖含量≥10 g/100 g 时,计算结果保留三位有效数字;还原糖含量 < 10 g/100 g 时,计算结果保留两位有效数字。

6)说明与注意事项

①该方法准确度和重现性都优于直接滴定法,但操作较为繁琐费时,需要使用专用的检索表。适用于各类食品中还原糖的测定,有色样液也不受限制。

②所用的碱性酒石酸铜溶液与直接滴定法不同:

碱性酒石酸铜甲液:称取 34.639 g 硫酸铜,加适量水溶解,加 0.5 mL 硫酸,再加水稀释至 500 mL,用精制石棉过滤。

碱性酒石酸铜乙液:称取 173 g 酒石酸钾钠、50 g 氢氧化钠,加适量水溶液,并稀释至 500 mL,用精制石棉过滤,贮存于胶塞玻璃瓶内。

③所用碱性酒石酸铜溶液必须要过量,以保证煮沸后的溶液呈蓝色。必须控制好热源的强度,保证在 4 min 内加热至沸腾。

④在过滤及洗涤氧化亚铜沉淀的整个过程中,应使沉淀始终在液面以下,避免氧化亚铜暴露于空气中而被氧化。生成的氧化亚铜用铺好石棉的古氏坩埚或 G4 垂融坩埚抽滤,并用 60℃热水洗涤烧杯及沉淀,至洗涤液不呈碱性为止。

⑤ 还原糖与碱性酒石酸铜溶液反应复杂,不能根据化学方程式计算还原糖含量,而需要利用检索表。

3.萨氏法

1)原理

将一定的样液与过量的碱性铜盐溶液共热,样液中的还原糖定量地将二价铜还原为氧化亚铜。反应式同直接滴定法。

氧化亚铜在酸性条件下溶解为一价铜离子,同时碘化钾被碘酸钾氧化后析出游离碘。

$$Cu_2O + H_2SO_4 =\!\!=\!\!= 2Cu^+ + SO_4^{2-} + H_2O$$
$$KIO_3 + 5KI + 3H_2SO_4 =\!\!=\!\!= 3K_2SO_4 + 3H_2O + 3I_2$$

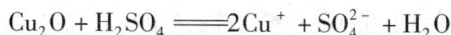

氧化亚铜溶解于酸后,将碘还原为碘化物,而本身从一价铜被氧化为二价铜。

$$2Cu^+ + I_2 =\!\!=\!\!= 2Cu^{2+} + 2I^-$$

剩余的碘与硫代硫酸钠标准溶液反应

$$I_2 + 2Na_2S_2O_3 =\!\!=\!\!= Na_2S_4O_6 + 2NaI$$

根据硫代硫酸钠标准溶液消耗量可求出与一价铜反应的碘量,从而计算出样品中还原糖含量。计算公式如(8-5)所示:

$$还原糖含量 = \frac{(V_0 - V) \times S \times f}{m \times \dfrac{V_2}{V_1} \times 1000} \times 100\% \tag{8-5}$$

式中:V——测定用样液消耗 $Na_2S_2O_3$ 标准溶液体积,单位为 mL;

V_0——空白实验消耗 $Na_2S_2O_3$ 标准溶液的体积,单位为 mL;

S——还原糖系数(mg/mL),即 1 mL 0.005 mol/L $Na_2S_2O_3$ 标准溶液相当于还原糖的量(mg);

f——$Na_2S_2O_3$ 标准溶液浓度校正系数,f = 实际浓度/0.005;

V_1——样液总体积,单位为 mL;

V_2——测定用样液体积,单位为 mL;

m——样品质量,单位为 g。

2)说明与注意事项

①该法是一种微量法,检出量为 0.015~3 mg,灵敏度高,重现性好,因样液用量少,故可用于生物材料或经过层析处理后的微量样品的测定,终点清晰,有色样液不受限制。

②碘化钾不加在萨氏试剂中,而在临用前再加入,可避免生成的 Cu_2O 沉淀溶解,增加 Cu_2O 与氧接触的机会,使其再被氧化。

③沉淀指示剂不宜加入过早,否则会形成大量的沉淀吸附物,到达滴定终点时仍不褪色。

8.2.2.2 铁氰化钾法

1)原理

还原糖在碱性溶液中将铁氰化钾还原为亚铁化钾,本身被氧化为相应的糖酸。

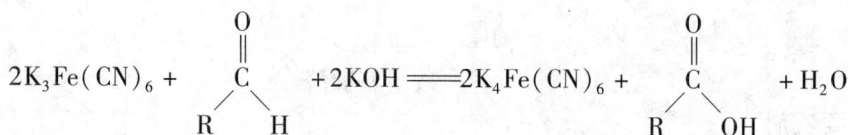

$$2K_3Fe(CN)_6 + \underset{R\quad H}{\overset{O}{\underset{\|}{C}}} + 2KOH =\!\!=\!\!= 2K_4Fe(CN)_6 + \underset{R\quad OH}{\overset{O}{\underset{\|}{C}}} + H_2O$$

剩余的铁氰化钾在乙酸的存在下,与过量的碘化钾作用析出碘。

$$2K_3Fe(CN)_6 + 2KI + 8CH_3COOH =\!\!=\!\!= 2H_4Fe(CN)_6 + I_2\downarrow + 8CH_3COOK$$

析出的碘用硫代硫酸钠标准溶液滴定。

$$Na_2S_2O_3 + I_2 =\!\!=\!\!= 2NaI + Na_2S_4O_6$$

由于反应是可逆的,为了使反应正向进行,用硫酸锌沉淀反应中所生成的亚铁化钾。

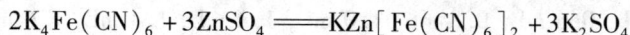

$$2K_4Fe(CN)_6 + 3ZnSO_4 =\!\!=\!\!= KZn[Fe(CN)_6]_2 + 3K_2SO_4$$

实验表明,如试样中还原糖含量多时,剩余的铁氰化钾量少,而与碘化钾作用析出的游离碘也少,因此滴定游离碘所消耗的硫代硫酸钠量也少;反之,试样中还原糖含量少时,滴定游离碘所消耗的硫代硫酸钠则多。但还原糖量与硫代硫酸钠之间不符合摩尔关系,因而不能根据上述反应式直接计算出还原糖含量。而是首先按照公式(8-6)计算出氧化还原糖时所用去的铁氰化钾的量,再通过查经验表(见附表2)的方法即可查得试样中还原糖的百分数。

$$V = \frac{(V_0 - V_1) \times c}{0.1} \tag{8-6}$$

式中:V——氧化样品液中还原糖所需 0.1 mol/L 铁氰化钾溶液的体积,单位为 mL;

V_0——滴定空白液消耗硫代硫酸钠溶液体积,单位为 mL;

V_1——滴定样品液消耗硫代硫酸钠溶液体积,单位为 mL;

c——硫代硫酸钠溶液的浓度,单位为 mol/L。

2)适用范围及特点

本法的特点是滴定终点明显、准确度高、重现性好,适用于各类食品中还原糖的测定,是粮食、油料等样品中还原糖测定的国家标准分析方法。

8.2.2.3 其他测定方法简介

1)苯酚-硫酸法

(1)原理

糖类在浓硫酸作用下,非单糖水解为单糖,单糖再脱水生成的糠醛或糠醛衍生物能与苯酚缩合成橙红色化合物,在一定的范围内,其颜色深浅与糖含量成正比,在 480~490 nm 波长下,吸光值与糖含量呈线性关系,因此可比色测定。

糖类物质与浓硫酸作用脱水,生成糠醛或糠醛衍生物。反应式如下:

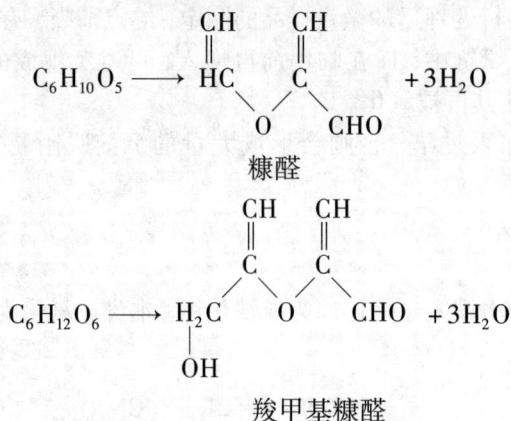

糠醛

羧甲基糠醛

(2)主要试剂

①80%(质量分数)苯酚溶液:称取精制苯酚 80 g,加去离子水 20 mL 溶解,定容于 100 mL 棕色容量瓶中。

②100 mg/L 的葡萄糖储备液,浓硫酸(相对密度 1.84)。

(3)测定方法

①制作标准曲线:准确称取标准葡聚糖(或葡萄糖)20 mg 于 200 mL 容量瓶中,加水至刻度,分别吸取 0.4 mL,0.6 mL,0.8 mL,1.0 mL,1.2 mL,1.4 mL,1.6 mL 及 1.8 mL,各以蒸馏水补至 2.0 mL,然后加入 6% 苯酚 1.0 mL 及浓硫酸 5.0 mL,摇匀冷却,室温放置 20 分

钟以后于 490 nm 测光密度，以 2.0 mL 水按同样显色操作为空白，横坐标为多糖微克数，纵坐标为吸光度值，得标准曲线。

②样品含量测定：吸取 2.0 mL 样品，然后加入 6% 苯酚 1.0 mL 及浓硫酸 5.0 mL，摇匀后冷却至室温放置 30 min，于 490 nm 波长处测吸光度。每次测定取双样对照，以标准曲线计算多糖含量。

(4)适用范围及特点

本法适用于各种食品中还原糖的测定，尤其是层析法分离洗涤之后样品中糖的测定。此法简单、快速、灵敏、重现性好，颜色持久，对每种糖仅需制作一条标准曲线。最低检测量为 10 μg，误差为 2% ~5%。

2)3,5-二硝基水杨酸(DNS)比色法

(1)原理

在氢氧化钠和丙三醇存在下，还原糖能将 3,5-二硝基水杨酸中的硝基还原为氨基，生成氨基化合物。反应式如下：

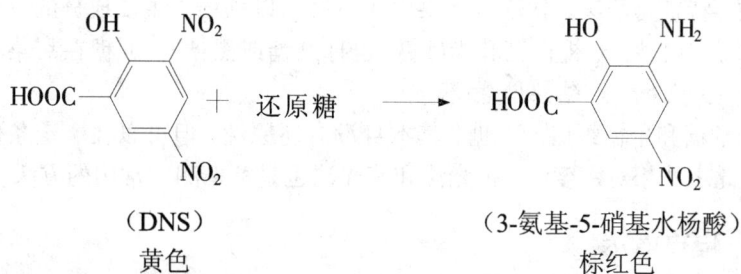

（DNS）
黄色
　　　　（3-氨基-5-硝基水杨酸）
　　　　棕红色

此化合物在过量的氢氧化钠碱性溶液中呈橘红色，在波长 540 nm 处有最大吸收，其吸光度与还原糖含量有线性关系。

(2)适用范围及特点

此法适用于各类食品中还原糖的测定，相对误差为 2.2%，具有准确度高、重现性好、操作简便、快速等优点，分析结果与直接滴定法基本一致，尤其是适用于大批样品的测定。

3)酶-比色法

(1)原理

葡萄糖氧化酶(GOD)在有氧条件下，催化 β-D-葡萄糖(葡萄糖水溶液状态)氧化，生成 D-葡萄糖-δ-内酯和过氧化氢，受过氧化物酶(POD)催化，过氧化氢与 4-氨基安替比林和苯酚生成红色醌亚胺。在波长 505 nm 处测定醌亚胺的吸光度，可计算出食品中葡萄糖的含量。

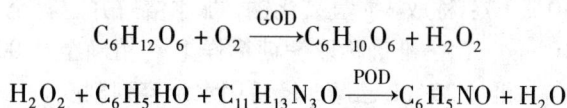

$$C_6H_{12}O_6 + O_2 \xrightarrow{GOD} C_6H_{10}O_6 + H_2O_2$$

$$H_2O_2 + C_6H_5HO + C_{11}H_{13}N_3O \xrightarrow{POD} C_6H_5NO + H_2O$$

(2)计算公式

$$\omega = \frac{m_1}{m_2 \times \dfrac{V_2}{V_1}} \times \frac{1}{1000 \times 1000} \times 100 = \frac{m_1}{m_2 \times \dfrac{V_2}{V_1} \times 10000} \qquad (8-7)$$

式中：ω——样品中葡萄糖的含量，%；

m_1——标准曲线上查出的试液中葡萄糖含量，g；

m_2——试样的质量，μg；

V_1——试液的定容体积，mL；

V_2——测定时吸取试液的体积，mL。

（3）适用范围及特点

本法适用于各类食品中葡萄糖的测定，也适用于食品中其他组分转化为葡萄糖的测定。最低检出限量是 0.01 μg/mL，为仲裁法。由于葡萄糖氧化酶（GOD）具有专一性，只能催化葡萄糖水溶液 β – D – 葡萄糖被氧化，不受其他还原糖的干扰，因此测定结果较直接滴定法和高锰酸钾法准确。

8.3　蔗糖的测定

蔗糖是人类基本的食品添加剂之一，已有几千年的历史，是光合作用的主要产物，广泛分布于植物体内，特别是甜菜、甘蔗和水果中含量高。以蔗糖为主要成分的食糖根据纯度由高到低又分为冰糖、白砂糖、棉白糖和赤砂糖（也称红糖或黑糖），蔗糖在甜菜和甘蔗中含量最丰富，平时使用的白糖、红糖都是蔗糖。

蔗糖是由葡萄糖和果糖组成的双糖，其本身没有还原性，但可以在一定条件下转化为还原糖再测定，除此之外相对密度法、折光法和旋光法也是蔗糖测定常用的方法。

8.3.1　高效液相色谱法

1. 原理（GB/T 5009.8—2008）

试样经处理后，用高效液相色谱氨基柱（NH_2柱）分离，用示差折光器检测，根据蔗糖的折光指数，与浓度成正比，外标单点法定量。

2. 试剂

除非另有规定，本方法中所用试剂均为分析纯，实验用水的电导率（25℃）为 0.01 mS/m。

①硫酸铜（$CuSO_4 \cdot 5H_2O$）。

②氢氧化钠（NaOH）。

③乙腈（C_2H_3N）：色谱纯。

④蔗糖（$C_{12}H_{22}O_{12}$）。

⑤硫酸铜溶液（70 g/L）：称取 7 g 硫酸铜，加水溶解并定容到 100 mL。

⑥氢氧化钠溶液（40 g/L）：称取 4 g 氢氧化钠，加水溶解并定容至 100 mL。

⑦蔗糖标准溶液（10 mg/mL）：准确称取蔗糖标样 1 g（精确至 0.0001 g）置于 100 mL 容量瓶内，先加少量水溶解，再加 20 mL 乙腈，最后用水定容到刻度。

3. 仪器

高效液相色谱仪，附示差折光检测器。

4. 分析步骤

①样液制备。称取 2～10 g 试样，精确至 0.001 g，加 30 mL 水溶解，移至 100 mL 容量瓶中，加硫酸铜溶液 10 mL，氢氧化钠溶液 4 mL，振荡，加水至刻度，静置 0.5 h 后过滤，取 3～7

mL 试样液置 10 mL 容量瓶中，用乙腈定容，通过 0.45 μm 滤膜过滤，滤液备用。

②高效液相色谱参考条件。

色谱柱：氨基柱(4.6 mm×250 mm, 5 μm)；柱温：25℃；示差检测器检测池池温：40℃；流动相：乙腈 + 水(75 + 25)；流速：1.0 mL/min；进样量：10 μL。

③色谱图，见图 8 - 1。

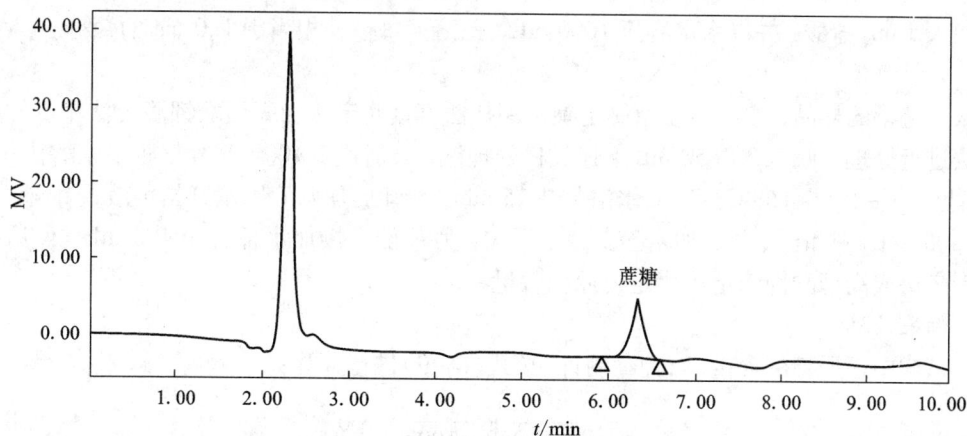

图 8 - 1　蔗糖色谱图

5. 结果计算

试样中蔗糖含量的计算式见式(8 - 8)：

$$X = \frac{c \times A}{A' \times (m/100) \times (V/10) \times 1000} \times 100 \tag{8-8}$$

式中：X——试样中蔗糖含量，单位为克每百克(g/100 g)；

　　　c——蔗糖标准溶液浓度，单位为毫克每毫升(mg/mL)

　　　A——试样中蔗糖中峰面积；

　　　A'——标准蔗糖溶液峰面积；

　　　m——试样的质量，单位为克(g)；

　　　V——过滤液体积，单位为毫升(mL)；

计算结果保留三位有效数字。在重复性条件下获得的两次独立测定结果的绝对差值不得超过算术平均值的 10%。

8.3.2　酸水解法

1. 原理(GBT 5009.8—2008)

试样经除去蛋白质后，其中蔗糖经盐酸水解转化为还原糖，再按还原糖测定，水解前后还原糖的差值乘以相应的系数即为蔗糖的含量。

2. 主要试剂

除非另有规定，本方法中所用试剂均为分析纯。

①盐酸溶液(1 + 1)：量取 50 mL 盐酸，缓慢加入 50 mL 水中，冷却后混匀。

②氢氧化钠溶液(200 g/L)：称取 20 g 氢氧化钠加水溶解后，放冷并定容至 100 mL。

③甲基红指示液(1 g/L)：称取甲基红 0.1 g，用少量乙醇溶解后，定容至 100 mL。

④转化糖标准溶液：准确称取 1.0526 g 蔗糖，用 100 mL 水溶解，置具塞三角瓶中，加 5 mL 盐酸(1 + 1)，在 68℃ ~ 70℃ 水浴中加热 15 min，放置至室温，转移至 1000 mL 容量瓶中并定容至 1000 mL，每毫升标准溶液相当于 1.0 mg 转化糖。

⑤葡萄糖标准液：称取 1 g(精确至 0.0001 g)经过 98 ~ 100℃ 干燥 2 h 的葡萄糖，加水溶解后加入 5 mL 盐酸，并以水定容至 1000 mL。此溶液每毫升相当于 1.0 mg 葡萄糖。

3. 分析步骤

取一定量的样品，按照还原糖测定碱性铜盐法直接滴定法和高锰酸钾滴定法中的样品处理方法进行处理。吸取 2 份 50 mL 上述试样处理液，分别置于 100 mL 容量瓶中，其中一份加 5 mL 盐酸(1 + 1)，在 68℃ ~ 70℃ 水浴加热 15 min，冷却后加两滴甲基红指示液，用氢氧化钠溶液(200 g/L)中和至中性，加水至刻度，混匀，另一份直接加水稀释至 100 mL。然后按照直接滴定法或高锰酸钾滴定法测定还原糖含量。

4. 结果计算

①试样中还原糖的含量(以葡萄糖计)按式(8 - 9)进行计算：

$$X = \frac{A}{m \times V/250 \times 1000} \times 100 \qquad (8-9)$$

式中：X——试样中还原糖的含量(以葡萄糖计)，单位为克每百克(g/100 g)；

A——碱性酒石酸铜溶液(甲、乙液各半)相当于葡萄糖的质量，单位为毫克(mg)；

m——试样质量，单位为克(g)；

V——测定时平均消耗试样溶液体积，单位为毫升(mL)。

②以葡萄糖为标准滴定溶液时，按式(8 - 10)计算试样中蔗糖含量：

$$X = (R_2 - R_1) \times 0.95 \qquad (8-10)$$

式中：X——试样中蔗糖含量，单位为克每百克(g/100 g)；

R_2——水解处理后还原糖含量，单位为克每百克(g/100 g)；

R_1——不经水解处理还原糖含量，单位为克每百克(g/100 g)；

0.95——还原糖(以葡萄糖计)换算为蔗糖的系数。

蔗糖含量≥10 g/100 g 时，计算结果保留三位有效数字；蔗糖含量 < 10 g/100 g 时，计算结果保留两位有效数字。

5. 说明与注意事项

①蔗糖的水解速度比其他双糖、低聚糖和多糖快得多。在本方法规定的水解条件下，蔗糖可以完全水解，而其他双糖、低聚糖和淀粉的水解作用很小，可忽略不计。

②为获得准确的结果，必须严格控制水解条件。取样液体积、酸的浓度及用量、水解温度和时间都严格控制，到达规定时间后迅速冷却，以防止低聚糖和多糖水解，果糖的分解。

③用还原糖法测定蔗糖时，为减少误差，测得的还原糖含量应以转化糖表示。因此，选用直接滴定法时，应采用 0.1% 标准转化糖溶液标定碱性酒石酸铜溶液。选用高锰酸钾滴定法时，查附表 1 时应查转化糖项。

8.3.3 酶 – 比色法

1. 原理

在 β – D – 果糖苷酶（β – FS）催化下，蔗糖被水解为葡萄糖和果糖。葡萄糖氧化酶（GOD）在有氧条件下，催化 β – D – 葡萄糖（葡萄糖水溶液状态）氧化，生成 D – 葡萄糖 – δ – 内酯和过氧化氢，受过氧化物酶（POD）催化，过氧化氢与 4 – 氨基替比林和苯酚生成红色醌亚胺。

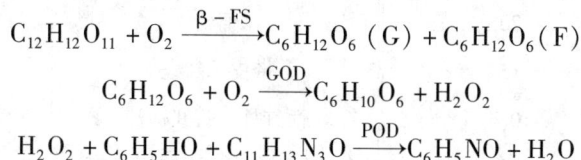

$$C_{12}H_{12}O_{11} + O_2 \xrightarrow{\beta-FS} C_6H_{12}O_6(G) + C_6H_{12}O_6(F)$$

$$C_6H_{12}O_6 + O_2 \xrightarrow{GOD} C_6H_{10}O_6 + H_2O_2$$

$$H_2O_2 + C_6H_5HO + C_{11}H_{13}N_3O \xrightarrow{POD} C_6H_5NO + H_2O$$

在波长 505 nm 处测定醌亚胺的吸光度，可计算出食品中葡萄糖的含量。

2. 结果计算

$$\omega = \frac{m_1}{m_2 \times \frac{V_2}{V_1}} \times \frac{1}{1000 \times 1000} \times 100 = \frac{m_1}{m_2 \times \frac{V_2}{V_1} \times 10000} \tag{8-11}$$

式中：ω——样品中葡萄糖的含量，%；

m_1——标准曲线上查出的试液中葡萄糖含量，μg；

m_2——试样的质量，g；

V_1——试液的定容体积，mL；

V_2——测定时吸取试液的体积，mL。

本法最低检出限量为 0.04 $\mu g/mL$，适用于各类食品中蔗糖的测定。由于 β – D – 果糖苷酶具有专一性，只能催化蔗糖水解，不受其他糖的干扰，因此测定的结果较盐酸水解法准确。

8.4 总糖的测定

营养学对总糖的定义是指能够被人体消化吸收利用的糖类的总和，但在食品生产中的总糖通常是指具有还原性的果糖、乳糖、麦芽糖等具有甜味的低聚糖或是在测定条件下能够水解成还原糖的低聚糖。

这些糖有的是来自原料，有的是生产过程中因为某种目的而人为加入的，有的则是在加工过程中形成的。对这些糖分别加以测定是比较困难的，通常也是不必要的。食品生产中通常需要测定其总量，这就提出了"总糖"的概念，总糖是指具有还原性的糖和测定条件下能水解为还原性单糖的蔗糖的总量。常见食品中的总糖含量见表 8 – 2。

总糖是食品生产中的常规分析项目，它反映的是食品中可溶性单糖和低聚糖的总量，其含量高低对产品的色、香、味、组织形态、营养价值、成本等有一定的影响。总糖是麦乳精、糕点、果蔬罐头、饮料等许多食品的重要质量指标。总糖常用直接滴定法和蒽酮比色法。

表 8 - 1 常见食品中的总糖含量

食品	总糖质量分数(湿重)/%	食品	总糖质量分数(湿重)/%
面包(白)	50	玉米粉、意大利面条	86
牛奶(全)	4.7	冰淇淋、巧克力	28.2
普通低脂酸奶	7	蜂蜜	82.4
碳酸饮料、可乐	10.4	无脂沙拉调味品	11
苹果沙司	20	葡萄	17.2
带皮苹果	15	带皮马铃薯	12.4
橘子原汁	10.4	西红柿、西红柿汁	4.2
萝卜	10	鱼片(捣碎后加面包屑烹制)	17
牛肉腊肠	0.8	炸鸡	0

引自 NielsenSS. 2003. Food Analysis. 3rd. New York：Kluwer Academic/Plenum Publishers

8.4.1 直接滴定法

1. 原理

样品经处理除去蛋白质等杂质后，加入盐酸，在加热条件下使蔗糖水解为还原性单糖，以直接滴定法测定水解后样品中还原糖的总量。

2. 主要试剂

同"8.3 蔗糖的测定：2)酸水解法"。

3. 操作方法

取一定量的样品，按 8.2.2 还原糖的测定中直接滴定法的样品处理方法处理。吸取处理后的样液 50 mL，放入 100 mL 容量瓶中，加入 5 mL 6 mol/L 盐酸溶液，68～70℃水浴中加热 15 min，取出迅速冷却至室温，加 2 滴 0.1 % 甲基红乙醇溶液，用 20 % 氢氧化钠溶液中和至中性，加水至刻度，混匀，然后按直接滴定法测定还原糖含量。

4. 结果计算

$$总糖量(以转化糖计) = \frac{m_1}{m_2 \times \frac{50}{V_1} \times \frac{V_2}{100} \times 1000} \times 100\% \qquad (8-12)$$

式中：m_1——10 mL 碱性酒石酸铜溶液相当的转化糖含量，mg；

V_1——样品处理液总体积，mL；

V_2——测定时消耗样品水解液体积，mL；

m_2——样品质量，g。

5. 说明与注意事项

①总糖测定的水解条件同蔗糖的测定，其结果一般以转化糖计，但也可以以葡萄糖计，要根据产品的质量指标要求而定。如用转化糖表示，应该用标准转化糖溶液标定碱性酒石酸铜溶液；如用葡萄糖表示，则应该用标准葡萄糖溶液标定。

②在营养学上，总糖是指能被人体消化、吸收利用的糖类物质的总和，包括淀粉。这里所讲的总糖不包括淀粉，因为在测定条件下，淀粉的水解作用很微弱。

8.4.2 蒽酮比色法

1.原理

糖与硫酸反应，脱水生成羧甲基呋喃甲醛，再与蒽酮缩合成蓝色络合物。其颜色深浅在一定范围内与糖浓度成正比。单糖、双糖、糊精、淀粉等均与蒽酮反应。因此，如测定不需要包括糊精、淀粉等糖类时，需将它们除去后测定。本法在 20 ~ 200 mg/L 含量范围内呈良好的线性关系。

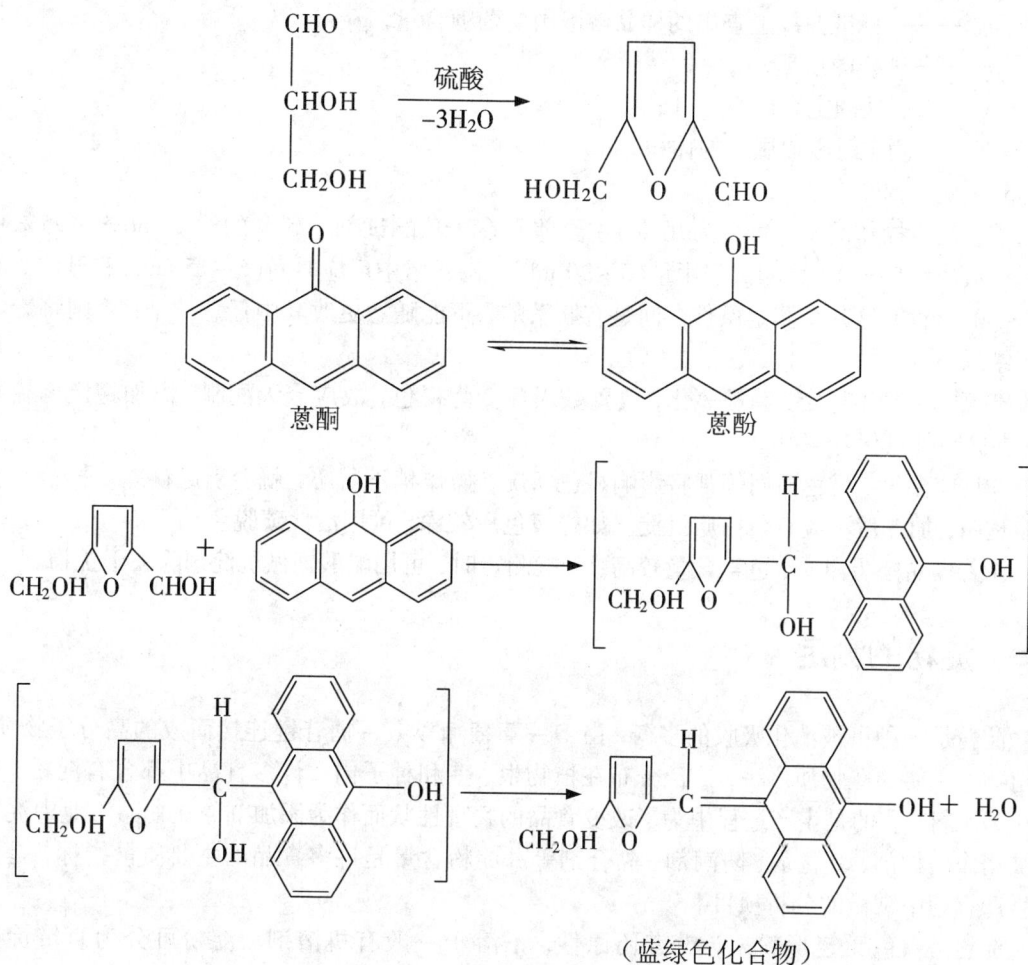

（蓝绿色化合物）

2.试剂

①蒽酮试剂：称取 0.2 g 蒽酮和 1 g 硫脲（阻氧化剂）于烧杯中，缓慢加入 100 mL 浓硫酸，边加边搅拌，溶解后呈黄色透明溶液。贮于冰箱中可保存 2 周。最好现用现配。

②葡萄糖标准溶液：先配成 1 g/L 的葡萄糖溶液。再配成 10 mg/L，20 mg/L，40 mg/L，60 mg/L，80 mg/L，100 mg/L 的系列标准溶液。

3.操作步骤

吸取样品溶液 1 mL（含糖 20 ~ 80 mg/L）、葡萄糖系列标准溶液和蒸馏水（作空白）各 1

mL，分别置于 8 根试管中，沿壁各加 5 mL 冷的蒽酮溶液，混匀后，在试管口盖上玻璃球，在沸水浴上加热 10 min 后，在流水中冷却 20 min，在 620 nm 波长处以试剂空白作参比，测定吸光度。以葡萄糖标准系列溶液所测得的数据作标准曲线，从中查出样品溶液中葡萄糖的含量。

4. 结果计算

$$总糖量（以葡萄糖计）= \frac{m_1}{m_2 \times \frac{V_2}{V_1}} \times \frac{1}{1000 \times 1000} \times 100\% \qquad (8-13)$$

式中：m_1———标准曲线上查出的样品溶液中葡萄糖含量，μg；

m_2———试样的质量，g；

V_1———试液的定容体积，mL；

V_2———测定时吸取试液的体积，mL。

5. 说明与注意事项

①该法按操作的不同可分为几种，主要差别在于蒽酮试剂中硫酸的浓度（66% ~ 95%）、取样样液（1 ~ 5 mL）、蒽酮试剂用量（5 ~ 20 mL）、沸水浴中反应时间（6 ~ 15 min）和显色时间（10 ~ 30 min）。这几个测定条件之间是有联系的，不能随意更改其中任意一个，否则将影响分析结果。

②蒽酮试剂不稳定，易被氧化，放置数天后变为褐色，故应当天配制，添加稳定剂硫脲后，在冷暗处可保存 48 h。

③反应温度、显色时间等都将影响显色状况，操作稍不留心，就会引起误差。样液必须清澈透明，加热后不应有蛋白质沉淀。如样液色泽较深，可用活性碳脱色。

④若样品中蛋白质、色素含量较高，干扰测定时，可用醋酸钡做沉淀剂除去干扰物。

8.5 淀粉的测定

淀粉是一种可被消化吸收的多糖，由 D - 葡萄糖以 α - 糖苷键连接而成的高分子物质，是植物的主要储藏物质之一，广泛分布在植物根、茎和种子内。许多食品中都含有淀粉，有的作为原料，有的是生产过程中为了改变食品的物理性状而作为添加剂。在食品工业中淀粉常被用作增稠剂、乳化剂、防潮剂、黏合剂等。淀粉含量是许多食品的主要质量指标，是食品生产管理中常做的分析项目。

淀粉是白色无定形粉末，没有还原性，不溶于一般有机溶剂。淀粉可分为直链淀粉（amylose）和支链淀粉（amylopection）两大类。直链淀粉和支链淀粉在结构和性质上有一定区别，它们在淀粉中所占比例随植物品种不同而有所差异，一般直链的含量为 20% ~ 30%，支链淀粉含量为 70% ~ 80%。两者经酸水解后最终产物都是 D - 葡萄糖。直链淀粉遇碘呈蓝色，支链淀粉遇碘呈紫红色。这并非是淀粉与碘发生了化学反应，而是产生了相互作用，淀粉螺旋中央空穴恰能容下碘分子，通过范德华力，两者形成一种蓝黑色络合物。实验证明，单独的碘分子不能使淀粉变蓝，实际上使淀粉变蓝的是三碘阴离子离子（I^{3-}）。

8.5.1 直/支链淀粉的测定(双波长法)

1. 原理

如果溶液中某溶质在两个波长处均有吸收,则两个波长的吸光度差值与溶质浓度成正比。用与待测样品相应的标准品配制的直链淀粉和支链淀粉的标准溶液分别与碘反应,然后在同一个坐标系里进行扫描(400 ~ 960 nm)或作吸收曲线,作图确定直链淀粉的参比波长和测定波长 λ_1、λ_2,支链淀粉的参比波长和测定波长 λ_3、λ_4。再将待测样品与碘显色,在选定的波长处作 4 次比色,然后利用直链淀粉和支链淀粉标准曲线即可分别求出样品中两类淀粉的含量。因测定的是试样在两波长处的吸光度差值,扣除了两类淀粉吸收背景的相互影响,故可提高测定的灵敏度和选择性。

2. 试剂

乙醚或石油醚(沸程 30 ~ 60℃),无水乙醇,0.5 mL/L KOH 溶液,0.1 mol/L HCl 溶液。

①碘试剂:称取碘化钾 2.0 g,溶于少量蒸馏水,再加碘 0.2 g,待溶解后用蒸馏水稀释定容至 100 mL。

②直链淀粉标准液:称取直链淀粉纯品 0.1000 g,放在 100 mL 容量瓶中,加入 0.5 mol/L KOH 10 mL,在热水中待溶解后,取出加蒸馏水定容至 100 mL,即为 1 mg/mL 直链淀粉标准溶液。

③支链淀粉标准液:用 0.1000 g 支链淀粉按上述②法制备成 1 mg/mL 支链淀粉标准溶液。

3. 仪器

电子分析天平、索氏脂肪抽提器 1 套、分光光度计、pH 计。

4. 操作步骤

1)样品处理

将样品自然风干,粉碎过 60 目筛,用乙醚脱脂,称取脱脂样品 0.1 g 左右(精确至 1 mg),置于 50 mL 容量瓶中。加 0.5 mol/L KOH 溶液 10 mL,在沸水浴中加热 10 min,取出,以蒸馏水定容至 50 mL(若有泡沫采用乙醇消除),静置备用。

2)直链、支链淀粉测定波长、参比波长的选择

(1)直链淀粉

取 1 mg/mL 直链淀粉标准液 1 mL,放入 50 mL 容量瓶中,加蒸馏水 30 mL,以 0.1 mol/L HCl 溶液调至 pH 3.5 左右,加入碘试剂 0.5 mL,并以蒸馏水定容。静置 20 min,以蒸馏水为空白,用双光束分光光度计进行可见光全波段扫描或用普通比色法绘出直链淀粉吸收曲线。

(2)支链淀粉

取 1 mg/mL 支链淀粉标准液 1 mL,放入 50 mL 容量瓶中,以下操作同直链淀粉。在同一坐标内获得支链淀粉可见光波段吸收曲线。

测定波长与参比波长的选择必须满足两个基本条件:①与待测组分共存的组分在这两个波长应具有相同的吸收值,以使其浓度变化不影响到测定值;②待测组分在这两个波长的差值应足够大。如图 8 - 2 所示,对于待测组分直链淀粉,可以选择它的最大吸收波长 λ_2 作为测定波长,在这一位置上作一垂直于 X 轴的直线交于共存组分支链淀粉吸收图谱上某一点,再从这一点画一平行于 X 轴的直线,在组分支链淀粉碘吸收曲线上便有一个(或几个)交点,

此交点的波长作为参比波长 λ_1，当 λ_1 有几个位置可供选择时，则应当选择最有利的，以使待测组分吸收差值尽可能大。此时，在波长 λ_2 及 λ_1 下，支链淀粉吸收值相等，其浓度变化不影响待测样品中直链淀粉的测定。因而待测组分直链淀粉可选择 λ_2 为测定波长，λ_1 为参比波长。对于待测组分支链淀粉，按照同样的方法确定其测定滤长 λ_4 及参比波长 λ_3。

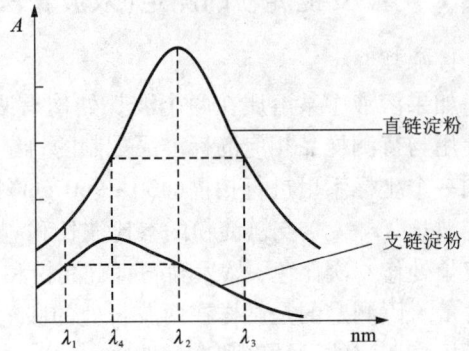

图 8 - 2　作图法选择直链、支链
淀粉的测定波长、参比波长

　3）双波长直链淀粉标准曲线的制作

　　吸取 1 mg/mL 直链淀粉标准溶液 0.3 mL，0.5 mL，0.7 mL，0.9 mL，1.1 mL，1.3 mL，分别放入 6 只不同的 50 mL 容量瓶中，加入蒸馏水 30 mL，以 0.1 mol/L HCl 溶液调至 pH 3.5 左右，加入碘试剂 0.5 mL，并用蒸馏水定容。静置 20 min，以蒸馏水为空白，用 1 cm 比色杯在 λ_1、λ_2 两波长下分别测定，即得 $\Delta A_直 = A_{\lambda_2} - A_{\lambda_1}$。以 $\Delta A_直$ 为纵坐标，直链淀粉含量（mg）为横坐标，制备双波长直链淀粉标准曲线。

　4）双波长支链淀粉标准曲线的制作

　　吸取 1 mg/mL 支链淀粉标准溶液 2.0 mL，2.5 mL，3.0 mL，3.5 mL，4.0 mL，4.5 mL，5.0 mL 分别放入 6 只不同的 50 mL 容量瓶中。以下操作同直链淀粉标准曲线的测定。以蒸馏水为空白，用 1 cm 比色杯在 λ_3、λ_4 两波长下分别测定其 A_{λ_3}、A_{λ_4}，即得 $\Delta A_支 = A_{\lambda_4} - A_{\lambda_3}$，以 $\Delta A_支$ 为纵坐标，支链淀粉含量（mg）为横坐标，制备双波长支链淀粉标准曲线。

　5）样品中直链淀粉、支链淀粉及总淀粉的测定

　　吸取样品液 2.5 mL 两份（即样品测定液和空白液），均加蒸馏水 30 mL，以 0.1 mol/L HCl 溶液调至 pH 值至 3.5，样品中加入碘试剂 0.5 mL，空白液不加碘试剂，然后均定容至 50 mL。静置 20 min，以样品空白液为对照，用 1 cm 比色杯分别测定 λ_2、λ_1、λ_4、λ_3 波长下的吸收值 A_{λ_2}、A_{λ_1}、A_{λ_4}、A_{λ_3}，得到 $\Delta A_直 = A_{\lambda_2} - A_{\lambda_1}$，$\Delta A_支 = A_{\lambda_4} - A_{\lambda_3}$。分别查两类淀粉的双波长标准曲线，即可计算出脱脂样品中直链淀粉和支链淀粉含量。两者之和等于总淀粉含量。

　5. 结果处理

　　直链淀粉计算公式见式（8 - 14）；支链淀粉计算公式见式（8 - 15）；总淀粉含量计算公式见（8 - 16）。

$$直链淀粉（\%） = \frac{X_1 \times 50 \times 100}{2.5 \times m \times 1000} \qquad (8-14)$$

$$支链淀粉（\%） = \frac{X_2 \times 50 \times 100}{2.5 \times m \times 1000} \qquad (8-15)$$

式中：X_1——查双波长直链淀粉标准曲线得样品液中直链淀粉含量，mg；
　　　　X_2——查双波长支链淀粉标准曲线得样品液中支链淀粉含量，mg；
　　　　m——样品质量，g。

$$总淀粉（\%） = 直链淀粉（\%） + 支链淀粉（\%） \qquad (8-16)$$

6.注意事项

因蜡质和非蜡质支链淀粉碘复合物颜色差异较大,在制备双波长支链淀粉曲线时,应根据测定的谷物类型选择不同支链淀粉纯品(蜡质或非蜡质型)。

8.5.2 总淀粉的测定

1.酶水解法(GB/T 5009.9—2008)

1)原理

试样经除去脂肪及可溶性糖类后,在淀粉酶的作用下,使淀粉水解为麦芽糖和低分子糊精,再用盐酸进一步水解为葡萄糖,然后按还原糖测定的方法测定其还原糖含量,并折算成淀粉含量。

2)仪器

水浴锅。

3)试剂

除特殊说规定,本法中所用试剂均为分析纯。

碘(I_2)、碘化钾(KI)、高峰氏淀粉酶(酶活力≥1.6 U/mg)、无水乙醇(C_2H_5OH)、石油醚(C_nH_{2n+2})沸点范围为60~90℃、乙醚($C_4H_{10}O$)、甲苯(C_7H_9)、三氯甲烷($CHCl_3$)、盐酸(HCl)、氢氧化钠(NaOH)、硫酸铜($CuSO_4 \cdot 5H_2O$)、亚甲基蓝($C_{16}H_{18}ClN_3S \cdot 3H_2O$)、酒石酸钾钠($C_4H_4O_5KNa \cdot 4H_2O$)、亚铁氰化钾(($K_4Fe(CN)_6 \cdot 4H_2O$)、甲基红($C_{15}H_{15}N_3O_2$)、葡萄糖($C_6H_{12}O_6$)

①甲基红指示剂(2 g/L):称取甲基红0.02 g,用少量乙醇溶解后,并定容至100 mL。

②盐酸溶液(1+1):量取50 mL盐酸与50 mL水混合。

③氢氧化钠溶液(200 g/L):称取20 g氢氧化钠,加水溶解并定容至100 mL。

④碱性酒石酸铜甲液:称取15 g硫酸铜及0.050 g亚甲基蓝,用去离子水定容至1000 mL。

⑤碱性酒石酸铜乙液:称取50 g酒石酸钾钠、75 g氢氧化钠,溶于水中,再加入4 g亚铁氰化钾,完全溶解后,用水定容至1000 mL,贮存于橡胶塞玻璃瓶内。

⑥葡萄糖标准溶液:称取1 g(精确至0.0001 g)经过98~100℃干燥2 h的葡萄糖,加水溶解后加入5 mL盐酸,并以水定容至1000 mL。此溶液每毫升相当于1.0 mg葡萄糖。

⑦淀粉酶溶液(5 g/L):称取高峰氏淀粉酶0.5 g,加100 mL水溶解,临用现配;也可加入数滴甲苯或三氯甲烷防止长霉,贮于4℃冰箱中。

⑧碘溶液:称取3.6 g碘化钾溶于20 mL水中,加入1.3 g碘,溶解后加水定容至100 mL。

⑨85%乙醇:取85 mL无水乙醇,加水定容至100 mL。

4)分析步骤

(1)样品处理

①易于粉碎的试样:磨碎过40目筛,称取2~5 g(精确至0.001 g),置于放有折叠滤纸的漏斗内,先用50 mL石油醚或乙醚分5次洗除脂肪,再用约150 mL乙醇(85%)洗去可溶性糖类,滤干乙醇,将残留物移入250 mL烧杯内,并用50 mL水洗滤纸,洗液并入烧杯内,将烧杯置沸水浴上加热15 min,使淀粉糊化。放冷至60℃以下,加20 mL淀粉酶溶液,在

55℃ ~ 60℃保温1 h，并时时搅拌。然后取1滴此液加1滴碘溶液，应不显蓝色，若显蓝色，再加热糊化并加20 mL淀粉酶溶液，继续保温，直至加碘不显蓝色为止。加热至沸，冷后移入250 mL容量瓶中，并加水至刻度，混匀，过滤。弃去初滤液，取50 mL滤液，置于250 mL锥形瓶中，加5 mL(1 + 1)盐酸，装上回流冷凝器，在沸水浴中回流1 h，冷后加2滴甲基红指示剂，用氢氧化钠溶液(200 g/L)中和至中性，溶液转入100 mL容量瓶中，洗涤锥形瓶，洗液并入100 mL容量瓶中，加水至刻度，混匀备用。

②其他样品：加适量的水在组织捣碎机捣成浆(蔬菜、水果需洗净晾干，取可食部分)，称取相当于原样质量2.5 ~ 5 g(精确到0.001 g)的匀浆，以下按①易于粉碎的试样中自"置于放有折叠滤纸的漏斗内"起依法操作。

(2)标定碱性酒石酸铜溶液

吸取5.0 mL碱性酒石酸铜甲液及5.0 mL碱性酒石酸铜乙液，置于150 mL锥形瓶中，加水10 mL，加入玻璃珠两粒，从滴定管滴加约9 mL葡萄糖标准溶液。控制在2 min内加热至沸腾，趁沸以每两秒1滴的速度继续滴加葡萄糖，直至溶液蓝色刚好褪去，即为滴定终点。记录消耗葡萄糖标准溶液的总体积，同时做三份平行，取其平均值，计算每10 mL(甲液、乙液各5 mL)碱性酒石酸铜溶液相当于葡萄糖的质量(mg)。

注：也可以按上述方法标定5 ~ 20 mL碱性酒石酸铜溶液(甲、乙液各半)来适应试样中还原糖的浓度变化。

(3)试样溶液预测

吸取5.0 mL碱性酒石酸铜甲液及5.0 mL碱性酒石酸铜乙液，置于150 mL锥形瓶中，加水10 mL，加入玻璃珠两粒，控制在2 min内加热至沸腾。保持沸腾以先快后慢的速度，从滴管中滴加试样溶液，并保持溶液沸腾状态，待溶液颜色变浅时，以每两秒1滴的速度滴定，直到溶液蓝色刚好褪去为，即为滴定终点，记录样液消耗体积。当样液中还原糖浓度过高时，应适当稀释后再进行正式测定，使每次滴定消耗样液的体积控制在与标定碱性酒石酸铜溶液时所消耗的还原糖标准溶液的体积相近，在10 mL左右，结果按式(8 - 15)计算。

(4)试样溶液测定

吸取5.0 mL碱性酒石酸铜甲液及5.0 mL碱性酒石酸铜乙液，置于150 mL锥形瓶中，加水10 mL，加入玻璃珠两粒，从滴定管滴加比预测体积少1 mL的试样溶液至锥形瓶中，使在2 min内加热至沸腾，保持沸腾继续以每两秒1滴的速度继续滴加葡萄糖，直至溶液蓝色刚好褪去，即为滴定为终点。记录样液消耗的体积，同法平行操作三份，得出平均消耗体积。

同时量取50 mL水及与试样处理时间相同量得淀粉酶溶液，按同一方法做试剂空白试验。

5)计算结果

试样中还原糖的含量(以葡萄糖计)按式(8 - 17)进行计算。

$$X = \frac{A}{m \times V/250 \times 1000} \times 100 \qquad (8 - 17)$$

式中：X——试样中还原糖的含量(以葡萄糖计)，单位为克每百克(g/100 g)；

A——碱性酒石酸铜溶液(甲液、乙液各半)相当于葡萄糖的质量，单位为毫克(mg)；

m——试样质量，单位为克(g)；

V——测定时平均消耗试样溶液体积，单位为毫升(mg)。

试样中淀粉的含量按式(8-18)进行计算。

$$X = \frac{(A_1 - A_2) \times 0.9}{m \times 50/250 \times V/100 \times 1000} \times 100 \qquad (8-18)$$

式中：X——试样中淀粉的含量，单位为克每百克(g/100 g)；

A_1——测定用试样中葡萄糖的质量，单位为毫克(mg)；

A_2——试剂空白中葡萄糖的质量，单位为毫克(mg)；

0.9——以葡萄糖计换算成淀粉的换算系数；

m——称取试样质量，单位为克(g)；

V——测定用试样处理液的体积，单位为毫升(mL)。

计算结果保留到小数点后一位。在重复性条件下获得的两次独立测定结果的绝对差值不得超过算术平均值的10%。

6)说明与注意事项

①淀粉酶水解样品具有专一性和选择性，它只水解淀粉而不会水解半纤维素、多缩戊糖、果胶质等多糖，所以该法不受这些多糖的干扰，水解后可直接过滤除去这类多糖。适合富含纤维素和多缩戊糖等多糖含量高的样品，分析结果准确可靠，重现性好。但是酶催化活力的稳定性受 pH 和温度的影响很大，而且操作烦琐、费时，使用受到了一定程度的限制。

②淀粉粒具有晶格结构，淀粉酶难以作用。加热糊化破坏了淀粉的晶格结构，使其易于被淀粉酶作用。脂肪的存在会妨碍酶对淀粉的作用及可溶性糖类的去除，故应用乙醚脱脂，若样品中脂肪含量较少，可省略此步骤。

③常用于液化的淀粉酶是麦芽糖酶，它是 α - 淀粉酶和 β - 淀粉酶的混合物。α - 淀粉酶水解直链淀粉的初始产物是低分子糊精，最终产物是麦芽糖和葡萄糖；对支链淀粉初始产物是界限糊精和低分子糊精，最终产物是麦芽糖、异麦芽糖和葡萄糖。β - 淀粉酶对直链淀粉和支链淀粉的水解产物都是麦芽糖。所以采用麦芽糖酶时，水解产物主要是麦芽糖，还有少量的葡萄糖。

④使用淀粉酶前，应确定其活力及水解时加入量。可用已知浓度的淀粉溶液少许，加入一定量淀粉酶溶液，至55~60℃水浴中保温1 h，用碘液检验淀粉是否水解完全，以确定酶的活力及水解时的用量。一般淀粉酶的活力为1:25，1:50，1:100。

⑤对富含半纤维素、多缩戊糖及果胶质的样品，因水解时它们也被水解为木糖、阿拉伯糖等还原糖，测定结果会偏高。

2. 酸水解法(GB/T 5009.9—2008)

1)原理

样品经除去脂肪及可溶性糖类后，其中淀粉用酸水解成具有还原性的单糖，然后按还原糖测定，折算成淀粉。

2)仪器

水浴锅、高速组织捣碎机、回流装置，并附250 mL 锥形瓶。

3)试剂

除特殊说明外，实验用水为蒸馏水，试剂为分析纯。

①甲基红指示液(2 g/L)：称取甲基红0.20 g，用少量乙醇溶解后，并定容至100 mL。

②氢氧化钠溶液(400 g/L)：称取40 g 氢氧化钠加水溶解后，放冷，并稀释至100 mL。

③乙酸铅溶液(200 g/L):称取 20 g 乙酸铅,加水溶解并稀释至 100 mL。

④硫酸钠溶液(100 g/L):称取 10 g 硫酸钠,加水溶解并稀释至 100 mL。

⑤盐酸溶液(1 + 1):量取 50 mL 盐酸,与 50 mL 水混合。

⑥85% 乙醇:量取 85 mL 无水乙醇,加水定容至 100 mL。

⑦精密 pH 试纸:6.8 ~ 7.2。

4)操作方法

(1)样品处理

①易于粉碎的试样:将试样磨碎过 40 目筛,称取 2 ~ 5 g(精确至 0.001 g),置于放有慢速滤纸的漏斗中,用 50 mL 石油醚分 5 次洗去样品中脂肪,弃去乙醚。再用 150 mL 乙醇(85%)溶液分数次洗涤残渣,除去可溶性糖类物质。并滤干乙醇溶液,以 100 mL 水洗涤漏斗中残渣并转移至 250 mL 锥形瓶中,加入 30 mL 盐酸(1 + 1),接好冷凝管,置沸水浴中回流 2 h。回流完毕后,立即置流水中冷却。待样品水解冷却后,加入 2 滴甲基红指示剂,先以氢氧化钠溶液(400 g/L)调至黄色,再以盐酸(1 + 1)校正至水解液刚变红色为宜。若水解液颜色较深,可用精密 pH 试纸测试,使样品水解液的 pH 值约为 7。然后加 20 mL 乙酸铅溶液(200 g/L),摇匀,放置 10 min。再加 20 mL 硫酸钠溶液(100 g/L),以除去过量的铅。摇匀后将全部溶液及残渣转入 500 mL 容量瓶中,用水洗涤锥形瓶,洗液合并于容量瓶中,加水稀释至刻度。过滤,弃去初滤液 20 mL,滤液供测定用。

②其他样品:加适量水在组织捣碎机中捣成匀浆(蔬菜、水果需先洗净、凉干,取可食部分)。称取相当于原样质量 2.5 ~ 5 g 的匀浆(精确至 0.001 g)于 250 mL 锥形瓶中,用 50 mL 石油醚或乙醚分五次洗去试样中脂肪,弃去石油醚或乙醚。以下按①易于粉碎的试样中自"再用 150 mL 乙醇(85%)溶液"起依法操作。

(2)测定

按还原糖的测定步骤操作。

5)结果计算

$$X = \frac{(A_1 - A_2) \times 0.9}{m \times V/500 \times 1000} \times 100 \tag{8-19}$$

式中:X——试样中淀粉的含量,单位为克每百克(g/100 g);

A_1——测定用试样中水解液还原糖质量,单位为毫克(mg);

A_2——试剂空白中还原糖质量,质量单位为毫克(mg);

0.9——还原糖(以葡萄糖计)换算成淀粉的换算系数;

m——试样质量,单位为克(g);

V——测定用试样水解液体积,单位为毫升(mL);

500——样品液总体积,mL。

在重复性条件下获得的两次独立测定结果的绝对差值不得超过算术平均值的 10%。

6)说明与注意事项

①此法一步可将淀粉水解至葡萄糖,简便易行,适用于淀粉含量较高,而半纤维素和多缩戊糖等其他多糖含量较少的样品。对富含半纤维素、多缩戊糖及果胶质的样品,因水解时他们也被水解为木糖、阿拉伯糖等还原糖,使测定结果偏高。为了比较准确地测定食物中淀粉含量,可先采用淀粉酶糖化淀粉,除去不可溶性的残渣后,再用酸水解使之成为葡萄糖,

然后测定其含量，最后换算成淀粉。

②样品含可溶性糖时，会使结果偏高，可用85%（体积分数）的乙醇分数次洗涤样品以除去。脂肪会妨碍乙醇溶液对可溶性糖的提取，所以要用乙醚分数次洗去样品中的脂肪。脂肪含量较低时，可省去乙醚脱脂肪步骤。

③水解条件要严格控制，要保证淀粉水解完全，避免因加热时间过长对葡萄糖产生影响（形成糠醛聚合体，失去还原性）。对于水解时取样量、所用酸的浓度及加入量、水解时间等条件，各方法规定有所不同。在国家标准分析方法中，样品中加入了 30 mL 6 mol/L 盐酸，使混合液中盐酸的浓度大5%，要求100℃水解2 h。其他方法还有：混合液中盐酸的浓度达1%时，100℃水解4 h；混合液中盐酸浓度达2%时，100℃水解2.5 h。

④因水解时间较长，应采用回流装置，以保证水解过程中盐酸的浓度不发生变化。

3. 旋光法

1）原理

淀粉具有旋光性，在一定的条件下旋光度的大小与淀粉的浓度成正比。用氯化钙溶液提取淀粉，使之与其他成分分离，用氯化锡沉淀提取液中的蛋白质后，测定旋光度，即可计算出淀粉的含量。计算公式见式（8-20）。

$$淀粉含量 = \frac{\alpha \times 100}{L \times 203 \times m} \times 100(\%) \tag{8-20}$$

式中：α——旋光度读数（°）；

L——观测管长度，dm；

m——样品的质量，g；

203——淀粉的比旋光度。

2）说明与注意事项

①本法适用于不同来源的淀粉，具有重现性好、操作简单、快速等特点。由于淀粉的比旋光度大，直链淀粉和支链淀粉的比旋光度又很接近，因此本法对于可溶性糖类含量不高的谷物样品具有较高的准确度。但对于一些未知或性质不清楚的样品及淀粉已经受热或变性，分析结果的误差较大。

②本法属于选择性提取法。用氯化钙溶液作为淀粉的提取剂，是因为钙能与淀粉分子上的羟基形成络合物，使淀粉与水有较高的亲和力而易溶于水。

③蛋白质也具有旋光性，为消除其干扰，本法加入氯化锡溶液，以沉淀蛋白质，蛋白质含量较高的样品，如高蛋白营养米粉，用旋光法测定时结果偏低，误差较大。

④淀粉的比旋光度一般按203°计，但不同来源的淀粉也略有不同，如玉米，小麦淀粉为203°，豆类淀粉为200°。

4. 酶-比色法

淀粉在淀粉葡萄糖苷酶（AGS）催化下，最终水解为葡萄糖。葡萄糖氧化酶（GOD）在有氧的条件下，催化β-D-葡萄糖（葡萄糖水溶液）氧化，生成D-葡萄糖酸-δ-内酯和过氧化氢。受过氧化物酶（POD）催化，过氧化氢与4-氨基安替比林和苯酚生成红色醌亚胺。

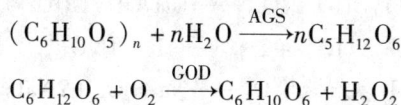

$$(C_6H_{10}O_5)_n + nH_2O \xrightarrow{AGS} nC_6H_{12}O_6$$

$$C_6H_{12}O_6 + O_2 \xrightarrow{GOD} C_6H_{10}O_6 + H_2O_2$$

$$H_2O_2 + C_6H_5OH + C_{11}H_{13}N_3O \xrightarrow{POD} C_6H_5NO + H_2O$$

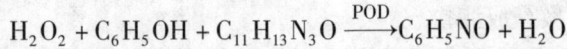

生成的醌亚胺在 505 nm 波长下有最大吸收峰,可通过测定吸光度值计算食品中淀粉的含量。计算公式见式(8-21)。

$$\omega = \frac{m_1}{m_2 \times \frac{V_2}{V_1}} \times \frac{1}{1000 \times 1000} \times 100 = \frac{m_1}{m_2 \times \frac{V_2}{V_1} \times 10000} \qquad (8-21)$$

式中:ω——样品中淀粉的含量,%;

m_1——标准曲线上查出的试液中淀粉含量,μg;

m_2——试样的质量,g;

V_1——试液的定容体积,mL;

V_2——测定时吸取试液的体积,mL。

本法简单快速,选择性好,不受其他糖类物质的干扰,适用于各类样品中淀粉的测定,最低检出限量为 0.09 $\mu g/mL$。但需专用试剂,价格昂贵,不易保存,应用受到限制。

8.5.3 淀粉 α 化度的测定

未经糊化的淀粉分子,其结构呈微晶束定向排列,这种淀粉结构状态称为 β 型结构。通过蒸煮或挤压,达到糊化温度时,淀粉充分吸水膨胀,以致微晶束解体,排列混乱,这种淀粉结构状态叫 α 型。淀粉结构由 β 型转化为 α 型的程度叫淀粉 α 化度,亦即糊化程度。

在食品的生产中,常需要了解产品的糊化程度。因为 α 化度的高低影响复水时间和食品的品质。例如方便面理化指标(GB 9848—88)规定:油炸方便面的 α 化度 $\geq 85\%$,热风干燥面 α 化度 $\geq 80\%$。米粉熟透的质量指标 α 化度在 85% 左右。

目前,淀粉 α 化度的测量方法有双折射法、膨胀法、染料吸收法、酶水解法、黏度测量法及淀粉透明度测量法等。不同的测定方法得到的 α 化度值会有相当大的差异,这是由于测定基础和基准等不同,产生差异是必然的。当前比较公认的方法是酶法,其次是染料吸收法中的碘电流滴定法。酶法又分为淀粉糖化酶法、葡萄糖淀粉酶法及 β-淀粉酶法等,其基本原理都是利用各种酶对糊化淀粉和原淀粉有选择性的分解,通过对生成物的测量得到准确的 α 化度。通常,糊化淀粉容易被淀粉酶消化,因此可用消化相对百分率来准确计算 α 化度。

1. 原理

已糊化的淀粉,在淀粉酶水解作用下,可水解成还原糖,α 化度越高,即糊化的淀粉越多,水解后生成的还原糖越多。先将样品充分糊化,经淀粉酶水解后,用碘量法测定还原糖,以此作为标准,其糊化程度定为 100%。然后另取样品,不糊化,用淀粉酶直接水解,测定原糊化程度时的含还原糖量。α 化度以样品原糊化时含还原糖量占充分糊化时含还原糖量的百分率表示。

葡萄糖在碱性溶液中被碘氧化成葡萄糖酸,过量的碘经酸化后用硫代硫酸钠滴定。其反应式如下:

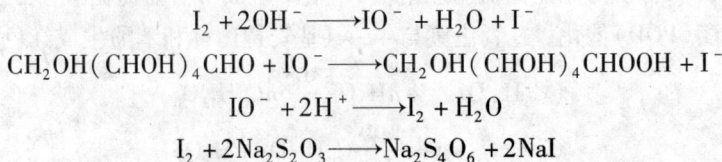

$$I_2 + 2OH^- \longrightarrow IO^- + H_2O + I^-$$
$$CH_2OH(CHOH)_4CHO + IO^- \longrightarrow CH_2OH(CHOH)_4CHOOH + I^-$$
$$IO^- + 2H^+ \longrightarrow I_2 + H_2O$$
$$I_2 + 2Na_2S_2O_3 \longrightarrow Na_2S_4O_6 + 2NaI$$

2. 试剂

①0.05 mo1/L 碘溶液：称取 6.25 g 碘及 17.5 g 碘化钾，用蒸馏水溶解并稀释至 100 mL，摇匀，贮于棕色瓶中，密闭置于阴暗处冷却。

②0.05 mo1/L 硫代硫酸钠溶液。

③5 g/100 mL 淀粉酶溶液：取 5.00 g 淀粉酶于烧杯中，加少量水溶解，用水稀释至 100 mL，现用现配。

3. 仪器

分光光度计。

4. 操作方法

1）样品制备

样品经除杂后，将样品按粗脂肪测量的方法放入索氏抽提器中，抽净脂肪，并加以粉碎，细度通过 0.18 mm 孔径筛，混匀备用。

2）糊化与水解

取 5 个 100 mL 锥形瓶，分别以 A_1，A_2，A_3，A_4，B 标记，称取 0.1000 g 经上述步骤处理的试样四份，分别放入 A_1，A_2，A_3，A_4 锥形瓶中，于上述 5 个锥形瓶中各加入 50 mL 水。将 A_1，A_2 两个锥形瓶用电炉加热至沸腾，保持 15 min，迅速冷却至 20℃，于 A_1，A_3，B 三个锥形瓶中各加入 5 mL 淀粉酶溶液。将上述 5 个锥形瓶均放入 50℃ 的恒温水浴中保持 90 mim，并不时摇动，保温时间到后取出，冷却至室温，加 1 mol/L 盐酸溶液 2 mL，以停止酶解作用，分别移入 100 mL 容量瓶中，加水定容，以干燥滤纸过滤。

3）测定

用移液管取 A_1，A_2，A_3，A_4，B 中试液各 10 mL，分别放入 5 个 150 mL 碘量瓶内，用移液管各加入 0.05 mo1/L 碘溶液 10 mL 和 0.1 mo1/L NaOH 溶液 18 mL，加塞，摇匀，冷却 15 min，然后用移液管快速在各瓶中加入 2 mL 10% 硫酸，用 0.05 mol/L 硫代硫酸钠溶液滴定，至溶液为淡黄色接近终点时，加入淀粉指示剂 1 mL，继续滴至溶液的蓝色退尽，在 0.5 min 内不再变蓝为止，记录各瓶消耗的硫代硫酸钠溶液体积。用蒸馏水代替试液做空白实验。

5. 结果计算

$$\alpha \text{ 化度} = \frac{(V_0 - V_3) - (V_0 - V_4) - (V_0 - V_b)}{(V_0 - V_1) - (V_0 - V_2) - (V_0 - V_b)} \times 100(\%) \qquad (8-22)$$

式中：V_1，V_2，V_3，V_4——A_1，A_2，A_3，A_4 消耗的硫代硫酸钠溶液的体积，mL；

V_0——空白消耗的硫代硫酸钠溶液的体积，mL；

V_b——B 消耗的硫代硫酸钠溶液的体积，mL。

6. 说明与注意事项

①样品脱脂预处理时，为防止样品的糊化，不可加温到 50℃ 以上。

②样液及试剂的移加，应以相同的时间间隔，按照顺序依次迅速加入。

③在反应完毕后必须立即用硫代硫酸钠溶液进行滴定。

8.6 果胶的测定

果胶（pectin）物质是构成植物细胞壁的主要成分，起着将细胞黏在一起的作用，主要存在于植物的果实、块茎、块根等器官中。

果胶物质在食品工业中广泛用作胶冻材料和增稠剂。果胶最重要的作用就是它形成凝胶的能力，果胶、果冻等食品就是利用这一特性生产的。果胶在医疗方面也有着十分重要的应用，它不仅可以作为治疗胃肠道疾病的良好药剂，而且可以作为金属中毒的一种良好解毒剂和预防剂。因为果胶，尤其是低甲氧基果胶，具有与铅、汞等有害金属形成人体不能吸收的不溶物质的特性。

果胶的基本结构是 D-吡喃半乳糖醛酸以 α-1, 4 糖苷键结合的长链，通常以部分甲醛化状态存在，果胶物质一般以原果胶(protopcctin)、果胶(pectin)、果胶酸(pectin acid)三种不同的形态存在于植物体内，是影响果实质地软硬或发绵的重要因素。

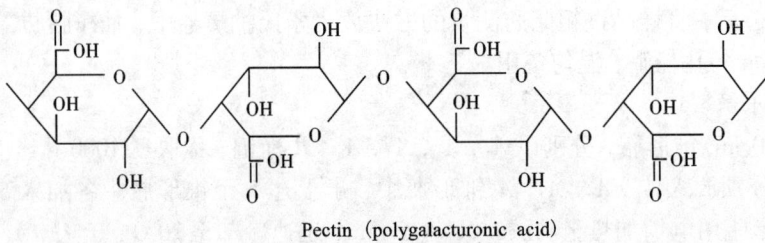

Pectin （polygalacturonic acid）

图 8-3　果胶分子结构式

对不同形式的果胶定义如下：

原果胶：果胶的天然存在形式，它是与纤维素和半纤维素结合在一起的甲酯化聚半乳糖醛酸苷链。原果胶不溶于水，但在酸或酶的作用下可逐渐转化为果胶，而呈溶解状态。原果胶多存在于未成熟果蔬细胞壁的中胶层中。

果胶：果胶也称果胶酯酸，是被甲基酯化至一定程度的多聚半乳糖醛酸，在成熟果蔬的细胞液内含量较多。甲酯化反应如下：

$$R'—COOH + HOCH_3 \longrightarrow R'—COOCH_3 + H_2O$$

甲氧基(—OCH_3)含量愈高，则果胶的凝冻能力愈强。根据甲氧基含量的不同，又可将果胶分为两类：高甲氧基果胶(甲氧基含量 ≥7%)和低甲氧基果胶(甲氧基含量 <7%)，当酯化程度达到100%时，甲氧基含量为16.32%。

果胶为白色无定形物质，无味，能溶于水而成为胶体溶液。在乙醇和盐类(硫酸镁、硫酸铵等)溶液中凝结沉淀，通常利用这种性质提取果胶。

果胶物质的变化过程如下：

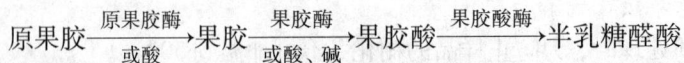

$$原果胶 \xrightarrow[\text{或酸}]{\text{原果胶酶}} 果胶 \xrightarrow[\text{或酸、碱}]{\text{果胶酶}} 果胶酸 \xrightarrow{\text{果胶酸酶}} 半乳糖醛酸$$

山楂、柑橘、胡萝卜等果蔬中含有较丰富的果胶，常见的果蔬中果胶物质的含量(质量分数，%)如下：山楂6.4；苹果1~1.8；桃0.56~1.25；梨0.5~1.4；杏0.5~1.2；番茄0.17；胡萝卜0.25。

柑橘皮、柠檬皮中果胶占干物质含量(质量分数，%)分别达到 20 和 32，它们是提取果胶的理想原料。

果胶溶液在 pH 为 2.0~3.5, 蔗糖含量60%~65%，果胶含量0.3%~0.7%的条件下极易形成凝胶。糖在凝胶形成过程中起脱水剂的作用，酸在果胶凝胶形成中起消除果胶分子负电荷的作用。

测定果胶含量常见的方法有重量法、咔唑比色法和果胶酸钙滴定法等。下面介绍重量法和咔唑比色法。

8.6.1 重量法

1. 原理

先用 70% 乙醇处理样品，使果胶沉淀并过滤分离，再依次用乙醇、乙醚洗涤沉淀，以除去可溶性糖类、脂肪、色素等物质，残渣分别用酸或用水提取总果胶或水溶性果胶。果胶经皂化生成果胶酸钠，再经乙酸酸化使之生成果胶酸，加入钙盐则生成果胶酸钙沉淀，烘干后称重。

本法适用于各类食品的测定，方法准确可靠，但操作烦琐费时。

2. 试剂

①2 mol/L 氯化钙溶液：称取 110.99 g 无水 $CaCl_2$，加水溶解后，稀释至 500 mL。

②0.1 mol/L 氢氧化钠溶液。

③1 mol/L 乙酸溶液：量取 58.3 mL 化学纯冰乙酸，加水稀释至 100 mL。

④0.05 mol/L 盐酸溶液。

⑤乙醇。

⑥乙醚。

3. 操作方法

1）样品处理

①新鲜样品：称取样品 30.0 ~ 50.0 g，用小刀切成薄片，置于预先放有 99% 乙醇的 500 mL 锥形瓶中，装在有回流冷凝器的装置上，在水浴上沸腾回流 15 min 后，冷却，用布氏漏斗或玻璃滤器过滤。残渣置于研钵中，一边慢慢磨碎，一边滴加 70% 的热乙醇，冷却后再过滤，反复操作至滤液不呈糖类的反应（用苯酚 – 硫酸法检验）为止。残渣用 99% 的乙醇洗涤脱水，再用乙醚洗涤以除去脂类和色素，乙醚挥发除去。

②干燥样品：将样品研细并过 60 目筛子，准确称取 5 ~ 10 g 样品于烧杯中，加入 70% 的热乙醇充分搅拌以提取糖类，过滤。反复操作至滤液不呈糖类反应为止。残渣用 99% 的乙醇洗涤脱水，再用乙醚洗涤以除去脂类和色素，乙醚挥发除去。

2）提取果胶

①水溶性果胶的提取：用 150 mL 水将上述漏斗中的残渣转入 250 mL 烧杯中，加热至沸腾，并保持沸腾 1 h，加热时需不断搅拌并随时补充蒸发损失的水分，冷却后转移到 250 mL 容量瓶中，加水至刻度。摇匀，用干燥滤纸过滤（最好用布氏漏斗抽滤），弃去初滤液，收集滤液即得水溶性果胶提取液。

②总果胶的提取：用 150 mL 加热至沸腾的 0.05 mol/L 盐酸溶液将漏斗中的残渣转入 250 mL 的锥形瓶中，装上冷凝器，在沸水浴中回流加热 1 h，冷却后移入 250 mL 容量瓶中，加甲基红指示剂 2 滴，用 0.1 mol/L 氢氧化钠溶液中和后，用水定容，摇匀，过滤，收集滤液即得总果胶提取液。

3）测定

吸取提取液 25 mL(能生成果胶酸钙 25 mg 左右)于 500 mL 的烧杯中,加入 0.1 mol/L 氢氧化钠 100 mL 溶液,充分搅拌后放置 0.5 h。再加入 1 mol/L 乙酸溶液 50 mL,放置 5 min 后,边搅拌边慢慢加入 2 mol/L 氯化钙溶液 25 mL,放置 1 h(陈化)。加热沸腾 5 min,趁热用已在 105℃ 下干燥至恒重的滤纸(或 G_2 垂融坩埚)过滤,用热水洗涤至无氯离子(用 10% 硝酸银溶液检查)为止。

把带滤渣的滤纸放入已知质量的干燥称量瓶中,在 105℃ 下烘 1.5 h 后称重,再放入烘箱中继续干燥至恒重。

4. 结果计算

表示方法有两种,一种是用果胶酸钙表示,见式(8-23);一种是用果胶酸表示,见式(8-24)。

$$果胶酸钙(\omega\%) = \frac{(m_1 - m_2)}{m(V_1/V)} \times 100 \qquad (8-23)$$

式中:m_1——果胶酸钙和滤纸(或 G_2 垂融坩埚)质量,g;

m_2——滤纸(或 G_2 垂融坩埚)质量,g;

m——样品的质量,g;

V_1——测定时取果胶提取液的体积,mL;

V——果胶提取液的体积,mL。

$$果胶酸(\omega\%) = \frac{(m_1 - m_2)}{m(V_1/V)} \times 100 \times 0.9233 \qquad (8-24)$$

式中:m_1——果胶酸钙和滤纸(或 G_2 垂融坩埚)质量,g;

m_2——滤纸(或 G_2 垂融坩埚)质量,g;

m——样品的质量,g;

V_1——测定时取果胶提取液的体积,mL;

V——果胶提取液的体积,mL;

0.9233——将果胶酸钙换算成果胶酸的系数。

5. 说明与注意事项

①新鲜样品中存在着果胶酶,若直接研磨,由于果胶酶的作用,果胶会迅速分解。故需将试样切片浸入热的 95% 乙醇中,使样品溶液的乙醇最终浓度调到 70% 以上。回流煮沸 15 min,以钝化酶活性。

②糖分的检验可用苯酚-硫酸法:取待测液 1 mL 于试管中,加入 5% 苯酚水溶液 1 mL,再加硫酸 5 mL,混合均匀,如溶液呈褐色,则证明检液含有糖分。

③沉淀剂有两类:一类是电解质,如氯化钠、氯化钙等;另一类是有机溶剂,如甲醇、乙醇、丙酮等。果胶物质沉淀的难易程度与其酯化程度有关,酯化度越大,溶解度越大,越难于沉淀。电解质适用于酯化度低和中等的果胶物质,如酯化度为 0~30% 时,常用氯化钠溶液作沉淀剂;酯化度为 40%~70% 时,常用氯化钙溶液作沉淀剂。有机溶剂适用于酯化度较高的果胶物质,且酯化度越高,选用的有机溶剂的浓度也应越大。

8.6.2 咔唑比色法

1. 原理

果胶水解生成半乳糖醛酸,在硫酸溶液中与咔唑试剂发生缩合反应,生成紫红色化合物，其橙色强度与半乳糖醛酸的含量成正比，可比色定量。

2. 试剂

硫酸，分析纯；无水乙醇；0.05 mol/L 盐酸溶液。

①精制乙醇：取无水乙醇或 95% 的乙醇 1000 mL，加入锌粉 4 g 及硫酸(1 + 1)4 mL，置恒温水浴中回流 10 h，然后用全玻璃仪器蒸馏，馏出液每 1000 mL 加入锌粉和 KOH 各 4 g，进行重蒸馏。

②1.5 g/L 咔唑乙醇溶液：溶解 0.15 g 咔唑与 100 mL 精制乙醇中。

③半乳糖醛酸标准工作液：准确称取 α - D - 水解半乳糖醛酸 100 mg，用水溶解并定容至 100 mL，混匀后得标准贮备液(1 mg/mL)。吸取不同量的标准贮备液，用水稀释，配制一组浓度分别为 0，10 μg/mL，20 μg/mL，30 μg/mL，40 μg/mL，50 μg/mL，60 μg/mL 和 70 μg/mL 的半乳糖醛酸标准工作液。

3. 仪器

分光光度计，恒温水浴锅。

4. 操作方法

1)标准曲线的绘制

取大试管(30 mm × 200 mm)8 支，各加入浓硫酸 12 mL 置冰水浴中边冷却边徐徐加入上述浓度为 0 ~ 70 μg/mL 的半乳糖醛酸的标准工作液 2 mL。充分混合后再置于冰水浴中冷却。

在沸水浴中加热 10 min 后，冷却至室温，然后各加入 1.5 g/L 咔唑乙醇 1 mL，充分混合。室温下放置 30 min 后，以 0 号管调节零点，在波长 530 nm 下，分别测定上述标准系列的吸光度。以测得的吸光度为纵坐标，每毫升标准溶液中半乳糖醛酸含量为横坐标，绘制标准曲线。

2)样品测定

①样品处理：同重量法。

②果胶的提取：同重量法。

③测定：取果胶提取液，用水稀释至合适的浓度(含半乳糖醛酸 10 ~ 70 μg/mL)。然后准确移取此稀释液 2 mL，按照上述标准曲线的制作方法同样操作，测定其吸光度，由标准曲线查出果胶稀释液中半乳糖醛酸的浓度(μg/mL)。

5. 结果计算

$$X = \frac{cVK}{m \times 10^6} \times 100 \qquad (8-25)$$

式中：X——样品中果胶物质(以半乳糖醛酸计)质量分数，%；

V——果胶提取液总体积，mL；

K——提取液稀释倍数；

c——从标准曲线上查得的半乳糖醛酸浓度，μg/mL；

m——样品质量，g。

6. 说明及注意事项

①应用咔唑比色法测定果胶含量时，其试样的提取液必须是不含糖的溶液。糖的存在，对呈色反应将会产生很大的干扰，从而导致测定结果偏高。

②比色法较果胶酸钙重量法操作简便，快速，准确度高，重现性较好，同一试样 5 次测

定结果的标准误差为 ±(0.46~1.51)。

③硫酸的浓度对呈色反应影响较大,在低浓度的硫酸中,呈色的程度较低,颜色较浅,只有在较高浓度的硫酸中才可以充分地呈色,故在实验过程中要使用同一规格、同一批号的浓硫酸,尽量减少误差。

8.7 膳食纤维的测定

纤维素是自然界中分布最广、含量最多的一种多糖,广泛存在于各种植物中。食品中的纤维素在化学上是种混合物,包括纤维素、半纤维、木质素等多种成分,其在食品中的含量也随着食品种类的不同而有所不同,特别是菌类、谷物、蔬菜、豆类、水果、坚果中含量较高。从食品营养学角度上讲纤维素常有"粗纤维"和"膳食纤维"两种说法。粗纤维的提出应推到19世纪,德国科学家首次用粗纤维的概念来表示食品中不能被稀酸、稀碱所溶解,不能被人体所消化利用的非营养成分,它仅包括食品中部分纤维素、半纤维素、木质素及少量含氮化合物。到了近代,在研究和评价食品消化率和品质时,从营养学的观点,提出了膳食纤维(dietary fiber)的概念。膳食纤维是指食品中不能被人体消化酶所消化的多糖类和木质素的总和,包括纤维素、半纤维素、木质素、戊聚糖、果胶、树胶等。膳食纤维比粗纤维更能客观、准确地反映食物的可利用率,因此有逐渐取代粗纤维的趋势。膳食纤维可以分为可溶性膳食纤维和不溶性膳食纤维两类。

膳食纤维具有突出的保健功能,有研究表明膳食纤维可以促进人体正常排泄,降低某些癌症、心血管和糖尿病的发病率,因而膳食纤维逐渐成为营养学家、流行病学家及食品科学家等关注的热点。膳食纤维在食品的生产研发中主要测定可溶性的膳食纤维(soluble dietary fiber, SDF)、不可溶性膳食纤维(insoluble dietary fiber, IDF)和总膳食纤维(total dietary fiber, TDF)三种,常用如下方法测定其含量。

8.7.1 食品中总的、可溶性和不溶性膳食纤维的测定

1.原理

取干燥试样,经 α - 淀粉酶、蛋白酶和葡萄糖苷酶酶解消化,去除蛋白质和淀粉,酶解后样液用乙醇沉淀、过滤,残渣用乙醇和丙酮洗涤,干燥后物质称重即为总膳食纤维残渣;另取试样经上述三种酶酶解后直接过滤,残渣用热水洗涤,经干燥后称重,即得不溶性膳食纤维残渣;滤液用4倍体积的95%乙醇沉淀、过滤,干燥后称重得可溶性膳食纤维残渣。以上所得残渣干燥称重后,分别测定蛋白质和灰分。总膳食纤维、不溶性膳食纤维和可溶性膳食纤维的残渣扣除蛋白质、灰分和空白即可计算出试样中总的、不溶性和可溶性膳食纤维的含量。

本法测定的总膳食纤维是指不能被 α - 淀粉酶、蛋白酶和葡萄糖苷酶酶解消化的碳水化合物聚合物,包括纤维素、半纤维素、木质素、果胶等;一些小分子的可溶性膳食纤维,低聚果糖、低聚半乳糖、多聚葡萄糖等,由于能部分或全部溶解在乙醇溶液中,用本方法不能准确测量。

2.试剂

95%乙醇(分析纯), α - 淀粉酶溶液,蛋白酶,葡萄糖苷酶,酸洗硅藻土,重铬酸钾洗

液，MES[2 -(N - 吗啉代)乙烷磺酸]，TRIS(三羟甲基氨基甲烷)，0.05 mol/L MES - TRIS 缓冲液，3 mol/L 乙酸溶液，0.4 g/L 溴甲酚绿溶液，石油醚，丙酮。

3. 仪器

①高型无导流口烧杯：400 mL 或 600 mL。

②坩埚：具粗面烧结玻璃板，孔径 40～60 μm(国产型号为 G2 坩埚)。

坩埚预处理：坩埚在马福炉中 525℃ 灰化 6 h，炉温降至 130℃ 以下取出，于洗液中室温浸泡 2 h，分别用水和蒸馏水洗干净，最后用 15 mL 丙酮冲洗后风干，加入 1.0 g 硅藻土，130℃ 烘至恒重，取出坩埚，在干燥器中冷却 1 h，称重，记录坩埚加硅藻土质量，精确到 0.1 mg。

③真空装置：真空泵或有调节装置的抽吸器。

④振荡水浴：有自动"计时 - 停止"功能的计时器。

⑤分析天平：精确到 0.1 mg。

⑥马福炉：能控温 525℃ ±5℃。

⑦烘箱：105℃，130℃ ±3℃。

⑧干燥器：二氧化硅或同等的干燥剂。干燥剂每两周 130℃ 烘干过夜一次。

⑨pH 计：具有温度补偿功能，用 pH 值 4.0，pH 值 7.0，pH 值 10.0 标准缓冲溶液校正。

4. 样品制备与酶解

1)样品制备

样品处理时若脂肪含量未知，膳食纤维测定前应先脱脂。

①将样品混匀后，70℃ 真空干燥过夜，然后置于干燥器中冷却，干样粉碎后过 0.3～0.5 mm 筛。

②若样品不能受热，则采取冷冻干燥后再粉碎过筛。

③若样品中脂肪含量 >10%，正常的粉碎困难，可用石油醚脱脂，每次每克试样用25 mL 石油醚，连续 3 次，然后再干燥粉碎，要记录由石油醚造成的试样损失，最后在计算膳食纤维含量时进行校正。

④若样品含糖量高，测定前要先脱糖处理，按每试样加 85% 乙醇 10 mL 处理样品 2～3 次，40℃ 下干燥过夜。

⑤粉碎过筛的干样存放于干燥器中待测。

2)试样酶解

每次分析试样要同时做 2 个试剂空白。

①准确称取双份样品(m_1 和 m_2) 1.0000 g ± 0.0020 g，把称好的试样置于 400 mL 或 600 mL 高脚烧杯中，加入 pH 值为 8.2 的 MES - TRIS 缓冲液 40 mL，用磁力搅拌直至试样完全分散在缓冲液中(避免形成团块，试样和酶不能充分接触)。

②热稳定 α - 淀粉酶酶解：加 50 μL 热稳定 α - 淀粉酶溶液缓冲搅拌，然后用铝箔将烧杯盖住，置于 90℃～100℃ 的恒温振荡水浴中持续振荡，当温度升至 95℃ 时开始计时，通常总反应时间 35 min。

③冷却：将烧杯从水浴中移除，冷却至 60℃，打开铝箔盖，用刮勺将烧杯内壁的环状物以及烧杯底部的胶状物刮下，用 10 mL 蒸馏水冲洗烧杯壁和刮勺。

④蛋白酶酶解：在每个烧杯中各加入(50 mg/mL)蛋白酶溶液 100 μL，盖上铝箔，继续水

浴振摇,水温达60℃时开始计时,在60℃±1℃条件下反应30 min。

⑤pH值测定:30 min后,打开铝箔盖,边搅边加入3 mol/mL乙酸溶液5 mL。溶液在60℃大调pH值约至4.5(以0.4 g/L溴甲酚绿为外指示剂)。

注:一定要在60℃时测pH值,温度低于60℃ pH值升高,每次都要检测空白的pH值,若所测值超出要求范围,同时也要检查酶解液的pH值是否合适。

⑥淀粉葡萄糖苷酶酶解:边搅拌边加入100 μL淀粉葡萄糖苷酶溶液,盖上铝箔,持续振摇,水温到60℃时开始计时,在60℃±1℃条件下反应30 min。

5. 测定

1)总膳食纤维的测定

①沉淀:在每份试样中加入预热至60℃的95%乙醇225 mL(预热以后的体积),乙醇与样液的体积比为4:1,取出烧杯,盖上铝箔,室温下沉淀1 h。

②过滤:用78%的乙醇15 mL将称重过的坩埚中的硅藻土润湿并铺平,抽滤去除乙醇溶液,使坩埚中硅藻土在烧结玻璃板上形成平面。乙醇沉淀处理后的样品酶解液倒入坩埚中过滤,用刮勺和78%的乙醇将所有残渣转至坩埚中。

③洗涤:分别用78%乙醇、95%乙醇和丙酮15 mL洗涤残渣各2次,抽滤去除洗涤液后,将坩埚连同残渣在105℃烘干过夜。将坩埚置于干燥器中冷却1 h,称重(包括坩埚、膳食纤维残渣和硅藻土),精确至0.1 mg。减去坩埚和硅藻的干重,计算残渣质量。

④蛋白质和灰分的测定:称重后的试样残渣,按GB/T 5009.5的规定测定氮含量,以氮含量×6.25为换算系数,计算蛋白质质量;按GB/T 5009.4测定灰分,即在525℃灰化5 h,于干燥器中冷却,精确称重坩埚总质量(精确至0.1 mg),减去坩埚和硅藻土质量,计算灰分质量。

2)不溶性膳食纤维的测定

①按上述"试样酶解"操作中所述方法进行取样和酶解,将酶解液转移至坩埚中过滤。过滤前用3 mL水润湿硅藻土并铺平,抽取水分使坩埚中的硅藻土在烧结玻璃板上形成平面。

②过滤洗涤:试样酶解液全部转移至坩埚中过滤,残渣用70℃热蒸馏水10 mL洗涤2次,合并滤液,转至另一600 mL高脚烧杯中,备测可溶性膳食纤维。残渣分别用78%乙醇、95%乙醇和丙酮15 mL各洗涤2次,抽滤去除洗涤液,并按"1)总膳食纤维的测定③洗涤"洗涤干燥称重,记录残渣质量。

③按上述"总膳食纤维的测定"中所述方法测定蛋白质和灰分。

3)可溶性膳食纤维测定

①计算滤液体积:将不溶性膳食纤维过滤后的滤液收集到600 mL高型烧杯中,通过称"烧杯+滤液"总质量、扣除烧杯质量的方法估算滤液的体积。

②沉淀:滤液加入4倍体积预热至60℃的95%乙醇,室温下沉淀1 h。以下测定按"总膳食纤维测定"步骤②～步骤④进行。

6. 结果计算

①空白的质量按式(8-26)计算:

$$m_B = \frac{m_{BR_1} + m_{BR_2}}{2} - m_{P_B} - m_{A_B} \tag{8-26}$$

式中:m_B——空白的质量,单位为毫克(mg);

m_{BR_1} 和 m_{BR_2}——两份空白测定的残渣质量，单位为毫克(mg)；

m_{P_B}——残渣中蛋白质的质量，单位为毫克(mg)；

m_{A_B}——残渣中灰分的质量，单位为毫克(mg)。

②膳食纤维的含量按式(8-27)计算：

$$X = \frac{\left[(m_{BR_1} + m_{BR_2})/2\right] - m_P - m_A - m_B}{(m_1 + m_2)/2} \times 100 \tag{8-27}$$

式中：X——膳食纤维的含量，单位为克每百克(g/100 g)；

m_{BR_1} 和 m_{BR_2}——两份试样残渣的质量，单位为毫克(mg)；

m_P——试样残渣中蛋白质的质量，单位为毫克(mg)；

m_A——试样残渣中灰分的质量，单位为毫克(mg)；

m_B——空白的质量，单位为毫克(mg)；

m_1 和 m_2——试样的质量，单位为毫克(mg)。

计算结果保留到小数点后两位。

总膳食纤维(TDF)、不溶性膳食纤维(IDF)、可溶性膳食纤维(SDF)均用式(8-27)计算。

8.7.2 植物性食品中不溶性膳食纤维的测定

1. 原理

在中性洗涤剂的消化作用下，试样中的糖、淀粉、蛋白质、果胶等物质被溶解除去，不能消化的残渣为不溶性膳食纤维，主要包括纤维素、半纤维素、木质素、角质和二氧化硅等，还包括不溶性灰分。

2. 试剂

无水硫酸钠；石油醚：沸程30℃~60℃；丙酮；甲苯。

①中性洗涤剂溶液：将18.61 g EDTA 二钠盐和6.81 g 四硼酸钠(含 10 H_2O)置于烧杯中，加水约150 mL，加热使之溶解，将30 g 月桂基硫酸钠(化学纯)和10 mL 乙二醇独乙醚(化学纯)溶于约700 mL 热水中，合并上述两种溶液，再将4.56 g 无水磷酸氢二钠溶于150 mL 热水中，再并入上述溶液中，用磷酸调节上述混合液至 pH 6.9~7.1，最后加水至1000 mL。

②磷酸盐缓冲溶液：由38.7 mL 0.1 mol/L 磷酸氢二钠和61.3 mL 0.1 mol/L 磷酸二氢钠混合而成，pH 为7.0。

③2.5% α-淀粉酶溶液：称2.5 g α-淀粉酶溶于100 mL、pH 7.0 的磷酸盐缓冲溶液中，离心、过滤，滤过的酶液备用。

④耐热玻璃棉(耐热130℃，不易折断)。

3. 仪器

①实验室常用设备。

②烘箱：110~130℃。

③恒温箱：37℃±2℃。

④纤维测定仪。

⑤若无纤维素测定仪，由下列部件组成。

a. 电热板：带控温装置。

b. 高型无嘴烧杯：600 mL。

c. 坩埚式耐热玻璃滤器：容量 60 mL，孔径 40~6 μm。

d. 回流冷凝装置。

e. 抽滤装置：由抽滤瓶、抽滤垫及水泵组成。

4. 分析步骤

1) 试样处理

① 粮食：试样用水洗 3 次，置 60℃烘箱中烘去表面水分，磨粉，过 20 目~30 目筛（1 mm），储于塑料瓶内，放一小包樟脑精，盖紧瓶塞保存，备用。

② 蔬菜及其他植物性食品：取其可食部分，用水冲洗 3 次后，用纱布吸去水滴，切碎，取混合均匀的样品于 60℃烘干，称量并计算水分含量，磨粉，过 20 目~30 目筛，备用。或鲜试样用纱布吸取水滴，打碎、混合均匀后备用。

2) 测定

① 准确称取试样 0.5~1.00 g，置高型无嘴烧杯中，若试样脂肪含量超过 10%，需先去除脂肪。例如 1.00 g 试样，用石油醚（30℃~60℃）提取 3 次，每次 10 mL。

② 加 100 mL 中性洗涤剂溶液，再加 0.5 g 无水亚硫酸钠。

③ 电炉加热，5~10 min 内使其煮沸，移至电热板上，保持微沸 1 h。

④ 于耐热玻璃滤器中，铺 1~3 g 玻璃棉，移至烘箱内，110℃烘 4 h，取出置于干燥器中冷却至室温，称重，得 m_1（精确至小数点后四位）。

⑤ 将煮沸后试样趁热倒入滤器，用水泵抽滤，用 500 mL 热水（90~100℃），分数次洗烧杯及滤器，抽滤至干。洗净滤器下部的液体和泡沫，塞上橡皮塞。

⑥ 于滤器中加酶液体，液面需覆盖纤维，用细针挤压掉其中气泡，加数滴甲苯，上盖表玻皿，37℃恒温箱过夜。

⑦ 取出滤器，除去底部塞子，抽滤去酶液，并用 300 mL 热水分数次洗去残留酶液，用碘液检查是否有淀粉残留，如有残留继续加酶水解，如淀粉已除尽，抽干，再次用丙酮洗 2 次。

⑧ 将滤器置烘箱中，110℃烘 4 h，取出，置于干燥器中，冷至室温，称重得 m_2（精确至小数点后四位）。

5. 结果计算

$$X = \frac{m_2 - m_1}{m} \times 100 \qquad (8-28)$$

式中：X——试样中不溶性膳食纤维的含量，%；

m_2——滤器加玻璃棉及试样中纤维素的质量，单位为克（g）；

m_1——滤器加玻璃棉的质量，单位为克（g）；

m——样品的质量，单位为（g）。

计算结果保留到小数点后两位。

6. 精密度

在重复性条件下获得的两次独立测定结果的绝对差值不得超过算数平均值的 10%。

7. 适用范围

GB/T 5009.88—2008 方法为国标对食品中总的、可溶性和不溶性膳食纤维的测定方法和植物性食品中不溶性膳食纤维的测定方法，适用于植物类食品及其制品中总的、可溶性和不溶性膳食纤维的测定及各类植物性食品和含有植物性食品的混合食品中不溶性膳食纤维的测定。总的、可溶性和不溶性膳食纤维的测定及不溶性膳食纤维的测定方法的检出限均为0.1 mg。

小　结

　　碳水化合物是自然界存在最多、分布最广的一类重要的有机化合物。食品中的碳水化合物含量影响着食品的形态、组织结构、物化性质，同时还和食品的色、香、味以及食品的功能有着密切的联系。因此，碳水化合物历来是食品的主要分析指标之一，在食品工业中具有十分重要的意义。碳水化合物的测定方法有很多种，本章详细介绍了食品中的还原糖、总糖、蔗糖、淀粉、果胶和膳食纤维的国家标准分析方法，同时介绍了其他有影响的参考方法。

思考题

　　1.说明糖类物质的分类、结构、性质与测定方法的联系。
　　2.直接滴定法测定食品中还原糖为什么要保证在沸腾条件下进行滴定，且不能随意摇动锥形瓶？
　　3.高锰酸钾法测定食品中还原糖的原理是什么，在测定过程中应注意哪些问题？
　　4.用铁氰化钾法测定食品中还原糖时，向样品中加入铁氰化钾溶液后再加热是否会引起还原糖水解？为什么？
　　5.简述直接滴定法、高锰酸钾滴定法、铁氰化钾法的联系与区别。
　　6.测定食品中蔗糖时，为什么要严格控制水解条件？水解程度对测定结果有什么影响？
　　7.食品中淀粉测定中，酸水解法和酶水解法的使用范围及优缺点是什么？
　　8.咔唑比色法测定食品中果胶物质的原理是什么，如何提高测定结果的准确度？
　　9.何为膳食纤维，其组成成分是什么？与测定方法有什么联系？

参考文献

[1] 王永华. 食品分析[M]. 第2版. 北京：中国轻工业出版社，2010
[2] 张水华. 食品分析[M]. 北京：中国轻工业出版社，2004
[3] 谢笔钧，何慧. 食品分析[M]. 北京：科学出版社，2009
[4] 吴谋成. 食品分析与感官评定[M]. 北京：中国农业出版社，2002
[5] Nielsen S S. Food Analysis[M]. 3rd ed. New York：Kluwar Academic/Plenum Publishers, 2003
[6] Nielsen S S. Food Analysis[M]. 4th ed. New York：Springer, 2010

第 9 章

蛋白质和氨基酸的测定

本章学习目的与要求

1. 掌握凯氏定氮法及氨基酸总量测定方法；

2. 熟悉蛋白质快速检测方法；

3. 了解挥发性盐基氮及各种氨基酸的测定方法。

9.1　概　述

　　蛋白质存在于一切生物的原生质内，是生命的物质基础，是细胞组成的主要成分，同时也是新陈代谢作用中各种酶的组成部分。一切有生命的活体都含有不同类型的蛋白质。

　　蛋白质是由氨基酸组成的天然高分子化合物，约占人体总重的 18%，食品中的蛋白质经消化成氨基酸后被人体吸收，有些氨基酸当需要时，可以由另一种氨基酸在人体内转变而取得，但也有一些氨基酸只能由食物供给，因此蛋白质是食品中的重要营养指标。

　　蛋白质是含氮的有机化合物，在不同的食品中蛋白质含量各不相同。通常动物性食品的蛋白质含量高于植物性食品，如牛肉中蛋白质含量 20% 左右，猪肉为 9.5%，大豆为 40%，稻米为 8.5%。由于不同的蛋白质其氨基酸构成比例不同，所以不同的蛋白质其含氮量也不同。一般蛋白质含氮量为 16%，即通过含氮量测定蛋白质含量的系数为 6.25。

　　测定蛋白质的方法主要有两类：一类是根据蛋白质的共性，即其含氮量、肽键或折射率等；另一类是根据蛋白质中特定氨基酸残基、酸碱基团或芳香基团测定。由于食品中的碳水化合物、脂肪和维生素等其他成分常常干扰蛋白质的测定，因此测定有机氮最准确的方法——凯氏定氮法通常用来测定粗蛋白质含量。此外，经过改进的福林酚法和考马氏亮蓝法等比色方法，也显著提高了对常见干扰物质的耐受性。另外一些先进的蛋白检测方法如红外分析仪法、质谱法、荧光分析等方法也越来越多地应用在食品蛋白质的检测上。对于食品中氨基酸的检测，常规方法多用酸碱滴定法测定样品中氨基酸的总量。目前也常用色谱技术对多种氨基酸进行分离、鉴定和定量分析。

　　测定食品中蛋白质、氨基酸的含量，对于评价食品的营养价值、合理开发利用食品资源、提高产品质量、优化食品配方等均具有重要的意义。下面分别介绍常用的蛋白质和氨基酸测定方法。

9.2　蛋白质的测定

蛋白质测定的方法很多，但每种方法都有其特点和局限性，因而需要在了解各种方法的基础上根据不同情况选用恰当的方法，以满足不同的要求。例如凯氏定氮法结果最精确，但操作复杂，用于大批量样品的测试则不太合适；双缩脲法操作简单，线性关系好，但灵敏度差，样品需要量大，测量范围窄，因此在科研上的应用受到限制；而酚试剂法弥补了它的缺点，因而在科研中被广泛采用，但是它的干扰因素多；考马氏亮兰染色法因其灵敏而又简便开始重新受到关注；BCA法又因其试剂稳定，抗干扰能力较强，结果稳定，灵敏度高而受到欢迎。

9.2.1　凯氏定氮法

1. 原理

食品中的蛋白质在催化加热条件下被分解，产生的氨与硫酸结合生成硫酸铵。碱化蒸馏使氨游离，用硼酸吸收后以硫酸或盐酸标准滴定溶液滴定，根据酸的消耗量乘以换算系数，即为蛋白质的含量。

2. 试剂和材料

本方法中所用试剂均为分析纯，水为 GB/T 6682 规定的三级水。硫酸铜（$CuSO_4 \cdot 5H_2O$）；硫酸钾（K_2SO_4），硫酸（H_2SO_4，密度为 1.84 g/L）；硼酸（H_3BO_3）；甲基红指示剂（$C_{15}H_{15}N_3O_2$）；溴甲酚绿指示剂（$C_{21}H_{14}Br_4O_5S$）；亚甲基蓝指示剂（$C_{16}H_{18}ClN_3S \cdot 3H_2O$）；氢氧化钠（NaOH）；95%乙醇（$C_2H_5OH$）；硼酸溶液（20 g/L）：称取 20 g 硼酸，加水溶解后并稀释至 1000 mL；氢氧化钠溶液（400 g/L）：称取 40 g 氢氧化钠加水溶解后，放冷，并稀释至 100 mL；硫酸标准滴定溶液（0.0500 mol/L）或盐酸标准滴定溶液（0.0500 mol/L）；甲基红乙醇溶液（1 g/L）：称取 0.1 g 甲基红，溶于 95% 乙醇，用 95% 乙醇稀释至 100 mL；亚甲基蓝乙醇溶液（1 g/L）：称取 0.1 g 亚甲基蓝，溶于 95% 乙醇，用 95% 乙醇稀释至 100 mL；溴甲酚绿乙醇溶液（1 g/L）：称取 0.1 g 溴甲酚绿，溶于 95% 乙醇，用 95% 乙醇稀释至 100 mL；混合指示液：2 份甲基红乙醇溶液与 1 份亚甲基蓝乙醇溶液临用时混合，也可用 1 份甲基红乙醇溶液与 5 份溴甲酚绿乙醇溶液临用时混合。

3. 仪器和设备

天平：感量为 1 mg；定氮蒸馏装置。

4. 分析步骤

1）试样消化

称取充分混匀的固体试样 0.2~2 g、半固体试样 2~5 g 或液体试样 10~25 g（约相当于 30~40 mg 氮），精确至 0.001 g，移入干燥的 100 mL、250 mL 或 500 mL 定氮瓶中，加入 0.2 g 硫酸铜、6 g 硫酸钾及 20 mL 硫酸，轻摇后于瓶口放一小漏斗，将瓶以 45° 角斜支于有小孔的石棉网上。小心加热，待内容物全部炭化，泡沫完全停止后，加强火力，并保持瓶内液体微沸，至液体呈蓝绿色并澄清透明后，再继续加热 0.5~1 h。取下放冷，小心加入 20 mL 水。

放冷后，移入 100 mL 容量瓶中，并用少量水洗定氮瓶，洗液并入容量瓶中，再加水至刻度，混匀备用。同时做试剂空白试验。

2）蒸馏与吸收

按图 9-1 装好定氮蒸馏装置，向水蒸气发生器内装水至 2/3 处，加入数粒玻璃珠，加甲基红乙醇溶液数滴及数毫升硫酸，以保持水呈酸性，加热煮沸水蒸气发生器内的水并保持沸腾。

向接收瓶内加入 10.0 mL 硼酸溶液及 1~2 滴混合指示液，并使冷凝管的下端插入液面下，根据试样中氮含量，准确吸取 2.0~10.0 mL 试样处理液由小玻杯注入反应室，以 10 mL 水洗涤小玻杯并使之流入反应室内，随后塞紧棒状玻塞。将 10.0 mL 氢氧化钠溶液倒入小玻杯，提起玻塞使其缓缓流入反应室，立即将玻塞盖紧，并加水于小玻杯以防漏气。夹紧螺旋夹，开始蒸馏。蒸馏 10 min 后移动蒸馏液接收瓶，液面离开冷凝管下端，再蒸馏 1 min。然后用少量水冲洗冷凝管下端外部，取下蒸馏液接收瓶。

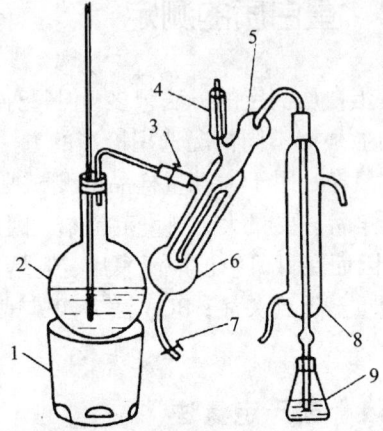

图 9-1　定氮装置蒸馏图[1]

1—电炉；2—水蒸气发生器（2 L 烧瓶）；3—螺旋夹；4—小玻杯及棒状玻塞；5—反应室；6—反应室外层；7—橡皮管及螺旋夹；8—冷凝管；9—蒸馏液接收瓶。

[1]图片来源 GB 5009.5—2010，食品安全国家标准：食品中蛋白质的测定

3）滴定

以硫酸或盐酸标准滴定溶液滴定至终点，使用 2 份甲基红乙醇溶液与 1 份亚甲基蓝乙醇溶液指示剂，颜色由紫红色变成灰色（pH 5.4）；或者使用 1 份甲基红乙醇溶液与 5 份溴甲酚绿乙醇溶液指示剂，颜色由酒红色变成绿色（pH 5.1）。当蓝色的蒸馏吸收液滴定至微红色时即为终点。同时作试剂空白。

5. 分析结果的表述

试样中蛋白质的含量按式（9-1）进行计算。

$$X = \frac{(V_1 - V_2) \times c \times 0.0140}{m \times V_3/100} \times F \times 100 \qquad (9-1)$$

式中：X——试样中蛋白质的含量，单位为克每百克（g/100 g）；

V_1——试液消耗硫酸或盐酸标准滴定液的体积，单位为毫升（mL）；

V_2——试剂空白消耗硫酸或盐酸标准滴定液的体积，单位为毫升（mL）；

V_3——吸取消化液的体积，单位为毫升（mL）；

c——硫酸或盐酸标准滴定溶液浓度，单位为摩尔每升（mol/L）；

0.0140——1.0 mL 硫酸 $[c(1/2H_2SO_4) = 1.000 \text{ mol/L}]$ 或盐酸 $[c(HCl) = 1.000 \text{ mol/L}]$ 标准滴定溶液相当的氮的质量，单位为克（g）；

m——试样的质量，单位为克（g）；

F——氮换算为蛋白质的系数。一般食物为 6.25；纯乳与纯乳制品为 6.38；面粉为 5.70；玉米、高粱为 6.24；花生为 5.46；大米为 5.95；大豆及其粗加工制品为 5.71；大豆蛋白制品为 6.25；肉与肉制品为 6.25；大麦、小米、燕麦、裸麦为

5.83；芝麻、向日葵为 5.30；复合配方食品为 6.25。

以重复性条件下获得的两次独立测定结果的算术平均值表示，蛋白质含量≥1 g/100 g 时，结果保留三位有效数字；蛋白质含量<1 g/100 g 时，结果保留两位有效数字。

6. 精密度

在重复性条件下获得的两次独立测定结果的绝对差值不得超过算术平均值的 10%。

7. 说明与注意事项

①所用试剂溶液应用无氨蒸馏水配制；

②消化时不要用强火，应保持和缓沸腾，以免粘附在凯氏瓶内壁上的含氮化合物在无硫酸存在的情况下未消化完全而造成氮损失；

③消化过程中应注意不时转动凯氏烧瓶，以便利用冷凝酸液将附在瓶壁上的固体残渣洗下并促进其消化完全；

④样品中若含脂肪或糖较多时，消化过程中易产生大量泡沫，为防止泡沫溢出瓶外，在开始消化时应用小火加热，并不停地摇动；或者加入少量辛醇或液体石蜡或硅油消泡剂，并同时注意控制热源强度；

⑤当样品消化液不易澄清透明时，可将凯氏烧瓶冷却，加入 30% 过氧化氢 2~3 mL 后再继续加热消化；

⑥若取样量较大，如干试样超过 5 g，可按每克试样 5 mL 的比例增加硫酸用量；

⑦一般消化至透明后，继续消化 30 min 即可，但对于含有特别难以氨化的氮化合物的样品，如含赖氨酸、组氨酸、色氨酸、酪氨酸或脯氨酸等时，需适当延长消化时间。有机物如分解完全，消化液呈蓝色或浅绿色，但含铁量多时，呈较深绿色；

⑧蒸馏装置不能漏气；

⑨蒸馏前若加碱量不足，消化液呈蓝色，不生成氢氧化铜沉淀，此时需再增加氢氧化钠用量；

⑩硼酸吸收液的温度不应超过 40℃，否则对氨的吸收作用减弱而造成损失，此时可置于冷水浴中使用；

⑪蒸馏完毕后，应先将冷凝管下端提离液面清洗管口，再蒸 1 min 后关掉热源，否则可能造成吸收液倒吸；

⑫混合指示剂在碱性溶液中呈绿色，在中性溶液中呈灰色，在酸性溶液中呈红色。

⑬当称样量为 5.0 g 时，定量检出限为 8 mg/100 g。

9.2.2 分光光度法

1. 原理

食品中的蛋白质在催化加热条件下被分解，分解产生的氨与硫酸结合生成硫酸铵，在 pH 4.8 的乙酸钠－乙酸缓冲溶液中与乙酰丙酮和甲醛反应生成黄色的 3,5－二乙酰－2,6－二甲基－1,4－二氢化吡啶化合物。在波长 400 nm 下测定吸光度值，与标准系列比较定量，结果乘以换算系数，即为蛋白质含量。

2. 试剂和材料

硫酸铜（$CuSO_4 \cdot 5H_2O$）；硫酸钾（K_2SO_4）；硫酸（H_2SO_4 密度为 1.84 g/L，分析纯）；氢氧化钠（NaOH）；对硝基苯酚（$C_6H_5NO_3$）；乙酸钠（$CH_3COONa \cdot 3H_2O$）；无水乙酸钠

（CH_3COONa）；乙酸（CH_3COOH）分析纯；37%甲醛（$HCHO$）；乙酰丙酮（$C_5H_8O_2$）；氢氧化钠溶液（300 g/L）：称取30 g氢氧化钠加水溶解后，放冷，并稀释至100 mL；对硝基苯酚指示剂溶液（1 g/L）：称取0.1 g对硝基苯酚指示剂溶于20 mL 95%乙醇中，加水稀释至100 mL；乙酸溶液（1 mol/L）：量取5.8 mL乙酸，加水稀释至100 mL；乙酸钠溶液（1 mol/L）：称取41 g无水乙酸钠或68 g乙酸钠，加水溶解后并稀释至500 mL；乙酸钠-乙酸缓冲溶液：量取60 mL乙酸钠溶液与40 mL乙酸溶液混合，该溶液pH 4.8；显色剂：15 mL甲醛与7.8 mL乙酰丙酮混合，加水稀释至100 mL，剧烈振摇混匀（室温下放置稳定3d）；氨氮标准储备溶液（氮含量为1.0 g/L）：称取105℃干燥2 h的硫酸铵0.4720 g加水溶解后移于100 mL容量瓶中，并稀释至刻度，混匀；氨氮标准使用溶液（0.1 g/L）：用移液管吸取10.00 mL氨氮标准储备液于100 mL容量瓶内，加水定容至刻度，混匀，此溶液每毫升相当于0.1 mg氮。

3. 仪器和设备

分光光度计；电热恒温水浴锅：100℃±0.5℃；10 mL具塞玻璃比色管；天平：感量为1 mg。

4. 分析步骤

1）试样消解

称取经粉碎混匀过40目筛的固体试样0.1~0.5 g（精确至0.001 g）、半固体试样0.2~1 g（精确至0.001 g）或液体试样1~5 g（精确至0.001 g），移入干燥的100 mL或250 mL定氮瓶中，加入0.1 g硫酸铜、1 g硫酸钾及5 mL硫酸，摇匀后于瓶口放一小漏斗，将定氮瓶以45°角斜支于有小孔的石棉网上。缓慢加热，待内容物全部炭化，泡沫完全停止后，加强火力，并保持瓶内液体微沸，至液体呈蓝绿色澄清透明后，再继续加热半小时。取下放冷，慢慢加入20 mL水，放冷后移入50 mL或100 mL容量瓶中，并用少量水洗定氮瓶，洗液并入容量瓶中，再加水至刻度，混匀备用。按同一方法做试剂空白试验。

2）试样溶液的制备

吸取2.00~5.00 mL试样或试剂空白消化液于50 mL或100 mL容量瓶内，加1~2滴对硝基苯酚指示剂溶液，摇匀后滴加氢氧化钠溶液中和至黄色，再滴加乙酸溶液至溶液无色，用水稀释至刻度，混匀。

3）标准曲线的绘制

吸取0.00 mL、0.05 mL、0.10 mL、0.20 mL、0.40 mL、0.60 mL、0.80 mL和1.00 mL氨氮标准使用溶液（相当于0.00 μg、5.00 μg、10.0 μg、20.0 μg、40.0 μg、60.0 μg、80.0 μg和100.0 μg氮），分别置于10 mL比色管中。加4.0 mL乙酸钠-乙酸缓冲溶液及4.0 mL显色剂，加水稀释至刻度，混匀，置于100℃水浴中加热15 min。取出，用水冷却至室温后，移入1 cm比色杯内，以零管为参比，于波长400 nm处测量吸光度值，根据标准各点吸光度值绘制标准曲线或计算线性回归方程。

4）试样测定

吸取0.50~2.00 mL（约相当于氮<100 μg）试样溶液和同量的试剂空白溶液，分别于10 mL比色管中。以下按步骤（3）"加4 mL乙酸钠-乙酸缓酸溶液及4 mL显色剂……"起操作。试样吸光度值与标准曲线比较定量或代入线性回归方程求出含量。

5. 分析结果的表述

试样中蛋白质的含量按式（9-2）进行计算。

$$X = \frac{(c - c_0)}{m \times \dfrac{V_2}{V_1} \times \dfrac{V_4}{V_3} \times 1000 \times 1000} \times F \times 100 \qquad (9-2)$$

式中：X——试样中蛋白质的含量，单位为克每百克(g/100 g)；

c——试样测定液中氮的含量，单位为微克(μg)；

c_0——试剂空白测定液中氮的含量，单位为微克(μg)；

V_1——试样消化液定容体积，单位为毫升(mL)；

V_2——制备试样溶液的消化液体积，单位为毫升(mL)；

V_3——试样溶液总体积，单位为毫升(mL)；

V_4——测定用试样溶液体积，单位为毫升(mL)；

m——试样质量，单位为克(g)；

F——氮换算为蛋白质的系数。

以重复性条件下获得的两次独立测定结果的算术平均值表示，蛋白质含量≥1 g/100 g 时，结果保留三位有效数字；蛋白质含量 <1 g/100 g 时，结果保留两位有效数字。

6. 精密度

在重复性条件下获得的两次独立测定结果的绝对差值不得超过算术平均值的 10%。

7. 说明与注意事项

当称样量为 5.0 g 时，定量检出限为 0.1 mg/100 g。

9.2.3 燃烧法

1. 原理

试样在 900～1200℃高温下燃烧，燃烧过程中产生混合气体，其中的碳、硫等干扰气体和盐类被吸收管吸收，氮氧化物被全部还原成氮气，形成的氮气气流通过热导检测仪(TCD)进行检测。

2. 仪器和设备

氮/蛋白质分析仪；天平：感量为 0.1 mg。

3. 分析步骤

按照仪器说明书要求称取 0.1～1.0 g 充分混匀的试样(精确至 0.0001 g)，用锡箔包裹后置于样品盘上。试样进入燃烧反应炉(900～1200℃)后，在高纯氧(≥99.99%)中充分燃烧。燃烧炉中的产物(NO_x)被载气 CO_2 运送至还原炉(800℃)中，经还原生成氮气后检测其含量。

4. 分析结果的表述

试样中蛋白质的含量按式(9-3)进行计算。

$$X = C \times F \qquad (9-3)$$

式中：X——试样中蛋白质的含量，单位为克每百克(g/100 g)；

C——试样中氮的含量，单位为克每百克(g/100 g)；

F——氮换算为蛋白质的系数。

以重复性条件下获得的两次独立测定结果的算术平均值表示，结果保留三位有效数字。

5. 精密度

在重复性条件下获得的两次独立测定结果的绝对差值不得超过算术平均值的 10%。

6. 本方法的特点

①燃烧法是凯氏定氮法的一个替代方法；

②不需要任何有害化合物；

③可在 3 min 内完成；

④最先进的自动化仪器可在无人看管状态下分析多达 150 个样品；

⑤需要的仪器价格昂贵；

⑥非蛋白氮也包括在内。

除上述国标中的三种方法外，蛋白质定量测定还有其他方法。

9.2.4　Folin－酚试剂法

目前实验室较多用 Folin－酚法（又名 Lowry 法）测定蛋白质含量，此法的特点是灵敏度高，较双缩脲高 2 个数量级，较紫外法略高，操作稍微麻烦，反应约 15 分钟有最大显色，并最少可稳定几个小时，其不足之处是干扰因素较多，有较多种类的物质都会影响测定结果的准确性。

1. 原理

蛋白质中含有酚羟基的酪氨酸，可与酚试剂中的磷钼钨酸作用产生蓝色化合物，颜色深浅与蛋白含量成正比。

2. 试剂和材料

①碱性铜溶液：甲液：Na_2CO_3 2 g 溶于 0.1 mol/L 的 100 mL NaOH 溶液中。乙液：$CuSO_4$ ·$5H_2O$ 0.5 g 溶于 1% 酒石酸钾 100 mL 中。临用前，取甲液 50 mL，乙液 1 mL 混合。

②酚试剂：取钨酸钠（$Na_2WO_4·2H_2O$）100 g 和钼酸钠（$Na_2MoO_3·2H_2O$）25 g，溶于蒸馏水 700 mL 中，再加 85% H_3PO_4，50 mL 和 HCl（浓）100 mL，将上物混合后，置 1500 mL 圆底烧瓶中温和地回流 10 小时再加硫酸锂（$Li_2SO_4·H_2O$）150 g，水 50 mL 及溴水数滴，继续沸腾 15 分钟以除去剩余的溴，冷却后稀释至 1000 mL，然后过滤，溶液应呈黄色（如带绿色者不能用），置于棕色瓶中保存。使用标准 NaOH 溶液滴定，以酚酞为指示液，而后稀释约一倍，使最后浓度为 1 mol/L。

③蛋白标准溶液（0.1 mg/mL）：准确称取 10 mg 牛血清蛋白，在 100 mL 容量瓶中加生理盐水至刻度。溶解后分装，放于 -20℃冰箱保存。

3. 分析步骤

1）标准曲线的制备

按表 9-1 操作，在试管中分别加入 0 mL，0.2 mL，0.4 mL，0.6 mL，0.8 mL，1 mL 蛋白标准溶液，用生理盐水补足到 1 mL。加入 5 mL 的碱性铜试剂，混匀后室温放置 20 分钟后，再加入 0.5 mL 酚试剂混匀。

30 min 后，以第 1 管为空白，在波长 650 nm 比色，读出吸光度，以各管的标准蛋白浓度为横坐标，以其吸光度为纵坐标绘出标准曲线。

2）样品蛋白质测定

准确吸取 1 mL 蛋白质溶液，加入测定管，再以标准蛋白溶液作为阳性对照（标准管），以 NaCl 溶液作为阴性对照（空白管），按表 9-2 操作：

表 9 - 1　Folin - 酚法标准曲线试剂的添加量

编　　号	1	2	3	4	5	6
蛋白标准溶液/mL	0	0.2	0.4	0.6	0.8	1.0
0.9% NaCl 溶液/mL	1.0	0.8	0.6	0.4	0.2	0
碱性铜试剂/mL	5	5	5	5	5	5
混匀后室温(25℃)放置 20 min						
酚试剂/mL	0.5	0.5	0.5	0.5	0.5	0.5

表 9 - 2　Folin - 酚法蛋白测定中试剂的添加量

编　　号	1 号(测定管)	2 号(标准管)	3 号(空白管)
稀释样品/mL	1	—	—
稀释标准液/mL	—	1	—
0.9% NaCl 溶液/mL	—	—	1
碱性铜试剂/mL	5	5	5
混匀后于室温放置 20 min			
酚试剂/mL	0.5	0.5	0.5

混匀各管,30 min 后,在波长 650 nm 比色,读取吸光度。

4. 分析结果的表述

以测定管读数查找标准曲线求得样品蛋白含量。

5. 说明与注意事项

①Tris 缓冲液、蔗糖、硫酸铵、酚类、柠檬酸以及高浓度的尿素、胍、硫酸钠、三氯乙酸、乙醇、丙酮等均会干扰 Folin - 酚反应。

②当酚试剂加入后,应迅速摇匀(加一管摇一管)以免出现浑浊。

③由于这种呈色化合物组成尚未确立,它在可见光红外光区呈现较宽吸收峰区。不同实验室选用不同波长,有选用 500 或 540 nm,有选用 640 nm,700 或 750 nm。选用较高波长,样品呈现较大的光吸收,本实验选用波长 650 nm。

9.2.5　考马氏亮蓝 G - 250 染色法

此方法是 1976 年 Bradform 建立的。染料结合法测定蛋白质的优点是灵敏度较高,可检测到微量蛋白,操作简便、快捷,试剂配制极简单,重复性好,但干扰因素多。

1. 原理

考马氏亮蓝 G - 250 具有红色和青色两种色调,在酸性溶液中游离状态下为棕红色,当它通过疏水作用与蛋白质结合后,变成蓝色,最大吸收波长从 465 nm 转移到 595 nm 处,在一定的范围内,蛋白质含量与 595 nm 的吸光度成正比,测定 595 nm 处光密度值的增加即可进行蛋白质的定量。

2. 试剂和材料

①考马氏亮蓝 G-250 染色液：称取 100 mg 考马氏亮蓝 G-250 溶解于 50 mL 95% 的乙醇中，加入 100 mL 85% 的磷酸，加入稀释到 1 L。

②蛋白标准溶液(0.1 mg/mL)：准确称取 10 mg 牛血清白蛋白，在 100 mL 容量瓶中加生理盐水至刻度，溶后分装，-20℃ 冰箱保存。

3. 分析步骤

1)标准曲线的制备

按表 9-3 操作，在试管中分别加入 0 μg, 20 μg, 40 μg, 80 μg, 100 μg 蛋白标准溶液，用水补足到 100 μL，加入 3 mL 的染色液，混匀后室温放置 15 min。

表 9-3　考马氏亮蓝法标准曲线中试剂的添加量

编　号	1	2	3	4	5	6
蛋白标准溶液/mL	0	0.02	0.04	0.06	0.08	0.10
蒸馏水/mL	0.10	0.08	0.06	0.04	0.02	0
染色液/mL	3	3	3	3	3	3

在波长 595 nm 比色，读出吸光度，以各管的蛋白标准浓度为横坐标，以其吸光度为纵坐标绘出标准曲线。

2)样品蛋白质测定

稀释蛋白样品溶液，准确吸取 0.1 mL 蛋白样品加入样品管，同时以蛋白质标准溶液作为阳性对照(标准管)，蒸馏水作为阴性对照(空白管)，按表 9-4 操作。混匀后室温放置 15 min，在 595 nm 波长比色，计算蛋白质浓度。

表 9-4　考马氏亮蓝法蛋白测定中试剂的添加量

编　号	1(空白管)	2(标准管)	3(样品管)
蒸馏水/mL	0.1	—	—
蛋白质标准溶液/mL	—	0.1	—
样品溶液/mL	—	—	0.1
染色液/mL	3	3	3

4. 分析结果的表述

根据吸光度，查找标准曲线求得样品蛋白含量。

5. 说明与注意事项

①有些常用试剂在测定中会产生不同程度的干扰。Tris、巯基乙醇、蔗糖、甘油、EDTA 及少量去垢剂有较少影响，而 1% SDS, 1% TritonX-100 及 1% Hemosol 的干扰严重。

②显色结果受时间与温度影响较大，须注意保证样品与标准的测定控制在同一条件下进行。

③考马氏亮蓝 G – 250 染色能力很强，特别要注意比色杯的清洗。颜色的吸附对本次测定影响很大。可将测量杯在 0.1 mol/L HCl 中浸泡数小时，再冲洗干净即可。

9.2.6　紫外分光光度法

紫外光谱吸收法测定蛋白质含量是将蛋白质溶液直接在紫外分光光度计中测定的方法，不需要任何试剂，操作很简便，而且样品可以回收。

1. 原理

蛋白质溶液在波长 280 nm 附近有强烈的吸收，这是由于蛋白质中酪氨酸、色氨酸残基而引起的，所以光密度受这两种氨基酸含量的支配。另外核蛋白或提取过程中杂有的核酸对测定结果引起极大误差，其最大吸收峰在 260 nm。所以同时测定 280 nm 及 260 nm 两种波长的吸光度，通过计算可得较为准确的蛋白质含量。

2. 分析步骤

将待测蛋白质溶液适当稀释 K 倍，在紫外分光度计中分别测定样品在 10 mm 光径石英比色皿中，分别在 280 nm 及 260 nm 两种波长下的吸光度值 A_{280} 和 A_{260}。

3. 分析结果的表述

①当蛋白样品的吸光值比值 A_{280}/A_{260} 约为 1.8，可用下面的公式进行计算：

$$蛋白质浓度(mg/mL) = (1.45A_{280} - 0.74A_{260}) \times K$$

②也可以先计算出 A_{280}/A_{260} 的比值后从表 9 – 5 中查出校正因子"F"值，由下面的经验公式计算出溶液的蛋白质浓度。同时从表 9 – 5 中还可以查出样品中混杂的核酸的百分含量：

$$蛋白质浓度(mg/mL) = F \times A_{280} \times K$$

表 9 – 5　吸光值比值(A_{280}/A_{260})的校正因子"F"值

A_{280}/A_{260}	核酸/%	F	A_{280}/A_{260}	核酸/%	F
1.75	0.00	1.116	0.846	5.50	0.656
1.63	0.25	1.081	0.822	6.00	0.632
1.52	0.50	1.054	0.804	6.50	0.607
1.40	0.75	1.023	0.784	7.00	0.585
1.36	1.00	0.994	0.767	7.50	0.565
1.30	1.25	0.975	0.753	8.00	0.545
1.25	1.50	0.944	0.730	9.00	0.508
1.16	2.00	0.899	0.705	10.00	0.478
1.09	2.50	0.852	0.671	12.00	0.422
1.03	3.00	0.814	0.644	14.00	0.377
0.979	3.50	0.776	0.615	17.00	0.322
0.939	4.00	0.743	0.595	20.00	0.278
0.874	5.00	0.682			

注：一般纯净蛋白质的吸光值比值 A_{280}/A_{260} 约为 1.8，而核酸 A_{280}/A_{260} 的比值约为 0.5。

4. 说明与注意事项

本方法操作简便，样品溶液可回收，同时可估计核酸含量。但核酸含量小于20%或溶液混浊，则测定结果误差较大。在使用上表和公式计算时也应注意各种蛋白质和各种核酸在280 nm及260 nm处的光吸收值也不尽相同，故计算结果有一定误差。

9.2.7 双缩脲法

1. 原理

双缩脲（$NH_3CONHCONH_3$）是两个分子脲经180℃左右加热，释放出一个分子氨后得到的产物。在强碱性溶液中，双缩脲与$CuSO_4$形成紫色络合物，称为双缩脲反应。蛋白质和双缩脲一样，在碱性溶液中能与铜离子形成紫色络合物，且其呈色深浅与蛋白质的含量成正比，因此可用于蛋白质的定量测定。但必须注意，此反应并非蛋白质所特有，凡分子内有两个或两个以上的肽键的化合物以及分子内有—CH_2—NH_2等结构化合物，双缩脲反应也呈阳性。紫色络合物颜色的深浅与蛋白质浓度成正比，而与蛋白质分子量及氨基酸成分无关，故可用来测定蛋白质含量。测定范围为1～10 mg蛋白质。干扰这一测定的物质主要有：硫酸铵、Tris缓冲液和某些氨基酸等。

此法的优点是较快速，不同的蛋白质产生颜色的深浅相近，以及干扰物质少。主要的缺点是灵敏度差。因此双缩脲法常用于需要快速，但并不需要十分精确的蛋白质测定。

2. 试剂和材料

（1）器材

可见光分光光度计、大试管15支、旋涡混合器等。

（2）试剂

①标准蛋白质溶液：用标准的结晶牛血清清蛋白（BSA）或标准酪蛋白，配制成10 mg/mL的标准蛋白溶液，可用BSA浓度1 mg/mL的A_{280}为0.66来校正其纯度。如有需要，标准蛋白质还可预先用微量凯氏定氮法测定蛋白氮含量，计算出其纯度，再根据其纯度，称量配制成标准蛋白质溶液。牛血清清蛋白用H_2O或0.9% NaCl溶液配制，酪蛋白用0.05 mg/mL NaOH配制。

②双缩脲试剂：称1.50 g硫酸铜（$CuSO_4 \cdot 5H_2O$）和6.0 g酒石酸钾钠（$KNaC_4H_4O_6 \cdot 4H_2O$），用500 mL水溶解，在搅拌下加入300 mL 10% NaOH溶液，用水稀释到1 L，贮存于塑料瓶中（或内壁涂以石蜡的瓶中）。此试剂可长期保存，若贮存瓶中有黑色沉淀出现，则需要重新配制。

3. 分析步骤

1）标准曲线的制备

取12支试管分两组，分别加入0 mL，0.2 mL，0.4 mL，0.6 mL，0.8 mL，1.0 mL的标准蛋白质溶液，用水补足到1 mL，然后加入4 mL双缩脲试剂。充分摇匀后，在室温（20～25℃）下放置30 min，于540 nm处进行比色测定。用未加蛋白质溶液的第一支试管作为空白对照液。取两组测定的平均值，以蛋白质的含量为横坐标，光吸收值为纵坐标绘制标准曲线。

2）样品的测定

取2～3个试管，用上述标准曲线的制备所用的方法，测定未知样品的蛋白质浓度。根据吸光度，查找标准曲线求得血清蛋白含量。

注意：样品浓度不要超过 10 mg/mL。

9.2.8 红外光谱法(near infra – red spectroscopy，NIR)

1. 原理

食品中不同的功能基团能吸收不同频率的辐射。对于蛋白质和多肽，多肽键在中红外波段(6.47 μm)和近红外(NIR)波段(如 3300 ~ 3500 nm，2080 ~ 2220 nm，1560 ~ 1670 nm)的特征吸收可用于测定食品中的蛋白质含量。针对所要测的成分，用红外波长光辐射样品，通过测定样品反射或透射光的能量(反比于能量的吸收)可以预测其成分的浓度。

2. 应用

近红外光谱以其速度快、不破坏样品、操作简单、稳定性好、效率高等特点，已广泛应用于各个领域，特别是用于分析农牧产品和食品中的蛋白质、水分、含油量(或脂肪)、纤维素、淀粉等营养成分在国外已是十分成熟的技术，许多方法已经成为 AOAC，AACC，ICC 的标准方法。我国近年来也将红外光谱技术用于食品，特别是农产品的品质分析，如在黄豆、稻谷、各类蔬菜、面粉等产品上均成功实现了对粗蛋白的分析。随着近红外光谱硬件设备成本不断降低，进一步完善软件的数理统计方法，提高从复杂、重叠和变化的近红外光谱中提取有效信息的效率，增加光谱的信噪比，近红外光谱法的应用前景将更加广阔。

上述方法均是常用的蛋白质测定方法，一些学者在传统的蛋白质测定方法的基础上加以改进，以提高蛋白测定的准确度。一些精密的仪器、方法也越来越多用于食品中蛋白质的检测，如质谱法和毛细管电泳法，从而提高了对乳及乳制品中真蛋白的测定准确度。

9.3 氨基酸的测定

9.3.1 氨基酸的显色反应

1. 茚三酮法

1)原理

α 氨基酸与茚三酮在弱酸性溶液中共热，反应后经失水脱羧生成氨基茚三酮，再与水合茚三酮反应生成紫红色，最终为蓝色物质。脯氨酸等仲胺氨基酸与茚三酮反应生成黄色物质。该反应可广泛用于各种氨基酸的定性或定量测定。

2)试剂和材料

①氨基酸标准溶液：a. 0.01 mol/L 丙氨酸：称取丙氨酸 8.9 mg 溶于 90% 异丙醇溶液至 10 mL。b. 0.01 mol/L 精氨酸：称取精氨酸 17.4 mg 溶于 90% 异丙醇溶液至 10 mL。c. 0.01 mol/L 甘氨酸：称取甘氨酸 7.5 mg 溶于 90% 异丙醇溶液至 10 mL。

②混合氨基酸溶液：将 0.01 mol/L 丙氨酸、精氨酸、甘氨酸按等体积制成混合溶液。

③硅胶 G。

④0.5% 羧甲基纤维素钠(CMC – Na)：取羧甲基纤维素钠 5 g 溶于 1000 mL 蒸馏水中，煮沸，静置冷却，弃沉淀，取上清液备用。

⑤展开溶剂：按 80：10：10 的体积比例混合正丁醇、冰醋酸及蒸馏水，临用前配制。

（6）0.1%茚三酮溶液：取茚三酮0.1 g溶于无水丙酮至100 mL。

（7）展层－显色剂：按照10∶1的体积比例混匀展开剂和0.1%茚三酮溶液。

3）分析步骤

（1）制板

称取硅胶3 g，加0.5%的羧甲基纤维素钠8 mL，调成均匀的糊状。取洁净的干燥玻璃板均匀涂层，将玻璃板水平放置，室温下放置0.5 h，自然晾干，70℃烘干60 min。

（2）点样

用铅笔距底边2 cm水平线上均匀确定4个点并做好标记。每个样品间相距1 cm。用毛细管分别吸取丙氨酸标准溶液、精氨酸标准溶液、甘氨酸标准溶液及混合氨基酸溶液，轻轻接触薄层表面点样。加样原点扩散直径不超过2 mm。点样后用电吹风轻轻吹干，必要时重复加样。

（3）层析

将薄层板点样端浸入展层－显色剂，展层－显色剂液面应低于点样线。盖好层析缸盖，上行展层。当展层剂前沿离薄板顶端2 cm时，停止展层，取出薄板，用铅笔描出溶剂前沿界线。

（4）显色

用热风吹干或在90℃下烘干30 min，即可显出各层斑点。

4）分析结果的表述

记录各氨基酸色斑中心至样品原点中心距离，以及溶剂前缘至样品原点中心距离。对照标准氨基酸，可标定混合氨基酸中氨基酸的种类。

5）说明与注意事项

①薄层层析用的吸附剂如氧化铝和硅胶的颗粒大小一般以通过200目左右筛孔为宜，如果颗粒太大，展开时溶剂推进速度太快，分离效果不好。反之，颗粒太小，展开时太慢，斑点易拖尾，分离效果不好。

②整个层析过程中，避免用手接触层析板，必要时戴上手套。

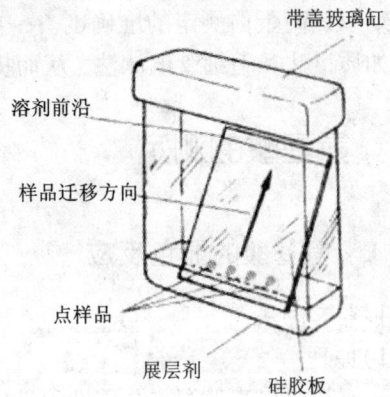

图9-2　薄层层析装置

2. 吲哚醌法

1）原理

各种氨基酸与吲哚醌试剂能显示不同颜色，因此可借此辨认氨基酸。氨对吲哚醌显色没有妨碍，但此法灵敏度较茚三酮法稍差，显色不稳定，颜色只有在绝对干燥的环境中才能保存。

2）试剂和材料

①显色剂：1 g吲哚醌溶于100 mL乙醇及10 mL冰乙酸（若冰乙酸用量减少则灵敏度稍差）。

②底物退色剂：在100 mL、200 g/L碳酸钠溶液中加入60 g硅酸钠（$Na_2SiO_3 \cdot 9H_2O$），在水浴（60~70℃）中加热搅拌直至完全溶解，待溶液比较清澈为止。在溶解过程中，有时硅

酸钠会结成凝胶,此时只需继续搅拌即可溶解。配制时若硅酸钠用量多则退色较快,但背景容易变黄,硅酸钠用得少(40 g),虽退色较慢,但背景较为洁白。

3)分析步骤

层析或电泳后滤纸烘干,仔细喷上或涂上显色剂,用电吹风迅速吹干,待乙酸气味不太刺鼻时移置100℃烘箱烘5～15 min,直至显色为止(温度不要太高,以免引起减色),注意观察所显出的颜色,然后均匀地涂上底色退色剂,纸的背景即由黄色变成绛红而后逐渐变迁,待黄色背景几乎退尽时,迅速用电吹风吹干,并随时观察颜色的变化。例如苏氨酸在退色前为浅红带褐色,退色后则呈橙黄色或黄色;脯氨酸在退色前为蓝色,吹干时很快退成无色。市委较低时,底色退色很慢,此时可将退色剂加温到30～40℃。温度也不宜过高,因氨基酸半点的退色速度也同时很快,应该避免。

3. 邻苯二甲醛法

邻苯二甲醛法作为近年发展起来的荧光显色法,具有灵敏度高的特点。

1)原理

邻苯二甲醛在2－巯基乙醇存在下,在碱性溶液中与氨基酸作用产生荧光化合物,最合适的激发光和发射光波长分别为340 nm和455 nm。

各种氨基酸显现的荧光强度不同,其相对荧光强度由大到小的大致顺序如下:天冬氨酸、异亮氨酸、甲硫氨酸、精氨酸、组氨酸、亮氨酸、丝氨酸、缬氨酸、谷氨酸、苏氨酸、色氨酸、丙氨酸、苯丙氨酸、组氨酸、酪氨酸、脯氨酸和半胱氨酸。

2)试剂和材料

邻苯二甲醛显色液:取0.1 g邻苯二甲醛,0.1 mg巯基乙醇,1 mL三乙胺,加丙酮石油醚混合液(60～90℃,1:1)至100 mL,放置0.5 h后使用。

3)分析步骤

将含有氨基酸样品的滤纸浸入邻苯二甲醛显色液中1 min,冷风吹干,在温度18℃以下,湿度50%～90%之间显色0.5 h,于紫外灯下观察荧光点。

4)说明与注意事项

在滤纸上显现氨基酸时,邻苯二甲醛浓度以0.1%为宜。显色时必须有一定的湿度,以便氨基酸溶解,提高分子碰撞几率,并使极性基团解离,促进反应趋于完全。湿度太低,显不出荧光。温度对显现的荧光延时有显著影响,温度高则荧光延时短,温度低则荧光延时长。

9.3.2 氨基酸的定量测定

1. 氨基酸总量的测定

1)适用范围

适用于食品中的天冬氨酸、苏氨酸、丝氨酸、谷氨酸、脯氨酸、甘氨酸、丙氨酸、缬氨酸、蛋氨酸、异亮氨酸、亮氨酸、酪氨酸、苯丙氨酸、组氨酸、赖氨酸和精氨酸十六种氨基酸的测定。其最低检出限为10 pmol。

不适用于蛋白质含量低的水果、蔬菜、饮料和淀粉类食品中氨基酸测定。

2)原理

食品中的蛋白质经盐酸水解成为游离氨基酸,经氨基酸分析仪的离子交换柱分离后,与茚三酮溶液产生颜色反应,再通过分光光度计比色测定氨基酸含量。

3) 试剂和材料

① 浓盐酸:优级纯。

② 6 mol/L 盐酸:浓盐酸与水 1:1 混合。

③ 苯酚:须重蒸馏。

④ (0.0025 mol/L) 混合氨基酸标准液(仪器制造公司出售)。

⑤ pH 2.2 的柠檬酸钠缓冲液:称取 19.6 g 柠檬酸钠($Na_3C_6H_5O_7 \cdot 2H_2O$)和 16.5 mL 浓盐酸加水稀释到 1000 mL,用浓盐酸或 500 g/L 的氢氧化钠溶液调节 pH 至 2.2。

⑥ pH 3.3 的柠檬酸钠缓冲液:称取 19.6 g 柠檬酸钠和 12 mL 浓盐酸加水稀释到 1000 mL,用浓盐酸或 500 g/L 的氢氧化钠溶液调节 pH 至 3.3。

⑦ pH 4.0 的柠檬酸钠缓冲液:称取 19.6 g 柠檬酸钠和 9 mL 浓盐酸加水稀释到 1000 mL,用浓盐酸或 500 g/L 的氢氧化钠溶液调节 pH 至 4.0。

⑧ pH 3.3 的柠檬酸钠缓冲液:称取 19.6 g 柠檬酸钠和 46.8 g 氯化钠(优级纯)加水稀释到 1000 mL,用浓盐酸或 500 g/L 的氢氧化钠溶液调节 pH 至 6.4。

⑨ pH 5.2 的乙酸锂溶液:称取氢氧化锂($LiOH \cdot H_2O$)168 g,加入冰乙酸(优级纯)279 mL,加水稀释到 1000 mL,用浓盐酸或 500 g/L 的氢氧化钠溶液调节 pH 至 5.2。

⑩ 茚三酮溶液:取 150 mL 二甲基亚砜(C_2H_6OS)和乙酸锂溶液 50 mL 加入 4 g 水合茚三酮($C_9H_4O_3 \cdot H_2O$)和 0.12 g 还原茚三酮($C_{18}H_{10}O_6 \cdot 2H_2O$)搅拌至完全溶解。

⑪ 高纯氮气:纯度 99.99%。

⑫ 冷冻剂:市售食盐与冰按 1:3 混合。

4) 仪器和设备

① 真空泵。

② 恒温干燥箱。

③ 水解管:耐压螺盖玻璃管或硬质玻璃管,体积 20~30 mL。用去离子水冲洗干净并烘干。

④ 真空干燥器(温度可调节)。

⑤ 氨基酸自动分析仪。

5) 试样处理

试样采集后用匀浆机打成匀浆(或者将试样尽量粉碎、于低温冰箱中冷冻保存,分析用时将其解冻后使用)。

6) 分析步骤

(1) 称样

准确称取一定量均匀性好的试样如奶粉等,精确到 0.0001 g(使试样蛋白质含量在 10~20 mg 范围内);均匀性差的试样如鲜肉等,为减少误差可适当增大称样量,测定前再稀释。将称好的试样放于水解管中。

(2) 水解

在水解管内加 6 mol/L 盐酸 10~15 mL(视试样蛋白质含量而定),含水量高的试样(如牛奶)可加入等体积的浓盐酸,加入新蒸馏的苯酚 3~4 滴,再将水解管放入冷冻剂中,冷冻 3~5 min,再接到真空泵的抽气管上,抽真空(接近 0 Pa),然后充入高纯氮气;再抽真空充氮气,重复三次后,在充氮气状态下封口或拧紧螺丝盖将已封口的水解管放在(110±1)℃的恒温干燥箱内,水解22 h后,取出冷却。

打开水解管,将水解液过滤后,用去离子水多次冲洗水解管,将水解液全部转移到50 mL容量瓶内,用去离子水定容。吸取滤液1 mL于5 mL容量瓶内,用真空干燥器在40℃~50℃干燥,残留物用1~2 mL水溶解,再干燥,反复进行两次,最后蒸干,用1 mL pH 2.2的缓冲液溶解,供仪器测定用。

7)测定

准确吸取0.200 mL混合氨基酸标准溶液,用pH 2.2的缓冲液稀释到5 mL,此标准稀释液浓度为5.00 nmol/L,取50 μL作为上机测定用的氨基酸标准,用氨基酸自动分析仪以外标法测定试样测定液的氨基酸含量。

8)结果计算

按式(9-4)计算:

$$X = \frac{C \times \frac{1}{50} \times F \times V \times M}{m \times 10^9} \times 100 \qquad (9-4)$$

式中:X——试样氨基酸的含量,单位为克每百克(g/100 g);

C——试样测定液中氨基酸含量,单位为纳摩尔每50微升(nmol/50 μL);

F——试样稀释倍数;

V——水解后试样定容体积,单位为毫升(mL);

M——氨基酸分子量;

m——试样质量,单位为克(g);

$\frac{1}{50}$——折算成每毫升试样测定的氨基酸含量,单位为微摩尔每升(μmol/L);

10^9是试样含量由纳克(ng)折算成克(g)的系数。

十六种氨基酸分子量:天冬氨酸:133.1;苏氨酸:119.1;丝氨酸:105.1;谷氨酸:147.1;脯氨酸:115.1;甘氨酸:75.1;丙氨酸:89.1;缬氨酸:117.2;蛋氨酸:149.2;异亮氨酸:131.2;亮氨酸:131.2;酪氨酸:181.2;苯丙氨酸:165.2;组氨酸:155.2;赖氨酸:146.2;精氨酸:174.2。

计算结果表示为:试样氨基酸含量在1.00 g/100 g以下,保留两位有效数字;含量在1.00 g/100 g以上,保留三位有效数字。

9)精密度

在重复性条件下获得的两次独立测定结果的绝对差值不得超过算术平均值的12%。

10)标准图谱

标准图谱见图9-3。

2. 甲醛滴定法

1)原理

氨基酸具有酸性的羧基(—COOH)和碱性的氨基(—NH₂),它们相互作用而使氨基酸成为中性的内盐。当加入甲醛溶液时,—NH₂与甲醛结合,从而使其碱性消失。这样就可以用标准强碱来滴定—COOH,并用间接的方法测定氨基酸总量。

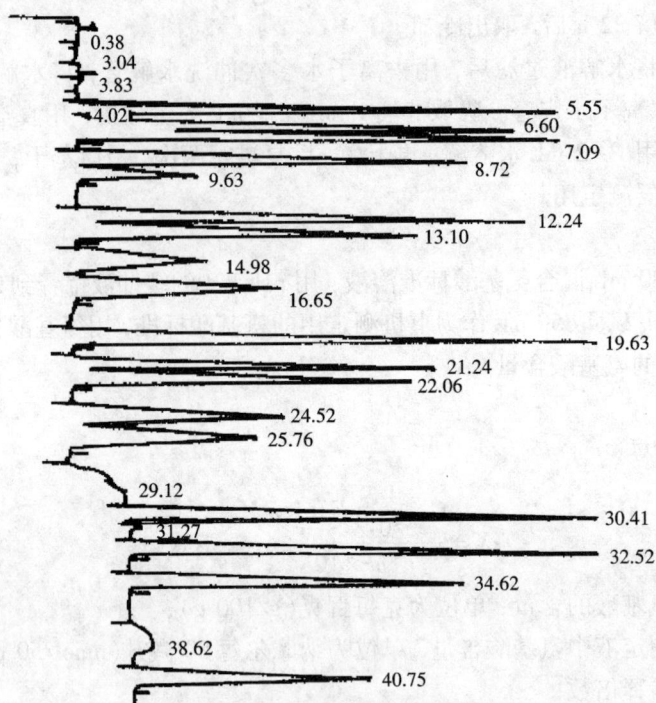

图 9 - 3　氨基酸标准图谱

表 9 - 6　氨基酸出峰顺序及保留时间

出峰顺序		保留时间/min	出峰顺序		保留时间/min
1	天冬氨酸	5.55	9	蛋氨酸	19.63
2	苏氨酸	6.60	10	异亮氨酸	21.24
3	丝氨酸	7.09	11	亮氨酸	22.06
4	谷氨酸	8.72	12	酪氨酸	24.52
5	脯氨酸	9.63	13	苯丙氨酸	25.76
6	甘氨酸	12.21	14	组氨酸	30.41
7	丙氨酸	13.10	15	赖氨酸	32.57
8	缬氨酸	16.65	16	精氨酸	40.75

2) 方法特点及应用

此法简单易行、快速方便，与亚硝酸氮气容量法分析结果相近。在发酵工业中常用此法测定发酵液中氨基氮含量的变化，来了解可被微生物利用的氮源的量及利用情况，并以此作为控制发酵生产的指标之一。脯氨酸与甲醛作用时产生不稳定的化合物，使结果偏低；酪氨酸含有酚羟基，滴定时也会消耗一些碱而致使结果偏高；溶液中若有铵盐存在也可与甲醛反应，使结果偏高。

3）操作方法

吸取含氨基酸约 20 mg 的样品溶液于 100 mL 容量瓶中，加水至标线，混匀后吸取 20.0 mL 置于 200 mL 烧杯中，加水 60 mL，开动磁力搅拌器，用 0.05 mol/L NaOH 标准溶液滴定至酸度计指示 pH 8.2，记录消耗氢氧化钠标准溶液体积，供计算总酸含量。

加入 10.0 mL 甲醛溶液，混匀。再用上述氢氧化钠标准溶液继续滴定至 pH 9.2，记录消耗氢氧化钠标准溶液体积。

同时取 80 mL 蒸馏水置于另一 200 mL 洁净烧瓶中，先用氢氧化钠标准溶液调至 pH 8.2（此时不计碱消耗量），再加入 10.0 mL 中性甲醛溶液，用 0.05 mol/L NaOH 标准溶液滴定至酸度计指示 pH 9.2，作为试剂空白试验。

4）结果计算

$$X = \frac{(V_1 - V_2) \times c \times 0.014}{m \times 20/100} \times 100 \qquad (9-5)$$

式中：X——试样中氨基酸态的含量，单位为克每 100 毫升（g/100 mL）；

V_1——样品稀释液在加入甲醛后滴定至终点（pH 9.2）所消耗氢氧化钠标准溶液的体积，mL；

V_2——空白试验加入甲醛后滴定至终点所消耗的氢氧化钠标准溶液的体积，mL；

c——NaOH 标准溶液的浓度，mol/L；

M——测定用样品溶液相当于样品的质量，g；

0.014——N_2 的毫摩尔质量，g/mmol。

5）说明与注意事项

①本法准确快速，可用于各类样品游离氨基酸含量测定。

②浑浊和色深样液可不经处理而直接测定。

3. 茚三酮比色法

1）原理

氨基酸在碱性溶液中能与茚三酮反应，生成蓝紫色化合物（脯氨酸除外），该蓝紫色化合物的颜色深浅与氨基酸含量成正比，其最大吸收波长为 570 nm，故据此可用分光吸光光度法测定样品中氨基酸含量。

2）操作方法

（1）标准曲线绘制

准确吸取 200 μg/mL 的氨基酸标准溶液 0.0 mL，0.5 mL，1.0 mL，1.5 mL，2.0 mL，2.5 mL，3.0 mL（相当于 0 μg，100 μg，200 μg，300 μg，400 μg，500 μg，600 μg 氨基酸），分别置于 25 mL 容量瓶或比色管中，各加水补充至容积为 4.0 mL，然后加入茚三酮溶液（20 g/L）和磷酸盐缓冲溶液（pH 为 8.04）各 1 mL，混合均匀，于水浴上加热 15 min，取出迅速冷却至室温，加水至标线，摇匀。静置 15 min 后，在 570 nm 波长下，以试剂空白为参比液测定其余各溶液的吸光度 A。以氨基酸的质量（μg）为横坐标，吸光度 A 为纵坐标，绘制标准曲线。

（2）样品测定

吸取澄清的样品溶液 1～4 mL，按标准曲线制作步骤，在相同条件下测定吸光度 A 值，用测得的 A 值在标准曲线上查得对应的氨基酸质量（μg）。

3) 结果计算

$$X = \frac{m}{m_1 \times 1000} \times 100 \tag{9-6}$$

式中：X——氨基酸含量，mg/100 g

m——从标准曲线上查得的氨基酸的质量，μg；

m_1——测定的样品溶液相当于样品的质量，g。

4) 说明及注意事项

①通常采用的样品处理方法为：准确称取粉碎样品 5 ~ 10 g 或吸取样液样品 5 ~ 10 mL，置于烧杯中，加入 50 mL 蒸馏水和 5 g 左右活性炭，加热煮沸，过滤。用 30 ~ 40 mL 热水洗涤活性炭，收集滤液于 100 mL 容量瓶中，加水至标线，摇匀备测。

②茚三酮受阳光、空气、温度、湿度等影响而被氧化呈淡红色或深红色，使用前须进行纯化。

4. 非水溶液滴定法

1) 原理

氨基酸的非水溶液滴定法是氨基酸在冰乙酸中用高氯酸的标准溶液滴定其含量。根据酸碱的质子学说：一切能给出质子的物质为酸，能接收质子的物质为碱；弱碱在酸性溶剂中碱性显得更强，而弱酸在碱性溶剂中酸性显得更强，因此，本来在水溶液中不能滴定的弱碱或弱酸，如果选择适当的溶剂使其强度增加，则可以顺利地滴定。氨基酸有氨基和羧基，则水中呈现中性，而在冰乙酸中就能接受质子显示出碱性，因此可以用高氯酸等强酸进行滴定。

本法适合于氨基酸成品的含量测定。可测定毫克级氨基酸。

2) 分析步骤

①直接法（适用于能溶解于冰乙酸的氨基酸）：精确称取氨基酸样品 50 mg 溶解于 20 mL 冰乙酸中，加 2 滴甲基紫指示剂，用 0.100 mol/L 高氯酸标准液滴定（用 10 mL 体积的微量滴定管），终点为紫色刚消失，呈现蓝色。空白管为不含氨基酸的冰乙酸液，滴定至同样终点颜色。

②回滴法（适用于不易溶解于冰乙酸而能溶解于高氯酸的氨基酸）：精确称取氨基酸样品 30 ~ 40 mg，溶解于 5 mL、0.1 mol/L 高氯酸标准溶液中，加 2 滴甲基紫指示剂，剩余的酸以乙酸钠溶液滴定，颜色变化由黄，经过绿、蓝至初次出现不退的紫色为终点。

3) 说明及注意事项

①能溶解于冰乙酸的氨基酸，可以用直接法测定的有：丙氨酸、精氨酸、甘氨酸、组氨酸、亮氨酸、甲硫氨酸、苯丙氨酸、色氨酸、缬氨酸、异亮氨酸和苏氨酸。不易溶解于冰乙酸，但能溶解于高氯酸可以用回滴法测定的有：赖氨酸、丝氨酸、胱氨酸和半胱氨酸。

②谷氨酸和天冬氨酸在高氯酸溶液中也不能溶解，可以将样品溶解于 2 mL 甲酸中，再加 20 mL 冰乙酸，直接用标准的高氯酸溶液滴定。

9.3.3 几种个别氨基酸的测定方法

1. 赖氨酸的测定

1) 原理

通过利用铜离子阻碍游离氨基酸的 α - 氨基，使赖氨酸的 ε - 氨基可以自由地与 1 - 氟 -

2，4 - 二硝基苯（FDNB）反应，生成 ε - DNP - 赖氨酸。经酸化和用二乙基醚提取后，产物在波长 390 nm 处有吸收峰，从而可测得样品中游离赖氨酸的含量。

2）试剂和材料

①氯化铜液：称 28.0 g 无水氯化铜，用水定容至 1000 mL。

②磷酸三钠溶液：称 68.5 g 无水磷酸钠，用水定容至 1000 mL。

③硼酸盐溶液（pH 9.1 ~9.2）：称取 54.64 g 带有 10 个结晶水的四硼酸钠，用水定容至 1000 mL。

④磷酸铜悬浮液：搅拌情况下，把氯化铜液 200 mL，缓慢倒入 400 mL 的磷酸三钠溶液中，把悬浮液以 2000 r/min 速度离心 5 min，用硼酸盐缓冲液再悬浮沉淀物，洗涤离心 3 次，把最后的沉淀物悬浮在硼酸盐缓冲液中，并用缓冲液定容至 1 L。

⑤1 - 氟 -2，4 - 二硝基苯（FDNB）溶液：吸取 FDNB 10 mL 用甲醇定容至 100 mL。

⑥赖氨酸 - HCl 标准溶液：称取一定量赖氨酸 - HCl，用水配制成 200 mg/L 的工作标准液。

⑦100 g/L 丙氨酸溶液。

3）分析步骤

①称取通过 40 目筛的均匀试样 1.00 g，置于 100 mL 烧瓶中。另吸取赖氨酸 - HCl 标准工作液 5 mL（相当于 1 mg 赖氨酸 - HCl），连同试剂空白同时进行试验。

②向各烧瓶中加入 25 mL 磷酸铜悬浮液，然后再加 10% 丙氨酸 1.0 mL，振摇 15 min 吸取 10% FDNB 溶液 0.5 mL。置于各处理烧瓶中，将烧瓶置沸水中加热 15 min。

③取出烧瓶，立即加入 1 mol/L HCl 溶液 25 mL，并不断摇动使之酸化和分散均匀。

④烧瓶中的溶液冷却至室温，用水稀释至 100 mL，取约 40 mL 悬浮液进行离心。

⑤用 25 mL 二乙基醚提取上清液 3 次，除去醚。并将溶液收集于有刻度试管中，于 65℃ 水浴中加热 15 min，以除去残留的醚。并记录溶液的体积数。

⑥吸取上述各处理液 10 mL，分别与 95% 乙醇溶液 10 mL 混合，用滤纸过滤。

⑦用试剂空白液调零，测定样液 A_{390}，与赖氨酸 - HCl 标准液对照，求出样品中赖氨酸 - HCl 的含量。

4）说明及注意事项

①本法在 0 ~40 mg/L 赖氨酸溶液范围内呈良好线性关系。

②添加一定量的中性氨基酸如丙氨酸，增加总氨基酸的浓度，有助于实验中形成良好的线性关系。

③用醚提取酸性溶液，可将所有中性或酸性的 DNP - 氨基酸衍生物除去，并把 FDNB 的产物破坏，否则这些产物在 390 nm 处存在干扰。

2. 色氨酸的测定

1）原理

样品中的蛋白质经碱水解后，游离的色氨酸与甲醛和含铁离子的三氯乙酸溶液作用，生成哈尔满化合物（nor - harman），具有特征荧光值，可以进行定量测定。

2）试剂和材料

①0.3 mmol/L 三氯化铁 - 三氯乙酸溶液：称取三氯化铁（$FeCl_3 \cdot 6H_2O$）41 mg，加入 10% 三氯乙酸溶液溶解并定容至 500 mL。

②2%甲醛：量取甲醛溶液(36% ~38%)5.5 mL，加水至100 mL。

③色氨酸标准溶液：称取10 mg 色氨酸，用0.1 mol/L NaOH 溶液溶解并定容至100 mL，置棕色瓶中备用，使用时用水稀释成1 mg/L 的标准溶液。

3)分析步骤

①称取样品粉末100 ~200 mg 于离心管中，加入4 mL 乙醚，摇匀后过夜，以3000 r/min 速度离心。将乙醚提取液移入试管中，并用乙醚洗涤残渣3 次，收集乙醚液于试管中，于40℃水浴除去醚。残留物中加入6.25 mol/L NaOH 4 mL，火焰封口，于110℃水解16 ~24 h。水解液用4 mol/L HCl 溶液调节至 pH 6 ~8，用水定容至50 mL，过滤备用。

②吸取滤液0.2 mL，加入2%甲醛0.2 mL 和0.3 mmol/L 三氯化铁 – 三氯乙酸混合液2 mL，摇匀后于100℃水浴中加热1 h，取出，冷却后用水定容至10 mL。在激发波长为365 nm，发射波长449 nm 条件下，测定样品的荧光强度，与色氨酸标样作对照，求出样品中色氨酸含量。

4)说明及注意事项

本法在0 ~10 mg/L 色氨酸溶液范围内呈良好线性关系。

3. 苯丙氨酸的测定

1)原理

苯丙氨酸与茚三酮及铜盐反应生成荧光复合物，其荧光复合物在激发波长365 nm，发射波长490 nm 处可以产生最大荧光强度，与标准氨基酸对照，可求出样品中苯丙氨酸的含量，检测时加入 L – 亮氨酸 – L – 丙氨酸二肽能增强这一反应。

2)试剂和材料

试剂均用分析纯试剂盒玻璃器重蒸馏水配制。

(1)二肽 – 茚三酮试剂

①5 mmol/L 亮丙二肽溶液：称取 L – 亮氨酸 – L – 丙氨酸1 mg，溶于1 mL 水中，临时配制。

②30 mmol/L 茚三酮溶液：称取茚三酮534 mg，溶于100 mL 水中，冰箱贮存。

③0.6 mol/L 琥珀酸盐缓冲液：称取琥珀酸7.086 g，加水约25 mL，用4.8 mol/L NaOH 溶液调制 pH 5.88，加水至100 mL，冰箱贮存。

临用前，3 种溶液按顺序以 1:2:5(体积比)混合。

(2)铜试剂

①25 mmol/L Na_2CO_3 – 0.4 mmol/L 酒石酸钾钠溶液：称取无水碳酸钠2.66 g，酒石酸钾钠(含4 份结晶水)113 mg，加水至1000 mL。

②0.8 mol/L $CuSO_4$溶液。

临用前将①、②两溶液按 3:2(体积比)混匀。

(3)0.6 mol/L 三氯乙酸溶液

称取三氯乙酸98 g 溶于1 L 水中，临用前取0.6 mol/L 三氯乙酸稀释10 倍，得0.06 mol/L 的溶液。

(4)标准苯丙氨酸溶液

称取苯丙氨酸配制成6.6 mg/L 的氨基酸标准液。

3)分析步骤

（1）血清的去蛋白处理

吸取新鲜血清 50~100 μL 和等体积 0.6 mol/L 三氯乙酸溶液混匀，静置 10 min 后，以 4000 r/min 速度离心 10 min，吸取上清液用水精确稀释 5 倍。

（2）样品测定

吸取血清稀释液 100 μL，置于样品管中，另吸取苯丙氨酸标准液 25 μL，加 0.06 mol/L 三氯乙酸溶液 100 μL，然后两管均加水至 200 μL，同时做试剂空白分析。再向各管加入二肽 – 茚三酮试剂 0.3 mL，放在 75℃ 水浴中保温 80 min（或 65~70℃，保温约 140 min）。取出冷却，加入 2.5 mL 铜试剂，振摇均匀，90 min 内在激发波长为 385 nm、发射波长 472 nm 条件下，测定样品的荧光值，与苯丙氨酸标样作对照，求出样品游离苯丙氨酸的含量。

4）分析结果的表述

$$X = \frac{f_1 - f_0}{f_2 - f_0} \times \frac{m'}{m} \tag{9-7}$$

式中：X——丙氨酸含量，mg/L

f_1——检样荧光值；

f_2——标样荧光值；

f_0——试剂空白荧光值；

m'——标样氨基酸质量，mg；

m——样品质量，mg。

5）说明及注意事项

①反应的温度、时间对荧光物质的生成有显著影响。60℃ 保温 120 min 所得相对荧光值较低，苯丙氨酸含量略高时，测定值容易参差不齐，低于 60℃ 相对荧光值更低，实验更加不稳定。将温度提高至 65~70℃，相对荧光值增高，保温约 140 min 以后荧光值不再显著增高，此时的测定值约为 60℃ 保温 120 min 时的 2 倍。将温度提高至 75℃，相对荧光最高值提前在 80 min 左右出现，维持半小时左右后逐渐减退。80℃ 以上相对荧光值显著降低，最高值更早出现。

②荧光物质的稳定性：从保温完毕加入铜试剂后算起，相对荧光值约稳定 90 min，以后逐渐下降。

③苯丙氨酸和茚三酮、铜盐作用的产物如果没有二肽存在几乎不会有荧光产生。能促使产生荧光的二肽甚多，以 L – 亮 – L – 丙二肽的荧光值为 100%，甘 – L – 丙则为 95%，甘 – dL – 苯丙为 75%，L – 丙 – L – 丙为 70%，L – 丙 – 甘为 30%，甘 – L – 色为 28%。这些二肽单独和茚三酮作用都不显荧光，在 pH 5.8 时，除苯丙氨酸外可产生荧光外，亮氨酸和精氨酸也可产生少量荧光，相当于等当量苯丙氨酸的 4%，除此以外其他氨基酸均小于 0.5%，可以认为对苯丙氨酸有较好的专一性。

④反应溶液的 pH 若低于 5.8，产生的荧光较低，pH 大于 5.8 则荧光增加，在 pH6.8 时达到最高值，但专一性下降。鱿鱼蛋白质能与三氯乙酸发生沉淀反应，对 pH 有较大影响，在实际操作中血清用量应限于 10 μL，用量过大会使三氯乙酸用量相应增多，除非用适量氢氧化钠中和，否则使荧光值降低甚至消失。

4. 酪氨酸的测定

1）原理

酪氨酸和 1 – 亚硝酸 – 2 – 萘酚反应，生成有色化合物，此化合物在硝酸和亚硝酸钠存在的条件下加热会产生稳定的荧光物质,可用荧光法定量测定。

2)试剂和材料

试剂均用分析纯和玻璃器重蒸馏水制备。

(1)亚硝酸萘酚试剂

①1-亚硝酸-2-萘酚乙醇溶液:称取1-亚硝酸-2-萘酚20 mg,溶于100 mL无水乙醇,于4℃下保存。

②3 mol/L HNO$_2$溶液。

③0.1 mol/L NaNO$_2$溶液,于4℃下保存。

临用前将①、②、③三种溶液按(2:3:3)体积混合。

(2)0.6 mol/L三氯乙酸溶液

称取三氯乙酸98 g溶于1 L水中。稀释10倍即得0.06 mol/L。

(3)1,2-二氯乙烷(ClCH$_2$CH$_2$Cl)

(4)标准酪氨酸溶液(7.2 mg/L)

称取L-酪氨酸18.0 mg,先加入数滴浓盐酸,微热完全溶解后,加水至10 mL,用氢氧化钠溶液中和到近中性,定容至100 mL,置冰箱保存。临用时吸取贮存液2 mL,定容至50 mL。

3)分析步骤

(1)样品去蛋白处理

吸取新鲜血清50~100 μL和等体积0.6 mol/L三氯乙酸溶液混匀,4000 r/min离心10 min,吸取上清液用水精确稀释5倍,即得稀释10倍的样品溶液。

(2)样品测定

①分别吸取样液100 μL于具塞试管1;标准酪氨酸溶液25 μL和0.06 mol/L三氯乙酸溶液100 μL于具塞试管2;0.06 mol/L三氯乙酸100 μL于具塞试管3;各管用水补充体积至200 μL。

②将各管置于55℃水浴数分钟,加入新配制的亚硝酸萘酚试剂0.3 mL,摇匀,55℃保温20 min,保温后加水2.5 mL,摇匀后再加三氯乙酸溶液3 mL。充分振摇以便将多余的试剂抽提入二氯乙烷溶液中,4000 r/min离心10 min,将上层水溶液移至另一试管内,在180 min内,于激发波长468 nm、发射波长为555 nm处,测定样品的荧光强度,与氨基酸标样对照(消除试剂空白荧光值),求出样品氨基酸含量。

4)说明及注意事项

①本法在0~0.2 mol/L酪氨酸范围内呈良好的线性关系。

②荧光物质的稳定性:从保温完毕算起,相对荧光值在180 min内平均减少2%左右。

③对羟基苯乙胺的存在对荧光光度测定存在干扰,色氨酸、3-(2-氨乙基)吲哚、苯丙氨酸、5-羟色氨酸、5-羟吲哚乙酸具有轻微的荧光值。

5. 脯氨酸的测定

1)原理

在丙酮溶剂中,脯氨酸和吲哚醌反应形成蓝色化合物,能用以测定蛋白质水解液中的脯氨酸含量,在一定条件下(包括pH、缓冲液浓度和吲哚醌浓度),可以在其他氨基酸存在下直接进行测定,不受羟脯氨酸的干扰。

2）试剂和材料

①pH 3.9 的柠檬酸盐缓冲液：柠檬酸 2.1 g，用 1 mol/L NaOH 溶液调 pH 为 3.9，并加水定容至 100 mL。pH 计检测（可用 0.1 mol/L HCl 溶液调节）。

②0.75 g/L 吲哚醌丙酮溶液：37.5 mg 吲哚醌溶解于 50 mL 丙酮中，置棕色瓶中贮存于冰箱中。若退色则失效。

③水饱和酚溶液：于分液漏斗内加入苯酚及水，剧烈摇动后，放置过夜分层，取下层酚溶液。

3）分析步骤

①称取蛋白质样品 5 mg，加 6 mol/L HCl 溶液 2 mL，封管后于 140℃水解 4 h。启封，加蒸馏水稀释至盐酸浓度达 0.25 mol/L。

②吸取一定量蛋白质酸水解液 0.1 ~ 0.5 mL（含脯氨酸 0.5 ~ 5 μg）于小烧杯内，75℃干燥至恒重。残留物加 pH 3.9 柠檬酸缓冲液 0.2 mL，使残留物完全溶解后，加 0.75 g/L 吲哚醌丙酮溶液 0.25 mL，混匀，于 100℃烘箱内使溶剂蒸发 0.5 h 左右。以下各步骤在避光条件下操作。先加 0.5 mL 水饱和酚溶液，剧摇后，加 1 mL 蒸馏水和 2 mL 丙酮，混匀成均相溶液，立即于波长 598 nm 的条件下，以试剂空白调零，测定样品的 A_{598}，与氨基酸标准对照，求出样品中脯氨酸的含量。

4）说明及注意事项

①要获得最佳的灵敏度及专一性，必须严格控制本法所规定的条件，即控制缓冲液浓度 0.1 mol/L，pH 3.9，吲哚醌浓度 0.75 g/L。

②脯氨酸与吲哚醌形成的蓝色化合物见光不稳定，在一般实验室光照下，1 h 后吸光值下降 26%，因此必须避光操作。

9.3.4 挥发性盐基氮的测定

挥发性盐基氮是指动物性食品由于酶和细菌的作用，蛋白质分解而产生的氮及胺类等碱性含氮物质。挥发性盐基氮是评价肉及肉制品、水产品等鲜度的主要卫生指标。挥发性盐基氮可采用半微量定氮法测定。

1. 原理

挥发性盐基氮在测定时遇弱碱氧化镁即被游离而蒸馏出来，馏出的氨被硼酸吸收后生成硼酸铵，使吸收液变成碱性，混合指示剂由紫色变为绿色。然后用盐酸标准溶液滴定，溶液再由绿色返至紫色即为终点。根据标准溶液的消耗量即可计算出样品中挥发性盐基氮的含量。

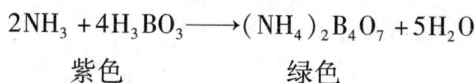

$$2NH_3 + 4H_3BO_3 \longrightarrow (NH_4)_2B_4O_7 + 5H_2O$$

紫色　　　　　　　绿色

2. 试剂和材料

①MgO 混悬液（10 g/L）：称取 1.0 gMgO，加 100 mL 水，振摇成混悬液。

②硼酸吸收液（20 g/L）。

③混合指示剂：临用前将 2 g/L 甲基红乙醇溶液和 1 g/L 次甲基水溶液等量混合。

④盐酸标准溶液（0.01 mol/L）。

3.仪器

微量凯氏定氮蒸馏装置；微量滴定管。

4.分析步骤

①将除去脂肪、骨、腱后的样品切碎搅匀，称取 10 g 置于锥形瓶中，加入 100 mL 水，不时振摇，浸渍 30 min。过滤，滤液置于冰箱中备用。

②将称有 10 mL 硼酸吸收液并加有 5~6 滴混合指示剂的锥形瓶置于冷凝管下端，并使其下端插入吸收液的液面下，吸取 5.0 mL 上述样品滤液于蒸馏器的反应室内，加 MgO 悬浊液 5 mL，迅速盖塞，并加水防漏气。通入蒸汽进行蒸馏，由冷凝管出现冷凝水时开始计时，蒸馏 5 min。

③取下吸收瓶，用少量水冲洗冷凝管下端，吸收液用 0.01 mol/L HCl 标准溶液滴定，同时做试剂空白试验。

5.结果计算

$$X = \frac{(V_1 - V_0) \times c \times 14}{m \times (5/100)} \times 100 \tag{9-8}$$

式中：X——样品中挥发性盐基氮的含量，mg/100 g；

V_1——测定样品溶液消耗盐酸标准溶液的体积，mL；

V_0——试剂空白消耗盐酸标准溶液的体积，mL；

c——盐酸标准溶液浓度，mol/L；

m——样品质量，g。

6.说明及注意事项

①定氮蒸馏装置参照蛋白质的测定中所用装置。

②滴定终点的观察，应注意空白试验与样品测定色调一致。

③每个样品测定之间要用蒸馏水洗涤仪器 2~3 次。

④空白试验稳定后才能正式测定样品。

9.3.5 蛋白质氮和非蛋白质氮的测定

利用蛋白质能与重金属离子(如 Cu^{2+}，Hg^{2+}，Pb^{2+} 等)结合形成蛋白质盐而变性沉淀的特性，在一定的条件下，将蛋白质氮和非蛋白质氮分离，然后用凯氏定氮法分别进行定量。下面介绍两种用铜盐作沉淀剂的测定方法，适用于各种类型食物与配料。

1.用醋酸铜作沉淀剂

1)原理

样品用水消化，用醋酸铜沉淀蛋白质，而非蛋白质则留存于溶液中。过滤后，用凯式定氮法分别测定沉淀中和滤液中的氮。

2)试剂和材料

$Cu(AC)_2 \cdot H_2O$ 溶液：30 g/L；硅酮消泡剂；$K_2SO_4 \cdot Al_2(SO_4)_3 \cdot 24H_2O$(明矾)溶液：100 g/L。

3)分析步骤

①准确称取或吸取适量样品(固体样品，以粗蛋白质含量计，含量在 25% 以下的称取 2 g；50% 以上的称取 0.5 g。牛乳轻轻摇匀，在水浴上加热至 40℃，再轻摇，冷却至 20℃，吸

取适量样品，一般为 11 mL）置于 750 mL 凯式烧瓶中，加水约 50 mL，再加入几粒玻璃珠和 1~2 滴硅酮消泡剂。将混合物徐徐煮沸，消化 0.5 h（注意勿煮干）。

②趁消化液尚热时，加入 2 mL 明矾溶液（100 g/L），摇匀后重新加热至恰好沸腾。加入 50 mL 醋酸铜溶液（30 g/L），充分混合，冷却后过滤，用 50 mL 冷却水洗涤烧瓶及沉淀。

③测定蛋白质氮时，将滤纸和沉淀放回原烧瓶中，用凯氏定氮法测定氮含量。

④测定非蛋白质氮时，将滤液转入另一清洁的凯式烧瓶中，用凯式定氮法测定其中的氮含量。

⑤计算：由凯式定氮法分析结果得出蛋白质氮和非蛋白质氮的含量。

2. 用氢氧化铜作沉淀剂

1）原理

样品经粉碎加水磨至均匀后，转入离心管中，以氢氧化铜沉淀蛋白质，离心分离，并用蒸馏水洗涤。用凯式定氮法分别测定溶液中的非蛋白质氮和沉淀中的蛋白质氮。

2）试剂

30 g/L 硫酸铜溶液；0.2 mol/L 氢氧化钠溶液。

3）仪器

离心机（4000 r/min）；水浴锅。其他仪器和试剂同凯式定氮法。

4）分析步骤

准确称取 0.2~0.3 g 样品（总含氮量在 10 mg 左右），放入瓷研钵中，加 2 mL 蒸馏水，研磨至匀浆后，再加 2 mL 硫酸铜溶液（30 g/L），搅匀，转移至离心管内，用 8 mL 水将残渣全部洗入离心管。将离心管放入沸水浴中，用玻璃棒搅匀，保持 3 min，然后取出离心管，加 3 mL 氢氧化钠溶液（$c(NaOH) = 0.2$ mol/L），搅匀，放置 10 min 后取出离心（4000 r/min）。将离心液倒入凯式烧瓶中，用热水冲洗沉淀两次，每次 10 mL［热水中均加 1 滴硫酸铜溶液（30 g/L）］，同样离心，合并溶液到烧瓶中（非蛋白质氮溶液）。将离心管中沉淀物用蒸馏水全部转入另一凯式烧瓶中（蛋白质氮溶液）。按凯式定氮法分别进行测定。

小　结

本章介绍了基于蛋白质和氨基酸的特性来测定蛋白质和氨基酸的方法，不同的分析方法由于其分析原理的不同，其分析速度和灵敏度各不相同。因为不同食品体系的复杂性导致各种蛋白质分析方法都可能会不同程度地遇到一些问题，快速的测定方法可能适用于质量控制，而灵敏的测定方法则是微量蛋白质分析所需要。间接的比色法通常都要使用经仔细选择的蛋白质作为标准或经精确方法校正（如凯氏定氮法）。

思考题

1. 蛋白质定性分析方法有哪些，定量分析方法有哪些？

2. 为什么说凯氏定氮法是测定粗蛋白的含量？系数 6.25 是怎么得到的？

3. 当选择蛋白质测定方法时，哪些因素是必须考虑的？

4. 氨基酸定性和定量的方法有哪些？简述甲醛滴定法和茚三酮法的原理。

5. 挥发性盐基氮测定时应注意哪些问题?

参考文献

[1] S. Suzanne Nielsen. 食品分析[M]. 杨严俊等译. 北京:中国轻工业出版社,2002.

[2] 张水华. 食品分析[M]. 北京:中国轻工业出版社,2004.

[3] GB 5009.5—2010. 食品安全国家标准:食品中蛋白质的测定[S].

[4] 王多加. 近红外光谱检测技术在农业和食品分析上的应用[J]. 光谱学与光谱分析,2004,24 (4):447-450.

[5] Yu NIU. Analysis of protein content in Panicum miliaceum L. using near infrared transmittance spectroscopy. Agricultural Science & Technology[J]. 2012,13(5):965-968.

[6] 王丽杰. 采用近红外光谱技术检测牛奶中脂肪、蛋白质及乳糖含量[J]. 光电子·激光,2004,15(4): 468-471.

[7] 魏良明. 近红外反射光谱测定玉米完整籽粒蛋白质和淀粉含量的研究[J]. 中国农业科学,2004,37(5): 630-633.

[8] 丁晓静. 毛细管电泳法对乳及乳制品中真蛋白的测定[J]. 食品科学,2010,31(22):361-366.

[9] 董源. 蛋白含量检测的抗干扰新方法[J]. 生物工程学报,2012,28(9):1130-1138.

[10] J. P. Dean Goldring. Protein quantification methods to determine protein concentration prior to electrophoresis [J]. Protein Electrophoresis,2012,869:29-35.

[11] Mu Wang. Mass spectrometry for protein quantification in biomarker discovery[J]. Functional Genomics,2012, 815:199-225.

[12] GB/T 5009.124—2003. 食品中氨基酸的测定[S].

第 10 章

维生素的测定

本章学习目的与要求

1 掌握维生素 A、维生素 D 和维生素 C 测定的原理和方法;

2 熟悉测定维生素的意义;

3 了解其他维生素的测定方法。

10.1 概 述

维生素(vitamin)是一类参与维持生物机体发育和代谢所必需的微量有机物质。这类物质高等生物不能合成或者合成的量不足,不能满足机体的需求,也不能充分贮存在组织里,必须经常通过食物供给。维生素在机体内大多是酶的辅酶或辅基的组成部分,主要参与机体代谢的调节。人体对维生素的日常需求量极少,通常以毫克(mg)或微克(μg)计算,但维生素摄入不足,会引起维生素缺乏症等疾病;摄入过多则是浪费,有的甚至引起机体中毒。

根据世界粮农和卫生组织,正常成人每天对维生素的需要参考值(RNI)如表 10-1:

表 10-1 正常成人每天对维生素的需要参考值

维生素 A	维生素 B_1	维生素 B_2	维生素 B_6	维生素 C	维生素 D	维生素 E
0.6~1.6 mg	1.2~2 mg	1.3~2 mg	1.3~3 mg	45~100 mg	5~10 μg	10~20 mg

RNI:营养素推荐摄入量(Reference Nutrient Intake)。

美国、加拿大等国家要求在食品标签上标出维生素 A 和维生素 C 的含量及其占营养素参考值(NRV)百分比。我国《预包装食品营养标签通则》(GB 28050—2011)没有把维生素定为核心营养素,生产企业可以根据产品特点在营养成分表中增加维生素的种类和含量。

研究表明,一些维生素的作用不仅仅限于预防维生素的缺乏病,在预防多种慢性退化性疾病方面也发挥着不可忽视的营养保健作用。

维生素的种类繁多,结构复杂,理化性质及生理功能各异,有脂肪族、芳香族、脂环族、杂环和甾类化合物等。目前已确认的有 30 余种,其中被认为对维持人体健康和促进发育至关重要的有 20 余种。由于它们的化学结构和生理功能差异很大,无法按照结构或功能分类。一般按维生素溶解性能将它们分成两大类:一类是能溶于脂肪,叫脂溶性维生素(如 A,D,E,K);另一类是能溶解于水,叫水溶性维生素。目前主要有维生素 B 族(如 B_1,B_2,B_6,B_{12} 等)和维生素 C。有些物质在化学结构上类似于某种维生素,经过简单的代谢反应即可转变成维生素,此类物质称为维生素原。

脂溶性维生素均不溶于水,易溶于乙醇、乙醚、苯及氯仿等脂溶性有机溶剂和脂肪中。通常在食物中与脂类共存,被机体摄食吸收后大部分积存在体内,若脂溶性维生素摄入过多,可引起中毒。水溶性维生素易溶于水,而不溶于脂肪及脂溶剂。水溶性维生素吸收过量时,多余部分会随尿液排出,体内贮存极少,一般无毒,一旦大量摄入,可对机体产生不良影响。

食品中各种维生素的含量主要取决于食品的类别,另外与食品的加工工艺及贮存等条件有关,若加工条件不合理或贮存不当都会造成维生素的丢失。为减少人体因缺乏维生素而引起疾病,维生素作为强化剂已在食品工业的某些产品中开始使用。测定食品中的维生素含量,不仅可评价食品的营养价值、开发利用富含维生素的食品资源、制定合理的加工工艺条件及贮存条件、最大限度地保留各种维生素,还可监督强化食品中维生素的剂量,防止摄入过多的维生素而引起中毒。

维生素的检验方法有化学法、仪器法、微生物法和生物鉴定法等。在国家标准的维生素测定方法中,仪器法是多种维生素的首选分析方法。其灵敏、快速,有较好的选择性。在现有这些维生素中,人体比较容易缺乏而在营养上又较重要的维生素有:维生素 A、维生素 E、维生素 D、维生素 B_1、维生素 B_2、维生素 B_6、维生素 C 等。在这一章中主要介绍食品中维生素的检测方法。

10.2　脂溶性维生素的测定

维生素 A、维生素 D、维生素 E 与类脂物一起存在于食物中,摄食时可被吸收,可在体内积贮。脂溶性维生素具有以下理化性质:

①溶解性:脂溶性维生素不溶于水,易溶于脂肪、乙醇、丙酮、氯仿、乙醚、苯等有机溶剂。

②耐酸碱性:维生素 A、维生素 D 对酸不稳定,对碱稳定,维生素 E 对碱不稳定,在抗氧化剂存在下或惰性气体保护下,可经受碱的煮沸。

③耐热、耐氧化性:维生素 A、维生素 D、维生素 E 能经受煮沸,但维生素 A 易被氧化(光、热能促进其氧化);维生素 D 不易被氧化;维生素 E 在空气中能慢慢被氧化(光、热、碱能促进其氧化)。

根据上述性质,测定脂溶性维生素时,通常先皂化样品,再水洗去除类脂物,然后使用有机溶剂提取脂溶性维生素(不皂化物),浓缩提取物,最后溶于适当的溶剂来进行结果测定。在皂化和浓缩时,为防止维生素的氧化分解,常加入抗氧化剂(如焦性没食子酸、维生素

C 等)。分析操作应在避光条件下进行。

10.2.1　食品中维生素 A 和维生素 E 的测定

维生素 A(vitamin A)又叫视黄醇(retinol),是一种不饱和的一元醇类,属脂溶性维生素。由于人体或哺乳动物缺乏维生素 A 时易出现干眼病,故又称为抗干眼醇。已知维生素 A 有 A_1 和 A_2 两种, A_1 存在于动物肝脏、血液和眼球的视网膜中,又称为视黄醇;天然维生素 A 主要以 A_1 形式存在。 A_2 主要存在于鱼的肝脏中,也称为 3 - 脱氢视黄醇。维生素 A_1 是一种脂溶性淡黄色片状结晶,熔点为 62~64℃,维生素 A_2 熔点为 17~19℃,通常为金黄色油状物。

维生素 E(vitamin E)又叫生育酚 (tocopherol),有 8 种异构体,分别为 α - , β - , γ - , δ - 生育酚和 α - , β - , γ - , δ - 生育三烯酚。以 α - 生育酚的活性最高,通常以其作为维生素 E 的代表。维生素 E 是黄色油状物,广泛分布于动、植物中,以各种粮食的胚和植物油中含量较高。

1. 高效液相色谱法测定维生素 A 和维生素 E

1)原理

试样中的维生素 A 及维生素 E 经皂化提取处理后,将其从不可皂化部分提取至有机溶剂中。用高效液相色谱法 C_{18} 反相柱将维生素 A 和维生素 E 分离,经紫外检测器检测,并用内标法定量测定。

2)试剂

①无水乙醚:不含有过氧化物。

过氧化物检查方法:用 5 mL 乙醚加 1 mL 10% 碘化钾溶液,振摇 1 min,如有过氧化物则放出游离碘,水层呈黄色;或加 4 滴 0.5% 淀粉溶液,水层呈蓝色。该乙醚需去除过氧化物后使用。

去除过氧化物的方法:重蒸乙醚时,瓶中放入纯铁丝或铁末少许;弃去 10% 初馏液和 10% 残馏液。

②无水乙醇:不得含有醛类物质。

醛类物质检查方法:取 2 mL 银氨溶液于试管中,加入少量乙醇,摇匀,再加入氢氧化钠溶液,加热,放置冷却后,若有银镜反应则表示乙醇中有醛。

脱醛方法:取 2 g 硝酸银溶于少量水中,取 4 g 氢氧化钠溶于温乙醇中。将两者倾入 1 L 乙醇中,振摇后,放置暗处两天(不时摇动,促进反应),经过滤,置蒸馏瓶中蒸馏,弃去初蒸出的 50 mL。当乙醇中含醛较多时,硝酸银用量适当增加。

③无水硫酸钠。

④氢氧化钠溶液(100 g/L)。

⑤硝酸银溶液(50 g/L)。

⑥氢氧化钾溶液(1 + 1):取 50 g 氢氧化钾溶于 50 mL 水。

⑦抗坏血酸溶液(100 g/L):临用前现配。

⑧甲醇:重蒸后使用。

⑨重蒸水:水中加少量高锰酸钾,临用前蒸馏。

⑩银氨溶液:加氨水至硝酸银溶液中,直至生成的沉淀重新溶解为止,再加氢氧化钠溶液数滴,如发生沉淀,再加氨水直至溶解。

⑪维生素 A 标准液：视黄醇（纯度 85%）或视黄醇乙酸酯（纯度 90%）经皂化处理后使用。用脱醛乙醇溶解维生素 A 标准品，使其浓度大约为 1 mL，相当于 1 mg 视黄醇。临用前用紫外分光光度法标定其准确浓度。

⑫维生素 E 标准液：α-生育酚（纯度 95%），γ-生育酚（纯度 95%），δ-生育酚（纯度 95%）。用脱醛乙醇分别溶解以上三种维生素 E 标准品，使其浓度大约为 1 mL，相当于 1 mg。临用前用紫外分光光度法分别标定此三种维生素 E 的准确浓度。

⑬内标溶液：称取苯并[e]芘（纯度 98%），用脱醛乙醇配制成每 1 mL，相当于 10 μg 苯并[e]芘的内标溶液。

⑭pH 1～14 试纸。

3）仪器与设备

①高压液相色谱仪，带紫外分光检测器。

②旋转蒸发器。

③高速离心机，配有具塑料差的小离心管（1.5～3.0 mL）。

④高纯氮气。

⑤恒温水浴锅。

⑥紫外分光光度计。

4）分析步骤

（1）试样处理

①皂化：准确称取 1～10 g 试样（含维生素 A 约 3 μg，维生素 E 各异构体约为 40 μg）于皂化瓶中，加 30 mL 无水乙醇，进行搅拌，直到颗粒物分散均匀为止。加 5 mL 10% 抗坏血酸，苯并[e]芘标准液 2.00 mL，混匀。加 10 mL 氢氧化钾溶液（1+1），混匀。于沸水浴上回流 30 min 使皂化完全。皂化后立即放入冰水中冷却。

②提取：将皂化后的样品移入分液漏斗中，用 50 mL 水分 2～3 次洗皂化瓶，洗液并入分液漏斗中。用约 100 mL 乙醚分两次洗皂化瓶及其残渣，乙醚液并入分液漏斗中。如有残渣，可将此液通过有少许脱脂棉的漏斗滤入分液漏斗。轻轻振摇分液漏斗 2 min，静置分层，弃去水层。

③洗涤：用约 50 mL 水洗分液漏斗中的乙醚层，用 pH 试纸检验直至水层不显碱性（最初水洗轻摇，逐次增加振摇强度）。

④浓缩：将乙醚提取液经过无水硫酸钠（约 5 g）滤入与旋转蒸发器配套的 250～300 mL 球形蒸发瓶内，用约 100 mL 乙醚冲洗分液漏斗及无水硫酸钠 3 次，并入蒸发瓶内，并将其接至旋转蒸发器上，于 55℃ 水浴中减压蒸馏并回收乙醚，待瓶中剩下约 2 mL 乙醚时，取下蒸发瓶，立即用氮气吹掉乙醚。立即加入 2.00 mL 乙醇，充分混合，溶解提取物。

将乙醇液移入一小塑料离心管中，5000 r/min 离心 5 min。上清液供色谱分析。如果样品中维生素含量过少，可用氮气将乙醇液吹干后，再用乙醇重新定容，并记下体积比。

（2）标准曲线的制备

①维生素 A 和维生素 E 标准浓度的标定：取维生素 A 和各维生素 E 标准液各若干微升，分别稀释至 3.00 mL 乙醇中，并按给定波长测定各维生素的吸光值。用此吸光系数计算出该维生素的浓度。测定条件如表 10-2 所示。

表 10 - 2　维生素 A 和维生素 E 标准曲线的测定条件

标准	加入标准的量 $V/\mu L$	比吸光系数 $E^{1\%}/\mathrm{cm}$	波长 λ/nm
视黄醇	10.00	1835	325
α - 生育酚	100.0	71	294
γ - 生育酚	100.0	92.8	298
δ - 生育酚	100.0	91.2	298

浓度计算公式：

$$c = \frac{A}{E} \times \frac{1}{100} \times \frac{3.00}{V \times 10^{-3}} \qquad (10-1)$$

式中：c——维生素浓度，g/mL；

　　　A——维生素的平均紫外吸收值；

　　　V——加入标准溶液的量，μL；

　　　E——某种维生素 1% 比吸光系数；

　　　$\dfrac{3.00}{V \times 10^{-3}}$——标准液稀释倍数。

②标准曲线的制备：本方法采用内标法定量。把一定量的维生素 A、α - 生育酚、γ - 生育酚、δ - 生育酚及内标苯并[e]芘液混合均匀。选择合适的灵敏度，使上述物质的各高峰约为满量程 70% 为高浓度点。高浓度的 1/2 为低浓度点（其内标苯并[e]芘的浓度值不变），用此种浓度的混合标准液进行色谱分析，结果见色谱图（图 10 - 1）。

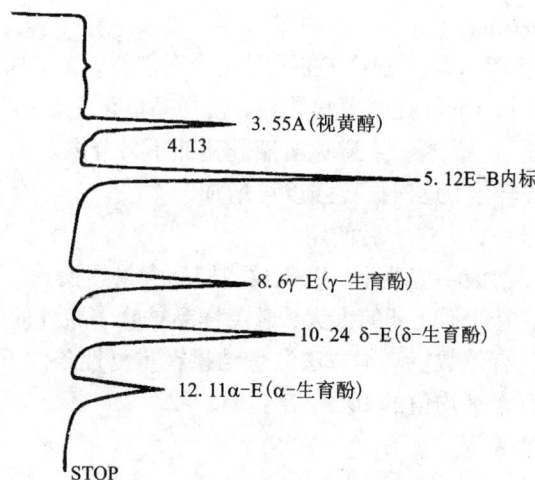

图 10 - 1　维生素 A 和维生素 E 色谱图

维生素标准曲线绘制：以维生素峰面积与内标物峰面积之比为纵坐标、维生素浓度为横坐标绘制，或计算直线回归方程。如有微处理机装置，则按仪器说明用两点内标法进行定量。

（3）高效液相色谱分析

预柱：ultrasphere ODS 10 μm，4 mm×4.5 cm。

分析柱：ultrasphere ODS 5 μm，4.6 mm×25 cm。

流动相：$V_{甲醇}$：$V_水$=98：2混匀，于临用前脱气。

紫外检测器波长：300 nm。量程0.02 AUFS。

进样量：20 μL。

流速：1.7 mL/min。

（4）试样分析

取试样浓缩液20 μL，待绘制出色谱图及色谱参数后，再进行定性分析和定量分析。

定性分析：用标准物色谱峰的保留时间定性。

定量分析：根据色谱图求出某种维生素峰面积与内标物峰面积的比值，根据此比值在标准曲线上查得其含量。或用回归方程求出其含量。

5）结果计算

$$X = \frac{c}{m} \times V \times \frac{100}{1000} \tag{10-2}$$

式中：X——某种维生素含量，mg/100 g；

　　　c——由标准曲线上查到某种维生素含量，μg/mL；

　　　V——试样浓缩定容体积，mL；

　　　m——试样质量，g。

6）说明及注意事项

①高效液相色谱法测定维生素 A 和维生素 E 是近几年发展起来的方法，此法能快速分离、同时测定维生素 A 和维生素 E。最小检出量分别为维生素 A：0.8 ng；α-E：91.8 ng；γ-E：36.6 ng；δ-E：20.6 ng。

②维生素 A 极易被破坏，实验操作应在微弱光线下进行，或用棕色玻璃仪器。

③在皂化过程中，应每5 min 摇一下皂化瓶，使样品皂化完全。

④提取过程中，振摇不应太剧烈，避免溶液乳化而不易分层。

⑤洗涤时，最初水洗轻摇，逐次振摇强度可增加。

⑥无水硫酸钠如有结块，应烘干后使用。

⑦在旋转蒸发时乙醚溶液不应蒸干，以免被测样品含量损失。

⑧用高纯氮吹干时，氮气不能开的太大，避免样品被吹出瓶外使结果偏低。

⑨计算结果保留三位有效数字。本方法测量结果在重复性条件下获得的两次独立测量结果的绝对差值不得超过算术平均值的10%。

2.比色法测定维生素 A

1）原理

在氯仿溶液中，维生素 A 与三氯化锑可相互作用，生成蓝色可溶性配合物，其颜色深浅与溶液中维生素 A 的含量成正比。该蓝色物质在一定时间内可用分光光度计于620 nm 波长处测定其吸光度。

2）试剂

①无水硫酸钠。

②乙酸酐。

③无水乙醚：不含过氧化物。

④无水乙醇：不含醛类物质。

⑤三氯甲烷：不含分解物，否则会破坏维生素 A。

检查方法：三氯甲烷不稳定，放置后易受空气中氧的作用生成氯化氢和光气。检查时可取少量三氯甲烷置试管中加水少许摇振，使氯化氢溶到水层。加入几滴硝酸银液，如有白色沉淀即说明三氯甲烷中有分解产物。

处理方法：试剂应先测验是否含有分解产物，如有，则应于分液漏斗中加水洗数次，加无水硫酸钠或氯化钙使之脱水，然后蒸馏。

⑥250 g/L 三氯化锑 – 三氯甲烷溶液：用三氯甲烷配制三氯化锑溶液，将 25 g 干燥的三氯化锑迅速投入装有 100 mL 三氯甲烷的棕色试剂瓶中，振摇，使之溶解，再加无水硫酸钠 10 g，用时取上清液。

⑦氢氧化钾溶液(1+1)。

⑧酚酞指示剂(10 g/L)，用 95% 乙醇配制。

⑨维生素 A 标准溶液。

视黄醇(纯度 85%)或视黄醇乙酸酯(纯度 90%)经皂化处理后使用。用脱醛乙醇溶解维生素 A 标准品，使其浓度大约为每毫升维生素 A 标准溶液相当于 1 mg 视黄醇。临用前用紫外分光光度法标定其准确浓度。

维生素 A 标准溶液浓度的标定：取维生素 A 标准溶液 10.00 μL，用乙醇稀释成 3.00 mL，临用前用紫外分光光度法测定维生素 A 的吸光度，计算出维生素的浓度。

3)仪器和设备

①分光光度计。

②回流冷凝装置。

4)操作步骤

(1)样品处理

根据样品性质，可采用皂化法或研磨法。

Ⅰ.皂化法：适用于维生素 A 含量不高的样品(可减少脂溶性物质的干扰，但费时，维生素 A 易损失)。

①皂化：准确称取 0.5~5 g 经组织捣碎机捣碎或充分混匀的样品于三角瓶中，加入 10 mL 氢氧化钾(1+1)及 20~40 mL 乙醇，于电热板上回流 30 min，至皂化完全。加入 10 mL 水，稍稍振荡，若无浑浊现象则已皂化完全。

②提取：将皂化瓶内混合物移至分液漏斗，以 30 mL 水分两次洗皂化瓶，洗液并入分液漏斗中，如洗液中有渣子，则用脱脂棉过滤。再用 50 mL 乙醚分两次洗皂化瓶，洗液并入分液漏斗中，振摇 2 min 并注意放气。静置分层后，水层放入第二个分液漏斗中。再用 30 mL 乙醚分两次冲洗皂化瓶，洗液倾入第二个分液漏斗。振摇后，静置分层，水层放入第三个分液漏斗中，乙醚层与第一个分液漏斗中的合并。重复至水液中无维生素 A 为止。

③洗涤：用 30 mL 水加入第一个分液漏斗中，轻摇，静置片刻，放去水层，加 15~20 mL 0.5 mol/L 氢氧化钾溶液于分液漏斗中，轻摇后，弃去下层碱液，除去醚溶性酸皂。再用水洗涤，每次用水约 30 mL，直至洗涤液与酚酞指示剂呈无色为止(约 3 次)。醚层液静置 10~20

min，小心放出析出的水。

④浓缩：将醚层液经过无水硫酸钠滤入三角瓶中，再用约 25 mL 乙醚冲洗分液漏斗和硫酸钠 2 次，洗液并入三角瓶内。置水浴上蒸馏，回收乙醚。直到瓶中剩约 5 mL 时取下，用减压抽气法抽干，立即加入一定量的三氯甲烷，使溶液中维生素 A 含量在适宜浓度范围内（3 ~ 5 μg/mL）。

Ⅱ.研磨法：适用于每克样品维生素 A 含量大于 5 ~ 10 μg 样品的测定（步骤简单，结果准确）。

①研磨：精确称取 2 ~ 5 g 样品，放入盛有 3 ~ 5 倍样品质量的无水硫酸钠研钵中，研磨至样品中水分完全被吸收，并均质化以达到细小均匀。

②提取：小心地将全部均质化样品移入带盖的三角瓶内，准确加入 50 ~ 100 mL 乙醚，紧压盖子，用力振摇 2 min，使样品中维生素 A 溶于乙醚中，使其自行澄清（1 ~ 2 h）或离心澄清 10 min（3000 r/min）。气温高时应在冷水浴中操作，以防乙醚挥发。

③浓缩：取澄清乙醚液 2 ~ 5 mL，放入比色管中，在 70 ~ 80℃ 水浴上蒸干，立即加入 1 mL 三氯甲烷溶解残渣。

（2）标准曲线的绘制

准确取一定量的维生素 A 标准液于 4 ~ 5 个容量瓶中，以三氯甲烷配制标准系列使用液。再取相同数量比色管顺次取 1 mL 三氯甲烷和标准系列使用液 1 mL，各管加入乙酸酐 1 滴制成标准比色系列。于 620 nm 波长处，以 10 mL 三氯甲烷加 1 滴乙酸酐调零，将其标准比色系列按顺序移入光路前，迅速加入 9 mL 三氯化锑 – 三氯甲烷溶液，于 6 秒内测定吸光度（每支比色管都在临测前加入显色剂），以维生素 A 含量为横坐标，吸光度为纵坐标绘出标准曲线图。

（3）样品测定

在一支比色管中加入 10 mL 三氯甲烷，加入 1 滴乙酸酐为空白液。另一支比色管中加入 1 mL 三氯甲烷，其余比色管中分别加入 1 mL 样品溶液及 1 滴乙酸酐，其余步骤按标准曲线的制备。分别测定样品空白液和样品溶液的吸光度，从标准曲线中查出相应的维生素 A 的含量。

5）结果计算

$$X = \frac{c}{m} \times V \times \frac{100}{1000} \qquad (10-3)$$

式中：X——样品中维生素 A 的含量，mg/100 g（若按国际单位，1 IU = 0.3 μg 维生素 A）；

　　　c——由标准曲线上查得样品溶液中含维生素 A 的含量，μg/mL；

　　　m——样品质量，g；

　　　V——提取后加三氯甲烷定量之体积，mL；

　　　100/1000——将样品中维生素 A 由 μg/g 换算成 mg/100 g 的换算系数。

6）说明及注意事项

①本法适用维生素 A 含量大于 5 μg/g 的样品，对含量低的样品准确性低。

②乙醚为溶剂的萃取体系，易发生乳化现象。在提取、洗涤操作中，不要用力过猛，若发生乳化，可加几滴乙醇破乳。

③所用氯仿中不应有水，因三氯化锑遇水会出现沉淀，干扰比色测定。故在每毫升氯仿

中加一滴乙酸酐,以保证脱水。

④三氯化锑腐蚀性强,不能粘在手上;由于三氯化锑遇水产生沉淀,因此用过的仪器要用稀盐酸浸泡后再清洗。

⑤由于三氯化锑与维生素 A 所产生的蓝色物质很不稳定,通常 6 s 后便开始退色,因此要求反应在比色杯中进行,产生蓝色后立即读取吸光度。

10.2.2 食品中维生素 D 的测定

维生素 D(vitamin D)为固醇类衍生物,具抗佝偻病作用,具有维生素 D 活性的化合物约有 10 种,其中最重要的是 D_2 和 D_3 及维生素 D 原。植物不含维生素 D,但维生素 D 原在动、植物体内都存在。植物中的麦角醇为维生素 D_2 原,经紫外照射后可转变为维生素 D_2,又名麦角钙化醇(ergocalciferol);人和动物皮下含的 7 - 脱氢胆固醇为维生素 D_3 原,在紫外照射后转变成维生素 D_3,又名胆钙化醇(cholecalciferol)。

1. 高效液相色谱法

1)原理

试样经皂化后,用苯提取不皂化物,馏去苯后,使用第一阶段的分取型 HPLC,分取维生素 D 组分,以去除大部分干扰物质。得到的维生素 D 组分,用于第二阶段分析型 HPLC,得样品色谱图,与按同样操作条件得到的维生素 D 标准品的色谱图比较进行定量。

2)试剂

①10% 焦性没食子酸 - 乙醇溶液。

②90% 氢氧化钾溶液。

③1 mol/L 氢氧化钾溶液。

④无醛乙醇。

⑤苯:特级。

⑥正己烷:色谱纯。

⑦乙腈。

⑧异丙醇。

⑨甲醇:色谱纯。

⑩维生素 D 标准溶液:称取 0.2500 g 维生素 D,用乙醇溶解并定容至 100 mL 棕色容量瓶中为储备液,此溶液浓度为 2.5 mg/mL(相当于 100 000 IU/mL)。临用时,用乙醇配制成 0.1 μg/mL(相当于 4 IU/mL)的标准使用液。标准储备液在 -10℃ 以下避光储存。

3)仪器

①高效液相色谱仪,附紫外检测器。

②旋转蒸发器。

③恒温磁力搅拌器:20 ~ 80℃。

④离心机:5000 r/min 以上。

⑤氮吹仪。

4)色谱条件

(1)第一阶段(分取用)

色谱柱:反相柱 Nucleosil 5 C_{18},7.5 × 300 mm。

流动相：$V_{乙腈}:V_{甲醇}=1:1$。

流速：2.0 mL/min。

紫外检测器：波长264 nm。

（2）第二阶段（分析用）

色谱柱：正相柱 Zorbax SIL，4.5×250 mm。

流动相：0.4%异丙酮的己烷溶液。

流速：1.6 mL/min。

紫外检测器：波长264 nm。

5）测定步骤

（1）样品的皂化及不皂化物的提取

准确称取粉碎的样品1~10 g（维生素D含量在0.05 μg以下）置于皂化瓶中，加入40 mL 10%焦性没食子酸-乙醇溶液及10 mL 90% KOH溶液，装上回流装置，在沸水浴上皂化30 min，然后用流动冷水冷却至室温，准确加入100 mL苯，塞上瓶塞，激烈振混15秒，然后移入200~250 mL分液漏斗中（如有沉淀物就留在烧瓶中，此时不需要用苯洗皂化瓶），加入1 mol/L 氢氧化钾溶液50 mL，振摇后静置，弃去水层。再加0.5 mol/L KOH溶液50 mL，振摇后静置，弃去水层。再每次用50 mL水洗涤苯层数次，直至用酚酞检验时洗液不呈碱性为止。分液漏斗静置几分钟，直至最后一滴水分离，弃去水。

（2）维生素D的分取

准确吸取上述苯溶液80 mL于圆底烧瓶内，在40℃以下的温度减压蒸去苯，所得残留物中准确加入5 mL正己烷使之溶解，取4.5 mL置于10 mL具塞试管内，减压蒸去溶剂，残留物中准确加入乙腈-甲醇（1:1）溶液500 μL使之溶解。准确吸取该溶液200 μL，注入分取用色谱柱中。事先用标准维生素D确定其溶出位置，用馏分收集器收集维生素D组分（本实验色谱条件下维生素D保留时间为17~18 min，收集其16~19 min溶出的组分）。

（3）维生素D的定量

减压蒸馏维生素D组分中的溶剂，残留物溶解在200 μL的0.4%异丙酮正己烷溶液中，取其中100 μL注入分析用色谱柱中，得样品色谱图。取维生素D标准液1 mL，按上述操作，得标准维生素D色谱图。

6）结果计算

$$X = \frac{Hsa}{Hst} \times \frac{c \times V}{m} \times 100 \tag{10-4}$$

式中：X——维生素D的含量，μg/100 g；

Hsa——样品色谱图中维生素D的峰高（或面积）；

Hst——标准溶液色谱图中维生素D的峰高（或面积）；

V——样品定容总体积，mL；

c——维生素D标准液的浓度，μg/mL；

m——取样质量，g。

7）说明及注意事项

①使用两级HPLC，反相型柱可把维生素D与其他干扰物分离，分取的维生素D应在半日内更换柱子后测定，如超过半日应封入惰性气体冷冻保存、再改换柱子测定。本法对维生

素 D_2 和 D_3 不加区别，两者混合存在时，以总维生素 D 定量。

②焦性没食子酸的作用是抗氧化。

③水洗苯提取的不皂化物时，为防止因形成胶粒而在水中损失，用 1 mol/L KOH 溶液、0.5 mol/L KOH 溶液及水洗，使碱的浓度逐渐降低。

④可用毛地黄皂苷 - 硅藻土及皂土柱层析去除甾醇、维生素 A 和胡萝卜素等干扰成分。

⑤按国际单位，每 1IU 相当于 0.025 μg 维生素 D。

2. 三氯化锑比色法

1）原理

在三氯甲烷中，维生素 D 与三氯化锑生成橙黄色化合物，并在 500 nm 波长处有最大吸收，呈色强度与维生素 D 的含量成正比。

2）试剂

①氯仿、乙醚、乙醇，同三氧化锑比色法测定维生素 A。

②三氯化锑 - 氯仿溶液：用三氯甲烷配制三氯化锑溶液，将 25 g 干燥的三氯化锑迅速投入装有 100 mL 三氯甲烷的棕色试剂瓶中，振摇，使之溶解，再加无水硫酸钠 10 g，用时取上清液。

③三氧化锑 - 氯仿 - 乙酰氯溶液：取上述三氯化锑 - 氯仿溶液，加入其体积 3% 的乙酰氯，摇匀。

④石油醚：沸程 30℃ ~ 60℃，重蒸馏。

⑤维生素 D 标准溶液：称取 0.2500 g 维生素 D，用氯仿稀释至 100 mL，此溶液浓度为 2.5 mg/mL，临用时，用氯仿配制成 0.025 ~ 2.5 μg/mL 的标准使用液。

⑥聚乙二醇（PEG）600。

⑦白色硅藻土：Celite545（柱层析载体）。

⑧无水硫酸钠。

⑨0.5 mol/L 氢氧化钾溶液。

⑩中性氧化铝：层析用，100 ~ 200 目。在 550℃ 高温电炉中活化 5.5 h，降温至 300℃ 左右取出装瓶。冷却后，每 100 g 氧化铝中加入水 4 mL，用力振摇，使无块状，瓶口密封后贮存于干燥器内，16 h 后使用。

3）仪器

①分光光度计。

②层析柱：内径 2.2 cm，具活塞，砂芯板。

4）操作步骤

（1）样品的处理

皂化和提取同维生素 A 的测定。如果样品中有维生素 A 共存时，必须进行纯化、分离维生素 A。

①分离柱的制备：在内径为 22 mm 具活塞和砂芯板的玻璃层析柱中先加 1 ~ 2 g 无水硫酸钠，铺平整，此为第一层。第二层，称取 15 g Celite 545 置于 250 mL 碘价瓶中，加入 80 mL 石油醚，振摇 2 min，再加入 10 mL 聚乙二醇 600，剧烈振摇 10 min 使其黏合均匀。将上述黏合物加到玻璃层析柱内。第三层，黏合物上面加入 5 g 中性氧化铝。第四层，再加 2 ~ 4 g 无水硫酸钠。轻轻转动层析柱，使柱内的黏合物高度（第二层）保持在 12 cm 左右。

②纯化：柱装填后，先用 30 mL 左右的石油醚进行淋洗，然后将样品提取液倒入柱内，再用石油醚淋洗，弃去最初收集的 10 mL，再用 200 mL 容量瓶收集淋洗液至刻度。淋洗液的流速保持在 2 ~ 3 mL/min。将淋洗液移入 500 mL 分液漏斗中，每次加入 100 ~ 150 mL 水用力振摇，洗涤三次，弃去水层（水洗主要是去除残留的聚乙二醇，以免与三氧化锑作用形成浑浊，影响测定）。将上述石油醚层通过无水硫酸钠脱水，移入锥形瓶或脂肪烧瓶中，在水浴上浓缩至约 5 mL 或在水浴上用水泵减压至干，立即加入 5 mL 氯仿，加塞摇匀备用。

（2）测定

①标准曲线的绘制：准确吸取维生素 D 标准使用液（浓度视样品中维生素 D 含量高低而定）0 mL，1.0 mL，2.0 mL，3.0 mL，4.0 mL，5.0 mL 于 6 个 10 mL 容量瓶中，用氯仿定容，摇匀。分别吸取上述标准溶液各 1 mL 于 1 cm 比色杯中，置于分光光度计的比色槽内，立即加入三氧化锑 – 氯仿 – 乙酰氯溶液 3 mL，以 0 号管调零，在 500 nm 波长下于 2 min 内测定吸光度值，绘制标准曲线。

②样品的测定：吸取上述已纯化的样品溶液 1 mL 于 1 cm 比色皿中，以下操作同标准曲线的绘制。根据样品溶液的吸光度，从标准曲线上查出其相应的含量。

5）结果计算

$$X = \frac{c \times V}{m \times 1000} \times 100 \qquad (10-5)$$

式中：X——样品中维生素 D 的含量，$\mu g/100\ g$；

c——标准曲线上查得样品溶液中维生素 D 的含量，$\mu g/mL$；

V——样品提取氯仿定容之体积，mL；

m——样品质量，g。

6）说明及注意事项

①测定中加入乙酰氯可以消除温度、湿度等干扰因素的影响，提高检测灵敏度。

②食品中维生素 D 的含量一般很低，而维生素 A、维生素 E、胆固醇等成分的含量往往大大超过维生素 D，严重干扰维生素 D 的测定，因此测定前须经柱层析除去这些干扰成分。

③本法测定的是维生素 D_2、维生素 D_3 的总量。

10.2.3 食品中 β – 胡萝卜素的测定

许多植物如胡萝卜、番茄、绿叶蔬菜、玉米含类胡萝卜素物质，如 α – 胡萝卜素、β – 胡萝卜素、γ – 胡萝卜素、隐黄质、叶黄素等。以胡萝卜为食物的家禽、家畜、水产动物及其加工产品以及为着色而添加胡萝卜素的食品也含有胡萝卜素。有些类胡萝卜素在人体内可转变为维生素 A，故称为维生素 A 原，β – 胡萝卜素含有两个维生素 A_1 的结构，转换率最高。

胡萝卜素对热及酸、碱比较稳定，紫外线和空气中的氧可促进其氧化破坏。属脂溶性维生素，可用有机溶剂从食物中提取。

胡萝卜素本身是一种色素，在 450 nm 波长处有最大吸收，只要能完全分离，便可定性和定量。但在植物体内，胡萝卜素经常与叶绿素、叶黄素等共存，在提取 β – 胡萝卜素时，这些色素也能被有机溶剂提取，因此在测定前，必须将胡萝卜素与其他色素分开。常用的方法有高效液相色谱法、纸层析、柱层析和薄层层析法。

1. 高效液相色谱法

1) 原理

试样中的 β - 胡萝卜素，用石油醚 + 丙酮(80 + 20)混合液提取，经三氧化二铝柱纯化，然后以高效液相色谱法测定，以保留时间定性，峰高或峰面积定量。

2) 试剂

①石油醚：沸程 30 ~ 60℃。

②甲醇：色谱纯。

③丙醇。

④己烷。

⑤四氢呋喃。

⑥三氯甲烷。

⑦乙腈：色谱纯。

⑧三氧化二铝：层析用，100 ~ 200 目，140℃活化 2 h，取出放入干燥器备用。

⑨含碘异辛烷溶液：精确称取碘 1 mg，用异辛烷溶解并稀释至 25 mL，摇匀备用。

⑩α - 胡萝卜素标准溶液：精确称取 1 mg α - 胡萝卜素，加入少量三氯甲烷溶解，然后用石油醚溶解并洗涤烧杯数次，溶液转入 25 mL 容量瓶中，用石油醚定容，浓度为 40 μg/mL，于 -18℃储存备用。

⑪β - 胡萝卜素标准溶液：精确称取 β - 胡萝卜素 12.5 mg 于烧杯中，先用少量三氯甲烷溶解，再用石油醚溶解并洗涤烧杯数次，溶液转入 50 mL 容量瓶中，用石油醚定容，浓度为 250 μg/mL，-18℃储存备用。两个月内稳定。根据所需浓度取一定量的 β - 胡萝卜素标准液用流动相稀释成 100 μg/mL。

⑫β - 胡萝卜素标准使用液：分别吸取 β 胡萝卜素标准液 0.5 mL，1.0 mL，2.0 mL，3.0 mL，4.0 mL，5.0 mL 于 10 mL 容量瓶中，各加流动相至刻度，摇匀后即得 β - 胡萝卜素标准系列，分别为 5 μg/mL，10 μg/mL，20 μg/mL，30 μg/mL，40 μg/mL，50 μg/mL。

⑬β - 胡萝卜素异构体：精确称取 1.5 mg β - 胡萝卜素于 10 mL 容量瓶中，充入氮气，快速加入含碘异辛烷溶液 10 mL，盖上塞子，在距 20 W 的荧光灯 30 cm 处照射 5 min，然后在避光处用真空泵抽去溶剂，用少量三氯甲烷溶解结晶，再用石油醚溶解并定容至刻度，浓度为 150 μg/mL，-18℃保存。

3) 仪器

①高效液相色谱仪。

②离心机。

③旋转蒸发仪。

4) 分析步骤

(1) 试样提取

①淀粉类食品：称取 10.0 g 试样于 25 mL 带塞量筒中(如果试样中 β - 胡萝卜素量少，取样量可以多些)，用石油醚或石油醚 + 丙酮(80 + 20)混合液振摇提取，吸取上层黄色液体并转入蒸发器中，重复提取直至提取液无色。合并提取液，于旋转蒸发器上蒸发至干(水浴温度为 30℃)。

②液体食品：吸取 10.0 mL 试样于 250 mL 分液漏斗中，加入石油醚 + 丙酮(80 + 20)

20 mL提取，然后静置分层，将下层水溶液放入另一分液漏斗中再提取，直至提取液无色为止。合并提取液，于旋转蒸发器上蒸发至干（水浴温度为40℃）。

③油类食品：称取10.0 g试样于25 mL带塞量筒中，加入石油醚＋丙酮（80＋20）提取。反复提取，直至上层提取液无色，合并提取液，于旋转蒸发器上蒸发至干。

（2）纯化

将试样提取液残渣，用少量石油醚溶解，然后进行氧化铝层析。氧化铝柱为1.5 cm（内径）×4 cm（高）。先用洗脱液丙酮＋石油醚（5＋95）洗氧化铝柱，然后再加入溶解试样提取液的溶液，用丙酮＋石油醚（5＋95）洗脱β－胡萝卜素，控制流速为20滴/min，收集于10 mL容量瓶中，用洗脱液定容至刻度。用0.45 μm微孔滤膜过滤，滤液作HPLC分析用。

（3）测定

①HPLC参考条件：色谱柱：Spherisorb C_{18}柱4.6 mm×150 mm；流动相：甲醇＋乙腈（90＋10）；流速：1.2 mL/min；波长：448 nm。

②试样测定：吸取已纯化的溶液20 μL依法操作，从标准曲线查得或回归求得所含β－胡萝卜素的量。

③标准曲线：分别进标准使用液20 μL，进行HPLC分析，以峰面积对β－胡萝卜素浓度作标准曲线。

5）结果计算

$$X = \frac{V \times c}{m} \times 1000 \times \frac{1}{1000 \times 1000} \qquad (10-6)$$

式中：X——试样中β－胡萝卜素的含量，（g/kg或g/L）；

V——定容后的体积，（mL）；

c——试样中β－胡萝卜素的浓度（在标准曲线上查得），μg/mL；

m——试样的量，g或mL。

6）说明及注意事项

①胡萝卜素是维生素A的前体，6 μg β－胡萝卜素相当于1 μg维生素A。

②高效液相色谱法检出限为5.0 mg/kg（L），线性范围为0~100 mg/L。

③在重复性条件下获得的两次独立测定结果的绝对差值不得超过算术平均值的10%。

2.纸层析法

1）原理

试样经皂化后，用石油醚提取食品中的胡萝卜素及其他植物色素，以石油醚为展开剂进行纸层析，胡萝卜素极性最小，移动速度最快，从而与其他色素分离，剪下含胡萝卜素的区带，洗脱后于450 nm波长下定量测定。

2）试剂

①石油醚（沸程30~60℃）：同时是展开剂。

②氢氧化钾溶液（1＋1）：取50 g氢氧化钾溶于50 mL水。

③无水硫酸钠。

④无水乙醇：不得含有醛类物质。

用银镜反应进行检验：加2 mL银氨液于试管内，加入几滴乙醇摇匀，加入少许2.5 mol/L氢氧化钠溶液加热。如乙醇中无醛，则没有银沉淀，否则有银镜反应。

银氨液配制：加浓氨水于 5% 硝酸银液中，直至氧化银沉淀溶解，加入 2.5 mol/L 氢氧化钠溶液数滴，如发生沉淀，再加浓氨水使之溶解。

乙醇脱醛方法：取 2 g 硝酸银溶于少量水中，取 4 g 氢氧化钠溶于温乙醇中，将两者倾入 1L 乙醇中，暗处放置两天并经常摇动，促进反应，过滤，滤液倾入蒸馏瓶中蒸馏，弃去初蒸的 50 mL。乙醇中含醛较多时，硝酸银用量适当增加。

⑤β-胡萝卜素标准溶液制备

a.β-胡萝卜素标准贮备液：准确称取 50.0 mg β-胡萝卜素标准品，溶于 100.0 mL 三氯甲烷中，浓度约为 500 μg/mL，准确测其浓度。标定浓度的方法如下：

取标准贮备液 10.0 μL，加正己烷 3.00 mL，混匀并测其吸光度值，比色杯厚度为 1 cm，以正己烷为空白，入射光波长 450 nm，平行测定三份，取平均值。

b.β-胡萝卜素标准使用液：将已标定的标准液用石油醚准确稀释 10 倍，使每毫升溶液相当于 50 μg，避光保存于冰箱中。

c.胡萝卜素溶液浓度计算公式：

$$X = \frac{A}{E} \times \frac{3.01}{0.01} \qquad (10-7)$$

式中：X——胡萝卜素标准溶液浓度，μg/mL；

A——吸光度值；

E——β-胡萝卜素在正己烷溶液中，入射光波长 450 nm、比色杯厚度 1 cm、溶液浓度为 1 mg/L 的吸光系数，为 0.2638；

3.01/0.01——测定过程中稀释倍数的换算系数。

3）仪器

①玻璃层析缸。

②分光光度计。

③旋转蒸发器：具配套 150 mL 球形瓶。

④恒温水浴锅。

⑤皂化回馏装置。

⑥点样器或微量注射器。

⑦定性滤纸：18 cm×30 cm，快速或中速。

4）分析步骤

(1)试样预处理

①皂化：取适量试样，相当于原样 1~5 g(含胡萝卜素为 20~80 μg)匀浆，粮食试样视其胡萝卜素含量而定，植物油和高脂肪试样取样量不超过 10 g。置 100 mL 带塞锥形瓶中，加脱醛乙醇 30 mL，再加 10 mL 氢氧化钾溶液(1+1)，回流加热 30 min，然后用冰水使之迅速冷却。皂化后试样用石油醚提取，直至提取液无色为止，每次提取石油醚用量为 15~25 mL。

②洗涤：将皂化后试样提取液用水洗涤至中性。将提取液通过盛有 10 g 无水硫酸钠的小漏斗，漏入球形瓶，用少量石油醚分数次洗净分液漏斗和无水硫酸钠层内的色素，洗涤液并入球形瓶内。

③浓缩与定容：将上述球形瓶内的提取液于旋转蒸发器上减压蒸发，水浴温度为 60℃，蒸发至约 1 mL 时，取下球形瓶，用氮气吹干，立即加入 2.00 mL 石油醚定容，备层析用。

（2）纸层析

①点样：在 18 cm × 30 cm 滤纸下端距底边 4 cm 处作一基线，在基线上取 A，B，C，D 四点，吸取 0.100 ~ 0.400 mL 浓缩液在 AB 和 CD 之间迅速点样。

②展开：待纸上所点样液自然挥发干后，将滤纸卷成圆筒状，置于预先用石油醚饱和的层析缸中，进行上行展开。

③洗脱：待胡萝卜素与其他色素完全分开后，取出滤纸，自然挥发干石油醚，将位于展开剂前沿的胡萝卜素层析带剪下，立即放入盛有 5 mL 石油醚的具塞试管中，用力振摇，使胡萝卜素完全溶入试剂中。

（3）测定

用 1 cm 比色杯，以石油醚调零点，于 450 nm 波长下，测吸光度值。以其值从标准曲线上查出 β - 胡萝卜素的含量，供计算时使用。

标准工作曲线绘制：取 β - 胡萝卜素标准使用液（浓度为 50 μg/mL）1.00 mL，2.00 mL，3.00 mL，4.00 mL，6.00 mL，8.00 mL，分别置于 100 mL 具塞锥形瓶中，按试样分析步骤进行预处理和纸层析，点样量为 0.100 mL，标准曲线各点含量依次为 2.5 μg，5.0 μg，7.5 μg，10.0 μg，15.0 μg，20.0 μg。为测定低含量试样，可在 0 至 2.5 μg 间加做几点，以 β - 胡萝卜素含量为横坐标，以吸光度为纵坐标绘制标准曲线。

5）结果计算

$$X = m_1 \times \frac{V_2}{V_1} \times \frac{100}{m} \qquad (10-8)$$

式中：X——试样中胡萝卜素的含量（以 β - 胡萝卜素计），μg/100 g；

　　　m_1——在标准曲线上查得的胡萝卜素质量，μg；

　　　V_1——点样体积，mL；

　　　V_2——试样提取液浓缩后的定容体积，mL；

　　　m——试样质量，g。

6）说明及注意事项

①通常标准品不能全溶解于有机溶剂中，必要时应先将标准品皂化，再用有机溶剂提取，用蒸馏水洗涤至中性后，浓缩定容，再进行标定。由于胡萝卜素很容易分解。所以每次使用前，所用标准品均需标定，在测定试样时需带标准品同步操作。

②纸层析法检出限为 0.11 μg。

③从试样处理到分析要在避光条件下进行。

④该法不能区分 α - 胡萝卜素、β - 胡萝卜素和 γ - 胡萝卜素，标准品是 β - 胡萝卜素，但实际结果为总胡萝卜素。

⑤在重复性条件下获得的两次独立测定结果的绝对差值不得超过算术平均值的 10%。

10.3　水溶性维生素的测定

水溶性维生素 B₁、维生素 B₂、维生素 B₆ 和维生素 C 等，广泛存在于动植物组织中，饮食来源充足，但由于它们本身的水溶性质，除满足人体生理需求外，多余量都会从机体中排出。为避免缺乏，需要经常由饮食来提供。水溶性维生素具有以下理化性质：

①溶解性：水溶性维生素都易溶于水，而不溶于苯、乙醚、氯仿等大多数有机溶剂。

②耐酸碱性：在酸性介质中很稳定，即使加热也不破坏；但在碱性介质中不稳定，易于分解，特别在碱性条件下加热，可大部分或全部被破坏。

③耐热、耐氧化性：它们易受空气、光、热、酶、金属离子等的影响；维生素 B_2 对光，特别是紫外线敏感，易被光线破坏；维生素 C 对氧、铜离子敏感，易被氧化。

由于水溶性维生素具有上述特性，测定水溶性维生素时，一般都在酸性溶液中进行前处理。维生素 B_1、维生素 B_2 通常采用盐酸水解，或再经淀粉酶、木瓜蛋白酶等酶解作用，使结合态维生素游离出来，还可用活性人造浮石、硅镁吸附剂等进行纯化处理。

测定水溶性维生素常用高效液相色谱法、荧光法、比色法和微生物法等。

10.3.1 食品中维生素 B_1 的测定

维生素 B_1（vitamin B_1）又名硫胺素（thiamine），通常以游离态或以焦磷酸酯形式存在于自然界。在酵母、米糠、麦胚、花生、黄豆以及绿色蔬菜和牛乳、蛋黄中含量较为丰富。动物组织不如植物含量丰富。

1. 荧光法

1) 原理

硫胺素在碱性铁氰化钾溶液中被氧化成噻嘧色素，在紫外线照射下，噻嘧色素发出荧光。在给定的条件下，以及没有其他物质干扰时，此荧光之强度与噻嘧色素量成正比，即与溶液中维生素 B_1 量成正比。如试样中含杂质过多，应经过离子交换剂处理，使硫胺素与杂质分离，然后以所得溶液做测定。

2) 试剂

①盐酸（0.1 mol/L）：8.5 mL 浓盐酸（相对密度 1.19 或 1.20）用水稀释至 1000 mL。

②盐酸（0.3 mol/L）：25.5 mL 浓盐酸用水稀释至 1000 mL。

③乙酸溶液：30 mL 冰乙酸用水稀释至 1000 mL。

④氢氧化钠溶液（150 g/L）：15 g 氢氧化钠溶于水中稀释至 100 mL。

⑤正丁醇：需经重蒸馏后使用。

⑥乙酸钠溶液（2 mol/L）：164 g 无水乙酸钠溶于水中稀释至 1000 mL。

⑦氯化钾溶液（250 g/L）：250 g 氯化钾溶于水中稀释至 1000 mL。

⑧酸性氯化钾溶液（250 g/L）：8.5 mL 浓盐酸用 25% 氯化钾溶液稀释至 1000 mL。

⑨1% 铁氰化钾溶液（10 g/L）：1 g 铁氰化钾溶于水中稀释至 100 mL。放于棕色瓶内保存。

⑩碱性铁氰化钾溶液：取 4 mL 10 g/L 铁氰化钾溶液，用 150 g/L 氢氧化钠溶液稀释至 60 mL。用时现配，避光使用。

⑪无水硫酸钠。

⑫淀粉酶和蛋白酶。

⑬活性人造浮石：称取 200 g 40~60 目的人造浮石，以 10 倍于其容积的热乙酸溶液搅洗 2 次，每次 10 min；再用 5 倍于其容积的 250 g/L 热氯化钾溶液搅洗 15 min；然后再用稀乙酸溶液搅洗 10 min；最后用热蒸馏水洗至没有氯离子，于蒸馏水中保存。

⑭硫胺素标准储备液（0.1 mg/mL）：准确称取 100 mg 经氯化钙干燥 24 h 的硫胺素，溶

于 0.01 mol/L 盐酸中, 并稀释至 1000 mL。于冰箱中避光保存。

⑮硫胺素标准中间液(10 μg/mL): 将硫胺素标准贮备液用 0.01 mol/L 盐酸稀释10倍。此溶液每毫升相当 10 μg 硫胺素。于冰箱中避光可保存。

⑯硫胺素标准使用液(0.1 μg/mL): 将硫胺素标准中间液用水稀释100倍, 用时现配。

⑰溴甲酚绿溶液(0.4 g/L): 称取 0.1 g 溴甲酚绿, 置于小研钵中, 加入 1.4 mL 0.1 mol/L 氢氧化钠研磨片刻, 再加入少许水继续研磨至完全溶解, 用水稀释至 250 mL。

3)仪器

①电热恒温培养箱。

②荧光分光光度计。

③Maizel – Gerson 反应瓶(见图 10 – 2)。

④盐基交换管(见图 10 – 3)。

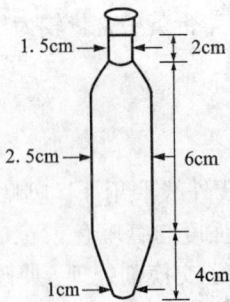

图 10 – 2   Maizel – Gerson 反应瓶

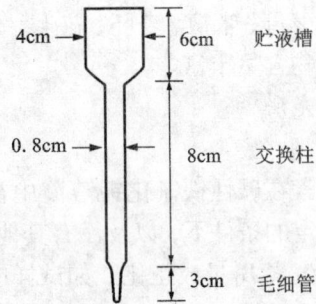

图 10 – 3   盐基交换管

4)操作步骤

(1)试样准备

试样采集后用匀浆机打成匀浆保存于低温冰箱中冷冻, 用时将其解冻后使用。干燥试样要将其尽量粉碎后备用。

(2)提取

准确称取适量试样(估计其硫胺素含量为 10 ~ 30 μg, 一般称取 2 ~ 10 g 试样)置于 100 mL 三角瓶中, 加入 50 mL 0.1 mol/L 或 0.3 mol/L 盐酸使其溶解, 放入高压锅中加热(121℃) 水解 30 min, 冷却后取出。然后, 用 2 mol/L 乙酸钠调 pH 为 4.5(以 0.4 g/L 溴甲酚绿为外指示剂)。按每克试样加入 20 mg 淀粉酶和 40 mg 蛋白酶的比例加入淀粉酶和蛋白酶。于 45 ~ 50℃ 温箱过夜保温(约 16 h)。冷却至室温, 定容至 100 mL, 然后混匀过滤, 即为提取液。

(3)净化

用少许脱脂棉铺于盐基交换管的交换柱底部, 加水将棉纤维中气泡排出, 再加约 1 g 活性人造浮石使之达到交换柱的 1/3 高度。保持盐基交换管中液面始终高于活性人造浮石。用移液管加入提取液 20 ~ 60 mL(使通过活性人造浮石的硫胺素总量约为 2 ~ 5 μg)。加入约 10 mL 热蒸馏水冲洗交换柱, 弃去洗液。如此重复三次。加入 20 mL 250 g/L 酸性氯化钾(温度为 90℃左右), 收集此液于 25 mL 刻度试管内。冷至室温, 用 250 g/L 酸性氯化钾定容至 25 mL, 即为试样净化液。将 20 mL 硫胺素标准使用液加入盐基交换管按样品提取液同样操作,即得到标准净化液。

（4）氧化

将 5 mL 试样净化液分别加入 A，B 两个 Maizel – Gerson 反应瓶。在避光条件下将 3 mL 150 g/L 氢氧化钠加入反应瓶 A，将 3 mL 碱性铁氰化钾溶液加入反应瓶 B，振摇约 15 s，然后加入 10 mL 正丁醇；将 A、B 两个反应瓶同时用力振摇 1.5 min。用标准净化液代替试样净化液同样操作。静置分层后吸去下层碱性溶液，加入 2~3 g 无水硫酸钠使溶液脱水。

（5）测定

荧光测定条件：激发波长 365 nm；发射波长 435 nm；激发波狭缝 5 nm；发射波狭缝 5 nm。

依次测定下列荧光强度：

①试样空白荧光强度（试样反应瓶 A）。

②标准空白荧光强度（标准反应瓶 A）。

③试样荧光强度（试样反应瓶 B）。

④标准荧光强度（标准反应瓶 B）。

5）结果计算

$$X = (U - U_b) \times \frac{c \times V}{S - S_b} \times \frac{V_1}{V_2} \times \frac{1}{m} \times \frac{100}{1000} \qquad (10-9)$$

式中：X——试样中硫胺素含量，mg/100 g；

U——试样荧光强度；

U_b——样品空白荧光强度；

S——标准荧光强度；

S_b——标准空白荧光强度；

c——硫胺素标准使用液浓度，μg/mL；

V——用于净化的硫胺素标准使用液体积，mL；

V_1——试样水解后定容之体积，mL；

V_2——试样用于净化的提取液体积，mL；

m——试样质量，g；

100/1000——试样含量由 μg/g 换算成 mg/100 g 的系数。

6）说明及注意事项

①该方法的检出限为 0.05 μg，线性范围为 0.2~10 μg。

②食品中的维生素 B_1 有游离型的，或与淀粉、蛋白质等结合在一起的，需用酸或酶水解，使结合型维生素 B_1 成为游离型的。

③谷物类物质不需酶分解，样品粉碎后用 250 g/L 酸性氯化钾直接提取。

④样品与铁氰化钾溶液混合后，所呈现的黄色应至少保持 15 s，否则应再滴加铁氰化钾溶液 1~2 滴，因样品中含有还原性物质，而铁氰化钾用量不够时，硫胺素氧化不完全，但过多的铁氰化钾又会破坏硫胺素，其用量应恰当。

⑤紫外线破坏硫胺素，因此硫胺素形成后要避光操作并迅速测定。

⑥氧化中加铁氰化钾是整个实验的关键，对每个样品所加试剂的次序、快慢、振摇时间等都必须一致，尤其是用正丁醇提取硫色素时必须保证准确振摇 90 s。

10.3.2 食品中核黄素的测定

核黄素(riboflavin)即维生素 B_2(vitamin B_2),核黄素为橙黄色针状结晶化合物,味苦。在食品中以游离形式或磷酸酯等结合形式存在。核黄素是机体许多重要辅酶的组成成分,对机体内糖、蛋白质、脂肪代谢起着重要作用。主要来源是各种动物性食品,其中以肝、肾、心、蛋、奶含量最多,其次是植物性食品的豆类和新鲜绿叶蔬菜。

1. 荧光法

1)原理

核黄素在 440 ~ 500 nm 波长光照射下发出黄绿色荧光。在稀溶液中其荧光强度与核黄素的浓度成正比,在波长 525 nm 下测定其荧光强度。试液再加入低亚硫酸钠($Na_2S_2O_4$),将核黄素还原为无荧光的物质,然后再测定试液中残余荧光杂质的荧光强度,两者之差即为样品中核黄素所产生的荧光强度。

2)试剂

①盐酸(0.1 mol/L)。

②氢氧化钠(1 mol/L)。

③氢氧化钠(0.1 mol/L)。

④硅镁吸附剂:60 ~ 100 目。

⑤乙酸钠溶液(2.5 mol/L)。

⑥低亚硫酸钠溶液(200 g/L):此液用时现配。保存在冰水浴中,4 h 内有效。

⑦洗脱液:丙酮 + 冰乙酸 + 水(5 + 2 + 9)。

⑧溴甲酚绿指示剂:(0.4 g/L)。

⑨高锰酸钾溶液(30 g/L)。

⑩过氧化氢溶液(3%)。

⑪木瓜蛋白酶(100 g/L):用 2.5 mol/L 乙酸钠溶液配制。使用时现配制。

⑫淀粉酶(100 g/L):用 2.5 mol/L 乙酸钠溶液配制。使用时现配制。

⑬核黄素标准溶液的配制(纯度98%)。

核黄素标准储备液(25 μg/L):将标准品核黄素粉状结晶置于真空干燥器或盛有硫酸的干燥器中。经过 24 h 后,准确称取 50 mg,置于 2 L 容量瓶中,加入 2.4 mL 冰醋酸和 1.5 L 水。将容量瓶置于温水中摇动,待其溶解,冷至室温,稀释至 2 L,移至棕色瓶内,加少许甲苯盖于溶液表面,冰箱中保存。

核黄素标准使用液:吸取 2.00 mL 核黄素标准储备液,置于 50 mL 棕色容量瓶中,用水稀释至刻度。避光,贮于4℃冰箱,可保存一周。此溶液每毫升相当于 1.00 μg 核黄素。

3)仪器

①高压消毒锅。

②电热恒温培养箱。

③核黄素吸附柱(见图 10 - 4)。

④荧光分光光度计。

4)分析步骤

(1)试样提取

①试样的水解：准确称取 2～10 g 样品（含 10～200 μg 核黄素）于 100 mL 三角瓶中，加 50 mL 0.1 mol/L 盐酸，搅拌直到颗粒物分散均匀。用 40 mL 瓷坩埚为盖扣住瓶口，置于高压锅内高压水解，1.03 × 10⁵ Pa 30 min。水解液冷却后，滴加 1 mol/L 氢氧化钠，取少许水解液，用 0.4 g/L 溴甲酚绿检验呈草绿色，pH 为 4.5。

②试样的酶解：含有淀粉的水解液：加入 3 mL 10 g/L 淀粉酶溶液，于 37～40℃保温约 16 h。

含高蛋白的水解液：加 3 mL 10 g/L 木瓜蛋白酶溶液，于 37～40℃保温约 16 h。

图 10 - 4　核黄素吸附柱

③过滤：上述酶解液定容至 100.0 mL，用干滤纸过滤。此提取液在 4℃冰箱中可保存一周。

（2）氧化去杂质

根据试样中核黄素的含量取一定体积的试样提取液及核黄素标准使用液（含 1～10 μg 核黄素）分别于 20 mL 的带盖刻度试管中，加水至 15 mL。各管加 0.5 mL 冰醋酸，混匀。加 30 g/L 高锰酸钾溶液 0.5 mL，混匀，放置 2 min，使氧化去杂质。滴加 3% 双氧水溶液数滴，直至高锰酸钾的颜色退掉，剧烈震摇此管，使多余的氧气逸出。

（3）核黄素的吸附和洗脱

核黄素吸附柱：称硅镁吸附剂约 1 g，用湿法装柱，占柱长 1/2～2/3（约 5 cm）为宜，吸附柱下端用一小团脱脂棉垫上，勿使柱内产生气泡，调节流速约为 60 滴/min。

过柱与洗脱：将全部氧化后的样液及标准液通过吸附柱后，用约 20 mL 热水洗去样液中的杂质。然后用 5.00 mL 洗脱液将试样中核黄素洗脱并收集于一支带盖 10 mL 刻度试管中，再用水洗吸附柱，收集洗出之液并定容至 10 mL，混匀后待测荧光。

（4）标准曲线的制备

分别精确吸取核黄素标准使用液 0.3 mL，0.6 mL，0.9 mL，1.25 mL，2.5 mL，5.0 mL，10.0 mL，20.0 mL（相当于 0.3 μg，0.6 μg，0.9 μg，1.25 μg，2.5 μg，5.0 μg，10.0 μg，20.0 μg 核黄素）或取与试样含量相近的单点标准按核黄素的吸附和洗脱步骤操作。

（5）测定

于激发光波长 440 nm，发射光波长 525 nm，测量试样管及标准管的荧光值。

待试样及标准的荧光值测量后，在各管的剩余液（5～7 mL）中加 0.1 mL 20% 低亚硫酸钠溶液，立即混匀，在 20 秒内测定各管的荧光值，作试样的空白值和标准的空白值。

5）结果计算

$$X = \frac{(A-B) \times S}{(C-D) \times m} \times f \times \frac{100}{1000} \tag{10-10}$$

式中：X——试样中含核黄素的量，mg/100 g；

A——试样管荧光值；

B——试样管空白荧光值；

C——标准管荧光值；

D——标准管空白管荧光值；

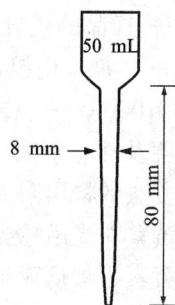

f——稀释倍数；

m——样品的质量，g；

S——标准管中核黄素的含量，μg；

100/1000——将样品中核黄素量由 μg/g 折算成 mg/100 g 的折算系数。

6）说明及注意事项

①该方法的检出限为 0.006 μg，线性范围为 0.1～20 μg。

②核黄素对光敏感，整个操作应在避光条件下进行。

③核黄素可被低亚硫酸钠还原成无荧光型，但摇动后很快被空气氧化成有荧光物质，所以要立即测定。

④试样提取液中若有色素，可吸收部分荧光，因此要除去色素（用高锰酸钾氧化）。

⑤在重复性条件下获得的两次独立测定结果的绝对差值不得超过算数平均值的 10%。

2. 微生物法

1）原理

某一种微生物的生长（繁殖）必需某些维生素，例如干酪乳杆菌（*Lactobacillus casei*，简称 *L. C.*）生长需要核黄素，培养基中若缺乏这种维生素该细菌就不能生长。在一定条件下，该细菌生长情况，以及它的代谢产物乳酸的浓度和培养基中该维生素含量成正比，因此可以用测定酸度及混浊度的方法来测定试样中核黄素的含量。

2）试剂

①盐酸（0.1 mol/L）。

②冰乙酸。

③氢氧化钠溶液（1 mol/L 和 0.1 mol/L）。

④氯化钠溶液（生理盐水，0.9 g/L）：使用前应进行灭菌处理。

⑤无水乙酸钠。

⑥氢氧化铵。

⑦甲苯。

⑧干酪乳酸杆菌（*Lactobacillus casei ATCC* 7469）。

⑨乙酸铅。

⑩核黄素标准储备液（25 μg/mL）：配制同荧光法。

⑪核黄素标准中间液（10 μg/mL）：准确吸取 20 mL 标准储备液，加水稀释至 50 mL。

⑫核黄素标准使用液（0.1 μg/mL）：准确吸取 1.0 mL 中间液于 100 mL 容量瓶中，加水稀释至刻度，摇匀。每次分析要配制新标准使用液。

⑬碱处理蛋白胨：分别称取 40 g 蛋白胨和 20 g 氢氧化钠于 250 mL 水中。混合后，放于 37℃ ±0.5℃ 恒温箱内，24～48 h 后取出，用冰乙酸调节 pH 值至 6.8，加 14 g 无水乙酸钠（或 23.2 g 含有 3 分子结晶水的乙酸钠），稀释至 800 mL，加少许甲苯盖于溶液表面，于冰箱中保存。

⑭胱氨酸溶液（1 g/L）：称取 1 g L－胱氨酸于小烧杯中。加 20 mL 水，缓慢加入 5～10 mL 盐酸，直至其完全溶解，加水稀释至 1 L，加少许甲苯盖于溶液表面。

⑮酵母补充液：称取 100 g 酵母提取物干粉于 500 mL 水中，称取 150 g 乙酸铅于 500 mL 水中，将两溶液混合，以氢氧化铵调节 pH 至酚酞呈红色（取少许溶液检验）。离心或用布氏

漏斗过滤,滤液用冰乙酸调节 pH 值至 6.5。通入硫化氢直至不生沉淀,过滤,通空气于滤液中,以排除多余的硫化氢。加少许甲苯盖于溶液表面,于冰箱中保存。

⑯甲盐溶液:称取 25 g 磷酸氢二钾和 25 g 磷酸二氢钾,加水溶解,并稀释至 500 mL。加入少许甲苯以保存之。

⑰乙盐溶液:称取 10 g 硫酸镁($MgSO_4 \cdot 7H_2O$),0.5 g 硫酸亚铁($FeSO_4 \cdot 7H_2O$)和 0.5 g 硫酸锰($MnSO_4 \cdot 4H_2O$),加水溶解,并稀释至 500 mL,加少许甲苯以保存之。

⑱基本培养储备液:将下列试剂混合于 500 mL 烧杯中,加水至 450 mL,用 1 mol/L 氢氧化钠溶液调节 pH 值至 6.8,用水稀释至 500 mL。

碱处理蛋白胨	100 mL
0.1% 胱氨酸溶液	100 mL
酵母补充液	20 mL
甲盐溶液	10 mL
乙盐溶液	10 mL
无水葡萄糖	10 g

⑲琼脂培养基:将下列试剂混合于 250 mL 三角瓶中,加水至 100 mL,于水浴上煮至琼脂完全溶化,用 1 mol/L 盐酸趁热调节 pH 值至 6.8。尽快倒入试管中,每管 3~5 mL,塞上棉塞,于高压锅内在 6.9×10^4 Pa 压力下灭菌 15 min,取出后趁热摆放斜面,冷至室温,于冰箱中保存。

无水葡萄糖	1 g
乙酸钠($NaAc \cdot 3H_2O$)	1.7 g
蛋白胨	0.8 g
酵母提取物干粉	0.2 g
甲盐溶液	0.2 mL
乙盐溶液	0.2 mL
琼脂	1.2 g

⑳溴甲酚绿指示剂(0.4 g/L):称取 0.1 g 溴甲酚绿于小研钵中,加 1.4 mL 0.1 mol/L 氢氧化钠溶液研磨,加少许水,继续研磨,直至完全溶解。用水稀释至 250 mL。

㉑溴麝香草酚蓝指示剂(0.04%):称取 0.1 g 溴麝香草酚蓝于小研钵中,加 1.6 mL 0.1 mol/L 氢氧化钠溶液研磨。加少许水,继续研磨,直至完全溶解,用水稀释至 250 mL。

3)仪器与设备

①电热恒温培养箱。

②离心沉淀机。

③液体快速混合器。

④高压消毒锅。

4)菌种的制备与保存

(1)储备菌种的制备

以 L. C. 纯菌种接入 2 个或多个琼脂培养基管中。在 37℃ ±0.5℃ 恒温培养箱中保温 16~24 h。贮于冰箱内,至多不超过 2 周,最好每周移种一次。保存数周以上的储备菌种,不能立即用于制备接种液,一定要在使用前每天移种一次,连续 2~3 天方可使用,否则生长不好。

(2)种子培养液的制备

取 5 mL 核黄素标准使用液和 5 mL 基本培养储备液于 15 mL 离心管混匀,塞上棉塞,于高压锅内在 6.9×10^4 Pa 压力下灭菌 15 min。每次可制备 2~4 管。

5)操作步骤

(1)接种液的制备

使用前一天,将菌种由储备菌种管中移入已消毒的种子培养液中,同时制做两管。在 $37\,℃ \pm 0.5\,℃$ 保温 16~24 h。取出后离心 10 min(3000 r/min),以无菌操作方法倾去上部液体,用已消毒的生理盐水淋洗二次,再加 10 mL 消毒生理盐水,在液体快速混合器上振摇试管,使菌种成混悬体。将此液倾入已消毒的注射器内,立即使用。

(2)试样的制备

将样品用磨粉机、研钵磨成粉末或用打碎机打成匀浆。称取约含 5~10 μg 的核黄素样品(谷类约 10 g,干豆类约 4 g,肉类约 5 g),加入 50 mL 0.1 mol/L 盐酸溶液,混匀。置于高压锅内,在 1.03×10^5 Pa 压力下水解 30 min。冷至室温,用 1 mol/L 氢氧化钠溶液调节 pH 至 4.6(取少许水解液,用溴甲酚绿检验,溶液呈草绿色即可)。加入淀粉酶或木瓜蛋白酶,每克样品加入 20 mg 酶。在 40 ℃ 恒温箱中过夜,大约 16 h。冷至室温,加水稀释到 100 mL,过滤。对于脂肪量高的食物,可用乙醚提取,以除去脂肪。

(3)标准管的制备

在三组试管中每管各加核黄素标准使用液 0.0 mL,0.5 mL,1.0 mL,1.5 mL,2.0 mL,2.5 mL,3.0 mL,每管加水至 5 mL,再每管加 5 mL 基本培养储备液混匀。

(4)试样管的制备

吸取试样溶液 5~10 mL,置于 25 mL 具塞试管中,用 0.1 mol/L 氢氧化钠调节 pH 值至 6.8(取少许溶液,用溴麝香草酚蓝检验),加水稀释至刻度。取两组试管,各加试样稀释液 1 mL,2 mL,3 mL,4 mL,每管加水至 5 mL,每管再加 5 mL 基本培养储备液混匀。

(5)灭菌

将以上样品管和标准管全部塞上棉塞,置于高压锅内,在 6.9×10^4 Pa 压力下灭菌 15 min。

(6)接种和培养

待试管冷至室温,在无菌操作条件下接种,每管加一滴接种液,接种时注射器针头不要碰试管壁,要使接种液直接滴在培养液内。

置于 $37\,℃ \pm 0.5\,℃$ 恒温箱中培养约 72 h,培养时每管必须在同一温度。培养时间可延长 18 h 或减少 12 h。必要时可在冰箱内保存一夜再滴定。若用混浊度测定法,以培养 18~24 h 为宜。

(7)滴定

将试管中培养液倒入 50 mL 三角瓶中,加 0.01 g/L 溴麝香草酚蓝溶液 5 mL,分二次淋洗试管,洗液倒至该三角瓶中,以 0.1 mol/L 氢氧化钠溶液滴定,终点呈绿色。以第一瓶的滴定终点作为变色参照瓶。约 30 min 后再换一参照瓶,因溶液放置过久颜色变浅。

(8)标准曲线的绘制

用标准核黄素溶液的不同浓度为横坐标及在滴定时所需 0.1 mol/L 氢氧化钠的毫升数为

纵坐标,绘制标准曲线。

6)结果计算

$$X = \frac{c \times V}{m} \times f \times \frac{100}{1000}$$

(10 - 11)

式中:X——试样中核黄素含量,mg/100 g;

    c——以曲线查得每毫升试样中核黄素含量,$\mu g/mL$;

    V——试样水解液定容总体积,mL;

    f——试样液的稀释倍数;

    m——试样质量,g;

    100/1000——试样含量由微克每克($\mu g/g$)换算成毫克每一百克(mg/100 g)的换算系数。

7)说明及注意事项

①日光和紫外线对核黄素有破坏作用,所以一切操作要在暗室内进行。

②在重复性条件下获得的两次独立测定结果的绝对差值不得超过算数平均值的10%。

10.3.3 食品中维生素 B_6 的测定

维生素 B_6(vitamin B_6)包括3种物质,即吡哆醇(pyridoxine)、吡哆醛(pyridoxal)和吡哆胺(pyridoxamine)。无色晶体,易溶于水及乙醇,在酸液中稳定,在碱液中易破坏。吡哆醇耐热,吡哆醛和吡哆胺不耐高温。遇光或碱易破坏,不耐高温。维生素 B_6 为人体内某些辅酶的组成成分,参与多种代谢反应,和氨基酸代谢有密切关系。在肝脏、谷粒、肉、鱼、蛋、豆类及花生中含量较多。

1.原理

食品中某一种微生物的生长必须要有某一种维生素的存在,卡尔斯伯(Saccharomyces carlsbrgensis,简称 S. C.)酵母菌需在有维生素 B_6 存在的条件下才能生长,在一定条件下维生素 B_6 的量与其生长呈正比关系。用比浊法测定该菌在试样液中生长的浑浊度,与标准曲线相比较得出试样中维生素 B_6 的含量。

2.试剂

①吡哆醇 Y 培养基。

②琼脂培养基:吡哆醇 Y 培养基5.3 g,琼脂1.2 g,稀释至100 mL。

③0.22 mol/L 硫酸溶液,于2000 mL 烧杯中加入700 mL 水,12.32 mL 硫酸,用水稀释至1000 mL。

④0.5 mol/L 硫酸溶液,于2000 mL 烧杯中加入700 mL 水,28 mL 硫酸用水稀释至1000 mL。

⑤10 mol/L 氢氧化钠溶液,溶200 g 氢氧化钠于水中,稀释至500 mL。

⑥0.1 mol/L 氢氧化钠溶液,取 10 mL 10 mol/L 氢氧化钠,用水稀释至1000 mL。

⑦培养基:称取吡哆醇 Y 培养基5.3 g,溶解于100 mL 蒸馏水中。(所用吡哆醇 Y 培养基不得含维生素 B_6 生长因子)。

⑧吡哆醇标准储备液(100 $\mu g/mL$):称取122 mg 盐酸吡哆醇标准溶于 1 L 25% 乙醇中,保于4℃冰箱中,稳定1个月。

⑨吡哆醇标准中间液(1 μg/mL):取 1 mL 吡哆醇标准储备液,稀释至 100 mL。

⑩嗅甲酚绿(0.4 g/L)溶液:称取 0.1 g 嗅甲酚绿于研钵中,加 1.4 mL 0.1 mol/L 氢氧化钠研磨,加少许水继续研磨,直至完全溶解,用水稀释到 250 mL。

⑪生理盐水:取 8.5 g 氯化钠溶于 1000 mL 水中。

3. 仪器和设备

(1)电热恒温培养箱。

(2)高压釜。

(3)液体快速混合器。

(4)离心机。

(5)光栅分光光度计。

4. 分析步骤

1)菌种的制备及保存

①以卡尔斯伯酵母菌(*Saccharomyces carlsbergens ATCC* No. 9080)纯菌种接入 2 个或多个琼脂培养基管中,在 30℃ ±0.5℃ 恒温箱中保温 18 ~ 20 h,取出于冰箱中保存,至多不超过两周。保存数周以上的菌种,不能立即用作制备接种液之用,一定要在使用前每天移种一次,连续 2 ~ 3 天,方可使用,否则生长不好。

②种子培养液的制备:加 0.5 mL 50 ng/mL 的维生素 B$_6$ 标准应用液于尖头管中,加入 5.0 mL 基本培养基,塞好棉塞,于高压锅 121℃ 下灭菌 10 min,取出冷却,置于冰箱中,此管可保留数周之久。每次可制备 2 ~ 4 管。

2)试样处理

①称取试样 0.5 ~ 10.0 g(维生素 B$_6$ 含量不超过 10 ng)放入 100 mL 三角瓶中,加 72 mL 0.22 mol/L 硫酸。放入高压锅 121℃ 下水解 5 h,取出冷却,用 10.0 mol/L 氢氧化钠和 0.5 mol/L 硫酸调 pH 值至 4.5,用溴甲酚绿做指示剂(指示剂由黄 – 黄绿色)。将三角瓶内的溶液转移到 100 mL 容量瓶中,用蒸馏水定容至 100 mL,滤纸过滤,保存滤液于冰箱内备用(保存时间不超过 36 h)。

②接种液的制备:使用前一天,将 S. C. 由储备菌种管移种于已消毒的种子培养液中,可同时制备两根管,在 30℃ ±0.5℃ 的恒温箱中培养 18 ~ 20 h。取出离心 10 min(3000 r/min)倾去上部液体,用已消毒的生理盐水淋洗 2 次,再加 10 mL 消毒过的生理盐水,将离心管置于液体快速混合器上混合,使菌种成为混悬体,将此液倒入已消毒的注射器内,立即使用。

③标准管的制备:取标准储备液 2.00 mL 稀释至 200 mL 成为中间液,从中间液中取 5.00 mL 稀释至 100 mL 作为工作液,浓度为 50 ng/mL,3 组试管各加 0 mL,0.02 mL,0.04 mL,0.08 mL、0.12 mL 和 0.16 mL 工作液,再加 5.00 mL 吡哆醇 Y 培养基,混匀,加棉塞。

④试样管的制备:在试管中分别加入 0.05 mL,0.10 mL,0.20 mL 样液,再加入 5.00 mL 吡哆醇 Y 培养基,用棉塞塞住试管,将制备好的标准管和试样测定管放入高压锅 121℃ 下高压 10 min,冷至室温备用。

⑤接种和培养:每管种一滴接种液,于 30℃ ±0.5℃ 恒温箱中培养 18 ~ 22 h。

3)测定

将培养后的标准管和试样管从恒温箱中取出后,用分光光度计于 550 nm 波长下,以标准管的零管调零,测定各管的吸光度值。以标准管维生素 B$_6$ 所含的浓度为横坐标,吸光度值为纵坐标，绘制维生素 B₆ 标准工作曲线，用试样管得到的吸光度值，在标准曲线上查到试样管维生素 B₆ 的含量。

5. 结果计算

$$X = \frac{c \times V \times 100}{m \times 10^6} \tag{10-12}$$

$$c = \frac{u_1 \times u_2 \times u_3}{3} \tag{10-13}$$

式中：X——试样中维生素 B₆ 的含量，mg/100 g；

　　　c——试样提取液中维生素 B₆ 的浓度，ng/mL；

　　　u_1，u_2，u_3——各试样测定管中维生素 B₆ 的浓度，ng/mL；

　　　V——试样提取液的定容体积与稀释体积总和，mL；

　　　m——试样质量，g；

　　　$100/10^6$——折算成每 100 g 试样中维生素 B₆ 的毫克数。

6. 说明及注意事项

①该方法既能用于各类食品中的维生素 B₆ 的测定，也可用于测定饲料中的维生素 B₆。

②检出限是 0.1 ng，线性范围为 0.1 ~ 6 ng。

③分析步骤需要避光。

④在重复性条件下获得的两次独立测定结果的绝对差值不得超过算术平均值的 10%。

10.3.4 食品中维生素 C 的测定

维生素 C(vitamin C)，又称抗坏血酸(ascorbic acid)，具有防治坏血病的功能，是一种己糖醛基酸。它具有较强的还原性，对光敏感，被氧化后变为脱氢抗坏血酸，仍具有生理活性，进一步水解生成的 2，3 - 二酮古乐糖酸则没有生理活性。在食品中同时含有这三种形式，以前两种为主。总抗坏血酸(total ascorbic acid)包括抗坏血酸(reductive - form ascorbic acid)和脱氢抗坏血酸(dehydroascorbic acid)。维生素 C 广泛存在于植物组织中，新鲜的水果、蔬菜中含量较为丰富。

1. 荧光法测定总抗坏血酸

1) 原理

试样中还原型抗坏血酸经活性炭氧化为脱氢抗坏血酸后，与邻苯二胺(OPDA)反应生成有荧光的喹唔啉(quinoxaline)，其荧光强度与抗坏血酸的浓度在一定条件下成正比，以此测定食品中抗坏血酸和脱氢抗坏血酸的总量。脱氢抗坏血酸与硼酸可形成复合物而不与 OPDA 反应，以此排除试样中荧光杂质产生的干扰。

2) 试剂

①偏磷酸 - 乙酸液：称取 15 g 偏磷酸，加入 40 mL 冰乙酸及 250 mL 水，加热，搅拌，使之逐渐溶解，冷却后加水至 500 mL。于 4℃ 冰箱可保存 7 ~ 10 d。

②0.15 mol/L 硫酸：取 10 mL 硫酸，小心加入水中，再加水稀释至 1200 mL。

③偏磷酸 - 乙酸 - 硫酸液：以 0.15 moI/L 硫酸溶液为稀释液，其余同①偏磷酸 - 乙酸液的配制。

④乙酸钠溶液(500 g/L)：称取 500 g 乙酸钠($CH_3COONa \cdot 3H_2O$)，加水至 1000 mL。

⑤硼酸-乙酸钠溶液：称取 3 g 硼酸，溶于 100 mL 乙酸钠溶液中，临用前配制。

⑥邻苯二胺溶液(200 mg/L)：称取 20 mg 邻苯二胺，临用前用水稀释至 100 mL。

⑦抗坏血酸标准溶液(1 mg/mL)(临用前配制)：准确称取 50 mg 抗坏血酸，用偏磷酸-乙酸溶液溶于 50 mL 容量瓶中，并稀释至刻度。

⑧抗坏血酸标准使用液(100 μg/mL)：取 10 mL 抗坏血酸标准液，用偏磷酸-乙酸溶液稀释至 100 mL，定容前测试 pH 值，如其 pH > 2.2 时，则应用偏磷酸-乙酸-硫酸溶液稀释。

⑨0.04% 百里酚蓝指示剂溶液：称取 0.1 g 百里酚蓝，加 0.02 mol/L 氢氧化钠溶液，在玻璃研钵中研磨至溶解，氢氧化钠的用量约为 10.75 mL，磨溶后用水稀释至 250 mL。变色范围：pH 值等于 1.2 显红色；pH 值等于 2.8 显黄色；pH 值大于 4 显蓝色。

⑩活性炭的活化：加 200 g 炭粉于 1 L 盐酸(1+9)中，加热回流 1 ~ 2 h，过滤，用水洗至滤液中无铁离子为止，置于 110 ~ 120℃烘箱中干燥，备用。

3)仪器

①荧光分光光度计或具有 350 nm 及 430 nm 波长的荧光计。

②捣碎机。

4)分析步骤

(1)试样的制备

称取 100 g 鲜样，加 100 mL 偏磷酸-乙酸溶液，倒入捣碎机内打成匀浆，用百里酚蓝指示剂调试匀浆酸碱度。如呈红色，即可用偏磷酸-乙酸溶液稀释，若呈黄色或蓝色，则用偏磷酸-乙酸-硫酸溶液稀释，使其 pH 为 1.2。均浆的取量需根据试样中抗坏血酸的含量而定。当试样液含量在 40 ~ 100 μg/mL 之间，一般取 20 g 匀浆，用偏磷酸-乙酸溶液稀释至 100 mL，过滤，滤液备用。

(2)测定

①氧化处理：分别取试样滤液及标准使用液各 100 mL 于 200 mL 带盖三角瓶中，加 2 g 活性炭，用力振摇 1 min，过滤，弃去最初数毫升滤液，分别收集其余全部滤液，即试样氧化液和标准氧化液，待测定。

②各取 10 mL 标准氧化液于 2 个 100 mL 容量瓶中，分别标明"标准"及"标准空白"。

③各取 10 mL 试样氧化液于 2 个 100 mL 容量瓶中，分别标明"试样"及"试样空白"。

④于"标准空白"及"试样空白"溶液中各加 5 mL 硼酸-乙酸钠溶液，混合摇动 15 min，用水稀释至 100 mL，在 4℃冰箱中放置 2 ~ 3 h，取出备用。

⑤于"试样"及"标准"溶液中各加入 5 mL 500 g/L 乙酸钠液，用水稀释至 100 mL，备用。

(3)标准曲线的制备

取上述"标准"溶液(抗坏血酸含量 10 μg/mL)0.5 mL,1.0 mL,1.5 mL 和 2.0 mL 标准系列，取双份分别置于 10 mL 带盖试管中，再用水补充至 2.0 mL。荧光反应按(4)操作。

(4)荧光反应

取"标准空白"溶液、"试样空白"溶液及"试样"溶液各 2 mL，分别置于 10 mL 带盖试管中。在暗室迅速向各管中加 5 mL 邻苯二胺溶液，振摇混合，在室温下反应 35 min，于激发光波长 338 nm、发射光波长 420 nm 处测定荧光强度。标准系列荧光强度分别减去标准空白荧光强度为纵坐标，对应的抗坏血酸含量为横坐标，绘制标准曲线或进行相关计算得到线性回归方程。

5）结果计算

$$X = \frac{c \times V}{m} \times f \times \frac{100}{1000}$$ （10 - 14）

式中：X——试样中抗坏血酸及脱氢抗坏血酸总含量，mg/100 g；

c——由标准曲线查得或由回归方程算得试样溶液浓度，μg/mL；

m——试样的质量，g；

v——荧光反应所用试样体积，mL；

f——试样溶液的稀释倍数。

6）说明及注意事项

①该方法的检出限为 0.022 μg/mL，线性范围为 5 ~ 20 μg/mL。

②活性炭表面吸附的氧对抗坏血酸有氧化作用，因此加入的量要准确，否则对结果影响很大。

③影响荧光强度的因素较多，标准曲线与样品同时做可消除一定的干扰。

④该方法检出限为 0.022 μg/mL，线性范围为 5 ~ 20 μg/mL。

⑤在重复性条件下获得的两次独立测定结果的绝对差值不得超过算术平均值的 10%。

2. 2, 4 -二硝基苯肼比色法测定总抗坏血酸

1）原理

总抗坏血酸包括还原型、脱氢型和二酮古乐糖酸，试样中还原型抗坏血酸经活性炭氧化为脱氢抗坏血酸，再与 2, 4 - 二硝基苯肼作用生成红色脎，根据脎在硫酸溶液中的含量与抗坏血酸含量成正比，进行比色定量。

2）试剂

①4.5 mol/mL 硫酸：加 250 mL 硫酸（相对密度 1.84）于 700 mL 水中，冷却后用水稀释至 1000 mL。

②85% 硫酸：加 900 mL 硫酸（相对密度 1.84）于 100 mL 水中。

③2, 4 - 二硝基苯肼溶液（20 g/L）：溶解 2 g 2, 4 - 二硝基苯肼于 100 mL 4.5 mol/L 硫酸中，过滤。不用时存于冰箱内，每次用前必须过滤。

④草酸溶液（20 g/L）：溶解 20 g 草酸（$H_2C_2O_4$）于 700 mL 水中，稀释至 1000 mL。

⑤草酸溶液（10 g/L）：取 500 mL 草酸溶液（20 g/L）稀释至 1000 mL。

⑥硫脲溶液（10 g/L）：溶解 5 g 硫脲于 500 mL 草酸溶液（10 g/L）中。

⑦硫脲溶液（20 g/L）：溶解 10 g 硫脲于 500 mL 草酸溶液（10 g/L）中。

⑧1 mol/L 盐酸：取 100 mL 盐酸，加入水中，并稀释至 1200 mL。

⑨抗坏血酸标准溶液：称取 100 mg 纯抗坏血酸溶解于 100 mL 草酸溶液（20 g/L）中，此溶液每毫升相当于 1 mg 抗坏血酸。

⑩活性炭：将 100 g 活性炭加到 750 mL 1 mol/L 盐酸中，回流 1 ~ 2 h，过滤，用水洗数次，至滤液中无铁离子（Fe^{3+}）为止，然后置于 110℃烘箱中烘干。检验铁离子方法：利用普鲁士蓝反应，将 20 g/L 亚铁氰化钾与 1% 盐酸等量混合，将上述洗出滤液滴入，如有铁离子则产生蓝色沉淀。

3）仪器

①恒温箱：37℃ ±0.5℃。

②可见－紫外分光光度计。

③捣碎机。

4）分析步骤

（1）试样的制备

①鲜样的制备：称取 100 g 鲜样及吸取 100 mL 20 g/L 草酸溶液，倒入捣碎机中打成匀浆，取 10~40 g 匀浆（含 1~2 mg 抗坏血酸）倒入 100 mL 容量瓶中，用 10 g/L 草酸溶液稀释至刻度，混匀。

②干样制备：称 1~4 g 干样（含 1~2 mg 抗坏血酸）放入乳钵内，加入 10 g/L 草酸溶液磨成匀浆，倒入 100 mL 容量瓶内，用 10 g/L 草酸溶液稀释至刻度，混匀。

③将①和②样液过滤，滤液备用。不易过滤的试样可用离心机转速离心后，倾出上清液，过滤备用。

（2）试样测定

①氧化处理：取 25 mL 上述滤液，加入 2 g 活性炭，振摇 1 min，过滤，弃去最初数毫升滤液。取 10 mL 此氧化提取液，加入 10 mL 20 g/L 硫脲溶液，混匀，此试样为稀释液。

②呈色反应：于三个试管中各加入 4 mL 稀释液。一个试管作为空白，在其余试管中加入 1.0 mL 20 g/L 2,4－二硝基苯肼溶液，将所有试管放入 37℃±0.5℃ 恒温箱或水浴中，保温 3 h。3 h 后取出，除空白管外，将所有试管放入冰水中。空白管取出后使其冷到室温，然后加入 1.0 mL 20 g/L 2,4－二硝基苯肼溶液，在室温中放置 10~15 min 后放入冰水内。其余步骤同试样。

③85% 硫酸处理：当试管放入冰水后，向每一试管中加入 5 mL 85% 硫酸，滴加时间至少需要 1 min，需边加边摇动试管。将试管自冰水中取出，在室温放置 30 min 后比色。

④比色：用 1 cm 比色杯，以空白液调零点，于 500 nm 波长测吸光值。

（3）标准曲线的绘制

①加 2 g 活性炭于 50 mL 标准溶液中，振动 1 min，过滤。

②取 10 mL 滤液放入 500 mL 容量瓶中，加 5.0 g 硫脲，用 10 g/L 草酸溶液稀释至刻度，此溶液中抗坏血酸浓度为 20 μg/mL。

③取 5 mL，10 mL，20 mL，25 mL，40 mL，50 mL，60 mL 稀释液，分别放入 7 个 100 mL 容量瓶中，用 10 g/L 硫脲溶液稀释至刻度，使最后稀释液中抗坏血酸的浓度分别为 1 μg/mL，2 μg/mL，4 μg/mL，5 μg/mL，8 μg/mL，10 μg/mL，12 μg/mL。

④用 2,4－二硝基苯肼进行呈色反应，并用 85% 硫酸处理后比色。

⑤以吸光值为纵坐标，抗坏血酸浓度（μg/mL）为横坐标绘制标准曲线。

5）结果计算

$$X = \frac{c \times V}{m} \times f \times \frac{100}{1000} \qquad (10-15)$$

式中：X——试样中总抗坏血酸含量，mg/100 g；

　　　c——由标准曲线查得或由回归方程算得"试样氧化液"中总抗坏血酸的浓度，μg/mL；

　　　V——试样用 10 g/L 草酸溶液定容的体积，mL；

　　　f——试样氧化处理过程中的稀释倍数；

　　　m——试样的质量，g。

6）说明及注意事项

①全部实验过程应避光。

②该方法检出限为 0.1 μg/mL，线性范围为 1～12 μg/mL。

③加入硫脲使抗坏血酸不被氧化，并有利于脎的形成。溶液中的硫脲的浓度应一致，否则对结果影响很大。

④在重复性条件下获得的两次独立测定结果的绝对差值不得超过算术平均值的 10%。

3. 食品中还原型抗坏血酸的测定

前面介绍的方法是总抗坏血酸的测定方法，不能测定其主要成分还原型抗坏血酸，下面介绍的是测定还原型抗坏血酸的方法，适用于各类食品中抗坏血酸的测定。

1）原理

在乙酸溶液中，抗坏血酸与固蓝盐 B 反应生成黄色的草酰肼－2－羟基丁酰内酯衍生物。在最大吸收波长 420 nm 处测定吸光度，与标准系列比较定量。

2）试剂

①乙酸溶液（2 mol/L）：吸取 11.6 mL 冰乙酸，加水稀释至 100 mL。

②乙酸溶液（0.5 mol/L）：吸取 2.9 mL 冰乙酸，加水稀释至 100 mL。

③乙二胺四乙酸二钠溶液（0.25 mol/L）：称取 9.3 g 乙二胺四乙酸二钠（$C_{10}H_{14}N_2O_8Na_2 \cdot 2H_2O$）于水中，加热使之溶解后，放置冷却，并稀释至 100 mL。

④蛋白沉淀剂。

a. 乙酸锌溶液（220 g/L）：称取 22.0 g 乙酸锌[$Zn(CH_3COO)_2 \cdot 2H_2O$]，加 3 mL 冰乙酸溶于水，并稀释至 100 mL。

b. 亚铁氰化钾溶液（106 g/L）：称取 10.6 g 亚铁氰化钾[$K_4Fe(CN)_6 \cdot 3H_2O$]，加水溶解至 100 mL。

⑤显色剂固蓝盐 B（Fast Blue Salt B）溶液（2 g/L）：准确称取 0.2 g 固蓝盐 B，加水溶解于 100 mL 棕色容量瓶中，并稀释至刻度（该溶液在室温下贮存可稳定 3 天以上）。

⑥抗坏血酸标准储备溶液（2.0 g/L）：精密称取 0.2000 g 抗坏血酸，加 20 mL 乙酸溶液（2 mol/L）溶解后移入 100 mL 棕色容量瓶中，用水稀释至刻度，混匀。此溶液每毫升相当于 2.0 mg 抗坏血酸（10℃下冰箱内贮存在 2 d 内稳定）。

⑦抗坏血酸标准使用溶液（0.1 g/L）：用移液管精密吸取 5.0 mL 抗坏血酸标准储备溶液于 100 mL 棕色容量瓶内，加 5 mL 乙酸溶液（2 mol/L），用水稀释至刻度，混匀。此溶液每毫升相当于 100 μg 抗坏血酸（临用时配制）。

3）仪器

①分光光度计。

②捣碎机。

③离心沉淀机。

4）分析步骤

（1）试样溶液的制备

①非蛋白性食品。

a. 液体试样：抗坏血酸含量在 0.2 g/L 以下的试样，混匀后可直接取样测定；抗坏血酸含量在 0.2 g/L 以上的试样，用水适量稀释后测定。

b. 水溶性固体试样：准确称取 1.0 ~ 5.0 g，精确至 0.001 g（含 0.2 g/kg 以下抗坏血酸）放入乳钵中，加 5 mL 乙酸溶液（2 mol/L）研磨溶解后，移入 100 mL 棕色容量瓶内，加水稀释至刻度。

c. 蔬菜、水果：称取鲜样可食部分 20.0 ~ 50.0 g 于捣碎机内，加同倍量的乙酸溶液（2 mol/L）捣成匀浆。称取 10.0 ~ 20.0 g 匀浆（含 0.2 g/kg 以下抗坏血酸）于 100 mL 棕色容量瓶内，加 5 mL 乙酸溶液（2 mol/L），用水稀释至刻度，混匀。滤纸过滤，滤液备用。不易过滤的试样可用离心机离心后转速，取上清液测定。

②蛋白性食品（奶粉、豆粉、乳饮料、强化食品等）：固体试样混匀后精密称取 5.0 ~ 10.0 g，精确至 0.001 g；液体试样用移液管精密吸取 5.0 ~ 10.0 mL 于 100 mL 棕色容量瓶内。加 10 mL 2 mol/L 乙酸溶液、乙酸锌溶液和亚铁氰化钾溶液各 7.5 mL，加水至刻度，混匀。将全部溶液移入离心管内，以 3000 r/min 离心 10 min，上清液供测定。同时取与处理试样相同量的乙酸溶液、乙酸锌溶液和亚铁氰化钾溶液，按同一方法做试剂空白试验。

（2）标准曲线的绘制

精密吸取 0 mL、0.1 mL、0.2 mL、0.4 mL、0.6 mL、0.8 mL、1.0 mL、1.5 mL、2.0 mL 抗坏血酸标准使用溶液（相当于抗坏血酸 0 μg、10.0 μg、20.0 μg、40.0 μg、60.0 μg、80.0 μg、100.0 μg、150.0 μg、200.0 μg），分别置于 10 mL 比色管中。各加 0.3 mL 乙二胺四乙酸二钠溶液，0.5 mL 乙酸溶液（0.5 mol/L），1.25 mL 固蓝盐 B 溶液，加水稀释至刻度，混匀。室温（20 ~ 25℃）下放置 20 min 后，移入 1 cm 比色皿内，以零管为参比，于波长 420 nm 处测量吸光度，以标准各点吸光度绘制标准曲线。

（3）试样侧定

①非蛋白性试样的测定：精确吸取试样溶液 0.5 ~ 5.0 mL（含抗坏血酸 200 μg 以下）于 10 mL 比色管内，接下来操作同标准曲线的绘制。根据试样的吸光度值，从标准曲线上查出抗坏血酸含量。

②蛋白性试样的测定：精确吸取 0.5 ~ 5.0 mL 试样溶液（含抗坏血酸 200 μg 以下）和等量试剂空白溶液，再各于 10 mL 比色管内。各加 1.5 mL 乙二胺四乙酸二钠溶液，1.0 mL 乙酸溶液（0.5 mol/L），1.25 mL 固蓝盐 B 溶液，加水稀释至刻度，混匀。室温（20 ~ 25℃）下放置 3 min 后，移入 1 cm 比色皿内，以试剂空白管为参比，于波长 420 nm 处测量吸光度。根据试样吸光度值，从标准曲线上查出抗坏血酸含量。

5）结果计算

$$X = \frac{c}{m \times \dfrac{V_1}{V_2} \times 1000} \times 100 \tag{10-16}$$

式中：X——试样中抗坏血酸的含量，mg/100 g 或 mg/100 mL；

c——试样测定液中抗坏血酸的含量，μg；

m——试样质量或体积，g 或 mL；

V_1——测定时所取溶液体积，mL；

V_2——试样处理液总体积，mL。

6）说明及注意事项

①该方法灵敏度高、准确度好、操作简便、快速、应用范围广，适用于各类食品中抗坏血

酸的测定。

②在重复性条件下获得的两次独立测定结果的绝对差值不得超过算术平均值的10%。

小　结

本章介绍了食品中维生素测定的常用方法。试样的处理主要是根据维生素的理化性质，以最大限度地提取或保存维生素为目的而设计的。脂溶性的维生素多选择有机溶剂；水溶性的维生素则选择酸性溶液进行提取。在提取过程中，加入淀粉酶、蛋白酶等可破坏食品的组织结构，有利于提高提取的效率。对光线敏感的维生素的提取要在避光的条件下进行。为了达到使用仪器分析的目的，对提取的样品还会用柱层析等方法进一步纯化。在分析方法上，现在国家标准中第一法多会选择仪器分析的方法，其特点是检出限低，结果更准确，操作快捷，但是仪器的价格比较高，运行成本也高。荧光法是一种较好的方法，在水溶性维生素的测定中常被选用。化学法和微生物测定法能够满足一些维生素测定要求，这两种方法对实验室的仪器设备要求不高。

思考题

1.维生素的测定中，有哪些方法可以选择？选择的依据有哪些？
2.比较脂溶性维生素和水溶性维生素测定方法中检样的处理方法。
3.试述维生素A的测定法中的关键技术。
4.简述B族维生素的测定原理。检样提取过程中加入了什么酶？目的是什么？
5.简述维生素C的测定原理和方法。总抗坏血酸与还原型抗坏血酸有什么不同？

参考文献

[1] 中华人民共和国国家标准[M].北京：中国标准出版社，2003.
[2] 王镜岩，朱圣庚，徐长法. 生物化学[M].北京：高等教育出版社，2002.
[3] Allen L, Benoist B, Dary O, Hurrell R, Guidelines on Food Fortification with Micronutrients. Genova：WHO/FAO 2006.
[4] Tadayuki Tsukatani, Hikaru Suenaga, Munetaka Ishiyama, etc. Determination of water – soluble vitamins using a colorimetric microbial viability assay based on the reduction of water – soluble tetrazolium salts. Food Chemistry[J], 2011, 127(2)：711 – 715.
[5] 张水华. 食品分析[M].北京：中国轻工业出版社，2004.
[6] S. Suzanne Nielsen.食品分析[M].杨严俊等译.北京：中国轻工业出版社，2002.
[7] 江南大学，天津科技大学.食品分析[M].北京：中国轻工业出版社，2004.
[8] R. Rodriguez, V. Fernández – Ruiz, M. Cámara, etc. Simultaneous determination of vitamin B1 and B2 in complex cereal foods, by reverse phase isocratic HPLC – UV. Journal of Cereal Science[J]. 2012, 55, (3)：293 – 299.
[9] 高向阳.食品分析与检验[M].北京：中国计量出版社，2006.
[10] 侯曼玲.食品分析[M].北京：化学工业出版社，2005.

[11] 孙清荣，王方坤.食品分析与检验[M].北京：中国轻工业出版社，2011.

[12] 邹建，孙耀军.食品分析化学基础[M].上海：上海交通大学出版社，2010.

[13] 李启隆，胡劲波.食品分析科学[M].北京：化学工业出版社，2011.

[14] H. Berg, C. Turner, L. Dahlberg, etc. Determination of food constituents based on SFE：applications to vitamins A and E in meat and milk. Journal of Biochemical and Biophysical Methods[J]. 2000, 43（1 – 3）：391 – 401.

[15] 大连轻工学院等.食品分析[M].北京：中国轻工业出版社，2007.

第 11 章

食品添加剂的测定

本章学习目的与要求

1. 掌握防腐剂、甜味剂、合成色素、发色剂、漂白剂的测定原理和方法；

2. 熟悉食品添加剂的概念和使用原则；

3. 了解食品添加剂的分类。

食品添加剂是食品工业重要的基础原料，对食品的生产工艺、产品质量、安全卫生等都起到至关重要的作用。随着食品工业的发展，食品添加剂的种类和数量将越来越多。因此，没有食品添加剂，就没有现代的食品工业。

11.1 概　述

食品添加剂一词始于西方工业革命。中国在远古时代就有在食品中使用天然色素的记载，如《神农本草》、《本草图经》中即有用栀子染色的记载；在周朝时即已开始使用肉桂增香；北魏时期的《食经》、《齐民要术》中亦有用盐卤、石膏凝固豆浆等的记载。随着食品工业的发展，食品添加剂是食品加工过程中不可缺少的基料，因此，食品添加剂的质量直接影响食品的质量。随着毒理学研究方法的改进和发展，原来认为无害的某些食品添加剂，近年来也发现可能存在"三致"等各种潜在的危害。为了将其潜在危害降低到最低限度，保证食品质量，保障食用者的健康，必须对食品中食品添加剂的含量进行分析检测。

11.1.1　食品添加剂的概念

世界各国对食品添加剂的定义不尽相同，因此所规定的食品添加剂的种类亦不尽相同。我国《食品添加剂使用标准》规定，食品添加剂（food additives）是指为改善食品品质和色、香、味，以及为防腐、保鲜和加工工艺的需要而加入食品中的人工合成的物质或者天然的物质。

营养强化剂、食品用香料、胶基糖果中基础剂物质、食品工业用加工助剂也包括在内。联合国粮农组织/世界卫生组织（FAO/WHO）对食品添加剂的定义为：食品添加剂是指食品在生产、加工和保存过程中，有意识添加到食物中，期望达到某种目的的物质。这些物质本身不作为食用目的，也不一定具有营养价值，但必须对人体无害。

11.1.2　食品添加剂的分类

食品添加剂种类繁多，各国允许使用的食品添加剂种类各不相同。据统计，国际上目前使用的食品添加剂种类已达14000多种，其中直接使用的大约为4000多种，FAO/WHO推荐使用的食品添加剂有400多种（不包括香精、香料）；我国《食品添加剂使用标准》（GB 2760—2011）中包括传统意义的食品添加剂、食品营养强化剂、食品用香料、食品用加工助剂等2314个品种，涉及16大类食品、23个功能类别。

1. 根据来源分类

食品添加剂根据其来源可分为两大类。

①天然提取的食品添加剂：利用分离提取的方法，从天然的动物、植物体等原料中分离纯化后得到的食品添加剂。

②化学合成食品添加剂：利用各种有机物、无机物通过化学合成的方法而得到的食品添加剂。目前使用的添加剂大部分属于这一类。

2. 根据功能分类

《食品添加剂使用标准》（GB 2760—2011）将食品添加剂按功能分为23类。

①酸度调节剂：用以维持或改变食品酸碱度的物质。

②抗结剂：用于防止颗粒或粉状食品聚集结块，保持其松散或自由流动的物质。

③消泡剂：在食品加工过程中降低表面张力，消除泡沫的物质。

④抗氧化剂：延缓油脂或食品成分氧化分解、变质，提高食品稳定性的物质。

⑤漂白剂：破坏、抑制食品的发色因素，使其褪色或使食品免于褐变的物质。

⑥膨松剂：在食品加工过程中加入的，能使产品发起形成致密多孔组织，从而使制品具有膨松、柔软或酥脆的物质。

⑦胶基糖果中基础剂物质：胶基糖果起泡、增塑、耐咀嚼等作用的物质。

⑧着色剂：赋予食品色泽和改善食品色泽的物质。

⑨护色剂：肉及肉制品中呈色物质作用，使之在食品加工、保藏等过程中不致分解、破坏，呈现良好色泽的物质。

⑩乳化剂：能改善乳化体中各种构成相之间的表面张力，形成均匀分散体或乳化体的物质。

⑪酶制剂：由动物或植物的可食或非可食部分直接提取，或由传统或通过基因修饰的微生物（包括但不限于细菌、放线菌、真菌菌种）发酵、提取制得，用于食品加工，具有特殊催化功能的生物制品。

⑫增味剂：补充或增强食品原有风味的物质。

⑬面粉处理剂：促进面粉的熟化和提高面制品质量的物质。

⑭被膜剂：涂抹于食品外表，起保质、保鲜、上光、防止水分蒸发等作用的物质。

⑮水分保持剂：有助于保持食品中水分而加入的物质。

⑯营养强化剂：为增强营养成分而加入食品中的天然的或者人工合成的属于天然营养素范围的物质。

⑰防腐剂：防止食品腐败变质、延长食品储存期的物质。

⑱稳定剂和凝固剂：使食品结构稳定或使食品组织结构不变，增强黏性固形物的物质。

⑲甜味剂：赋予食品以甜味的物质。

⑳增稠剂：可以提高食品的黏稠度或形成凝胶，从而改变食品的物理性状、赋予食品黏润、适宜的口感，并兼有乳化、稳定或使呈悬浮状态作用的物质。

㉑食品用香料：能够用于调配食品香精，并使食品增香的物质。

㉒食品工业用加工助剂：有助于食品加工能顺利进行的各种物质，与食品本身无关。如助滤、澄清、吸附、脱模、脱色、脱皮、提取溶剂等。

㉓其他：上述功能类别中不能涵盖的其他功能。

3. 根据安全性评价分类

食品法典委员会（Codex Alimentarius Commission，CAC）下设的食品添加剂法典委员会（Codex Committee on Food Additives，CCFA）曾在 FAO/WHO 食品添加剂专家委员会（Joint FAO/WHO Expert Committee on Food Additives，JECFA）讨论的基础上将食品添加剂分为 A、B、C 3 类，每类再细分为 2 类。

①A 类，指 JECFA 已经制定人体每日允许摄入量（acceptable daily intake，ADI）或暂定 ADI 值的食品添加剂，其中：

A_1 类：经 JECFA 评价，认为毒理学性质清楚，可以使用，已制定出 ADI 值。

A_2 类：JECFA 已制定暂定 ADI 值，但毒理学资料不够完善，暂时允许用于食品。

②B 类，指 JECFA 曾进行过安全性评价，但未建立 ADI 值，或者未进行过安全评价者，其中：

B_1 类：JECFA 曾进行过评价，由于毒理学资料不足，未制定 ADI 值。

B_2 类：JECFA 未进行过评价者。

③C 类：JECFA 曾认为在食品中使用不安全，或应该严格限制作为某些食品的特殊用途者，其中：

C_1 类：JECFA 根据毒理学资料认为在食品中使用不安全者。

C_2 类：ECFA 根据毒理学资料认为应严格控制在某些食品中作特殊应用者。

人们对食品添加剂的安全性认识是逐步深入的，随着毒理学和分析测试技术的发展和有关观测数据的积累，食品添加剂的安全评价类别也可能随着变化。

11.2 防腐剂的测定

11.2.1 防腐剂简介

防腐剂（preservatives）是能防止食品腐败、变质，抑制食品中微生物繁殖，延长食品保存期的一类物质的总称。防腐剂是人类使用最悠久、最广泛的食品添加剂。一般分为酸型防腐剂、酯型防腐剂、无机防腐剂和生物防腐剂四类。全世界使用的防腐剂约60种，我国允许使用的防腐剂有30多种，主要有苯甲酸(钠)、山梨酸(钾)、丙酸钠、丙酸钙、对羟基苯甲酸酯类等。

11.2.2 食品中苯甲酸(钠)、山梨酸(钾)的测定

苯甲酸和山梨酸的测定方法有气相色谱法、高效液相色谱法、薄层层析法、紫外分光光度法等，也有用微型光谱分析系统检测食品中的山梨酸。

1. 气相色谱法

1)原理

样品酸化后，用乙醚提取山梨酸、苯甲酸，用气相色谱仪进行分离测定。

2)试剂

①乙醚：不含过氧化物。

②石油醚：沸程 30~60℃。

③盐酸(1+1)：取 100 mL 盐酸，加水稀释至 200 mL。

④氯化钠酸性溶液(40 g/L)：于氯化钠溶液(40 g/L)中加少量盐酸(1+1)酸化。

⑤山梨酸、苯甲酸标准液：准确称取山梨酸、苯甲酸各 0.2000 g，置于 100 mL 容量瓶中，用石油醚 - 乙醚(3+1)混合溶剂溶解后并稀释至刻度。此溶液每毫升相当于 2.0 mg 山梨酸或苯甲酸。

⑥山梨酸、苯甲酸标准使用液：吸取适量的山梨酸、苯甲酸标准溶液，以石油醚 - 乙醚(3+1)混合溶剂稀释至每毫升相当于 50，100，150，200，250 μg 山梨酸或苯甲酸。

3)仪器

气相色谱仪：具有氢火焰离子化检测器。

4)操作方法

(1)样品提取

称取 2.50 g 预先混合均匀的试样，置于 25 mL 具塞量筒中，加 0.5 mL 盐酸(1+1)酸化，用 15、10 mL 乙醚提取 2 次，每次振摇 1 min，将上层乙醚提取液吸入另一个 25 mL 具塞量筒中，合并乙醚提取液。用 3 mL 氯化钠酸性溶液(40 g/L)洗涤 2 次，静止 15 min，用滴管将乙醚层通过无水硫酸钠滤入 25 mL 容量瓶中。加乙醚至刻度，混匀。准确吸取 5 mL 乙醚提取液于 5 mL 带塞刻度试管中，置40℃水浴上挥干，准确加入 2 mL 石油醚 - 乙醚(3+1)混合溶剂溶解残渣，备用。

(2)色谱条件

色谱柱：玻璃柱，内径 3 mm，长 2 m，内装涂以 5% DEGS + 1% 磷酸固定液的 60~80 目 Chromosorb WAW。柱温 170℃，进样口温度 230℃，检测器温度 230℃。载气：氮气，流速50 mL/min。

(3)测定

进样 2 mL 标准系列中各浓度标准使用液于色谱仪中，测定各浓度山梨酸、苯甲酸的峰高，以浓度为横坐标，相应的峰高值为纵坐标，绘制标准曲线。同时进样 2 mL 样品溶液，测得峰高与标准曲线比较定量。

5)计算

$$X = \frac{A \times 1000}{m \times \frac{5}{25} \times \frac{V_2}{V_1} \times 1000} \qquad (11-1)$$

式中：X——样品中山梨酸或苯甲酸的含量，单位为毫克每千克(mg/kg)；

    A——测定用样品液中山梨酸或苯甲酸的质量，单位为微克(μg)；

    V_1——加入石油醚－乙醚(3+1)混合溶剂的体积，单位为毫升(mL)；

    V_2——测定时进样的体积，单位为微升(μL)；

    m——样品质量，单位为克(g)；

    5——测定时吸取乙醚提取液的体积，单位为毫升(mL)；

    25——样品乙醚提取液的总体积，单位为毫升(mL)。

6)说明

通过无水硫酸钠过滤后的乙醚提取液应无水，否则在40℃挥去乙醚后仍残留水分会影响测定结果。当出现将残留水分挥干后析出极少量白色氯化钠时，应搅松残留的无机盐后加入石油醚－乙醚(3+1)振摇，取上清液进样，否则氯化钠覆盖了部分山梨酸、苯甲酸使测定结果偏低。

2. 高效液相色谱法

1)原理

样品加温除去二氧化碳和乙醇，调pH至近中性，过滤后进高效液相色谱仪，经反相色谱分离后，根据保留时间和峰面积进行定性和定量。

2)试剂

方法中所用试剂，除另规定外，均为分析纯试剂，水为蒸馏水或同等纯度水，溶液为水溶液。

①甲醇：经滤膜(0.5 μm)过滤。

②稀氨水(1+1)：氨水加水等体积混合。

③乙酸铵溶液(0.02 mol/L)：称取1.54 g乙酸铵，加水至1000 mL，溶解，经滤膜(0.45 μm)过滤。

④碳酸氢钠溶液(20 g/L)：称取2 g碳酸氢钠(优级纯)，加水至100 mL，振摇溶解。

⑤苯甲酸标准贮备溶液：准确称取0.1000 g苯甲酸，移入100 mL容量瓶中，加碳酸氢钠溶液(20 g/L)5 mL，加热溶解，加水定容至100 mL，苯甲酸含量为1 mg/mL，作为贮备溶液。

⑥山梨酸标准贮备溶液：准确称取0.1000 g山梨酸，移入100 mL容量瓶中，加碳酸氢钠溶液(20 g/L)5 mL，加热溶解，加水定容至100 mL，混匀。山梨酸含量为1 mg/mL，作为贮备溶液。

⑦苯甲酸、山梨酸标准使用溶液：取苯甲酸、山梨酸标准贮备溶液各10.0 mL，放入100 mL容量瓶中，加水至刻度。此溶液含苯甲酸、山梨酸各0.1 mg/mL，经滤膜(0.45 μm)过滤。

3)仪器

高效液相色谱仪(带紫外检测器)。

4)操作方法

(1)样品处理

①汽水：称取5.00～10.0 g样品，放入小烧杯中，微温搅拌除去二氧化碳，用氨水(1+1)调pH约7。加水定容至10～20 mL，经滤膜(HA 0.45 μm)过滤。

②果汁类：称取5.00～10.00 g样品，用氨水(1+1)调pH约7，加水定容至10～20 mL，

离心沉淀,上清液经 0.45 μm 滤膜过滤。

③配制酒类:称取 10.00 g 样品,放入小烧杯中,水浴加热除去乙醇,用氨水(1+1)调 pH 约 7,加水定容至 20 mL,经 0.45 μm 滤膜过滤。

(2)高效液相色谱参考条件。

①柱:YWG – C$_{18}$ 4.6 mm × 250 mm,10 μm 不锈钢柱。

②流动相:甲醇 + 乙酸铵溶液(0.02 mol/L)(5 + 95)。

③流速:1 mL/min。

④进样量:10 μL。

⑤检测器:紫外检测器,230 nm 波长,0.2AUFS。根据保留时间定性,外标峰面积法定量。

5)计算

$$X = \frac{A \times 1000}{m \times \dfrac{V_2}{V_1} \times 1000} \tag{11-2}$$

式中:X——样品中苯甲酸或山梨酸的含量,单位为克每千克(g/kg);

A——进样体积中苯甲酸或山梨酸的质量,单位为毫克(mg);

V_1——样品稀释液总体积,单位为毫升(mL);

V_2——进样体积,单位为毫升(mL);

m——样品质量,单位为克(g)。

3. 薄层色谱法

1)原理

样品酸化后,用乙醚提取山梨酸、苯甲酸,将样品提取液浓缩,点于聚酰胺薄层板上,展开,显色后,根据薄层板上山梨酸、苯甲酸的比移值与标准比较定性,并可进行概略定量。

2)试剂

①石油醚:沸程 30~60℃。

②乙醚:不含过氧化物。

③盐酸(1+1):取 100 mL 盐酸,加水稀释至 200 mL。

④聚酰胺粉:200 目。

⑤山梨酸标准溶液:准确称取 0.2000 g 山梨酸,用少量无水乙醇溶解后移入 100 mL 容量瓶中,并稀释至刻度。此溶液每毫升相当于 2 mg 山梨酸。

⑥苯甲酸标准溶液:准确称取 0.2000 g 苯甲酸,用少量无水乙醇溶解后移入 100 mL 容量瓶中,并稀释至刻度。此溶液每毫升相当于 2 mg 苯甲酸。

⑦展开剂。

正丁醇 + 氨水 + 无水乙醇(7 + 1 + 2),或异丙醇 + 氨水 + 无水乙醇(7 + 1 + 2)。

⑧显色剂:0.4 g/L 溴甲酚紫 – 乙醇溶液(1 + 1),用 0.1 mol/L 氢氧化钠溶液调 pH 至 8。

⑨40 g/L 氯化钠酸性溶液:于 40 g/L 氯化钠溶液中加少量盐酸(1 + 1)酸化。

3)仪器

①吹风机。

②层析缸。

③玻璃板 10 cm × 18 cm。

④微量注射器 10 μL，100 μL。

⑤喷雾器。

4）操作步骤

（1）样品提取

称取 2.50 g 事先混合均匀的样品，置于 25 mL 带塞量筒中，加 0.5 mL 盐酸(1 + 1)酸化，用 15、10 mL 乙醚提取两次，每次振摇 1 min，将上层乙醚提取液吸入另一个 25 mL 带塞量筒中，合并乙醚提取液。用 3 mL 氯化钠酸性溶液(40 g/L)洗涤两次，静置 15 min，用滴管将乙醚层通过无水硫酸钠滤入 25 mL 容量瓶中，加乙醚至刻度，混匀。吸取 10.0 mL 乙醚提取液，分两次置于 10 mL 带塞离心管中，在约 40℃ 的水浴上挥干，加入 0.10 mL 乙醇溶解残渣，备用。

（2）测定

①聚酰胺粉板的制备：称取 1.6 g 聚酰胺粉，加 0.4 g 可溶性淀粉，加约 15 mL 水，研磨 3 ~ 5 min，立即倒入涂布器内制成 10 cm × 18 cm、厚度 0.3 mm 的薄层板两块，室温干燥后，于 80℃ 干燥 1 h，取出，置于干燥器中保存。

②点样：在薄层板下端 2 cm 的基线上，用微量注射器点 1 μL，2 μL 样品液，同时各点 1 μL，2 μL 山梨酸及苯甲酸标准溶液。

③展开与显色：将点样后的薄层板放入预先盛有展开剂的展开槽内，展开槽周围贴有滤纸，待溶剂前沿上展至 10 cm，取出挥干，喷显色剂，斑点成黄色，背景为蓝色。样品中所含山梨酸、苯甲酸的量与标准斑点比较定量。（山梨酸、苯甲酸的比移值依次为 0.82、0.73）。

5）计算

$$X = \frac{A \times 1000}{m \times \frac{10}{25} \times \frac{V_2}{V_1} \times 1000} \tag{11 - 3}$$

式中：X——样品中山梨酸(苯甲酸)的含量，单位为克每千克(g/kg)；

A——测定用样品液中山梨酸(苯甲酸)的质量，单位为毫克(mg)；

V_1——加入乙醇的体积，单位为毫升(mL)；

V_2——测定时点样的体积，单位为毫升(mL)；

m——样品质量，单位为克(g)；

10——测定时吸取乙醚提取液的体积，单位为毫升(mL)；

25——样品乙醚提取液总体积，单位为毫升(mL)。

11.2.3 禁用防腐剂定性试验

硼酸、水杨酸等以前曾经使用过的防腐剂，因毒性高等原因，现已禁用。硼酸及其化合物（硼砂）过去一直作为食品的防腐剂和面粉改良剂，由于用量大、效果差、易中毒，具有刺激性，可引起人体消化器官功能和同化作用障碍。水杨酸对蛋白质有凝固作用，可刺激胃黏膜。

1. 硼酸、硼砂

1）试剂

①盐酸(1 + 1)：量取盐酸 100 mL，加水稀释至 200 mL。

②碳酸钠溶液(40 g/L)。

③氢氧化钠溶液(4 g/L)：称取 2 g 氢氧化钠，溶于水并稀释至 500 mL。

④姜黄试纸：称取 20 g 姜黄粉末，用冷水浸渍 4 次，每次各 100 mL，除去水溶性物质后，残渣在 100℃干燥，加 100 mL 乙醇，浸渍数日，过滤。取 1 cm×8 cm 滤纸条，浸入溶液中，取出，于空气中干燥，贮于玻璃瓶中。

2)分析步骤

(1)试样处理

称取 3~5 g 固体试样，加碳酸钠溶液(40 g/L)充分湿润后，于小火上烘干、炭化后再置高温炉中灰化。量取 10~20 mL 液体试样，加碳酸钠溶液(40 g/L)至呈碱性后，置水浴上蒸干、炭化后再置高温炉中灰化。

(2)定性试验

①姜黄试纸法：取一部分灰分，滴加少量水与盐酸(1+1)至微酸性，边滴边搅拌，使残渣溶解，微温后过滤。将姜黄试纸浸入滤液中，取出试纸置表面皿上，于 60~70℃干燥，如有硼酸、硼砂存在时，试纸显红色或橙红色，在其变色部分熏以氨即转为绿黑色。

②焰色反应：取灰分置于坩埚中，加硫酸数滴及乙醇数滴，直接点火，硼酸或硼砂存在时，火焰呈绿色。

2. 水杨酸

1)试剂

①三氯化铁溶液(10 g/L)。

②亚硝酸钾溶液(100 g/L)。

③乙酸(50%)。

④硫酸铜溶液(100 g/L)：称取 10 g 硫酸铜($CuSO_4 \cdot 5H_2O$)，加水溶解至 100 mL。

2)分析步骤

(1)试样提取

同 11.3.2 薄层色谱法中的"样品提取"操作，用乙醚提取液蒸干后，残渣备用。

(2)定性试验

①三氯化铁法：残渣加 1 滴~2 滴三氯化铁溶液(10 g/L)，水杨酸存在时显紫堇色。

②确证试验：溶解残渣于少量热水中，冷后加 4 滴~5 滴亚硝酸钾溶液(100 g/L)，4~5 滴乙酸(50%)及 1 滴硫酸铜溶液(100 g/L)，混匀，煮沸 0.5 h，放置片刻，水杨酸存在时呈血红色(苯甲酸不显色)。

11.3 甜味剂的测定

11.3.1 甜味剂简介

甜味剂(sweetener)是指赋予食品甜味的食品添加剂。按其来源可分为天然甜味剂和人工合成甜味剂；按其营养价值可分为营养型和非营养型甜味剂；按其化学结构和性质可分为糖类和非糖类甜味剂。蔗糖、葡萄糖、果糖、麦芽糖和蜂蜜等物质虽然也是天然营养型甜味剂，但一般视为食品。人工合成甜味剂一般比蔗糖的甜度高 10 倍至数百倍，主要有糖精及其钠盐、甜蜜素、安赛蜜、阿斯巴甜和三氯蔗糖等。

11.3.2 食品中糖精钠的测定

糖精钠（$C_6H_4CONNaSO_2 \cdot 2H_2O$），又称为可溶性糖精或水溶性糖精。为无色至白色的结晶或结晶性粉末，无臭，微有芳香气。糖精钠易溶于水，在水中的溶解度随温度上升而迅速增加。摄入体内不分解，随尿排出，不供给热能，无营养价值。常用的测定方法有高效液相色谱法、薄层色谱法、离子选择电极法、紫外分光光度法等。目前测定食品中糖精钠的方法有高效液相色谱法、薄层色谱法及离子选择电极测定法。

1. 高效液相色谱法

1）原理

样品加温除去二氧化碳和乙醇，调 pH 至近中性，经微孔滤膜过滤后直接注入高效液相色谱仪，经反相色谱分离后，根据保留时间和峰面积进行定性和定量。

2）试剂

①甲醇：经 0.5 μm 滤膜过滤。

②乙酸铵溶液（0.02 mol/L）：称取 1.54 g 乙酸铵，加水至 1000 mL 溶解，经 0.45 μm 滤膜过滤。

③氨水（1+1）：氨水加等体积水混合。

④糖精钠标准贮备溶液：准确称取 0.0851 g 经 120℃ 烘 4 h 后的糖精钠，加水溶解定容至 100 mL。糖精钠含量 1.0 mg/mL，作为贮备溶液

⑤糖精钠标准使用溶液：吸取糖精钠标准贮备溶液 10 mL，放入 100 mL 容量瓶中，加水至刻度，经 0.45 μm 滤膜过滤。此溶液糖精钠 0.10 mg/mL。

3）仪器

高效液相色谱仪，附紫外检测器。

4）操作方法

（1）样品预处理

①汽水：称取 5.00~10.00 g，放入小烧杯中，微温搅拌除去二氧化碳，用氨水（1+1）调 pH 约 7，加水定容至适当体积，经 0.45 μm 滤膜过滤。

②果汁类：称取 5.00~10.00 g，用氨水（1+1）调 pH 约 7，加水定容至适当体积，离心沉淀，上清液经 0.45 μm 滤膜过滤。

③配制酒类：称取 10.00 g，放小烧杯中，水浴加热除去乙醇，用氨水（1+1）调 pH 约 7，加水定容至 20 mL，经 0.45 μm 滤膜过滤。

（2）高效液相色谱条件

①色谱柱：YWG – C_{18}，4.6 mm × 250 mm，10 μm 不锈钢柱。

②流动相：甲醇 + 乙酸铵溶液（0.02 mol/L）（5 + 95）。

③流速：1.0~1.2 mL/min。

④进样量：10 μL。

⑤检测器：紫外检测器，230 nm 波长。

⑥灵敏度：0.2AUFS。

（3）测定

取处理液和标准使用液各 10 μL(或相同体积)注入高效液相色谱仪进行分离,以其标准溶液峰的保留时间为依据进行定性,以其峰面积求出样液中被测物质的含量,供计算。

5)计算

$$X = \frac{A \times 1000}{m \times \dfrac{V_1}{V_2} \times 1000}$$ (11 - 4)

式中：X——样品中糖精钠含量,单位为克每千克(g/kg)；

A——进样体积中糖精钠的质量,单位为毫克(mg)；

V_1——样品稀释液总体积,单位为毫升(mL)；

V_2——进样体积,单位为毫升(mL)；

m——样品质量,单位为克(g)。

2.薄层色谱法

1)原理

在酸性条件下,食品中的糖精钠用乙醚提取、浓缩,薄层色谱分离、显色后,与标准比较,进行定性和半定量测定。

2)试剂

①硫酸铜溶液(100 g/L):称取 10 g 硫酸铜($CuSO_4 \cdot 5H_2O$),用水溶解并稀释至 100 mL。

②氢氧化钠溶液(40 g/L)。

③盐酸溶液(1 + 1):取 100 mL 盐酸,加水至 200 mL。

④乙醚:不含过氧化物。

⑤无水乙醇及95%乙醇。

⑥展开剂

正丁醇 + 氨水 + 无水乙醇(7 + 1 + 2)；或异丙醇 + 氨水 + 无水乙醇(7 + 1 + 2)。

⑦显色剂:溴甲酚紫溶液(0.4 g/L):称取 0.04 g 溴甲酚紫,用乙醇(50%)溶解,用氢氧化钠溶液(4 g/L)调至 pH 为 8,定容至 100 mL。

⑧聚酰胺粉:200 目。

⑨糖精钠标准溶液:准确称取 0.0851 g 经120℃干燥 4 h 后的糖精钠,加乙醇溶解,移入 100 mL 容量瓶中,加95%乙醇稀释至刻度。此溶液每毫升相当于 1 mg 糖精钠。

3)仪器

紫外光灯(波长 253.7 nm)、微量注射器、玻璃喷雾器、展开槽等。

4)操作方法

(1)样品提取

①饮料、冰棍、汽水。取 10 mL 均匀试样(如样品中含有二氧化碳、先加热除去。如样品中含有乙醇,加氢氧化钠溶液(40 g/L)使其呈碱性,在沸水浴中加热除去)。置于 100 mL 分液漏斗中,加 2 mL 盐酸(1 + 1),用30,20,20 mL 乙醚提取三次,合并乙醚提取液,用 5 mL 盐酸酸化的水洗涤一次,弃去水层。乙醚层通过无水硫酸钠脱水后,挥发乙醚,加 2.0 mL 乙醇溶解残渣,密塞保存,备用。

②酱油、果汁、果酱等。称取 20.0 g 或吸取 20.0 mL 均匀试样,置于 100 mL 容量瓶中,加水至约 60 mL,加 20 mL 硫酸铜溶液(100 g/L),混匀,再加 4.4 mL 氢氧化钠溶液

（40 g/L），加水至刻度，混匀，静置 30 min。过滤，取 50 mL 滤液，置于 150 mL 分液漏斗中，以下按①自"加 2 mL 盐酸(1+1)……"起依法操作。

③固体果汁粉等。称取 20.0 g 磨碎的均匀试样，置于 200 mL 容量瓶中，加 100 mL 水，加温使溶解、放冷，以下按②自"加 20 mL 硫酸铜溶液(100 g/L)……"起依法操作。

④糕点、饼干等含蛋白、脂肪、淀粉多的食品。称取 25.0 g 均匀试样，置于透析用玻璃纸中，放入大小适当的烧杯内，加 50 mL 氢氧化钠溶液(0.08 g/L)。调成糊状，将玻璃纸口扎紧，放入盛有 200 mL 的氢氧化钠溶液(0.08 g/L)的烧杯中，盖上表面皿，透析过夜。

量取 125 mL 透析液(相当 12.5 g 试样)，加约 0.4 mL 盐酸(1+1)使其成中性，加 20 mL 硫酸铜溶液(100 g/L)，混匀，再加 4.4 mL 氢氧化钠溶液(40 g/L)，混匀，静置 30 min，过滤。取 120 mL 滤液(相当 10 g 试样)，置于 250 mL 分液漏斗中，以下按①自"加 2 mL 盐酸(1+1)……"起依法操作。

（2）薄层板的制备

称取 1.6 g 聚酰胺粉，加 0.4 g 可溶性淀粉，加约 7.0 mL 水，研磨 3 ~ 5 min，立即涂成 0.25 mm ~ 0.30 mm 厚的 10 cm × 20 cm 的薄层板，室温干燥后，在 80℃下干燥 1 h，置于干燥器中保存。

（3）点样

在薄层板下端 2 cm 处，用微量注射器点 10 μL 和 20 μL 的样液 2 个点，同时点 3.0 μL，5.0 μL，7.0 μL，10.0 μL 糖精钠标准溶液，各点间距 1.5 cm。

（4）展开与显色

将点好的薄层板放入盛有展开剂(①或②)的展开槽中，展开剂液层约 0.5 cm 并预先已达到饱和状态。展开至 10 cm，取出薄层板，挥干，喷显色剂，斑点显黄色，根据试样点和标准点的比移值进行定性，根据斑点颜色深浅进行半定量测定。

5）计算

$$X = \frac{A \times 1000}{m \times \dfrac{V_2}{V_1} \times 1000}$$

(11 – 5)

式中：X——样品中糖精钠的含量，单位为克每千克或克每升(g/kg 或 g/L)；

A——测定用样液中糖精的质量，单位为毫克(mg)；

V_1——溶解试样提取液残留物加入乙醇的体积，单位为毫升(mL)；

V_2——点样液体积，单位为毫升(mL)；

m——试样质量或体积，单位为克或毫升(g 或 mL)。

3. 离子选择电极测定法

1）原理

糖精选择电极是以季铵盐所制 PVC 薄膜为感应膜的电极，它和作为参比电极的饱和甘汞电极配合使用以测定食品中糖精钠的含量。当测定温度、溶液总离子强度和溶液接界电位条件一致时，测得的电位遵守能斯特方程式，电位差随溶液中糖精离子的活度(或浓度)改变而变化。

被测溶液中糖精钠含量在 0.02 ~ 1 mg/mL 范围内。电位值与糖精离子浓度的负对数成线性关系。

2) 试剂

①盐酸(6 mol/L)：取 100 mL 盐酸，加水稀释至 200 mL，使用前以乙醚饱和。

②乙醚：使用前用 6 mol/L 盐酸饱和。

③氢氧化钠溶液(0.06 mol/L)：取 2.4 g 氢氧化钠加水溶解并稀释至 1000 mL。

④硫酸铜溶液(100 g/L)：称取 10 g 硫酸铜($CuSO_4 \cdot 5H_2O$)溶于 100 mL 水中。

⑤氢氧化钠溶液(40 g/L)。

⑥氢氧化钠溶液(0.02 mol/L)：将③稀释而成。

⑦磷酸二氢钠$[c(NaH_2PO_4 \cdot 12H_2O) = 1 \text{ mol/L}]$溶液：取 78 g 磷酸二氢钠溶解后转入 500 mL 容量瓶中，加水稀释至刻度，摇匀。

⑧磷酸氢二钠$[c(Na_2HPO_4 \cdot 12H_2O) = 1 \text{ mol/L}]$溶液：取 89.5 g 磷酸氢二钠于 250 mL 容量瓶中，加水溶解并稀释至刻度，摇匀。

⑨总离子强度调节缓冲液：87.7 mL 磷酸二氢钠溶液(1 mol/L)与 12.3 mL 磷酸氢二钠溶液(1 mol/L)混合即得。

⑩准确称取 0.0851 g 经120℃干燥 4 h 后的糖精钠结晶，移入 100 mL 容量瓶中，加水溶解并稀释至刻度，摇匀备用。此溶液每毫升相当于 1 mg 糖精钠。

3) 仪器

①精密级酸度计或离子活度计或其他精密级电位计，准确至 ±1 mV。

②217 型甘汞电极：具双盐桥式甘汞电极，下面的盐桥内装入含 10 g/L 琼脂的氯化钾溶液(3 mol/L)。

③糖精选择电极。

④磁力搅拌器。

4) 操作步骤

(1) 试样提取

①液体试样：豆浆、浓缩果汁、饮料、汽水、配制酒等。准确吸取 25 mL 均匀试样(汽水、含汽酒等需先除去二氧化碳后取样)，置于 250 mL 分液漏斗中，加 2 mL 盐酸(6 mol/L)，依次用 20 mL，20 mL，10 mL 乙醚提取三次，合并乙醚提取液，用 5 mL 盐酸酸化的水洗涤一次，弃去水层。乙醚层转移至 50 mL 容量瓶，用少量乙醚洗涤原分液漏斗合并入容量瓶，并用乙醚定容至刻度，必要时加入少许无水硫酸钠，摇匀，脱水备用。

②含蛋白质、脂肪、淀粉量高的食品：糕点、饼干、面包、酱菜、豆制品、油炸食品等。称取 20.00 g 切碎均匀试样，置透析用玻璃纸中，加 50 mL 氢氧化钠溶液(0.02 mol/L)，调匀后将玻璃纸口扎紧，放入盛有 200 mL 氢氧化钠溶液(0.02 mol/L)的烧杯中，盖上表面皿，透析 24 h，并不时搅动浸泡液。量取 125 mL 透析液，加约 0.4 mL 盐酸(6 mol/L)使成中性，加 20 mL 硫酸铜溶液(100 g/L)混匀，再加 4.4 mL 氢氧化钠溶液(40 g/L)，混匀。静置 30 min，过滤。取 100 mL 滤液于 250 mL 分液漏斗中，以下按①液体试样提取方法中自"加 2 mL 盐酸(6 mol/L)……"起依法操作。

③蜜饯类：称取 10.00 g 切碎的均匀试样，置透析用玻璃纸中，加 50 mL 氢氧化钠溶液(0.06 mol/L)，调匀后将玻璃纸扎紧，放入盛有 200 mL 氢氧化钠溶液(0.06 mol/L)的烧杯中，透析、沉淀、提取按②中所述方法操作。

④糯米制品：称取 25.00 g 切成米粒状小块的均匀试样，按②中所述方法操作。

（2）测定

①标准曲线的绘制：准确吸取 0 mL, 0.5 mL, 1.0 mL, 2.5 mL, 5.0 mL, 10.0 mL 糖精钠标准溶液（相当于0 mg, 0.5 mg, 1.0 mg, 2.5 mg, 5.0 mg, 10.0 mg 糖精钠），分别置于50 mL容量瓶，各加 5 mL 总离子强度调节缓冲液，加水至刻度，摇匀。

将糖精选择电极和217 型甘汞电极分别与测量仪器的负端和正端相连接，将电极插入盛有水的烧杯中，按其仪器的使用说明书调节至使用状态，并用水在搅拌下洗至电极的起始电位，取出电极用滤纸吸干。将上述标准系列溶液按低浓度到高浓度逐个测定，得其在搅拌时的平衡电位值（－mV）。在半对数纸上以毫升（毫克）为纵坐标，电位值（－mV）为横坐标绘制曲线。

②试样品的测定：准确吸取 20 mL 样品的乙醚提取液，置于 50 mL 烧杯中，挥发干后，残渣加 5 mL 总离子强度调节缓冲液，小心转动，振摇烧杯使残渣溶解，将烧杯内容物全部定量转移入 50 mL 容量瓶中，原烧杯用少量水多次漂洗后，并入容量瓶中，最后加水至刻度摇匀。依法测定其电位值（－mV），查标准曲线求得测定液中糖精钠毫克数。

5）计算

$$X = \frac{A \times 1000}{m \times \dfrac{V_2}{V_1} \times 1000} \tag{11-6}$$

式中：X——试样中糖精钠的含量，单位为克每千克或克每升（g/kg 或 g/L）；

A——查标准曲线求得的测定液中糖精钠的质量，单位为毫克（mg）；

V_1——样品乙醚提取液的总体积，单位为毫升（mL）；

V_2——分取样品乙醚提取液的体积，单位为毫升（mL）；

m——试样的质量或体积，单位为克或毫升（g 或 mL）。

11.3.3 食品中甜蜜素的测定

甜蜜素的化学名称为环己基氨基磺酸钠，易溶于水，水溶液呈中性，几乎不溶于乙醇等有机溶剂，对酸、碱、光、热稳定。甜味好，后苦味比糖精低。但甜度不高，为蔗糖的40～50倍，因此用量大，容易超标使用。甜蜜素自面世以来对人体是否有害一直存在争议，在加拿大、东南亚、日本等国禁止作为食品添加剂使用，我国对甜蜜素的使用也有严格的规定，凉果类、果丹（饼）类≤8.0 g/kg，糕点、配制酒、饮料等≤0.65 g/kg。目前测定甜蜜素的方法有气相色谱法、薄层层析法、紫外分光光度法、盐酸萘乙二胺比色法等。

1. 气相色谱法

1）原理

在硫酸介质中环己基氨基磺酸钠与亚硝酸反应，生成环己醇亚硝酸酯，用气相色谱法测定，根据保留时间和峰面积进行定性和定量。

2）试剂

①层析硅胶（或海砂）。

②亚硝酸钠溶液（50 g/L）。

③100 g/L 硫酸溶液。

④环己基氨基磺酸钠标准溶液：准确称取 1.0000 g 环己基氨基磺酸钠（含环己基氨基磺

酸钠 > 98%），加水溶解并定容至100 mL，此溶液每毫升含环己基氨基磺酸钠10 mg。

3）仪器设备

气相色谱仪（附氢火焰离子化检测器）。

4）操作步骤

（1）样品处理

①液体样品。含二氧化碳的样品先加热除去二氧化碳，含酒精的样品加氢氧化钠溶液（40 g/L）调至碱性，于沸水浴中加热除去乙醇。样品摇匀，称取20.0 g于100 mL带塞比色管，置冰浴中。

②固体样品。将样品剪碎称取2.0 g于研钵中，加少许层析硅胶或海砂研磨至呈干粉状，经漏斗倒入100 mL容量瓶中，加水冲洗研钵，并将洗液一并转移至容量瓶中，加水至刻度，不时摇动。1 h后过滤，滤液备用。准确吸取20 mL滤液于100 mL带塞比色管，置冰浴中。

（2）色谱条件

①色谱柱：长2 m，内径3 mm，不锈钢柱；

②固定相：Chromosorb WAW DMCS 80 ~ 100目，涂以10% SE – 30；

③测定条件：柱温80℃；汽化温度150℃；检测温度150℃。流速为氮气40 mL/min；氢气30 mL/min；空气300 mL/min。

（3）测定

①标准曲线绘制：准确吸取1.00 mL环己基氨基磺酸钠标准溶液于100 mL带塞比色管中，加水20 mL，置冰浴中，加入5 mL亚硝酸钠溶液（50 g/L），5 mL硫酸溶液（100 g/L），摇匀，在冰浴中放置30 min，并不时摇动。然后准确加入10 mL正己烷、5 g氯化钠，摇匀后置漩涡混合器上振动1 min（或振摇80次），静置分层后吸出己烷层于10 mL带塞离心管中进行离心分离。每毫升己烷提取液相当于1 mg环己基氨基磺酸钠。将环己基氨基磺酸钠的己烷提取液进样1 ~ 5 μL于气相色谱仪中，根据峰面积绘制标准曲线。

②样品测定：在样品管中自"加入5 mL亚硝酸钠溶液（50 g/L）……"起依①标准曲线绘制中所述方法操作，然后将试样同样进样1 ~ 5 μL，测定峰面积，从标准曲线上查出相应的环己基氨基磺酸钠含量。

5）结果计算

$$X = \frac{A \times 10 \times 1000}{m \times V \times 1000} \qquad (11-7)$$

式中：X——样品中环己基氨基磺酸钠的含量，单位为克每千克（g/kg）；

A——从标准曲线上查得的测定用试样中环己基氨基磺酸钠的质量，单位为微克（μg）；

M——样品的质量，单位为克（g）；

V——进样体积，单位为微升（μL）。

10——正己烷加入体积，单位为毫升（mL）。

11.4 食用合成色素的测定

11.4.1 着色剂简介

着色剂（food colour）又称色素，是使食品着色和改善食品色泽的食品添加剂，可分为食用天然色素和食用合成色素两大类。天然色素大多是从一些天然的动、植物体和微生物体中提取而得到，如类胡萝卜素、花色苷、叶绿素、辣椒红、胭脂红、甜菜红等。天然色素较为安全，且色泽自然，有些还有一定的营养价值和药理功能，但天然色素一般稳定性差，对光、热、酸、碱和某些酶等条件敏感。人工合成色素又称食品合成染料，是用人工合成方法所制的有机色素。其着色力强、色泽鲜艳、不易褪色、稳定性好、易溶解、易调色、成本低，但安全性差。目前，在食品行业使用单一色素已经比较少，大多数使用复合色素以达到比较满意的色泽。

11.4.2　食用合成色素的测定

食用合成色素的测定方法很多，黄晓雯用超高效液相色谱－串联质谱法同时测定红烧老抽中日落黄、柠檬黄、苋菜红、胭脂红、诱惑红、亮蓝等6种合成色素。罗利军等用导数伏安法同时测定胭脂红、柠檬黄、日落黄、赤藓红等5种混合人工合成色素。龙巍然等用胶束电动毛细管色谱同时测定食品中碱性嫩黄O、苏丹红Ⅰ～Ⅳ、酸性橙Ⅱ、酸性红92、荧光素二钠、日落黄、亮蓝、诱惑红、靛蓝、赤藓红和酸性红等13种人工合成色素。还有电化学方法、分光光度法、毛细管电泳法，试剂盒法可以快速检测食品中柠檬黄、日落黄、胭脂红和苋菜红4种合成色素，并可用于现场检测，也有用应用导数荧光光谱和概率神经网络鉴别合成色素的。目前主要用高效液相色谱法和薄层色谱法等。

1. 高效液相色谱法

1）原理

食品中人工合成色素用聚酰胺吸附法或用液－液分配法提取，制成水溶液，注入高效液相色谱仪，经反相色谱分离，根据保留时间定性，与峰面积比较定量。

2）试剂

①甲醇：经0.5 μm滤膜过滤。

②乙酸铵溶液（0.02 mol/L）：称取1.54 g乙酸铵，加水至1000 mL，溶解，经0.45 μm滤膜过滤。

③氨水：量取氨水2 mL，加水至100 mL，混匀。

④氨水－乙酸铵溶液（0.02 mol/L）：量取氨水（2+98）0.5 mL，加乙酸铵溶液（0.02 mol/L）至1000 mL，混匀。

⑤聚酰胺粉：过200目筛。

⑥甲醇+甲酸（6+4）溶液：量取甲醇60 mL，甲酸40 mL，混匀。

⑦柠檬酸溶液：称取20 g柠檬酸（$C_6H_8O_7 \cdot H_2O$），加水至100 mL，溶解混匀。

⑧无水乙醇+氨水+水（7+2+1）溶液：量取无水乙醇70 mL，氨水20 mL，水10 mL，混匀。

⑨三正辛胺+正丁醇溶液（5%）：量取三正辛胺5 mL，加正丁醇至100 mL，混匀。

⑩饱和硫酸钠溶液。

⑪硫酸钠溶液（2 g/L）。

⑫pH的6水：水中加柠檬酸溶液调pH到6。

⑬合成着色剂标准溶液：准确称取按其纯度折算为100%质量的柠檬黄、日落黄、苋菜红、胭脂红、新红、赤藓红、亮蓝、靛蓝各0.100 g，置100 mL容量瓶中，加pH 6水至刻度，

配置成水溶液(1.00 mg/mL)。

⑭合成着色剂标准使用液：临用时上述溶液加 pH 6 水稀释 20 倍，经 0.45 μm 滤膜过滤，配制成每毫升相当于 50.0 μg 的合成着色剂。

3) 仪器

高效液相色谱仪，带紫外检测器，254 nm 波长。

4) 分析步骤

(1) 样品处理

①橘子汁、果味水、果子露、汽水等。称取 20.0 ~ 40.0 g，放入 100 mL 烧杯中。含二氧化碳的样品，加热驱除二氧化碳。

②配制酒类。称取 20.0 ~ 40.0 g，放入 100 mL 烧杯中，加小碎瓷片数片，加热驱除乙醇。

③硬糖、蜜饯类、淀粉软糖等。称取 5.00 ~ 10.00 g 粉碎样品，放入 100 mL 小烧杯中，加水 30 mL，温热溶解。若样品溶液 pH 较高，用柠檬酸溶液调 pH 到 6 左右。

④巧克力豆及着色糖衣制品。称取 5.00 ~ 10.00 g，放入 100 mL 小烧杯中，用水反复洗涤色素，直到样品无色素为止，合并色素漂洗液为样品溶液。

(2) 色素提取

①聚酰胺吸附法：样品溶液加柠檬酸溶液调 pH 到 6，加热至 60℃，将 1 g 聚酰胺粉加少许水调成糊状，倒入样品溶液中，搅拌片刻，以 G3 垂融漏斗抽滤，用 60℃ pH6 的水洗涤 3 ~ 5 次，然后用甲醇 - 甲酸混合溶液洗涤 3 ~ 5 次(含赤藓红的样品用②法处理)，再用水洗至中性，用乙醇 - 氨水 - 水混合液解吸 3 ~ 5 次，每次 5 mL，收集解吸液，加乙酸中和，蒸发至近干，加水溶解，定容至 5 mL。经 0.45 μm 滤膜过滤，取 10 μL 进高效液相色谱仪。

②液 - 液分配法(适用于含赤藓红的样品)：将制备好的样品溶液放入分液漏斗中，加 2 mL 盐酸，三正辛胺 - 正丁醇溶液(5%)10 ~ 20 mL，振摇提取，分取有机相，重复提取至有机相无色，合并有机相，用饱和硫酸钠溶液洗 2 次，每次 10 mL，分取有机相，放蒸发皿中，水浴加热浓缩至 10 mL，转移到分液漏斗中，加 60 mL 正己烷，混匀，加氨水(2 + 98)提取 2 ~ 3 次，每次 5 mL，合并氨水溶液层(含水溶性酸性色素)，用正己烷洗 2 次，氨水层加乙酸调成中性，水浴加热蒸发至近干，加水定容至 5 mL。经 0.45 μm 滤膜过滤，取 10 μL 进高效液相色谱仪。

(3) 高效液相色谱条件

①色谱柱：YWG - C$_{18}$，4.6 mm × 250 mm 10 μm 不锈钢柱。

②流动相：甲醇 - 乙酸铵溶液(pH 值为 4，0.02 mol/L)。

③梯度洗脱：甲醇 20% ~ 35%，3 min；35% ~ 98%，9 min，98% 继续 6 min。

④流速：1 mL/min。

⑤检测器：紫外检测器，波长 254 nm。

(4) 测定

取相同体积样液和合成着色剂标准使用液分别注入高效液相色谱仪，根据保留时间定性，外标峰面积法定量。

(5) 计算

$$X = \frac{A \times 1000}{m \times \dfrac{V_2}{V_1} \times 1000 \times 1000}$$

(11-8)

式中：X——样品中着色剂的含量，单位为克每千克（g/kg）；

A——样液中着色剂的质量，单位为微克（μg）；

V_2——进样体积，单位为毫升（mL）；

V_1——样品稀释液总体积，单位为毫升（mL）；

m——样品质量，单位为克（g）。

（6）其他

8种着色剂色谱分离图，见图11-1。

2. 薄层色谱法

1）原理

水溶性酸性合成着色剂在酸性条件下被聚酰胺吸附，而在碱性条件下解吸附，再用纸色谱法或薄层色谱法进行分离后，与标准比较定性、定量。

2）试剂

①聚酰胺粉（尼龙6）200目。

②硫酸溶液（1+10）。

③甲醇-甲酸溶液（6+4）。

④柠檬酸溶液（200 g/L）。

⑤钨酸钠溶液（100 g/L）。

⑥石油醚（沸程60~90℃）。

⑦海砂：先用盐酸（1+10）煮沸15 min，用水洗至中性，再用氢氧化钠溶液（50 g/L）煮沸15 min，用水洗至中性，再于105℃干燥，贮于具玻璃塞的瓶中，备用。

⑧乙醇-氨溶液：取1 mL浓氨水，加乙醇（70%）至100 mL，混匀。

⑨乙醇溶液（50%）。

⑩硅胶G。

⑪pH 6的水：用柠檬酸溶液（200 g/L）调节至pH值为6。

⑫盐酸（1+10）。

⑬氢氧化钠溶液（50 g/L）。

⑭碎瓷片，处理方法同⑦。

⑮展开剂如下：

a. 正丁醇-无水乙醇-氨水（1%）（6+2+3），供纸色谱用。

b. 正丁醇-吡啶-氨水（1%）（6+3+4），供纸色谱用。

c. 甲乙酮-丙酮-水（7+3+3），供纸色谱用。

d. 甲醇-乙二胺-氨水（10+3+2），供薄层色谱用。

e. 甲醇-氨水-乙醇（5+1+10），供薄层色谱用。

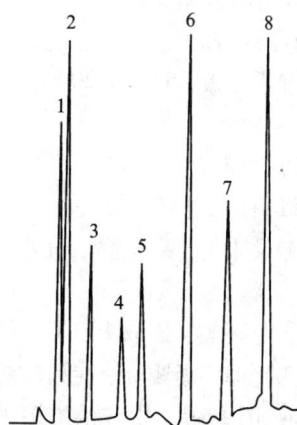

图11-1 8种着色剂色谱分离图
1—新红；2—柠檬黄；3—苋菜红；
4—靛蓝；5—胭脂红；6—日落黄；
7—亮蓝；8—赤鲜红

f.柠檬酸钠溶液(25 g/L) – 氨水 – 乙醇(8 + 1 + 2)，供薄层色谱用。

⑯合成着色剂标准溶液：按高效液相色谱法中 2)试剂中(13)的方法，分别配制着色剂的标准溶液，其浓度为每毫升相当于 1.0 mg 着色剂。

⑰着色剂标准使用液：临用时吸取着色剂标准溶液各 5.0 mL，分别置于 50 mL 容量瓶中，加 pH 6 的水稀释至刻度。此溶液每毫升相当于 0.1 mg 着色剂。

3)仪器

①分光光度计。

②微量注射器或血色素吸管。

③展开槽 25 cm × 6 cm × 4 cm。

④滤纸：中速滤纸，纸色谱用。

⑤电吹风机。

⑥层析缸。

⑦薄层板：5 cm × 20 cm。

⑧水泵。

4)操作方法

(1)样品处理

①果味水、果子露、汽水：称取 50.0 g 样品于 100 mL 烧杯中。汽水需加热驱除二氧化碳。

②配制酒：称取 100.0 g 样品于烧杯中，加碎瓷片数块，加热驱除乙醇。

③硬糖、蜜饯类、淀粉软糖：称取 5.00 g 或 10.0 g 粉碎的样品，加 30 mL 水，温热溶解，若样液 pH 较高，用柠檬酸溶液(200 g/L)调至 pH 为 4 左右。

④奶糖：称取 10.0 g 粉碎均匀的样品，加 30 mL 乙醇 – 氨溶液溶解，置水浴上浓缩至约 20 mL，立即用硫酸(1 + 10)调至微酸性，再加 1.0 mL 硫酸(1 + 10)，加 1 mL 钨酸钠溶液(100 g/L)，使蛋白质沉淀，过滤，用少量水洗涤，收集滤液。

⑤蛋糕类：称取 10.0 g 粉碎均匀的样品，加海砂少许，混匀，用热风吹干样品(用手摸已干燥即可以)，加入 30 mL 石油醚搅拌，放置片刻，倾出石油醚，如此重复处理三次，以除去脂肪，吹干后研细，全部转入 G3 漏斗或普通漏斗中，用乙醇 – 氨溶液提取色素，直至色素全部提完，以下按④自"置水浴上浓缩至约 20 mL……"起依法操作。

(2)吸附分离

将处理后所得的溶液加热至 70℃，加入 0.5 ~ 1.0 g 聚酰胺粉充分搅拌，用柠檬酸溶液(200 g/L)调 pH 至 4，使着色剂完全被吸附，如溶液还有颜色，可以再加一些聚酰胺粉。将吸附色素的聚酰胺全部转入 G3 垂融漏斗中过滤(如用 G3 垂融漏斗过滤可以用水泵慢慢地抽滤)。用 pH 6 的 70℃ 的水反复洗涤，每次 20 mL，边洗边搅拌。若含有天然色素，再用甲醇 – 甲酸溶液洗涤 1 ~ 3 次，每次 20 mL，至洗液无色为止。再用 70℃ 水多次洗涤至流出的溶液为中性。洗涤过程中必须充分搅拌。然后用乙醇 – 氨溶液分次解吸全部着色剂，收集全部解吸液，于水浴上驱氨。如果为单色，则用水准确稀释至 50 mL，用分光光度法进行测定。如果为多种色素混合液，则进行纸色谱或薄层色谱法分离后测定，即将上述溶液置水浴上浓缩至约 2 mL 后移入 5 mL 容量瓶中，用乙醇(50%)洗涤容器，洗涤并入容量瓶中并稀释至刻度。

（3）定性

①纸色谱：取色谱用纸，在距底边 2 cm 的起始线上分别点 3~10 μL 样品溶液、1~2 μL 着色剂标准溶液，挂于分别盛有展开剂 a、b 的层析缸中，用上行法展开，待溶剂前沿展至 15 cm 处，将滤纸取出于空气中晾干，与标准斑比较定性。

也可取 0.5 mL 样液，在起始线上从左到右点成条状，纸的左边点着色剂标准溶液，依法展开，晾干后先定性后再供定量用。靛蓝在碱性条件下易褪色，可用展开试剂 c 展开。

②薄层色谱。

a.薄层板的制备：称取 1.6 g 聚酰胺粉、0.4 g 可溶性淀粉及 2 g 硅胶 G，置于合适的研钵中，加 15 mL 水研匀后，立即置涂布器中铺成厚度为 0.3 mm 的板。在室温晾干后，于 80℃干燥 1 h，置干燥器中备用。

b.点样：离板底边 2 cm 处将 0.5 mL 样液从左到右点成与底边平行的条状，板的左边点 2 μL 色素标准溶液。

c.展开：苋菜红与胭脂红用展开试剂 d 展开、靛蓝与亮蓝用展开试剂 e 展开，柠檬黄与其他色素用展开试剂 f 展开。取适量展开剂倒入展开槽中，将薄层板放入展开，待着色剂明显分开后取出，晾干，与标准斑比较，如比移值相同即为同一色素。

（4）定量

①样品测定：将纸色谱的条状斑剪下，用少量热水洗涤数次，洗液移入 10 mL 比色管中，并加水稀释至刻度，作比色测定用。

将薄层色谱的条状色斑包括有扩散的部分，分别用刮刀刮下，移入漏斗中，用乙醇 - 氨溶液解吸着色剂，少量反复多次至解吸液无色，收集解吸液于蒸发皿中，于水浴上挥去氨，移入 10 mL 比色管中，加水至刻度，作比色用。

②标准曲线制备：分别吸取 0 mL，0.5 mL，1.0 mL，2.0 mL，3.0 mL，4.0 mL 胭脂红、苋菜红、柠檬黄、日落黄色素标准使用溶液，或 0 mL，0.2 mL，0.4 mL，0.6 mL，0.8 mL，1.0 mL 亮蓝、靛蓝色素标准使用溶液，分别置于 10 mL 比色管中，各加水稀释至刻度。

上述样品与标准管分别用 1 cm 比色杯，以零号管调节零点，于一定波长下（胭脂红 510 nm，苋菜红 520 nm，柠檬黄 430 nm，日落黄 482 nm，亮蓝 627 nm，靛蓝 620 nm），测定吸光度，分别绘制标准曲线比较或与标准色列目测比较定量。

5）计算

$$X = \frac{A \times 1000}{m \times \dfrac{V_2}{V_1} \times 1000} \qquad (11-9)$$

式中：X——样品中着色剂的含量，单位为克每千克（g/kg）；

A——测定用样液中着色剂的质量，单位为毫克（mg）；

m——样品质量或体积，单位为克或毫升（g 或 mL）；

V_1——样品解吸后总体积，单位为毫升（mL）；

V_2——样品点板（纸）体积，单位为毫升（mL）。

3. 示波极谱法

1）原理

食品中的合成着色剂，在特定的缓冲溶液中，在滴汞电极上可产生敏感的极谱波，波高与着色剂的浓度成正比。当食品中存在一种或两种以上互不影响测定的着色剂时,可用其进行定性定量分析。

2)试剂

①底液 A:磷酸盐缓冲液(常用于红色和黄色复合色素),可作觅菜红、胭脂红、日落黄、柠檬黄以及靛蓝着色剂的测定底液。

称取 13.6 g 无水磷酸二氢钾(KH_2PO_4)和 14.1 g 无水磷酸氢二钠(Na_2HPO_4)[或 35.6 g 含结晶水的磷酸氢二钠($Na_2HPO_4 \cdot 2H_2O$)]及 10.0 g 氯化钠,加水溶解后稀释至 1 L。

②底液 B:乙酸盐缓冲液(常用于绿色和蓝色复合色素),可作靛蓝、亮蓝、柠檬黄、日落黄着色剂的测定底液。

量取 40.0 mL 冰乙酸,加水约 400 mL,加入 20.0 g 无水乙酸钠,溶解后加水稀释至 1 L。

③柠檬酸溶液:200 g/L。

④乙醇–氨溶液:取 1 mL 浓氨水,加乙醇(70%)至 100 mL。

⑤着色剂标准溶液:准确称取按其纯度折算为 100% 质量的人工合成着色剂 0.100 g,溶解后置于 100 mL 容量瓶中,加水至刻度。此溶液 1 mL 含 1.00 mg 着色剂。

⑥着色剂标准使用溶液:吸取着色剂标准溶液 1.00 mL,置于 100 mL 容量瓶中,加水至刻度。此溶液 1 mL 含 10.0 μg 着色剂。

3)仪器

①微机极谱仪。

②常用玻璃仪器。

4)分析步骤

(1)试样处理

①饮料和酒类:取样 10.0~25.0 mL,加热驱除二氧化碳和乙醇,冷却后用 200 g/L 氢氧化钠和盐酸(1+1)调至中性,然后加蒸馏水至原体积。

②表层色素类:取样 5.0~10.0 g,用蒸馏水反复漂洗直至色素完全被洗脱。合并洗脱液并定容至一定体积。

③水果糖和果冻类:取样 5.0 g,用水加热溶解,冷却后定容至 25.0 mL。

④奶油类:取样 5.0 g 于 50 mL 离心管中,用石油醚洗涤三次,每次为 20~30 mL,用玻璃棒搅匀,离心,弃上清液。低温挥去残留的石油醚后用乙醇–氨溶液溶解并定容至 25.0 mL,离心,取上清液定量水浴蒸干,用适量的水加热溶解色素,用水洗入 10 mL 容量瓶并定容。

⑤奶糖类:取样 5.0 g 溶于乙醇–氨溶液至 25.0 mL,离心。取上清液 20.0 mL,加水 20 mL,加热挥去约 20 mL,冷却,用 200 g/L 柠檬酸调 pH 至 4,加入 200 目聚酰胺粉 0.5~1.0 g,充分搅拌使色素完全吸附后,用 30~40 mL 酸性水洗入 50 mL 离心管,离心,弃上层液体。沉淀物反复用酸性水洗涤 3~4 次后,用适量酸性水洗入含滤纸的漏斗中。用乙醇–氨溶液洗脱色素,将洗脱液水浴蒸干,用适量的水加热溶解色素,用水洗入 10 mL 容量瓶并定容。

(2)测定

①极谱条件:滴汞电极,一阶导数,三电极制,扫描速度 250 mV/s,底液 A 的初始扫描电位为 -0.2 V,终止扫描电位为 -0.9 V。参考峰电位为觅菜红 -0.42 V、日落黄 -0.50 V、

柠檬黄 – 0.56 V、胭脂红 – 0.69 V，靛蓝 – 0.29。底液 B 的初始扫描电位为 0.0V，终止扫描电位为 – 1.0 V。参考峰电位（溶液、底液偏酸使出峰电位正移，偏碱使出峰电位负移）：靛蓝 – 0.16 V、日落黄 – 0.32 V、柠檬黄 – 0.45 V、亮蓝 – 0.80 V。

②标准曲线：吸取着色剂标准使用溶液 0 mL，0.50 mL，1.00 mL，2.00 mL，3.00 mL，4.00 mL 分别于 10 mL 比色管中，加入 5.00 mL 底液，用水定容至 10.0 mL（浓度分别为 0 μg/mL，0.50 μg/mL，1.00 μg/mL，2.00 μg/mL，3.00 μg/mL，4.00 μg/mL），混匀后于微机极谱仪上测定。吸取量为 0 的是试剂空白溶液。

③试样测定：取试样处理液 1.00 mL，或一定量（复合色素峰电位较近时，尽量取稀溶液），加底液 5.00 mL，加水至 10.00 mL，摇匀后与标准系列溶液同时测定。

5）计算

$$X = \frac{C_\pi \times 10 \times 1000}{m \times V_1 \times V_2 \times 1000 \times 1000}$$ (11 – 10)

式中：X——试样中着色剂的含量，单位为克每升或克每千克（g/L 或 g/kg）；

C_π——试样测定液中着色剂的含量，单位为微克每毫升（μg/mL）；

m——试样取样质量或体积，单位为克或毫升（g 或 mL）；

V_1——试样测定液中试样处理液的体积，单位为毫升（mL）；

V_2——试样稀释后的总体积，单位为毫升（mL）。

11.5　发色剂的测定

11.5.1　发色剂简介

发色剂（colour fixatives）也称护色剂或呈色剂，是为增色或调色、加深颜色而加入的物质，本身没有着色能力，能与食品中某一成分作用使制品呈现良好色泽。发色剂主要用于肉及肉制品的加工。我国使用食品发色剂的历史悠久，古代劳动人民在肉类制品中为了保持其鲜红的色泽，通常使用硝石作为发色剂，硝石是一种硝酸盐（硝酸钾）。常用的发色剂有硝酸盐或亚硝酸盐。硝酸盐在细菌（亚硝酸菌）的作用下还原成亚硝酸盐。亚硝酸盐在肉中存在的乳酸的作用下生成亚硝酸。亚硝酸很不稳定，在室温下可分解为硝酸和亚硝基。亚硝基与肌红蛋白结合生成鲜红色的亚硝基肌红蛋白，使肉制品呈现良好的色泽。亚硝酸盐个仅具有良好的发色作用，而且对肉毒梭状芽孢杆菌有特殊的抑制作用，还能增强肉制品的风味。

亚硝酸盐非人体必需，摄入过多对人体健康产生危害，体内过量的亚硝酸盐，可使血液中二价铁离子氧化为三价铁离子，使正常血红蛋白转变为高铁血红蛋白，失去携氧能力，出现亚硝酸盐中毒症状。亚硝酸盐具有一定的毒性，且与胺类物质反应会生成公认的致癌物质——亚硝胺。因此，控制其使用量和摄入量是非常必要的。

11.5.2　食品中亚硝酸盐与硝酸盐的测定

硝酸盐和亚硝酸盐的测定方法很多，有离子色谱法、比色法、示波极谱法、气相色谱法荧光法和离子选择电极法等。

1. 离子色谱法

1）原理

试样经沉淀蛋白质、除去脂肪后，采用相应的方法提取和净化，以氢氧化钾溶液为淋洗液，阴离子交换柱分离，电导检测器检测。以保留时间定性，外标法定量。

2）试剂和材料

①超纯水：电阻率 >18.2 MΩ·cm。

②乙酸（CH_3COOH）：分析纯。

③氢氧化钾（KOH）：分析纯。

④乙酸溶液（3%）：量取乙酸 3 mL 于 100 mL 容量瓶中，以水稀释至刻度，混匀。

⑤亚硝酸根离子（NO_2^-）标准溶液（100 mg/L，水基体）。

⑥硝酸根离子（NO_2^-）标准溶液（1000 mg/L，水基体）。

⑦亚硝酸盐（以 NO_2^- 计，下同）和硝酸盐（以 NO_2^- 计，下同）混合标准使用液。准确移取亚硝酸根离子（NO_2^-）和硝酸根离子（NO_2^-）的标准溶液各 1.0 mL 于 100 mL 容量瓶中，用水稀释至刻度，此溶液每 1 L 含亚硝酸根离子 1.0 mg 和硝酸根离子 10.0 mg。

3）仪器和设备

①离子色谱仪：电导检测器，配有抑制器，高容量阴离子交换柱，50 μL 定量环。

②食物粉碎机。

③超声波清洗器。

④离心机：转速≥10000 转/分钟，配 5 mL 或 10 mL 离心管。

⑤0.22 μm 水性滤膜针头滤器。

⑥净化柱：C_{18}柱、Ag 柱和 Na 柱或等效柱。

注：所有玻璃器皿使用前均需依次用 2 mol/L 氢氧化钾和水分别浸泡 4 h，然后用水冲洗 3～5 次，晾干备用。

4）分析步骤

（1）试样预处理

①新鲜蔬菜、水果：将试样用去离子水洗净，晾干后，取可食部切碎混匀。将切碎的样品用四分法取适量，用食物粉碎机制成匀浆备用。如需加水应记录加水量。

②肉类、蛋、水产及其制品：用四分法取适量或取全部，用食物粉碎机制成匀浆备用。

③乳粉、豆奶粉、婴儿配方粉等固态乳制品（不包括干酪）：将试样装入能够容纳 2 倍试样体积的带盖容器中，通过反复摇晃和颠倒容器使样品充分混匀直到使试样均一化。

④发酵乳、乳、炼乳及其他液体乳制品：通过搅拌或反复摇晃和颠倒容器使试样充分混匀。

⑤干酪：取适量的样品研磨成均匀的泥浆状。为避免水分损失，研磨过程中应避免产生过多的热量。

（2）提取

①水果、蔬菜、鱼类、肉类、蛋类及其制品等：称取试样匀浆 5 g（精确至 0.01 g，可适当调整试样的取样量，以下相同），以 80 mL 水洗入 100 mL 容量瓶中，超声提取 30 min，每隔 5 min 振摇一次，保持固相完全分散。于 75℃水浴中放置 5 min，取出放置至室温，加水稀释至刻度。溶液经滤纸过滤后，取部分溶液于 10 000 转/分钟离心 15 min，上清液备用。

②腌鱼类、腌肉类及其他腌制品：称取试样匀浆 2 g(精确至 0.01 g)，以 80 mL 水洗入 100 mL 容量瓶中，超声提取 30 min，每 5 min 振摇一次，保持固相完全分散。于 75℃ 水浴中放置 5 min，取出放置至室温，加水稀释至刻度。溶液经滤纸过滤后，取部分溶液于 10 000 转/分钟离心 15 min，上清液备用。

③乳：称取试样 10 g(精确至 0.01 g)，置于 100 mL 容量瓶中，加水 80 mL，摇匀，超声波处理 30 min，加入 3% 乙酸溶液 2 mL，于 4℃ 放置 20 min，取出放置至室温，加水稀释至刻度。溶液经滤纸过滤，取上清液备用。

④乳粉：称取试样 2.5 g(精确至 0.01 g)，置于 100 mL 容量瓶中，加水 80 mL，摇匀，超声 30 min，加入 3% 乙酸溶液 2 mL，于 4℃ 放置 20 min，取出放置至室温，加水稀释至刻度。溶液经滤纸过滤，取上清液备用。

⑤取上述备用的上清液约 15 mL，通过 0.22 μm 水性滤膜针头滤器、C_{18} 柱，弃去前面 3 mL(如果氯离子大于 100 mg/L，则需要依次通过针头滤器、C_{18} 柱、Ag 柱和 Na 柱，弃去前面 7 mL)，收集后面的洗脱液待测。固相萃取柱使用前需进行活化，如使用 OnGuard II RP 柱(1.0 mL)、OnGuard II Ag 柱(1.0 mL)和 OnGuard II Na 柱(1.0 mL)，其活化过程为：OnGuard II RP 柱(1.0 mL)使用前依次用 10 mL 甲醇、15 mL 水通过，静置活化 30 min。OnGuard II Ag 柱(1.0 mL)和 OnGuard II Na 柱(1.0 mL)用 10 mL 水通过，静置活化 30 min。

(3)参考色谱条件

①色谱柱：氢氧化物选择性，可兼容梯度洗脱的高容量阴离子交换柱，如 Dionex IonPac AS11 - HC4 mm × 250 mm(带 IonPac AG11 - HC 型保护柱 4 mm × 50 mm)，或性能相当的离子色谱柱。

②淋洗液：一般试样：氢氧化钾溶液，浓度为 6 ~ 70 mmol/L；洗脱梯度为 6 mmol/L 30 min，70 mmol/L 5 min，6 mmol/L 5 min；流速 1.0 mL/min。

粉状婴幼儿配方食品：氢氧化钾溶液，浓度为 5 mmol/L ~ 50 mmol/L；洗脱梯度为 5 mmol/L 33 min，50 mmol/L 5 min，5 mmol/L 5 min；流速 1.3 mL/min。

③抑制器：连续自动再生膜阴离子抑制器或等效抑制装置。

④检测器：电导检测器，检测池温度为 35℃。

⑤进样体积：50 μL(可根据试样中被测离子含量进行调整)。

(4)测定

①标准曲线：移取亚硝酸盐和硝酸盐混合标准使用液，加水稀释，制成系列标准溶液，含亚硝酸根离子浓度为 0.00 mg/L、0.02 mg/L、0.04 mg/L、0.06 mg/L、0.08 mg/L、0.10 mg/L、0.15 mg/L、0.20 mg/L；硝酸根离子浓度为 0.0 mg/L、0.2 mg/L、0.4 mg/L、0.6 mg/L、0.8 mg/L、1.0 mg/L、1.5 mg/L、2.0 mg/L 的混合标准溶液，从低到高浓度依次进样。得到上述各浓度标准溶液的色谱图(图 11 - 2)。以亚硝酸根离子或硝酸根离子的浓度(mg/L)为横坐标，以峰高(μs)或峰面积为纵坐标，绘制标准曲线或计算线性回归方程。

②样品测定：分别吸取空白和试样溶液 50 μL，在相同工作条件下，依次注入离子色谱仪中，记录色谱图。根据保留时间定性，分别测量空白和样品的峰高(μs)或峰面积。

5)计算

$$X = \frac{(c - c_0) \times V \times f \times 10000}{m \times 1000} \tag{11-11}$$

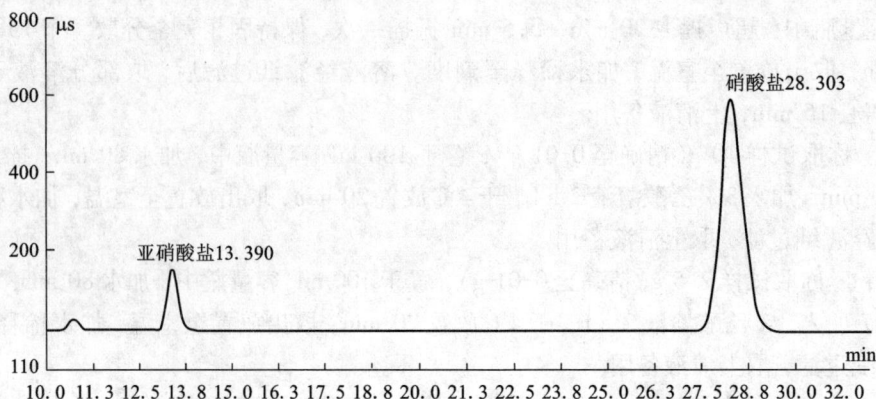

图 11-2 亚硝酸盐和硝酸盐混合标准溶液的色谱图

式中：X——试样中亚硝酸根离子或硝酸根离子的含量，单位为毫克每千克(mg/kg)；

c——测定用试样溶液中的亚硝酸根离子或硝酸根离子浓度，单位为毫克每升(mg/L)；

c_0——试剂空白液中亚硝酸根离子或硝酸根离子的浓度，单位为毫克每升(mg/L)；

V——试样溶液体积，单位为毫升(mL)；

f——试样溶液稀释倍数；

m——试样取样量，单位为克(g)。

6)说明

试样中测得的亚硝酸根离子含量乘以换算系数 1.5，即得亚硝酸盐(按亚硝酸钠计)含量；试样中测得的硝酸根离子含量乘以换算系数 1.37，即得硝酸盐(按硝酸钠计)含量。

2.分光光度法

1)原理

亚硝酸盐采用盐酸萘乙二胺法测定，硝酸盐采用镉柱还原法测定。

试样经沉淀蛋白质、除去脂肪后，在弱酸条件下亚硝酸盐与对氨基苯磺酸重氮化后，再与盐酸萘乙二胺偶合形成紫红色染料，用外标法测得亚硝酸盐含量。采用镉柱将硝酸盐还原成亚硝酸盐，测得亚硝酸盐总量，用此总量减去亚硝酸盐含量，即得试样中硝酸盐含量。

2)试剂和材料

除非另有规定，本方法所用试剂均为分析纯。水为 GB/T 6682 规定的二级水或去离子水。

①锌皮或锌棒。

②硫酸镉。

③亚铁氰化钾溶液(106 g/L)：称取 106.0 g 亚铁氰化钾($K_4Fe(CN)_6 \cdot 3H_2O$)，用水溶解，并稀释至 1000 mL。

④乙酸锌溶液(220 g/L)：称取 220.0 g 乙酸锌($Zn(CH_3COO)_2 \cdot 2H_2O$)，先加 30 mL 冰醋酸溶解，用水定容至 1000 mL。

⑤饱和硼砂溶液(50 g/L)：称取 5.0 g 硼酸钠($Na_2B_4O_7 \cdot 10H_2O$)，溶于 100 mL 热水中，冷却后备用。

⑥氨缓冲溶液(pH 9.6～9.7)：量取 30 mL 盐酸，加 100 mL 水，混匀后加 65 mL 氨水(25%)，再加水稀释至 1000 mL，混匀。调节 pH 至 9.6～9.7。

⑦氨缓冲液的稀释液：量取 50 mL 氨缓冲溶液，加水稀释至 500 mL，混匀。

⑧盐酸(0.1 mol/L)：量取 5 mL 盐酸(ρ = 1.19 g/mL)，用水稀释至 600 mL。

⑨对氨基苯磺酸溶液(4 g/L)：称取 0.4 g 对氨基苯磺酸($C_6H_7NO_3S$)，溶于 100 mL 20%(V/V)盐酸中，置棕色瓶中混匀，避光保存。

⑩盐酸萘乙二胺溶液(2 g/L)：称取 0.2 g 盐酸萘乙二胺($C_{12}H_{14}N_2 \cdot 2HCl$)，溶于 100 mL 水中，混匀后，置棕色瓶中，避光保存。

⑪亚硝酸钠标准溶液(200 µg/mL)：准确称取 0.1000 g 于 110℃～120℃干燥恒重的亚硝酸钠，加水溶解，移入 500 mL 容量瓶中，加水稀释至刻度，混匀。

⑫亚硝酸钠标准使用液(5.0 µg/mL)：临用前，吸取亚硝酸钠标准溶液 5.00 mL，置于 200 mL 容量瓶中，加水稀释至刻度。

⑬硝酸钠标准溶液(200 µg/mL，以亚硝酸钠计)：准确称取 0.1232 g 于 110℃～120℃干燥恒重的硝酸钠，加水溶解，移于入 500 mL 容量瓶中，并稀释至刻度。

⑭硝酸钠标准使用液(5 µg/mL)：临用时吸取硝酸钠标准溶液 2.50 mL，置于 100 mL 容量瓶中，加水稀释至刻度。

3）仪器和设备

①天平：感量为 0.1 mg 和 1 mg。

②组织捣碎机。

③超声波清洗器。

④恒温干燥箱。

⑤分光光度计。

⑥镉柱。

a.海绵状镉的制备：投入足够的锌皮或锌棒于 500 mL 硫酸镉溶液(200 g/L)中，经过 3～4 h，当其中的镉全部被锌置换后，用玻璃棒轻轻刮下，取出残余锌棒，使镉沉底，倾去上层清液，以水用倾泻法多次洗涤，然后移入组织捣碎机中，加 500 mL 水，捣碎约 2 s，用水将金属细粒洗至标准筛上，取 20～40 目之间的部分。

b.镉柱的装填：如图 11-3。用水装满镉柱玻璃管，并装入 2 cm 高的玻璃棉做垫，将玻璃棉压向柱底时，应将其中所包含的空气全部排出，在轻轻敲击下加入海绵状镉至 8～10 cm 高，上面用 1 cm 高的玻璃棉覆盖，上置一贮液漏斗，末端

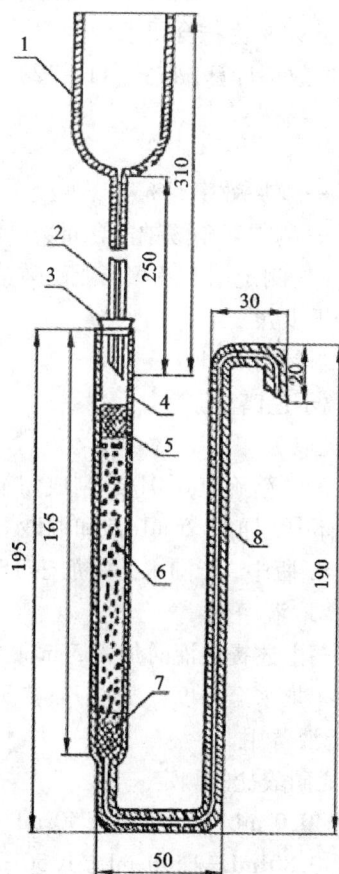

图 11-3 镉柱示意图

1—贮液漏斗，内径 35 mm，外径 37 mm；2—进液毛细管，内径 0.4 mm，外径 6 mm；3—橡皮塞；4—镉柱玻璃管，内径 12 mm，外径 15 mm；5，7—璃棉；6—海绵状镉；8—出液毛细管，内径 2 mm，外径 8 mm

要穿过橡皮塞与镉柱玻璃管紧密连接。

如无上述镉柱玻璃管时,可以25 mL酸式滴定管代用,但过柱时要注意始终保持液面在镉层之上。

当镉柱填装好后,先用25 mL 0.1 mol/L盐酸洗涤,再以水洗两次,每次25 mL,镉柱不用时用水封盖,随时都要保持水平面在镉层之上,不得使镉层夹有气泡。

③镉柱每次使用完毕后,应先以25 mL盐酸(0.1 mol/L)洗涤,再以水洗两次,每次25 mL,最后用水覆盖镉柱。

④镉柱还原效率的测定:吸取20 mL硝酸钠标准使用液,加入5 mL氨缓冲液的稀释液,混匀后注入贮液漏斗,使流经镉柱还原,以原烧杯收集流出液,当贮液漏斗中的样液流完后,再加5 mL水置换柱内留存的样液。取10.0 mL还原后的溶液(相当10 μg亚硝酸钠)于50 mL比色管中,以下按"离子色谱法中(4)①"自"吸取0.00 mL,0.20 mL,0.40 mL,0.60 mL,0.80 mL,1.00 mL……"起依法操作,根据标准曲线计算测得结果,与加入量一致,还原效率应大于98%为符合要求。

⑤还原效率计算,按式(11 – 12)进行计算:

$$X = \frac{A}{10} \times 100\% \qquad (11-12)$$

式中:X——还原效率,%;

A——测得亚硝酸钠的含量,单位为微克(μg);

10——测定用溶液相当亚硝酸钠的含量,单位为微克(μg)。

4)分析步骤

(1)试样的预处理

同"离子色谱法"。

(2)提取

称取5 g(精确至0.01 g)制成匀浆的试样(如制备过程中加水,应按加水量折算),置于50 mL烧杯中,加12.5 mL饱和硼砂溶液,搅拌均匀,以70℃左右的水约300 mL将试样洗入500 mL容量瓶中,于沸水浴中加热15 min,取出置冷水浴中冷却,并放置至室温。

(3)提取液净化

在振荡上述提取液时加入5 mL亚铁氰化钾溶液,摇匀,再加入5 mL乙酸锌溶液,以沉淀蛋白质。加水至刻度,摇匀,放置30 min,除去上层脂肪,上清液用滤纸过滤,弃去初滤液30 mL,滤液备用。

(4)亚硝酸盐的测定

吸取40.0 mL上述滤液于50 mL带塞比色管中,另吸取0.00 mL、0.20 mL、0.40 mL、0.60 mL、0.80 mL、1.00 mL、1.50 mL、2.00 mL、2.50 mL亚硝酸钠标准使用液(相当于0.0 μg、1.0 μg、2.0 μg、3.0 μg、4.0 μg、5.0 μg、7.5 μg、10.0 μg、12.5 μg亚硝酸钠),分别置于50 mL带塞比色管中。于标准管与试样管中分别加入2 mL对氨基苯磺酸溶液,混匀,静置3~5 min后各加入1 mL盐酸萘乙二胺溶液,加水至刻度,混匀,静置15 min,用2 cm比色杯,以零管调节零点,于波长538 nm处测吸光度,绘制标准曲线比较。同时做试剂空白。

(5)硝酸盐的测定

①镉柱还原：先以 25 mL 稀氨缓冲液冲洗镉柱，流速控制在 3~5 mL/min(以滴定管代替的可控制在 2~3 mL/min)。吸取 20 mL 滤液于 50 mL 烧杯中，加 5 mL 氨缓冲溶液，混合后注入贮液漏斗，使流经镉柱还原，以原烧杯收集流出液，当贮液漏斗中的样液流尽后，再加 5 mL 水置换柱内留存的样液。将全部收集液如前再经镉柱还原一次，第二次流出液收集于 100 mL 容量瓶中，继以水流经镉柱洗涤三次，每次 20 mL，洗液一并收集于同一容量瓶中，加水至刻度，混匀。

②亚硝酸钠总量的测定：吸取 10~20 mL 还原后的样液于 50 mL 比色管中。以下按"离子色谱法中(4) ①"自"吸取 0.00 mL, 0.20 mL, 0.40 mL, 0.60 mL, 0.80 mL, 1.00 mL……"起依法操作。

5)计算

(1)亚硝酸盐含量计算

亚硝酸盐(以亚硝酸钠计)的含量按式(11-13)进行计算。

$$X_1 = \frac{A_1 \times 1000}{m \times \frac{V_1}{V_0} \times 1000} \qquad (11-13)$$

式中：X_1——试样中亚硝酸钠的含量，单位为毫克每千克(mg/kg)；

A_1——测定用样液中亚硝酸钠的质量，单位为微克(μg)；

m——试样质量，单位为克(g)；

V_0——试样处理液总体积，单位为毫升(mL)；

V_1——测定用样液体积，单位为毫升(mL)。

(2)硝酸盐含量计算

硝酸盐(以硝酸钠计)的含量按下式(11-14)进行计算。

$$X_2 = \left(\frac{A_2 \times 1000}{m \times \frac{V_2}{V_0} \times \frac{V_4}{V_3} \times 1000} - X_1 \right) \times 1.232 \qquad (11-14)$$

式中：X_2——试样中硝酸钠的含量，单位为毫克每千克(mg/kg)；

A_2——经镉粉还原后测得总亚硝酸钠的质量，单位为微克(μg)；

m——试样的质量，单位为克(g)；

1.232——亚硝酸钠换算成硝酸钠的系数；

V_2——测总亚硝酸钠的测定用样液体积，单位为毫升(mL)；

V_0——试样处理液总体积，单位为毫升(mL)；

V_3——经镉柱还原后样液总体积，单位为毫升(mL)；

V_4——经镉柱还原后样液的测定用体积，单位为毫升(mL)；

X_1——试样中亚硝酸钠的含量，单位为毫克每千克(mg/kg)。

3.示波极谱法

1)原理

样品经沉淀蛋白质、除去脂肪后，在弱酸性的条件下亚硝酸盐与对氨基苯磺酸重氮化后，在弱碱性条件下再与 8-羟基喹啉偶合形成橙色染料，该偶氮染料在汞电极上还原产生电流，电流与亚硝酸盐的浓度呈线性关系，可与标准曲线比较定量。

2）试剂

①8 g/L 对氨基苯磺酸溶液：称取 2.00 g 对氨基苯磺酸，用热水溶解，再加 25 mL 1.0 mol/L盐酸，移至 250 mL 容量瓶稀释至刻度。

②1 g/L 8-羟基喹啉溶液：称取 0.250 g 8-羟基喹啉，加 4.00 mL 0.1 mol/L 盐酸和水溶解，移至 250 mL 容量瓶稀释至刻度。

③0.10 mol/L EDTA 溶液：称取 3.722 g EDTA（$C_{10}H_{14}N_2O_4Na \cdot 2H_2O$），加水 30 mL 溶解，转入 100 mL 容量瓶中用水稀释至刻度。

④氨水（5%）：吸取 28% 的浓氨水 5.00 mL 于 100 mL 容量瓶中，加水稀释至刻度。

⑤亚硝酸钠标准使用液：准确吸取亚硝酸钠标准溶液 5.00 mL 于 200 mL 容量瓶中，加水稀释至刻度，此溶液每毫升相当于 5 μg 亚硝酸钠。再取 10.00 mL 该稀释液于 100 mL 容量瓶中，加水稀释至刻度。此溶液每毫升相当于 0.5 μg 的亚硝酸钠。

其他试剂与比色法相同。

3）仪器

示波极谱仪。

4）操作方法

（1）样品处理

称取经绞碎混匀的样品 5.00 g（午餐肉、火腿肠可称 10.00 ~ 20.00 g），以下按"分光光度法中 4）（2）"自"置于 50 mL 烧杯中……"起依法操作。

（2）提取净化

同"分光光度法中 4）（3）"。

（3）测定

吸取 3 mL 上述溶液于 10 mL 容量瓶（或比色管）中，另取 0.00 mL, 0.50 mL, 1.00 mL, 1.50 mL, 2.00 mL, 2.50 mL, 3.00 mL 亚硝酸钠标准溶液（相当于 0.00 g, 0.25 μg, 0.50 μg, 0.75 μg, 1.00 μg, 1.25 μg, 1.5 μg 亚硝酸钠）于 10 mL 容量瓶（比色管）中，于标准与样品管中分别加入 0.20 mL 0.10 mol/L EDTA, 1.50 mL 8 g/L 对氨基苯磺酸溶液，混匀，静置 3 ~ 4 min后各加入 1.00 mL 1 g/L 8-羟基喹啉溶液和 0.5 mL 氨水（5%），用水稀释至刻度，混匀，静置 10 ~ 15 min，将试液全部转入电解池中（10 mL 小烧杯）。在示波极谱仪上采用三电极体系进行测定（滴汞电极为工作电极，饱和甘汞电极为参比电极，铂电极为辅助电极）。

测定参考条件：原点电位调节在 -0.20 V；倍率为 0.1（可以根据试样中亚硝酸盐含量多少选择合适的倍率，含量高，倍率选择在 0.1 以上；反之，倍率选择在 0.1 以下）；电极开关拨至三电极；导数档；测量开关拨至阴极。将三电极插入电解池中，每隔 7 s 仪器自行扫描一次，在荧光屏上记录 -0.56 V 左右（允许电位波动 10 ~ 20 mV）的极谱波高，绘制标准曲线比较。

5）计算

$$X = \frac{A \times 1000}{m \times \dfrac{V_2}{V_1} \times 1000 \times 1000} \tag{11-14}$$

式中：X——试样品中亚硝酸盐的含量，单位为克每千克（g/kg）；

A——测定用样液中亚硝酸盐的质量，单位为微克(μg)；

m——试样质量，单位为克(g)；

V_1——试样溶液的总体积，单位为毫升(mL)；

V_2——测定用样液体积，单位为毫升(mL)。

11.6 漂白剂的测定

11.6.1 漂白剂简介

漂白剂(bleaching agent)是指能够破坏或抑制食品的发色因素，使其转变为无色或使食品免于褐变的一类物质。根据作用原理可以分为氧化型漂白剂和还原型漂白剂两大类。氧化型漂白剂是使着色物质因氧化分解而漂白的漂白剂。常用的有过氧化氢、过氧化钙、过氧化苯甲酮、过氧化苯甲酰等。

还原型漂白剂大多属于亚硫酸及其盐类化合物，主要包括亚硫酸钠(Na_2SO_3)、亚硫酸氢钠($NaHSO_3$)、低亚硫酸钠($Na_2S_2O_4$)、焦亚硫酸钠($Na_2S_2O_5$)和硫磺燃烧生成的二氧化硫。亚硫酸盐作为食品加工中的漂白剂、防腐剂、褐变抑制剂和抗氧化剂，已有很长历史。亚硫酸盐因在使用过程中释放出二氧化硫而起作用，二氧化硫使发色基团中的不饱和键变成单键，使有机物褪色。还原型漂白剂对植物性食品比较有效。亚硫酸的防腐作用是由于其还原作用可阻断微生物的正常生理氧化过程，因而可以抑制微生物繁殖。对细菌和霉菌作用较强，对酵母菌较差。亚硫酸约0.05%就有防腐效果，0.5%效果显著。此外，通过还原作用，还可抑制水果中氧化酶的活力，防止氧化酶对营养成分的破坏和颜色的改变。但用量过大会破坏食品的营养成份。

亚硫酸毒性较小，人少量摄取时，经体内代谢成硫酸盐，从尿排出体外。当浓度超过500 mg/kg时，有可查觉的异味，一天摄取4~6 g，对胃肠损害，造成剧烈腹泻。因此，我国对使用范围和用量都有规定，最大使用量(以二氧化硫残留计)水果干类、饼干、食糖0.1 g/kg、食用淀粉0.03 g/kg，果蔬汁(浆)0.05 g/kg。

11.6.2 漂白剂的测定

食品中亚硫酸盐的测定方法有盐酸副玫瑰胺分光光度法、蒸馏法、碘量法、高效液相色谱法、极谱法和离子色谱法等。盐酸副玫瑰苯胺分光光度法简便、快速，是经典分析方法，碘量法操作简单，无需特殊设备，但灵敏度较低，干扰大，离子色谱法特异性好、灵敏度高，可同时测定多种成分。

1. 盐酸副玫瑰苯胺分光光度法

1)原理

亚硫酸盐与四氯汞钠反应生成稳定的络合物，再与甲醛及盐酸副玫瑰苯胺作用生成紫红色，与标准系列比较定量。

2)试剂

①氨基磺酸铵溶液(12 g/L)。

②四氯汞钠吸收液：称取13.6 g氯化高汞及6.0 g氯化钠，溶于水中并稀释至1000 mL,

放置过夜，过滤后备用。

③甲醛溶液（2 g/L）：吸取 0.55 mL 无聚合沉淀的甲醛（36%），加水稀释至 100 mL，混匀。

④淀粉指示液：称取 1 g 可溶性淀粉，用少量水调成糊状，缓缓倾入 100 mL 沸水中，随加随搅拌，煮沸，放冷备用，此溶液临用时现配。

⑤亚铁氰化钾溶液：称取 10.6 g 亚铁氰化钾[$K_4Fe(CN)_6 \cdot 3H_2O$]，加水溶解并稀释至 100 mL。

⑥乙酸锌溶液：称取 22 g 乙酸锌[$Zn(CH_3COO)_2 \cdot 2H_2O$]，溶于少量水中，加入 3 mL 冰乙酸，加水稀释至 100 mL。

⑦盐酸副玫瑰苯胺溶液：称取 0.1 g 盐酸副玫瑰苯胺（$C_{19}H_{18}N_2Cl \cdot 4H_2O$）于研钵中，加少量水研磨使溶解并稀释至 100 mL。取出 20 mL，置 100 mL 容量瓶中，加盐酸溶液（1 + 1），充分摇匀后使溶液由红变黄，如不变黄再滴加少量盐酸至出现黄色，再加水稀释至刻度，混匀备用（如无盐酸副玫瑰苯胺可用盐酸品红代替）。

盐酸副玫瑰苯胺的精制方法。称取 20 g 盐酸副玫瑰苯胺于 400 mL 水中，用 50 mL 盐酸（1 + 5）酸化，徐徐搅拌，加 4 ~ 5 g 活性炭，加热煮沸 2 min。将混合物倒入大漏斗中，过滤（用保温漏斗趁热过滤）。滤液放置过夜，出现结晶，然后再用布氏漏斗抽滤，将结晶再悬浮于 1000 mL 乙醚 - 乙醇（10 + 1）的混合液中，振摇 3 ~ 5 min，以布氏漏斗抽滤，再用乙醚反复洗涤至醚层不带色为止。于硫酸干燥器中干燥，研细后储存于棕色瓶中保存。

⑧碘溶液[$c(1/2\ I_2) = 0.100$ mol/L]。

⑨硫代硫酸钠标准滴定溶液[$c(Na_2S_2O_3 \cdot 5H_2O) = 0.100$ mol/L]。

⑩二氧化硫标准贮备溶液：称取 0.5 g 亚硫酸氢钠，溶于 200 mL 四氯汞钠吸收液中，放置过夜，上清液用定量滤纸过滤备用。

吸取 10.0 mL 亚硫酸氢钠 - 四氯汞钠溶液于 250 mL 碘量瓶中，加 100 mL 水，准确加入 20.00 mL 碘溶液（0.1 mol/L）和 5 mL 冰乙酸，摇匀，放置暗处，2 min 后迅速以硫代硫酸钠标准滴定溶液（0.100 mol/L）滴定至淡黄色，加 0.5 mL 淀粉指示液，继续滴至无色。另取 100 mL 水，准确加入 20.00 mL 碘溶液（0.1 mol/L）、5 mL 冰乙酸，按同一方法做试剂空白试验。

二氧化硫标准溶液的浓度按式（11 - 15）进行计算：

$$X = \frac{(V_2 - V_1) \times c \times 32.03}{10} \qquad (11 - 15)$$

式中：X——二氧化硫标准溶液浓度，单位为毫克每毫升（mg/mL）；

V_1——测定用亚硫酸氢钠 - 四氯汞钠溶液消耗硫代硫酸钠标准滴定溶液体积，单位为毫升（mL）；

V_2——试剂空白消耗硫代硫酸钠标准滴定溶液体积，单位为毫升（mL）；

c——硫代硫酸钠标准滴定溶液的摩尔浓度，单位为（mol/L）；

32.03——每毫升硫代硫酸钠[$c(Na_2S_2O_3 \cdot 5H_2O) = 1.000$ mol/L]标准滴定溶液相当于二氧化硫的质量，单位为毫克（mg）。

⑪二氧化硫标准使用液：临用前将二氧化硫标准贮备溶液以四氯汞钠吸收液稀释成每毫升相当于 2 μg 二氧化硫。

⑫硫酸(1＋71)。

3)仪器

分光光度计。

4)操作方法

(1)样品处理

①水溶性固体样品如白糖等可称取 10.00 g 均匀样品(样品量可视含量高低而定),以少量水溶解,置 100 mL 容量瓶中,加入 4 mL 氢氧化钠溶液(20 g/L),5 min 后加入 4 mL 硫酸(1＋71),然后加入 20 mL 四氯汞钠吸收液,以水稀释至刻度。

②其他固体样品如饼干、粉丝等可称取 5.0～10.0 g 研磨均匀的样品,以少量水湿润并移入 100 mL 容量瓶中,然后加入 20 mL 四氯汞钠吸收液,浸泡 4 h 以上,若上层溶液不澄清,可加入亚铁氰化钾及乙酸锌溶液各 2.5 mL,最后用水稀释至刻度,过滤后备用。

③液体样品如葡萄酒等可直接吸取 5.0～10.00 mL 样品,置于 100 mL 容量瓶中,以少量水稀释,加 20 mL 四氯汞钠吸收液,摇匀,最后加水到刻度,混匀,必要时过滤备用。

(2)测定

吸取 0.50～5.00 mL 上述样品处理液于 25 mL 带塞比色管中。另取 0 mL、0.20 mL、0.40 mL、0.60 mL、0.80 mL、1.00 mL、1.50 mL、2.00 mL 二氧化硫标准使用溶液(相当于 0 μg、0.4 μg、0.60 μg、0.8 μg、1.2 μg、1.6 μg、2.0 μg、3.0 μg、4.0 μg 二氧化硫),分别置于 25 mL 带塞比色管中。于样品及标准管中各加入四氯汞钠吸收液至 10 mL,然后再加入 1 mL 氨基磺酸铵溶液(12 g/L)、1 mL 甲醛溶液(2 g/L)及 1 mL 盐酸副玫瑰苯胺溶液,摇匀,放置 20 min。用 1 cm 比色杯,以零管调节零点,于波长 550 nm 处测吸光度,绘制标准曲线。

5)计算

$$X = \frac{A \times 1000}{m \times \dfrac{V}{100} \times 1000 \times 1000} \qquad (11-16)$$

式中:X——样品中二氧化硫的含量,单位为克每千克(g/kg);

A——测定用样液中二氧化硫的质量,单位为微克(μg);

m——样品质量,单位为克(g);

V——测定用样品体积,单位为毫升(mL)。

6)注意事项

①盐酸副玫瑰苯胺中盐酸使用量对显色有影响,加入盐酸量多,显色浅,量少显色深。

②二氧化硫标准使用液的浓度随放置时间逐渐降低,必须临用前用新标定的二氧化硫标准贮备溶液稀释。

③亚硫酸和食品中的醛(乙醛等)、酮(酮戊二酸、丙酮酸)和糖(葡萄糖、果糖、甘露糖)相结合,以结合形式的亚硫酸存在于食品中。加碱是将食品中的二氧化硫释放出来,加硫酸是为了中和碱,这是因为总的显色反应是在微酸性条件下进行的。

④亚硝酸对本法有干扰,故加入氨基磺酸铵,使亚硝酸分解。

$$HNO_2 + NH_2SO_2ONH_4 \longrightarrow NH_4HSO_4 + N_2 \uparrow + H_2O$$

⑤直接比色法显色时间和温度对显色有影响,所以在显色时要严格控制显色时间和温度。显色时间 10～30 min,温度 10～25℃显色稳定,高于 30℃测定值偏低。

2. 蒸馏法

1）原理

在密闭器中对样品进行酸化并加热蒸馏，以释放出其中的二氧化硫，释放物用乙酸铅溶液吸收。吸收后用浓盐酸酸化，再以碘标准溶液滴定，根据所消耗的碘标准溶液量计算出样品中的二氧化硫含量。

2）试剂

①盐酸（1＋1）：浓盐酸用水稀释一倍。

②乙酸铅溶液（20 g/L）：称取 2 g 乙酸铅，溶于少量水中并稀释至 100 mL。

③碘标准溶液［$c(1/2\ I_2) = 0.010$ mol/L］：将碘标准溶液（0.100 mol/L）用水稀释 10 倍。

④淀粉指示液（10 g/L）：称取 1 g 可溶性淀粉，用少许水调成糊状，缓缓倾入 100 mL 沸水中，边加边搅拌，煮沸 2 min，放冷，备用，此溶液应临用时新配。

3）仪器设备

①全玻璃蒸馏器。

②碘量瓶。

③酸式滴定管。

4）操作方法

（1）取样

固体样品用刀切或用剪刀剪成碎末后混匀，称取 5.00 g 均匀样品（取样量视含量高低而定）。液体样品可直接吸取 5.0～10.0 mL 样品，置于 500 mL 圆底蒸馏烧瓶中。

（2）测定

①蒸馏：将称好的样品置于圆底蒸馏烧瓶中，加入 250 mL 水，装上冷凝装置，冷凝管下端应插入碘量瓶中的 25 mL 乙酸铅吸收液（20 g/L）中，然后在蒸馏瓶中加入 10 mL 盐酸（1＋1），立即盖塞，加热蒸馏。当蒸馏液约 200 mL 时，使冷凝管下端离开液面，再蒸馏 1 min。用少量蒸馏水冲洗插入乙酸铅溶液的装置部分。在检测样品的同时做空白试验。

②滴定：向取下的碘量瓶中依次加入 10 mL 浓盐酸、1 mL 淀粉指示剂（10 g/L）。摇匀之后用碘标准滴定溶液（0.010 mol/L）滴定至变蓝且在 30s 内不褪色为止。

5）计算

$$X = \frac{(V_1 - V_2) \times 0.01 \times 0.032 \times 1000}{m} \tag{11-17}$$

式中：X——样品中二氧化硫的含量，单位为克每千克（g/kg）；

$\quad\quad V_1$——滴定样品液所用碘标准溶液（0.01 mol/L）的体积，单位为毫升（mL）；

$\quad\quad V_2$——滴定试剂空白所用碘标准溶液（0.01 mol/L）的体积，单位为毫升（mL）；

$\quad\quad m$——样品质量，单位为克（g）；

$\quad\quad 0.032$——1 mL 碘标准溶液［$c(1/2\ I_2) = 0.010$ mol/L］相当于二氧化硫的质量，单位为克（g）。

6）注意事项

①碘易挥发，其标准溶液在保存时特别注意要密封；应避免碘溶液与橡皮等有机物接触；用棕色瓶放置暗处，避免碘溶液见光遇热浓度发生变化。在良好的保存条件下，碘标准溶液的有效期为一个月。

②配制碘标准溶液时可加少量的盐酸使溶液偏酸性，可使碘化钾试剂中可能存在的 KIO_3 在酸性条件下与 KI 作用生成碘。

③碘和碘化钾研磨溶解后，切勿用滤纸过滤，以免滤纸被碘氧化。

④As_2O_3 难溶于水，但可溶于碱溶液中：$As_2O_3 + 6OH^- \Longrightarrow 2AsO_3^{3-} + 3H_2O$。与 I_2 的反应：$AsO_3^{3-} + I_2 + H_2O \rightarrow AsO_4^{3-} + 2I^- + 2H^+$。这个反应是可逆的，在中性或微碱性溶液中（pH=8），反应能定量地向右进行，在酸性溶液中，AsO_4^{3-} 氧化 I^- 析出 I_2。因此用 As_2O_3 标定碘标准溶液的浓度时，一定要将反应条件控制在微碱性。

3. 食品中过氧化苯甲酰的测定——液相色谱法

1）原理

样品中过氧化苯甲酰经甲醇提取后，以碘化钾为还原剂将其还原为苯甲酸，用高效液相色谱分离，在波长 230 nm 下检测。

2）试剂

①甲醇（色谱纯）。

②碘化钾溶液（50%，质量浓度）。

③苯甲酸（纯度≥99.9%，国家标准物质）。

④乙酸铵缓冲溶液（0.02 mol/L）：称取乙酸铵 1.54 g 用水溶解并稀释至 1L，混匀后用 0.45 μm 滤膜过滤后使用。

⑤苯甲酸标准贮备溶液（1 mg/mL）：称取 0.1 g（精确至 0.0001 g）苯甲酸，用甲醇稀释至 100 mL。

3）仪器设备

液相色谱仪（附紫外检测器），旋涡混合器。

4）操作方法

（1）样品处理

称取样品 5 g（准确至 0.1 mg）于 50 mL 具塞比色管中，加 10.0 mL 甲醇，在旋涡混合器上混匀 1 min，静置 5 min，加 50% 碘化钾溶液 5.0 mL，在旋涡混合器上混匀 1 min，放置 10 min。加水至 50.0 mL，混匀，静置，吸取上层清液通过 0.22 μm 滤膜，滤液置于样品瓶中备用。

（2）标准溶液的制备

准确移取苯甲酸标准贮备液 0 mL，0.625 mL，1.25 mL，2.50 mL，5.00 mL，10.0 mL，12.50 mL，25.00 mL 分别置于 25 mL 容量瓶中，加甲醇至 25.0 mL，配成浓度为 0 μg/mL，25.0 μg/mL，50.0 μg/mL，100.0 μg/mL，200.0 μg/mL，400.0 μg/mL，500.0 μg/mL，1000.0 μg/mL 的苯甲酸标准系列溶液。

分别称取 8 份 5 g（精确至 0.1 mg）不含苯甲酸和过氧化苯甲酰的小麦粉于 8 支 50 mL 具塞比色管中，分别准确加入苯甲酸标准系列溶液 10.00 mL，以下按（1）中自"在旋涡混合器上混匀 1 min……"起依法操作。标准液的最终浓度分别为 0 μg/mL，5.0 μg/mL，10.0 μg/mL，20.0 μg/mL，40.0 μg/mL，80.0 μg/mL，100.0 μg/mL，200.0 μg/mL。依次取不同浓度的苯甲酸标准液 10.0 μL，注入液相色谱仪，以苯甲酸峰面积为纵坐标，以苯甲酸浓度为横坐标，绘制标准曲线。

（3）测定

①色谱条件参考条件。

色谱柱：玻璃柱 4.6 mm×250 mm，C_{18}反相柱（5 μm）（为了延长柱子寿命，建议加 C_{18}保护柱）。

检测波长：230 nm。

流动相：甲醇：水（含 0.02 mol/L 乙酸铵）为 10：90（体积比）。

流速：1.0 mL/min。

进样量：10.0 μL。

②测定：取 10.0 μL 样品滤液注入液相色谱仪，根据苯甲酸的峰面积从工作曲线上查取对应的苯甲酸浓度，并计算样品中过氧化苯甲酰的含量。

5）计算

$$X = \frac{c \times V \times 1000}{m \times 1000 \times 1000} \times 0.992 \qquad (11-18)$$

式中：X——样品中过氧化苯甲酰的含量，单位为克每千克（g/kg）；

    c——样品液中相当于苯甲酸的浓度，单位为微克每毫升（μg/mL）；

    V——样品提取液体积，单位为毫升（mL）；

    m——样品质量，g；

    0.992——由苯甲酸换算成过氧化苯甲酰的换算系数：242.2/（2×122.1）。

小　结

本章介绍了食品添加剂的概念、分类和使用原则；重点对防腐剂、甜味剂、合成色素、发色剂、漂白剂的测定原理和方法进行了介绍。食品添加剂种类繁多，结构性质也不相同，食品基质的性质也差异很大，而且同一种食品添加剂也有几种不同的测定方法，因此，具体的分析检测要根据食品添加剂的种类、食品基质的性质和实验室的条件选择不同的测定方法，以达到分析检测的目的。

思考题

1. 简述山梨酸、苯甲酸的主要测定方法原理及注意事项。

2. 简述离子选择电极法测定食品中甜味剂的原理和方法。

3. 简述示波极谱法测定食品中合成色素的原理和方法。

4. 简述离子色谱法和分光光度法测定食品中硝酸盐和亚硝酸盐的原理和方法。

5. 食品中常用的漂白剂有哪些？怎样测定？

参考文献

[1] 陈福生. 食品安全实验——检测技术与方法[M]. 北京：化学工业出版社，2010.

[2] 凌关庭. 食品添加剂手册[M]. 第3版. 北京：化学工业出版社，2003.

［3］GB2760 – 2011.食品添加剂使用标准［S］.

［4］刘兴有，刁有祥.食品理化检验学［M］.第 2 版.北京：中国农业大学出版社，2008.

［5］李祥.食品添加剂使用技术［M］.北京：化学工业出版社，2011.

［6］王永华.食品分析［M］.第 2 版.北京：中国轻工业出版社，2011.

［7］传娜，徐溢，陈刚等.微型光谱分析系统检测食品添加剂山梨酸的研究［J］.光谱学与光谱分析，2012，32（8）：2299 – 2302.

［8］GB/T5009.29 – 2003.食品中山梨酸、苯甲酸的测定［S］.

［9］侯玉泽，李道敏，董铁有.食品理化检验［M］.北京：中国轻工业出版社，2003.

［10］钱建亚，熊强.食品安全概论［M］.南京：东南大学出版社，2006.

［11］GB/T5009.28 – 2003.食品中糖精钠的测定［S］.

［12］侯玉泽，丁晓雯.食品分析［M］.郑州：郑州大学出版社，2011.

［13］黄晓雯.超高效液相色谱 – 串联质谱测定红烧老抽中六种合成色素的方法［J］.食品工业科技，2012，33（16）：91 – 98.

［14］罗利军，杨琳，谭学才等.用导数伏安法同时测定 5 种混合人工合成色素［J］.分析试验室，2006，25（6）：39 – 42.

［15］龙巍然，王兴益，史振雨等.胶束电动毛细管色谱同时测定食品中 13 种人工合成色素［J］.分析测试学报，2012，31（9）：1100 – 1104.

［16］谢俊平，卢新.食品合成色素检测盒的应用研究［J］.中国卫生检验杂志，2009，19（10）：2415 – 2416.

［17］龙朝阳，蔡雪，梁春穗等.试剂盒法快速检测食品中的 4 种合成色素［J］.中国卫生检验杂志，2009，19（5）：1042 – 1043.

［18］陈国庆，吴亚敏，魏柏林等.应用导数荧光光谱和概率神经网络鉴别合成色素［J］.物理学报，2010，59（7）：5100 – 5104.

［19］GB/T5009.35 – 2003.食品中合成着色剂的测定［S］.

［20］林春绵，徐明仙，陶雪文.食品添加剂［M］.北京：化学工业出版社，2006.

［21］孙平.食品添加剂［M］.北京：中国轻工业出版社，2010

［22］GB 5009.33—2010.食品中亚硝酸盐与硝酸盐的测定［S］.

［23］GB/T5009.33—2003.食品中亚硝酸盐与硝酸盐的测定［S］.

［24］GB/T 5009.34—2003.食品中亚硫酸盐的测定［S］.

［25］朱文杰，茅力，王建等.面粉中过氧化苯甲酰检验方法的研究进展［J］.环境卫生学杂志，2012，2（4）：194 – 199.

［26］Wei C, Wei S, Zhao L, et al. Simple and fast fluorescene detection of benzoyl peroxide in wheat flour by N – methoxy rhodamine – 6G spirolactam based on consecutive chemical reactions ［J］. Analytica Chimica Acta, 2011, 708（1 – 2）：84 – 88.

［27］GB/T22325 – 2008.小麦粉中过氧化苯甲酰的测定——高效液相色谱法［S］.

第12章

食品中常见有害物质的测定

本章学习目的与要求

1. 掌握对化学性污染和生物性污染物质进行理化分析与检验的原理和技术；

2. 熟悉食品中有毒有害物质的种类、成分，熟悉不同有害物质的检测方法和标准；

3. 了解现在国内相关机构或企业采用的主流食品分析方法，要求学生会对食品中生物毒素、农兽药、非法添加物等有害物质进行分析检测，对食品分析的各种前沿技术有所了解。

食品是人类赖以生存、繁衍、维持健康的基本条件，能供给人体所需的各种营养素，保证身体的正常生长、发育和活动。在食品各种质量特性中的首要特性是食品的安全性，必须首先保证食品是安全的。而实际上食品中除了各种人体所需的营养物质之外，还含有一些有害物质或被认为是有害的物质。随着食品工艺的迅猛发展和消费者对食品安全日益增强的关注，食品中有害物质的分析检测已经成为现代食品分析的一个重要组成部分。

12.1 概 述

目前，食品科学急需解决的一大问题就是食品安全性问题。从广义上看，食品安全性就是指消费者所摄入的食品没有受到任何有害的化学物质、微生物、放射性物质的污染。由于安全性是食品的第一要素，因此从食品安全性方面来了解、研究这些物质是非常重要的。这些物质在人类长期的进化和生存过程中，有的已被充分认识，还有一些则是随着科技的发展近来才被人们所认识。

对于食品中存在的各种有害物质，目前研究较多的主要有农产品原料及动植物源性食品中残留的农药和兽药、各种生物毒素、各种食品工业过程中产生的污染物、以及非法添加物等等。

12.1.1 农药

农药(pesticide)是指用于预防、消灭或者控制危害农、林业的病、虫、草及其他有害生物，以及有目的地调节植物、昆虫生长的化学合成或者来源于生物、其他天然物质的一种物质或者几种物质的混合物及其制剂的通称。按用途分为杀虫剂、杀菌剂、除草剂、杀线虫剂、杀螨剂、杀鼠剂、落叶剂和植物生长调节剂等；按化学组分分为有机磷、氨基甲酸酯、拟除虫菊酯、有机氯、有机砷、有机汞等。

从1874年世界上第一个合成农药DDT问世以后，农药对现代化农业的发展注入了强大动力。没有农药的发展，就没有今天蓬勃发展的农业。据联合国粮农组织(FAO)统计资料表明，全世界使用农药防治病虫害挽回的农产品损失占世界粮食总产量的30%左右。但是农药是一把双刃剑，由于农药或多或少的残留，对人类生存环境和食品安全带来潜在危害。尤其是人们过量或非法的施药不仅造成了对农作物的直接污染，同时也造成了残存农药对环境的污染以及在生物富集和食物链中的传递，其结果集中表现在农作物、果蔬以及各种食品中农药残留量超标。农产品农药残留的超标可能造成人体的急性中毒和慢性危害，某些农药还对人和动物的遗传和生殖系统造成影响，使动物和胎儿产生畸形，并引起癌症，同时严重影响我国食品出口贸易，造成巨大的经济损失。因此不仅在国家各级检测中心和进出口检验检疫部门需要对农残进行检测，在超市、农贸市场等各种场所也需要对农药残留进行监控分析。

12.1.2 生物毒素

生物毒素(biotoxin)是一大类生物活性物质的总称，是生物在生长代谢过程中产生的有毒化学物质。生物毒素有别于人工合成的有毒化合物，有时也被称作天然毒素(natural toxins)。

食品中毒素物质的种类很多，按其来源可分为动物毒素、植物毒素和微生物毒素。由于海洋毒素主要产于海洋，并且具有与上述毒素不同的特性，常单独分为一类。常见的如河豚毒素、贝类毒素、西加毒素等。动物毒素的主要成分是多聚肽、酶和胺类等，如天然的蛇毒、蜂毒、蝎毒等。植物毒素植物中的天然有毒物质是指植物体本身存在或者由于储存条件不当形成的某种对人体健康有毒害的非营养性天然物质成分，不包括那些污染的和吸收进植物体内的外源化合物，如农药残留和重金属污染物等。因此，植物源性天然有毒物质可以分为两类，一类是植物天然含有的有毒成分，如生氰糖苷、硫苷等；另一类是在一定条件下植物产生的有毒成分，如发芽马铃薯中的龙葵碱等。与食品安全关系密切，且比较常见的植物源性天然有毒物质主要有苷类、生物碱、毒蛋白、酶、过敏原、蘑菇毒素等。按其致毒成分分为酚类化合物、生物碱、萜类化合物以及酶、多肽和蛋白质等。微生物毒素是微生物在生长繁殖过程中产生的一种次级代谢产物，常见的有黄曲霉毒素(aflatoxin, AFT)、镰刀菌毒素、赤霉菌毒素等真菌毒素。

大多数天然毒素的毒性很强，已经对食品安全和人类健康构成了威胁。对食品/饲料中生物毒素的研究和检测日益显现出其必要性和迫切性。

12.1.3 化学性食品污染物

据美国卫生基金会和国家癌症研究所近40年来的研究分析，全世界每年患癌症的500万人中，有50%左右是食品污染造成的。

1968年，震惊世界的日本爱知县米糠油事件则是由于多氯联苯污染造成的。日本九州一个食用油厂在生产米糠油时，因管理不善、操作失误，致使米糠油中混入了脱臭工艺中使用的热载体多氯联苯，造成食用油污染。食用污染食用油的1200人中41%的人患上了不同程度的恶性肿瘤，同时造成了数十万只家禽的死亡。

2002年4月瑞典国家食品局和斯德哥尔摩大学科学家公布的研究结果他们发现在炸薯条、面包等经高温处理的食品中广泛存在较高水平的丙烯酰胺，而且含量超过饮水中允许最大限量的500多倍，由于丙烯酰胺具有潜在的神经毒性、遗传毒性和致癌性，引起全球研究人员的极大关注。

二噁英毒性大、污染广，已成为近年来各国研究最多的化合物之一。美国雏鸡浮脚病事件、越战落叶剂事件、意大利二噁英中毒事件、我国台湾省的二噁英污染事件、比利时肉鸡污染事件，全球几乎每一个地方都暴露在二噁英的污染之下。对二噁英的检测分析是保证农产品和食品安全的一个重要检测指标。

由食品污染所导致的疾病已成为全世界最为广泛关注的安全卫生问题之一，食源性疾病的发病率在发达和发展中国家都呈现出上升态势。二噁英、多氯联苯、丙烯酰胺等污染事件层出不穷，严重威胁饮食安全和消费者健康。因此，各种污染物的检测分析已成为食品安全和食品科学领域的一个重要研究内容。

12.1.4 非法添加物

近些年我国食品安全事件层出不穷，其中诸如苏丹红、三聚氰胺、瘦肉精、地沟油、染色馒头、毒花椒等事件，大多是人为化学污染造成。一些国内知名大企业也涉嫌其中，三鹿的三聚氰胺"毒牛奶"事件、双汇的"瘦肉精"问题，无不让国人汗颜。

猪肉中的"瘦肉精"盐酸克伦特罗，在医学临床上可以治疗哮喘，国际上也有一些运动员非法服用该药以提高肌肉力量，因其对心脏的损害严重早已被禁用。20世纪80年代初，美国一家公司开始将其添加到饲料中增加瘦肉率。人食用添加"瘦肉精"的猪肉、猪肝后会出现头晕、恶心、手脚颤抖，甚至出现心跳骤然停止，导致昏迷死亡，特别对心律失常、高血压、青光眼、糖尿病和甲状腺机能亢进等患者有极大危害。因此，全球已禁用"瘦肉精"做饲料添加剂。被滥用的添加物还有"红心"鸭蛋中的苏丹红、粉丝白糖中的"吊白块"（甲醛次硫酸氢钠）、超标使用的面粉增白剂（过氧化苯甲酰）等。

每一次事件的发生严格意义上不属于食品安全问题，而是违法行为！主要原因是黑心商人为了追逐利润向食品中非法添加各种化学物质造成。这些化学非法添加物，不仅成为危害人们身体健康的凶手，而且还使我国食品出口严重受阻。因此，如何有效控制食品的非法添加物成为我们必须认真思考的问题。

12.2 食物中残留农药的测定

各种农药中，六六六、滴滴涕等有机氯农药和它们的代谢产物由于化学性质稳定，在农作物及环境中消解极其缓慢，同时容易在人和动物体脂肪中积累，因而虽然有机氯农药及其代谢物毒性并不高，但它们的残毒问题以及对环境和食品的安全威胁一直备受关注。有机磷农药化学性质不稳定，施用后容易受外界条件影响而分解，但有机磷农药中存在着部分高毒和剧毒品种，如甲胺磷、对硫磷、水胺硫磷等，如果被施用于生长期较短、连续采收的蔬菜，则很难避免因残留量超标而导致人畜中毒。目前很多有机氯和有机磷农药被明令禁止使用，但非法使用以及早期环境中残存等各种情况仍然造成很多农药残留量超标，对其分析和监控仍是食品安全领域的重要内容。

12.2.1 食品中有机氯农药的测定

由于有机氯农药含有的 Cl⁻ 具有电负性，可以采用气相色谱(gas chromatography，GC)分离分析，用电子捕获检测器(electron capture detector，ECD)对电负性成分 Cl⁻ 进行较高选择性和灵敏度检测。此方法适用于肉类、蛋类、乳类动物性食品和植物(含油脂)中 a – HCH、六氯苯、β – HCH、γ – HCH、五氯硝基苯、σ – HCH、五氯苯胺、七氯、五氯苯基硫醚、艾氏剂、氧氯丹、环氧七氯、反式氯丹、α – 硫丹、顺式氯丹、p, p′ – 滴滴伊(DDE)、狄民剂、异狄氏剂、β – 硫丹、p, p′ – DDD、o, p′ – DDT、异狄氏剂醛、硫丹硫酸盐、p, p′ – DDT、异狄氏剂酮、灭蚁灵的分析。

1. 原理(GB/T 5009.19—2008)

基于试样中有机氯农药组分的脂溶性及电负性强的特点，样品中有机氯农药经石油醚提取、凝胶色谱层析净化，用毛细管柱气相色谱分离，用电子捕获检测器检测，以保留时间定性，外标法定量。

2. 试剂

①丙酮(CH₃COCH₃)：分析纯，重蒸；

②石油醚：沸程30℃～60℃，分析纯，重蒸；

③乙酸乙酯(CH₃COOC₂H₅)：分析纯，重蒸；

④环己烷(C₆H₁₂)：分析纯，重蒸；

⑤正己烷(n – C₆H₁₄)：分析纯，重蒸；

⑥氯化钠(NaCl)：分析纯；

⑦无水硫酸钠(Na₂SO₄)：分析纯，置干燥箱中120℃干燥4 h，冷却后，密闭保存；

⑧聚苯乙烯凝胶(Bio – Beads S – X3)：200 目～400 目，或同类产品；

⑨农药标准品：α – 六六六(α – HCH)、六氯苯(HCB)、β – 六六六(β – HCH)、γ – 六六六(γ – HCH)、五氯硝基苯(PCNB)、σ′ – 六六六(σ′ – HCH)、五氯苯胺(PCA)、七氯(heptachlor)、五氯苯基硫醚(pCPs)、艾氏剂(aldrin)、氧氯丹(oxychlordane)、环氧七氯(heptachlor epoxide)、反氯丹(trans – chlordane)、α – 硫丹 (α – endosulfan)、顺氯丹(cis – chlordane)、p, p′ – 滴滴伊(p, p′ – DDE)、狄氏剂(dieldrin)、异狄氏剂(endrin)、β – 硫丹(β – endosulfan)、p, p′ – 滴滴滴(p, p′ – DDD)、o, p′ – 滴滴涕(o, p′ – DDT)、异狄氏剂醛

(endrin aldehyde)、硫丹硫酸盐(endosulfan sulfate)、p, p′-滴滴涕(p, p′-DDT)、异狄氏剂酮(endrin ketone)、灭蚁灵(mirex),纯度均不低于98%。标准溶液的配制:分别准确称取或量取上述农药标准品适量,用少量苯溶解,再用正己烷稀释成一定浓度的标准储备溶液。量取适量标准储备溶液,用正己烷稀释为系列混合标准溶液。

3.仪器

①气相色谱仪(GC):配有电子捕获检测器(ECD);

②凝胶净化柱:长30 cm,内径2.3~2.5 cm具活塞玻璃层析柱,柱底垫少许玻璃棉。用洗脱剂乙酸乙酯-环己烷(1+1)浸泡的凝胶,以湿法装入柱中,柱床高约26 cm,凝胶始终保持在洗脱剂中;

③全自动凝胶色谱系统:带有固定波长(254 nm)紫外检测器,供选择使用;

④旋转蒸发仪;

⑤组织匀浆器;

⑥振荡器;

⑦氮气浓缩器。

4.分析步骤

1)试样制备

蛋品去壳,制成匀浆;肉品去筋后,切成小块,制成肉糜;乳品混匀待用。

2)提取与分离

(1)蛋类

称取试样20 g(精确到0.01 g)于200 mL具塞三角瓶中,加水5 mL,再加入40 mL丙酮,振摇30 min后,加入NaCl 6 g,充分摇匀,再加入30 mL石油醚,振摇30 min。静置分层后,将有机相全部转移至100 mL具塞三角瓶中,经无水硫酸钠干燥,并量取35 mL于旋转蒸发瓶中,浓缩至约1 mL,加入2 mL乙酸乙酯-环己烷(1+1)溶液再浓缩,如此重复3次,浓缩至约1 mL,供凝胶色谱层析净化使用,或将浓缩液转移至全自动凝胶渗透色谱系统配套的进样试管中,用乙酸乙酯-环己烷(1+1)溶液洗涤旋转蒸发瓶数次,将洗涤液合并至试管中,定容至10 mL。

(2)肉类

称取试样20 g(精确到0.01 g),加水15 mL。加40 mL丙酮,振摇30 min,其余步骤按照蛋类试样的提取、分离步骤处理。

(3)乳类

称取试样20 g(精确到0.01 g),鲜乳不需加水,直接加丙酮提取。以下按照蛋类试样的提取、分离步骤处理。

(4)大豆油

称取试1 g(精确到0.01 g),直接加入30 mL石油醚,振摇30 min后,将有机相全部转移至旋转蒸发瓶中,浓缩至约1 mL,加2 mL乙酸乙酯-环己烷(1+1)溶液再浓缩,如此重复3次,浓缩至约1 mL,供凝胶色谱层析净化使用,或将浓缩液转移至全自动凝胶渗透色谱系统配套的进样试管中,用乙酸乙酯-环己烷(1+1)溶液洗涤旋转蒸发瓶数次,将洗涤液合并至试管中,定容至10 mL。

（5）植物类

称取试样匀浆 20 g，加水 5 mL（视其水分含量加水，使总水量约 20 mL），加丙酮 40 mL，振荡 30 min，加氯化钠 6 g，摇匀。加石油醚 30 mL，再振荡 30 min，其余步骤按照蛋类试样的提取、分离步骤处理。

3）净化

选择（1）或（2）任何一种方法进行。

（1）手动凝胶色谱柱净化

将试样浓缩液经凝胶柱以乙酸乙酯－环己烷（1＋1）溶液洗脱，弃去 0～35 mL 流分，收集 35～70 mL 流分。将其旋转蒸发浓缩至约 1 mL，再经凝胶柱净化收集 35～70 mL 流分，蒸发浓缩，用氮气吹除溶剂，用正己烷定容至 1 mL，留待 GC 分析。

（2）全自动凝胶渗透色谱系统净化

试样由 5 mL 试样环注入凝胶渗透色谱（GPC）柱，泵流速 5.0 mL/min，以乙酸乙酯－环己烷（1＋1）溶液洗脱，弃去 0～7.5 min 流分，收集 7.5～15 min 流分，15～20 min 冲洗 GPC 柱。将收集的流分旋转蒸发浓缩至约 1 mL，用氮气吹至近干，用正己烷定容至 1 mL，留待 GC 分析。

4）测定

（1）气相色谱参考条件

色谱柱：DM－5 石英弹性毛细管柱，长 30 m、内径 0.32 mm、膜厚 0.25 μm；或等效柱；柱温：采用程序升温，进样口温度：280℃，不分流进样，进样量 1 μL；具体升温程序如下：

$$90℃（1\ min）\xrightarrow{40℃/min}170℃\xrightarrow{2.3℃/min}230℃（17\ min）\xrightarrow{40℃/min}280℃（5\ min）$$

检测器：ECD，温度 300℃；载气流速：氮气（N_2），流速 1 mL/min；尾吹，25 mL/min；柱前压：0.5 MPa。

（2）色谱分析

分别吸取 1 μL 混合标准液及试样净化液注入气相色谱仪中，记录色谱图，以保留时间定性，以试样和标准的峰高或峰面积比较定量。

（3）色谱图

见图 12－1。

5. 结果计算

$$X=\frac{m_1 \times V_1 \times f \times 1000}{m \times V_2 \times 1000} \tag{12－1}$$

式中：X——试样中各农药的含量，单位为毫克每千克（mg/kg）；

m_1——被测样液中各农药的含量，单位为纳克（ng）；

V_1——样液进样体积，单位为微升（μL）；

f——稀释因子；

m——试样质量，单位为克（g）；

V_2——样液最后定容体积，单位为毫升（mL）。

计算结果保留两位有效数字。

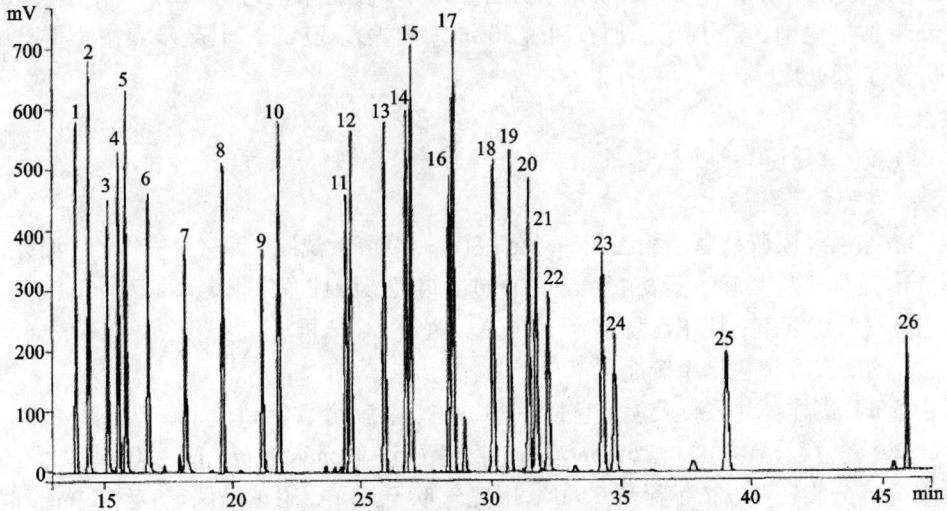

图12-1 有机氯农药混合标准溶液的色谱图

1—α-六六六；2—六氯苯；3—β-六六六；4—γ-六六六；5—五氯硝基苯；6—δ-六六六；7—五氯苯基硫醚；8—七氯；9—五氯苯基硫醚；10—艾氏剂；11—氧氯丹；12—环氧七氯；13—反氯丹；14—α-硫丹；15—顺氯丹；16—p，p'-滴滴伊；17—狄氏剂；18—异狄氏剂；19—β-硫丹；20—p，p'-滴滴滴；21—o，p'-滴滴涕；22—异狄氏剂醛；23—硫丹硫酸盐；24—p，p'-滴滴涕；25—异狄氏剂酮；26—灭蚁灵

6. 精密度

在重复性条件下获得的两次独立测定结果的绝对差值不得超过算术平均值的20%，方法测定不确定度见表12-1。

表12-1 以六氯苯和灭蚁灵为目标化合物

农药组分	量值/(μg·kg⁻¹)	相对标准不确定度	扩展不确定度
六氯苯	15.6	0.0572	0.114
灭蚁灵	20.0	0.0369	0.0778

7. 检出限

该法测定的检出限随试样基质而不同，参见表12-2。

表12-2 不同基质试样的检出限　　　　　　　　　　　　　　　（单位：μg/kg）

农药	猪肉	牛肉	羊肉	鸡肉	鱼	鸡蛋	植物油
α-六六六	0.135	0.034	0.045	0.018	0.039	0.053	0.097
六氯苯	0.114	0.098	0.051	0.089	0.030	0.060	0 194
β-六六六	0.210	0.376	0.107	0.161	0.179	0.179	0.634

续表 12 - 2

农药	猪肉	牛肉	羊肉	鸡肉	鱼	鸡蛋	植物油
γ - 六六六	0.075	0.134	0.118	0.077	0.064	0.096	0.226
五氯硝基苯	0.089	0.160	0.149	0 104	0.040	0.114	0.270
σ - 六六六	0.284	0.169	0.045	0.092	0.038	0.161	0.179
五氯苯胺	0.248	0.153	0.055	0 141	0.139	0.291	0.250
七氯	0.125	0.192	0.079	0.134	0.027	0.053	0.247
五氯苯基硫醚	0.083	0.089	0.078	0.050	0.131	0.082	0.151
艾氏剂	0.148	0.095	0.090	0.034	0.138	0.087	0.159
氧氯丹	0.078	0.062	0.256	0.181	0.187	0.126	0.253
环氧七氯	0.058	0.034	0.166	0.042	0.132	0.089	0.088
反氯丹	0.071	0.044	0.051	0.087	0.048	0.094	0.307
α - 硫丹	0.088	0.027	0.154	0. 140	0.060	0 191	0.382
顺氯丹	0.055	0.039	0.029	0.088	0.040	0.066	0.240
p, p' - 滴滴伊	0.136	0.183	0.070	0.046	0.126	0.174	0.345
狄氏剂	0.033	0.025	0.024	0.015	0.050	0.101	0.137
异狄氏剂	0.155	0.185	0.131	0.324	0.101	0.481	0.481
β - 硫丹	0.030	0.042	0.200	0.066	0.063	0.080	0.246
p, p' - 滴滴滴	0.032	0.165	0.378	0.230	0.211	0.151	0.465
o, p' - 滴滴涕	0.029	0.147	0.335	0.138	0.156	0.048	0.412
异狄氏剂酮	0.072	0.051	0.088	0.069	0.078	0.072	0.358
硫丹硫酸盐	0.140	0.183	0.153	0.293	0.200	0.267	0.260
p, p' - 滴滴涕	0.138	0.086	0.119	0.168	0.198	0.461	0.481
异狄氏剂	0.038	0.061	0.036	0.054	0.041	0.222	0.239
灭蚁灵	0.133	0.145	0. 153	0.175	0. 167	0.276	0.127

12.2.2 食品中有机磷农药的测定

1. 原理(GB/T 5009.20—2003)

食品中残留的有机磷农药经有机溶剂提取并经净化、浓缩后,注入气相色谱仪,气化后在载气携带下于色谱柱中分离,由火焰光度检测器检测。当含有机磷的试样在富氢焰上燃烧,以 HPO 碎片的形式,放射出波长为 526 nm 的特性光;这种光通过滤光片选择后,由光电倍增管接收,转换成电信号,经微电流放大器放大后被记录下来。试样的峰面积或峰高与标准品的峰面积或峰高进行比较定量。

适用于使用过敌敌畏、乐果、马拉硫磷、对硫磷、甲拌磷、稻瘟净、杀螟硫磷、倍硫磷、虫螨磷等的粮食、蔬菜、食用油的农药残留量分析。

2. 操作概要

1) 提取与净化

(1) 蔬菜

取适量蔬菜擦净,去掉不可食部分后称取蔬菜试样,将蔬菜切碎混匀。称取 10.0 g 混匀的试样,置于 250 mL 具塞锥形瓶中,加 30~100 g 无水硫酸钠(根据蔬菜含水量)脱水,剧烈振摇后如有固体硫酸钠存在,说明所加无水硫酸钠已够。加 0.2~0.8 g 活性炭(根据蔬菜色素含量)脱色。加 70 mL 二氯甲烷,在振荡器上振摇 0.5 h,经滤纸过滤。量取 35 mL 滤液,在通风柜中室温下自然挥发至近干,用二氯甲烷少量多次研洗残渣,移入 10 mL(或 5 mL)具塞刻度试管中,并定容至 2 mL,备用。

(2) 粮食等谷物样品

将样品磨粉(稻谷先脱壳),过 20 目筛,混匀。称取 10 g 置于具塞锥形瓶中,加入 0.5 g 中性氧化铝(小麦、玉米再加 0.2 g 活性炭)及 20 mL 二氯甲烷,振摇 0.5 h,过滤,滤液直接进样。若农药残留过低,则加 30 mL 二氯甲烷,振摇过滤,量取 15 mL 滤液浓缩,并定容至 2 mL 进样。

(3) 植物油

称取 5.0 g 混匀的试样,用 50 mL 丙酮分次溶解并洗入分液漏斗中,摇匀后,加 10 mL 水,轻轻旋转振摇 1 min,静置 1 h 以上,弃去下面析出的油层,上层溶液自分液漏斗上口倾入另一分液漏斗中,当心尽量不使剩余的油滴倒入(如乳化严重,分层不清,则放入 50 mL 离心管中,于 2500 r/min 离心 0.5 h,用滴管吸出上层溶液)。加 30 mL 二氯甲烷,100 mL 硫酸钠溶液(50 g/L),振摇 1 min。静置分层后,将二氯甲烷提取液移至蒸发皿中。丙酮水溶液再用 10 mL 二氯甲烷提取一次,分层后,合并至蒸发皿中。自然挥发后,如无水,可用二氯甲烷少量多次研洗蒸发皿中残液移入具塞量筒中,并定容至 5 mL。加 2 g 无水硫酸钠振摇脱水,再加 1 g 中性氧化铝、0.2 g 活性炭(毛油可加 0.5 g)振荡脱油和脱色,过滤,滤液直接进样。二氯甲烷提取液自然挥发后如有少量水,则需反复抽提后再按如上方法操作。

2) 色谱条件

①色谱柱:玻璃柱,内径 3 mm,长 1.5~2.0 m;气流速度:载气为氮气 80 mL/min;空气 50 mL/min;氢气 180 mL/min(氮气、空气和氢气之比按各仪器型号不同选择各自的最佳比例条件);温度:进样口:220℃;检测器:240℃;柱温:180℃,测定敌敌畏为 130℃。

②分离测定敌敌畏、乐果、马拉硫磷和对硫磷的色谱柱:内装涂以 2.5% SE-30 和 3% QF-1 混合固定液的 60~80 目 Chromosorb W AW DMCS;内装涂以 1.5% OV-17 和 2% QF-1 混合固定液的 60~80 目 Chromosorb W AW DMCS;内装涂以 2% OV-101 和 2% QF-1 混合固定液的 60~80 目 Chromosorb W AW DMCS。

③分离、测定甲拌磷、稻瘟净、倍硫磷、杀螟硫磷及虫螨磷的色谱柱:内装涂以 3% PEGA 和 5% QF-1 混合固定液的 60 目~80 目 Chromosorb W AW DMCS;内装涂以 2% NPGA 和 3% QF-1 混合固定液的 60 目~80 目 Chromosorb W AW DMCS。

④气流速度:氮气 80 mL/min;空气 50 mL/min;氢气 180 mL/min(氮气、空气和氢气之比按各仪器型号不同选择各自的最佳比例条件)。温度:进样口:220℃;检测器:240℃;柱温:180℃,但测定敌敌畏为 130℃。

3）测定

将有机磷农药标准使用液 2 ~ 5 μL 分别注入气相色谱仪中，可测得不同浓度有机磷标准溶液的峰高，分别绘制有机磷农药质量 – 峰高标准曲线。同时取试样溶液 2 ~ 5 μL 注入气相色谱仪中，测得的峰高从标准曲线图中查出相应的含量。

3. 结果计算

试样中有机磷农药的含量按式（12 – 2）进行计算：

$$X = \frac{A \times 1000}{m \times 1000 \times 1000} \tag{12 – 2}$$

式中：X——试样中有机磷农药的含量，单位为毫克每千克（mg/kg）；

A——进样体积中有机磷农药的质量，由标准曲线中查得，单位为纳克（ng）；

m——与进样体积（μL）相当的试样质量，单位为克（g）。

计算结果保留两位有效数字。

12.3 食物中生物毒素的测定

12.3.1 黄曲霉毒素（aflatoxins，AF）的测定

黄曲霉毒素总量及各种黄曲霉毒素的定量检测技术主要是薄层色谱法（thin layer chromatography，TLC）、高效液相色谱法（high performance liquid chromatography，HPLC）、液相色谱 – 质谱联用方法（HPLC – MS），酶联免疫技术（ELISA）等，也有采用其他免疫技术、荧光法、电化学法、传感器（sensor）等进行检测，净化方法目前主要是采用免疫亲和柱和多功能净化柱。我国推荐有多种国家标准方法，如，黄曲霉毒素 M1 和 B1 的测定（GB 5009.24—2010）；黄曲霉毒素 B1 检测方法（GB/T 5009.22—2003）、食品中黄曲霉毒素 B1、B2、G1、G2 的液相色谱测定方法（GB/T 5009.23—2006）等。下面主要介绍目前较通用的食品中黄曲霉毒素 B1、B2、G1、G2 的液相色谱测定方法。

1. 原理（GB/T 5009.23—2006）

样品经乙腈 – 水提取，提取液过滤后，经装有反相离子交换吸附剂的多功能净化柱，去除脂肪、蛋白质、色素及碳水化合物等干扰物质。净化液中的黄曲霉毒素用三氟乙酸衍生后，用带有荧光检测器的液相色谱系统分析，外标法定量。

2. 主要试剂

黄曲霉毒素 B1、B2、G1、G2 的标准品，乙腈、正己烷、三氟乙酸等

3. 主要仪器

带荧光检测器的高效液相色谱系统、电动振荡器、氮吹仪、粉碎机、天平、漩涡混合器、烘干箱、离心机、多功能净化柱等。

4. 分析步骤

1）样品前处理

称取 20 g 经充分粉碎过的试样至 250 mL 的三角瓶中，加入 80 mL 乙腈 – 水（84 + 16）提取液，在电动振荡器上振荡 30 min 后，定性滤纸过滤后，移取 8 mL 提取液至多功能净化柱的玻璃管内，将装有反相离子交换吸附剂的多功能净化柱的填料管插入玻璃管中并缓慢推动

填料管,去除脂肪、蛋白质、色素及碳水化合物等干扰物质,净化液就被收集到多功能净化柱的收集池中。从收集池内转移 2 mL 净化液到棕色具塞小瓶中,在 60℃ 水浴下氮气吹干,加入 200 μL 正己烷和 100 μL 三氟乙酸(TFA),密闭混匀 30 s 后,在 40℃ 衍生 15 min,室温水浴氮气吹干,以 200 μL 水 – 乙腈(85 + 15)溶解,混匀 30 s,1000 r/min 离心 15 min,取上清液至液相色谱仪的样品瓶中,备用,用带有荧光检测器的液相色谱系统分析。

2)色谱条件

12.5 cm × 2.1 mm,5 μm,C_{18} 色谱柱,柱温 30℃,乙腈、水二元流动相梯度洗脱(流动相梯度变化条件见表 12 – 3),流速 0.5 mL/min,进样量 25 μL,激发波长 360 nm,发射波长 440 nm。

表 12 – 3　流动相梯度变化

时间/min	乙腈/%	水/%
0.00	15.0	85.0
6.00	17.0	83.0
8.00	25.0	75.0
14.00	15.0	85.0

3)测定步骤

黄曲霉毒素按照 G1、B1、G2、B2 的顺序出峰,以标准系列的峰面积对浓度分别绘制每种黄曲霉毒素的标准曲线,试样通过与标准色谱图保留时间的比较确定每一种黄曲霉毒素的峰,根据每种黄曲霉毒素的标准曲线及试样中的峰面积计算各种黄曲霉毒素的含量,外标法定量。

当黄曲霉毒素 B1,B2,G1,G2 含量分别为 25.0 μg/L,6.25 μg/L,25.0 μg/L,6.25 μg/L,产生的色谱图见图 12 –2,出峰顺序为 G1、B1、G2、B2。

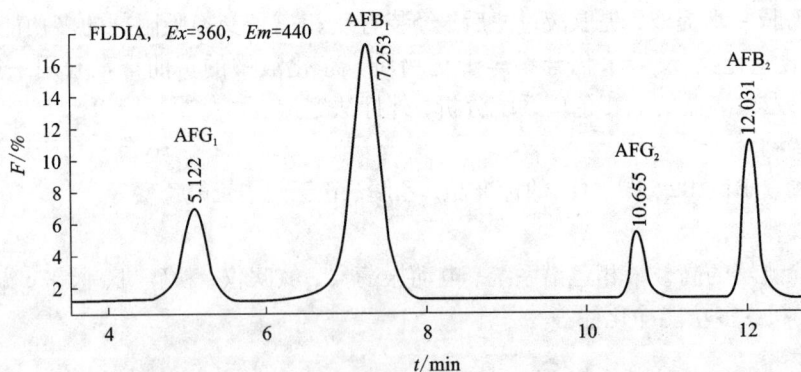

图 12 –2　黄曲霉毒素 B1、B2、G1、G2 的色谱图

4）结果计算

$$c = \frac{A \times V}{m \times f} \qquad (12-3)$$

式中：C——试样中每种黄曲霉毒素的浓度，$\mu g/kg$；

A——试样按外标法在标准曲线中对应的浓度，$\mu g/L$；

V——试样提取过程中提取液的体积，mL；

m——式样的取样量，g；

f——试样溶液衍生后较衍生前的浓缩倍数。

5）说明与讨论

①本方法参照国标 GB/T 5009.23—2006，共三法，第一法和第二法分别为薄层色谱法和微柱筛选法，适用于所有食品，第三法为高效液相色谱法。

②本法适用于大米、玉米、花生、杏仁、核桃、松子等食品中黄曲霉毒素 B1、B2、G1、G2 的测定。

③操作中需要注意严格按照操作规程，佩戴口罩和手套，小心操作避免毒素污染；操作中接触过毒素的器具应消毒后处理。

12.3.2 海洋毒素的测定

河豚毒素(tetrodotoxin，TTX)是一种海洋生物毒素，分布广泛，不仅存在于河豚鱼中，也存在于其他一些海洋动物体内。TTX 是小分子非蛋白质的神经毒素，其毒性是氰化钠的 1250 多倍，0.5 mg 即可致人于死命，中毒症状潜伏期短，一般为 30 分钟至 3 小时，病程发展迅速，症状较严重。微溶于水，在低 pH 时较稳定，碱性条件下河豚毒素易降解。河豚毒素对热稳定，于 100℃下处理 24 h 或 120℃下处理 20～60 min 方可使毒素完全受到破坏。河豚的内脏中毒素含量较高，尤其是卵巢和肝脏含量最高。

TTX 的测定方法主要有小鼠生物法、组织培养生物实验法、毛细管等速电泳电压检测法、荧光法、HPLC - 荧光检测法、HPLC - MS 法和免疫化学测定法等。小鼠生物法发展时间长，方法比较成熟，目前仍广泛采用，但费时费力，对动物要求高，缺乏特异性；仪器分析能准确定性和定量，确保权威性，但分析时间长，检测费用高；ELISA 法特异性强，灵敏度高，对仪器设备要求不高。下面主要介绍 ELISA 法。

1. 实验原理

样品中的河豚毒素经提取、脱脂后与定量的特异性酶标抗体反应，多余的游离酶标抗体则与酶标板内的包被抗原结合，加入底物后显色，与标准曲线比较进行 TTX 含量的测定。

2. 主要试剂

TTX 标准品、抗 TTX 单克隆抗体、牛血清白蛋白、人工抗原(牛血清白蛋白 - 甲醛 - 河豚毒素连接物)、辣根过氧化物酶(HRP)标记的抗 TTX 单克隆抗体等。

3. 主要仪器

酶标仪、恒温培养箱、温控磁力搅拌器、分析天平、高速离心机等。

4. 分析步骤

1）样品采集和取样

现场采集样品后立即 4℃冷藏，并于当天运至实验室进行检验。如路途遥远，可于当天冷冻,并应保存在冷冻状态中运输至检验实验室。对冷藏样品或冷冻后解冻的样品,用蒸馏水清洗鱼体表面的污物,滤纸吸干鱼体表面的水分后用剪刀将鱼体分解成肌肉、肝脏、肠道、皮肤、卵巢(雄性为精囊)等部分,各部分组织分别用蒸馏水洗去血污,滤纸吸干表面的水分后称重。

2)样品前处理

将待测河豚组织用剪刀剪碎,加入 5 倍体积 0.1% 的乙酸溶液,用组织匀浆机磨成糊状;取相当于 5 g 河豚组织的匀浆糊于烧杯中,置温控磁力搅拌器上边加热边搅拌,达 100℃ 时持续 10 min 后取下,冷却至室温后,8000 r/min,快速过滤于 125 mL 分液漏斗中;滤纸残渣用 20 mL 0.1% 乙酸分次洗净,洗液合并于原烧杯中,置温控磁力搅拌器上边加热边搅拌,达 100℃ 时持续 3 min 后取下,8000 r/min 离心 15 min 过滤,滤液合并于上一步 125 mL 分液漏斗中;然后再向分液漏斗的清液中加入等体积乙醚振摇脱脂,静置分层后,放出水层至另一分液漏斗中并以等体积乙醚再重复脱脂一次,将水层放入 100 mL 锥形瓶中,减压浓缩去除其中残存的乙醚后,将提取液移入 50 mL 容量瓶中;用 1 mol/L NaOH 溶液将提取液调 pH 至 6.5 ~ 7.0,并用 PBS(磷酸盐缓冲液)定容至 50 mL,立即用于检测(每毫升提取液相当于 0.1 g河豚组织样品)。

3)测定步骤

首先用 BSA - HCHO - TTX 人工抗原包被酶标板,每孔 120 μL,4℃ 静置12 h;接着进行抗体抗原反应:将辣根过氧化物酶标记的纯化 TTX 单克隆抗体稀释后一部分与等体积不同浓度的河豚毒素标准溶液在 2 mL 试管内混合后,4℃ 静置112 h 或 37℃ 温育 2 h 备用,此液用于制作 TTX 标准抑制曲线;另一部分与等体积样品提取液在 2 mL 试管内混合后,4℃ 静置12 h 或 37℃ 温育 2 h 备用。此液用于测定样品中 TTX 含量;然后将已包被的酶标板用 PBS - T(含 0.05% 吐温 - 20 的 pH7.4 的磷酸盐缓冲液)洗 3 次(每次浸泡 3 min)后,加封闭液封闭,200 μL/孔,置 37℃ 温育 2 h;最后将封闭后的酶标板用 PBS - T 洗 3 次(每次浸泡 3 min)后,加抗原抗体反应液(在酶标板的适当孔位加抗体稀释液作为阴性对照),100 μL/孔,37℃ 温育 2 h,酶标板洗 5 次(每次浸泡 3 min)后,加新配制额底物溶液,100 μL/孔,37℃ 温育 10 min后,每孔加入 50 μL 2 mol/L 的 H_2SO_4 终止显色反应,于波长 450 nm 处测定吸光度值。

4)结果计算

$$X = \frac{m_1 \times V \times D}{V_1 \times m} \tag{12 - 4}$$

式中:X——样品中 TTX 的含量,μg/kg;

m_1——酶标板上测得的 TTX 的质量,ng,根据标准曲线求得;

V_1——样品提取液的体积,mL;

D——样品提取液的稀释倍数;

V——酶标板上每孔加入的样液体积,mL;

m——样品质量,g。

5)说明与讨论

①本方法参照国家标准分析方法(GB/T 5009.206 - 2007,鲜河豚鱼中河豚毒素的测定),采用酶联免疫吸附试验法检测。适用于鲜河豚鱼中 TTX 的测定,检出限为 0.1 μg/L,相当于样品中 1 μg/kg 的 TTX,标准曲线线性范围为 5 ~ 500 μg/L。

②实验当天不能检测的提取液经减压浓缩去除其中残存的乙醚后不用 NaOH 调 pH，密封后于 -20℃以下冷冻保存，在检测前调节 pH 并定容至 50 mL 立即检测。

12.3.3 植物毒素的测定

植物性食品中游离棉酚的测定(GB/T 5009.148—2003)液相色谱法，适用于植物油或以棉籽饼为原料的其他食品中游离棉酚的测定。本方法检出限为 5 ng，最低检出浓度为 2.5 mg/kg。

1. 原理

植物油中的游离棉酚经无水乙醇提取，经 C_{18} 柱将棉酚与试样中杂质分开，在波长 235 nm 处测定。水溶性试样中的游离棉酚经无水乙醇提取，浓缩至干，再加入乙醇溶解，用 C_{18} 柱将棉酚与试样中杂质分开，在 235 nm 处测定。根据色谱峰的保留时间定性，外标法峰高定量。

2. 试剂

磷酸、无水乙醇、无水乙醚、普通氮气、甲醇(经 0.5 μm 滤膜过滤)。

棉酚标准储备液：精密称取 0.1000 g 棉酚纯品，用无水乙醚溶解，并定容至 100 mL。此溶液相当于每毫升含棉酚 1.0 mg。

棉酚应用液：取 1 mg/mL 棉酚储备披 5.0 mL 于 100 mL 容量瓶中，用无水乙醇定容至刻度，此溶液相当于每毫升含棉酚 50 mg。

磷酸溶液：取 300 mL 水，加 6.0 mL 磷酸，混匀，经 0.5 μm 滤膜过滤。

3. 仪器

液相色谱仪(带紫外检测器)；K - D 浓缩仪；离心机：3000 r/min；10 μL 微量注射器；Micropark - C_{18}(250 mm, φ6 mm)不锈钢色谱柱。

4. 分析步骤

1)色谱条件

柱温 40℃；流动相，甲醇 - 磷酸溶液(85 + 15)；测定波长 235 nm；流量 1.0 mL/min；纸速 0.25 mm/min；衰减：1；灵敏度：0.02AUFS；进样 10 μL。

2)试料制备

(1)植物油

取油样 1.000 g，加入 5 mL 无水乙醇，剧烈振摇 2 min，静置分层(或冰箱过夜)，取上清液过滤，离心，上清液即为试料，10 μL 进液相色谱。

(2)水溶性试样

吸取试样 10.0 mL 于离心试管中，加入 10 mL 无水乙醚，振摇 2 min，静置 5 min，取上层乙醚层 5 mL，用氮气吹干，用 1.0 mL 无水乙醇定容，过滤膜，即为试料，取 10 μL 进液相色谱仪。

3)测定

(1)标准曲线制备

准确吸取 1.00 mL, 2.00 mL, 5.00 mL, 8.00 mL 的 50 μg/mL 的棉酚标准液于 10.0 mL 容量瓶中，用无水乙醇稀释至刻度，此溶液相应于 5 μg/mL, 10 μg/mL, 25 μg/mL, 40 μg/mL 的标准系列，进样 10 μL，作标准系列，根据响应值绘制标准曲线。

（2）色谱分析

取 10 μL 试样溶液注入液相色谱仪，记录色谱峰的保留时间和峰高，根据保留时间确定游离酚，根据峰高，从标准曲线上查出游离棉酚含量。

5. 结果计算

$$X = \frac{5 \times A}{m} \tag{12-5}$$

式中：X——试样中棉酚的含量，单位为毫克每千克（mg/kg）；

m——试样的质量，单位为克（g）；

A——测定试料中棉酚的含量，单位为微克每毫升（μg/mL）。

6. 精密度说明

在重复性条件下获得的两次独立测定结果的绝对差值不得超过算术平均值的10%。

12.4　食物中污染物的测定

12.4.1　丙烯酰胺的测定

测定丙烯酰胺的同位素内标法（SN/T 2096—2008），适用于油炸和焙烤食品中丙烯酰胺的检测。

1. 原理

用水提取试样中的丙烯酰胺，提取液经石墨化碳黑层析柱净化，净化液中的丙烯酰胺经溴水衍生化后，用同位素标记的内标法，气相色谱 - 质谱联用仪（GC - MS）检测。

2. 试剂和材料

除另有说明，所用试剂均为分析纯，水为去离子水或相当纯度的水。

正己烷重蒸馏；乙酸乙酯重蒸馏；丙烯酰胺标准品：纯度≥99%；^{13}C 标记的丙烯酰胺标准品：1000 mg/L。

丙烯酰胺标准溶液：准确称取适量的丙烯酰胺标准品（精确至 0.1 mg），用水溶解，配制成浓度为 10 mg/L 的标准储备溶液。根据需要用水稀释成适用浓度的标准工作溶液。

^{13}C 标记的丙烯酰胺标准溶液：移取^{13}C 标记的丙烯酰胺标准品 1 mL，用水配制成浓度为 10 mg/L 的标准储备溶液。根据需要用水稀释成适用浓度的标准工作溶液。

无水硫酸钠：650℃灼烧 4 h，置于干燥器内保存。

石墨化碳黑固相萃取柱：内填石墨化碳黑 500 mg，使用前分别用 5 mL 甲醇和 5 mL 水活化。

溴水：含溴浓度≥3%；氢溴酸：浓度≥40.0%；玻璃棉；硫代硫酸钠水溶液：0.2 mol/L。

3. 仪器和设备

气相色谱 - 质谱仪（GC - MS），带 EI 源；旋转蒸发器；振荡器；冷冻离心机；氮吹仪；固相提取装置；天平（精确到 0.0001 g）。

4. 测定步骤

1）提取

准确称取已粉碎的样品 20 g（精确至 1 mg）于 250 mL 三角瓶中，加水 100 mL，加 1 mL 浓度为 500 ng/mL ^{13}C 同位素标记的丙烯酰胺内标,振荡 30 min,取上清液 25 mL 于 50 mL 离心管中,加入正己烷 20 mL,振荡 10 min,离心(3000 r/min)5 min,弃去正己烷层。

2)净化

将离心管在 12000 r/min 下,于 4℃高速冷冻离心 30 min,上清液用玻璃棉过滤,将滤液加入石墨化碳黑固相萃取柱中,收集流出液,再用 20 mL 纯净水淋洗,合并流出液和淋洗液用于衍生化。

3)衍生化

在净化液中加入 7.5 g 溴化钾,用氢溴酸调节净化液至 pH1～3,再加 8 mL 溴水,在 4℃条件下衍生过夜。滴加硫代硫酸钠溶液至黄色消失以除去残余的溴。将溶液转移到分液漏斗中,加 20 mL 乙酸乙酯,振荡 10 min,静置分层,再分别用 10 mL 乙酸乙酯提取两次,合并乙酸乙酯提取液。乙酸乙酯过无水硫酸钠后,旋转浓缩并定容至 1.0 mL,供 GC－MS 测定。

4)测定

(1)仪器条件

色谱柱:HP－5 30 m×0.25 mm(内径)×0.25 μm(膜厚),HP－5(或相当者);色谱柱温度:65℃(1 min)→15℃/min→280℃(15 min);进样口温度:280℃;离子源温度:230℃;传输线温度:280℃;离子源:EI 源;测定方式:选择离子监测方式;选择监测离子(m/z):106,150,152,110,153,155;载气:氦气,纯度99.999%,流速1.0 mL/min;进样方式:无分流进样;进样量:1.0 μL;电子能量:70eV。

(2)色谱－质谱确证和测定

在上述仪器条件下经衍生化的丙烯酰胺保留时间约为 8.26 min。气相色谱－质谱选择离子总离子流图参见图 12－3。符合下列条件,即可确定样品中含有丙烯酰胺:在保留时间 8.26 min 附近有峰出现,选定的质谱碎片离子在样品的选择离子质谱图中都能出现,样品峰的质谱图中各碎片离子的相对丰度为 153:155＝1,150:152＝1,106:150＝0.6,110:153＝0.6,以上离子相对丰度的偏差比不超过 20%。以 150 和 153 定量。GC－MS 图参见图 12－4 和 12－5。

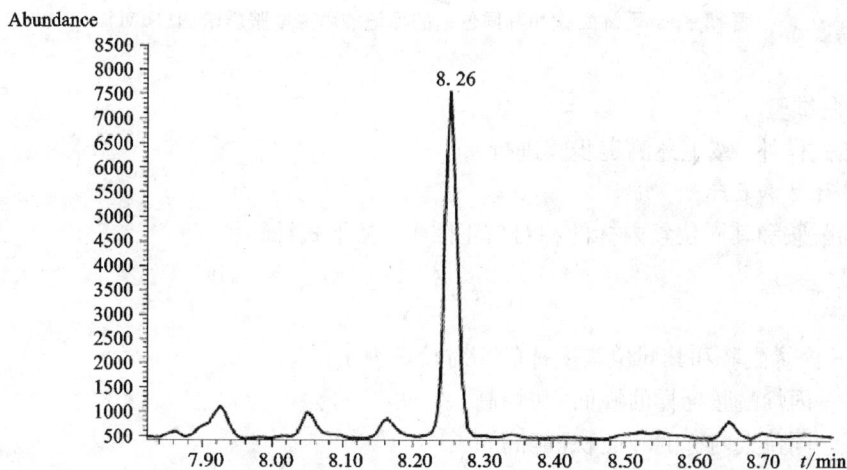

图 12－3　丙烯酰胺标准品衍生物气相色谱－质谱选择离子总离子流图(TIC)

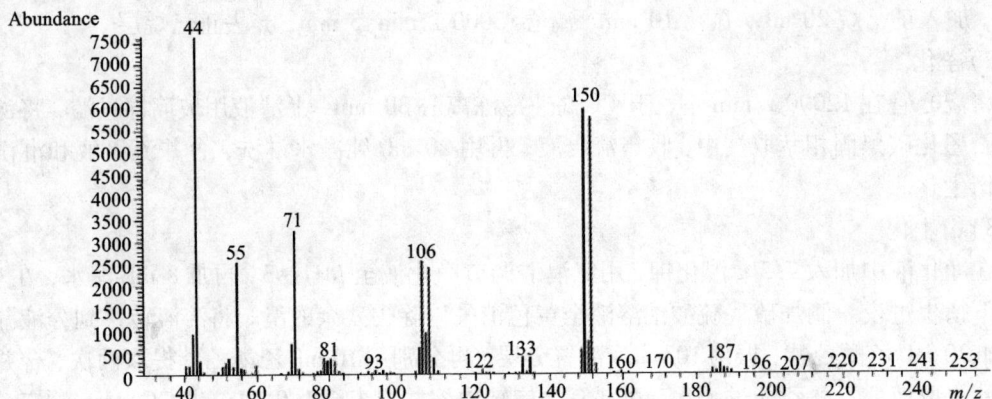

图 12 - 4　丙烯酰胺衍生物标准品气相色谱 - 全扫描质谱图

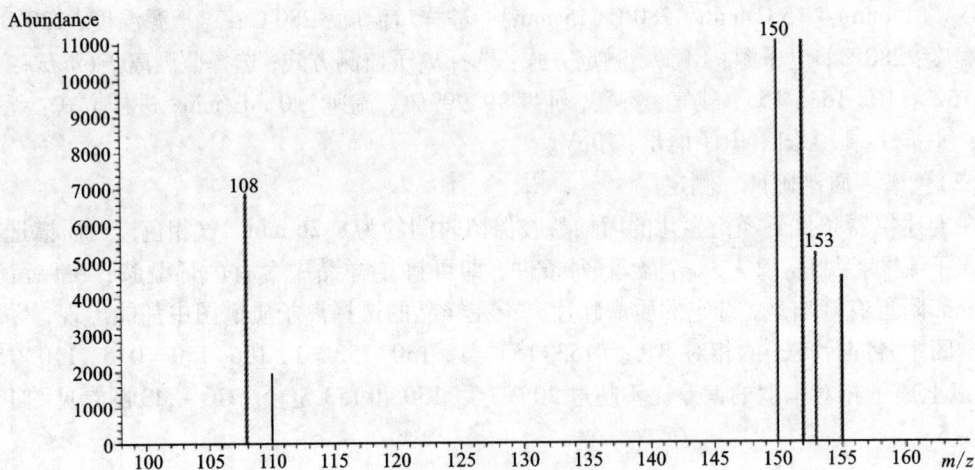

图 12 - 5　丙烯酰胺和其同位素的标记的丙烯酰胺质谱图(SIM)

(3)空白试验

除不加试样外,按上述测定步骤进行。

5. 结果计算和表示

①丙烯酰胺和其同位素内标的相对校正因子,按下式计算:

$$R = \frac{A_n \times c_1}{A_1 \times c_n} \qquad\qquad (12-6)$$

式中：R——丙烯酰胺和其同位素内标的相对校正因子;

A_n——丙烯酰胺标样的峰面积(峰高);

A_1——同位素内标的峰面积(峰高);

c_n——丙烯酰胺标样的浓度,单位为纳克每毫升(ng/mL);

c_1——同位素内标的浓度,单位为纳克每毫升(ng/mL)。

②试样中丙烯酰胺的残留含量,按式(12-7)计算(计算结果需将空白值扣除):

$$X = \frac{A_{sn} \times m_{sl}}{A_{sl} \times R \times m}$$ (12-7)

式中:X——试样中丙烯酰胺含量,单位为纳克每克(ng/g);

    R——丙烯酰胺和其同位素内标的相对校正因子;

    A_{sn}——实际样品丙烯酰胺衍生物的峰面积(峰高);

    A_{sl}——实际测定时同位素内标的峰面积(峰高);

    m_{sl}——实际测定时同位素内标的量,单位为纳克(ng);

    m——样品的质量,单位为克(g)。

6. 测定低限、回收率、精密度

本标准测定低限为 5 ng/g;丙烯酰胺添加浓度在 5 ng/g ~ 1000 ng/g 范围,回收率为 85% ~ 106%;样品添加浓度 5 ng/g,相对标准偏差为 6.0%;添加浓度 1000 ng/g,相对标准偏差为 5.9%。

12.4.2 二噁英的测定

食品中二噁英及其类似物毒性当量的测定采用高分辨气相色谱 - 高分辨气相质谱法(GB/T 5009.205—2007),适用于食品中 17 种 2,3,7,8 - 取代多氯代二苯并二噁英及多氯代二苯并呋喃(PCDD/Fs)和 12 种 DL - PCBs 含量及其毒性当量的测定。

1. 原理

应用高分辨气相色谱高分辨质谱联用技术,在质谱分辨率大于 10000 的条件下,通过精确质量测量监测目标化合物的两个离子,获得目标化合物的特异性响应。以目标化合物的同位素标记化合物为定量内标,采用稳定性同位素稀释法准确测定食品中 2,3,7,8 位氯取代 PCDD/Fs 和 DL - PCBs 的含量;并以各目标化合物的毒性当量因子(TEF)与所测得的含量相乘后累加,得到样品中二噁英及其类似物的毒性当量(TEQ)。

2. 试剂和材料

1)有机溶剂

丙酮;正己烷;甲苯;环己烷;二氯甲烷;乙醚;甲醇;正壬烷;异辛烷。(有机溶剂均为农残级,浓缩 10000 倍后不得检出二噁英及其类似物)

2)标准溶液

①PCDD/Fs 标准溶液:本标准推荐使用 EPA1613—1997 规定的标准溶液,各实验室可根据具体情况选用相当的标准品。

②DL - PCBs 标准溶液:本标准推荐使用 EPA1668A—1999 规定的标准溶液,各实验室可根据具体情况选用相当的标准品。

3)样品净化用吸附剂

①氧化铝:如果内标化合物的回收率能达到要求,则可在酸性氧化铝或碱性氧化铝中选择一种用于样品提取液净化。但所有样品,包括初始精确度和回收率检查试验,均应使用同样类型的氧化铝。

a. 酸性氧化铝:在 130℃下至少加热活化 12 h。

b. 碱性氧化铝:在 600℃下至少加热活化 24 h。加热温度不能超过 700℃,否则其吸附能力降低。活化后保存在130℃的密闭烧瓶中。应在烘烤后五天内使用。

②硅胶：100~200目或相当等级的硅胶。

a. 活性硅胶：使用前，取硅胶用二氯甲烷清洗，在180℃下至少烘烤1 h或150℃下至少烘烤4 h(最多6 h)。在干燥器中冷却，保存在带螺帽的玻璃瓶中。

b. 酸化硅胶(44%，质量分数)：称取56 g活性硅胶置于250 mL具塞磨口旋转烧瓶中，在玻璃棒搅拌下加入44 g硫酸，将烧瓶用旋转蒸发器旋转1~2 h，使之混合均匀无结块，置干燥器内可保存3周。

c. 碱化硅胶(33%，质量分数)：称取100 g活性硅胶置于250 mL具塞磨口旋转烧瓶中，在玻璃棒搅拌下逐滴加入49 g NaOH溶液(1 mol/L)，将烧瓶用旋转蒸发器中旋转1~2 h，使之混合均匀无结块。将碱化硅胶置干燥器内保存。

d. 硝酸银硅胶：称取10 g硝酸银置于100 mL烧杯中，加水40 mL溶解。将该溶液转移至250 mL旋转烧瓶中，慢慢加入90 g活性硅胶，在旋转蒸发器中旋转1~2 h，使之混合均匀，放置30 min后，将其置于预先加热至70℃干燥箱内，以10℃/h升温速率使干燥箱温度升高到120℃，并继续活化15 h。取出后，在干燥器中冷却，置于褐色玻璃瓶内保存。

③弗罗里土(60~100目)：使用前，称取500 g，装入索氏提取器中，用适量正己烷：二氯甲烷(1:1，体积比)提取24 h。称取弗罗里土99.0 g，加水1.0 mL，搅拌均匀，得到含水1%(质量分数)的弗罗里土，用带聚氟乙烯螺帽的玻璃瓶封装。

④无水硫酸钠：优级纯。

⑤硫酸：优级纯。

⑥玻璃棉：使用前以二氯甲烷及正己烷回流48 h，用氮气吹干后，置于棕色瓶内备用。

⑦活性炭：Carbopak C：推荐使用Supelco 1 - 0258或其他相当的类型；Celite 545：推荐使用Supelco 2 - 0199或其他相当的类型；称取9.0 g的Carbopak C和41.0 g的Celite 545，充分混合，含活性炭为18%(质量分数)。在130℃中至少活化6 h，在干燥器中保存。凝胶色谱填料：Bio - Beadss - X3，200~400目。

4)参考基质

玉米油或其他植物油。基质中未检出PCDD/Fs和DL - PCBs为最理想情况。

3. 仪器与设备

高分辨气相色谱 - 高分辨质谱仪(HRGC - HRMS)；组织匀浆器；绞肉机；旋转蒸发器；氮气浓缩器；超声波清洗器；振荡器；索氏提取器；天平(感量万分之一)；烘箱：用于烘烤和贮存吸附剂，能够在105℃~250℃范围内保持恒温(±5℃)。

色谱柱：DB - 5 ms柱(含5%二苯基 - 95%二甲基聚硅氧烷)：用于PCDD/Fs检测；60 m×0.25 mm×0.25 μm或等效色谱柱；RTX - 2330(90%双氰丙基 - 10%苯基氰丙基聚硅氧烷)，60 m×0.25 mm×0.1 μm或等效色谱柱。

DB - 5 ms柱：用于DL - PCBs检测。60 m×0.25 mm×0.25 μm或等效色谱柱。

玻璃层析柱：带聚四氟乙烯柱塞，150 mm×8 mm，300 mm×15 mm。

全自动液体管理系统(配备商业化的酸碱复合硅胶柱、氧化铝和活性炭净化柱)。

凝胶色谱系统(GPC)：玻璃柱(内径15 mm~20 mm)，内装50 g S - X3凝胶(200目~400目)。

高效液相色谱仪(选用)：包括泵、自动进样器、六通转换阀、检测器和馏分收集器，配备 Hypercarb(100 mm×4.6 mm, 5 μm)或相当色谱柱。

4.试样制备与净化

1)样品采集与保存

现场采集的样品用避光材料如铝箔、棕色玻璃瓶等包装,置小型冷冻箱中运输到实验室,−10℃以下低温保存。液体或固体样品,如鱼、肉、蛋、奶等可使用冷冻干燥或无水硫酸钠干燥,混匀。油脂类样品可直接用正己烷溶解后进行净化分离。

2)试样制备

①当已知样品含量或估计其含量较高时,应适当减少用于分析的试样量。所有试样、空白试验和初始精密度回收率试验(IPR)、过程精密度－回收率试验应具有相同的分析过程,以便检查试样制备的污染来源及损失。

②溶剂和提取液的旋转蒸发浓缩:连接旋转蒸发器,将水浴锅预热至45℃。在试验开始前,预先将100 mL 正己烷:二氯甲烷(1:1,体积比)作为提取溶剂浓缩,以清洗整个旋转蒸发器系统。如有必要,检测经浓缩的溶剂和收集瓶中的溶剂,进行污染状况检查。在两个浓缩样品之间,分三次用2～3 mL溶剂洗涤旋转蒸发器接口,用烧杯收集废液。再将装有样品提取液的茄型瓶连接到旋转蒸发器上,缓慢抽真空。将茄型瓶降至水浴锅中,调节转速和水浴的温度(或真空度),使浓缩在15～20 min内完成。在正确的浓缩速度下,流入废液收集瓶中的溶剂流量应保持稳定,溶剂不能有爆沸或可见的沸腾现象发生(如果浓缩过快,可能会使样品损失)。当茄型瓶中溶剂约为2 mL时,将茄型瓶从水浴锅中移开,停止旋转。缓慢并小心地向旋转蒸发器中放气,确保打开阀门时不要太快,以免样品冲出茄型瓶。用2 mL溶剂洗涤接口。

③索氏提取:提取前,在索氏提取器中装入一支空纤维素或玻璃纤维提取套筒,以正己烷:二氯甲烷(1:1,体积比)为提取溶剂,预提取8 h后取出晾干。再将下列处理好的样品装入提取套筒中(图12-6),高度以不超过溢流管为限。在提取套筒中加入适量 $^{13}C_{12}$ 标记的定量内标,用玻璃棉盖住样品,平衡30 min后装入索氏提取器,以适量正己烷:二氯甲烷(1:1,体积比)为溶剂提取18～24 h,回流速度控制在3～4次/h。

鱼、肉、蛋、奶等样品:称取50～200 g样品(精确到0.001 g),经过冷冻干燥后,准确称重,计算含水量。根据估计的污染水平,称取适量试样(精确到0.001 g),加无水硫酸钠研磨,制成能自由流动的粉末。将粉末全部转移至处理好的提取套筒,置于索氏抽提器中进行提取。

奶酪等固体乳制品样品:将奶酪直接研成细末后称量,其他固体乳制品直接称量。称取适量试样(通常为10 g,精确到0.001 g),置研钵中,加无水硫酸钠,研磨成干燥的、可以自由流动的粉末。无水硫酸

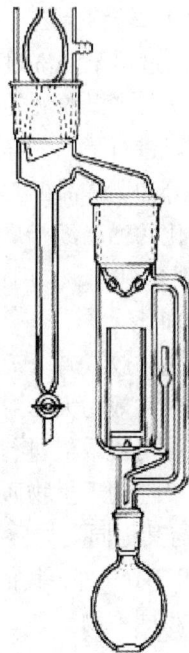

图 12-6　索氏提取装置

钠与海砂混合物使用量取决于试样的取样量及含水量。将粉末全部移至处理好的提取套筒。用沾有正己烷的棉签将研钵、表面皿和研磨棒擦净。该棉签一同放入套筒中进行提取。

提取后，将提取液转移到茄型瓶中，旋转蒸发浓缩至近干。茄型瓶中的残留物用少量正己烷溶解以进行下面的净化。如需要考察净化过程的回收率则加入净化标准，但日常的分析中该步骤可省略。若分析结果以脂肪计，则需要测定样品的脂肪含量。测定脂肪含量后，可以加少量正己烷溶解，进行净化处理。

脂肪含量的测定：浓缩前准确称重茄型瓶，将溶剂浓缩至干后准确称重茄型瓶，两次称重结果的差值为试样的脂肪量。测定脂肪量后，加入少量正己烷溶解瓶中脂肪。

按下式计算脂肪含量：

$$X_1 = \frac{m_1}{m_2} \times 100 \qquad\qquad (12-8)$$

式中：X_1——脂肪含量，%；

m_1——试样的脂肪量，单位为克(g)；

m_2——试样的质量，单位为克(g)。

④液体奶样的提取：依情况准确量取 200~300 mL 样品，转移至大小合适的分液漏斗中，加入适量$^{13}C_{12}$标记的定量内标。按 20 mg/g 样品的比例称取草酸钠，加少量水溶解后，将该溶液加入样品，充分振摇。加入与样品等体积的乙醇，再进行振摇。在样品-乙醇溶液中加入与样品等体积的乙醚：正己烷(2:3，体积比)，振摇 1 min。静置分层后，转移出有机相。然后在水相中加入与样品原始体积相同的己烷，振摇 1 min。静置分层后，转移出有机相。合并有机相，浓缩至小于 75 mL。转移提取液至 250 mL 分液漏斗中，加入 30 mL 蒸馏水振摇，弃去水相。转移上层有机相至 250 mL 烧瓶中，加入适量无水硫酸钠，振摇。静置 30 min后，用一张经过甲苯淋洗过的滤纸过滤，滤液置于茄型瓶中。按上述测量脂肪的步骤进行脂肪含量的测定。将提取液转移到茄型瓶中，旋转蒸发浓缩至近干。茄型瓶中的残留物用少量正己烷溶解以进行下面的净化。

⑤黄油等油脂样品的提取：取适量试样置烧杯中，加热至50℃~60℃，使油脂明显地分离出来。融化的油脂经干燥的滤纸或者一小段玻璃棉过滤到另一容器中，从中准确称取油脂样品(精确到0.001 g)，用正己烷溶解后，加入适量$^{13}C_{12}$标记的定量内标。

3)试样净化

制备酸化硅胶或者分离柱以除去组织样品中的脂肪。凝胶渗透色谱可用来除去那些能降低气相色谱柱柱效的大相对分子质量干扰物(如蜂蜡等酸碱不能破坏的大分子)，必要时可作为手动层析柱对提取液进行初步净化。酸性、中性和碱性硅胶、氧化铝和弗罗里士可用于消除非极性和极性的干扰物质。活性炭柱能将 PCDD/Fs 以及非邻位氯取代的 PCB77、PCB126和 PCB169 与其他同类物质和干扰物质分离，可在必要时使用。除了非邻位氯取代的 PCB77，PCB126 和 PCB169 外，其他 DL-PCBs 一般不需要活性炭柱净化。HPLC 可以特异性地分离某些类似物和同系物。

通常在酸化硅胶或凝胶渗透色谱除去组织样品中的类脂后，使用 3 根色谱柱净化，即一根混合型硅胶柱和两根不同的氧化铝柱，PCDD/Fs 和 DL-PCBs 净化流程图参见 GB/T 5009.205—2007附录图。也可以采取其他备选净化方法，组合使用。

5. 结果的计算与报告

1) 毒性当量的计算

按照 WHO 规定的二噁英及其类似物的毒性当量因子和式(1)~式(6)计算样品中的二噁英类化合物的毒性当量(TEQ)。

$$TEQ_i = TEF_i \times c_i \tag{1}$$
$$TEQ_{PCDDs} = \sum TEF_{iPCDDs} \times c_{iPCDDs} \tag{2}$$
$$TEQ_{PCDF_s} = \sum TEF_{iPCDF_s} \times c_{iPCDF_s} \tag{3}$$
$$TEQ_{PCDD/Fs} = TEQ_{PCDD_s} + TEQ_{PCDF_s} \tag{4}$$
$$TEQ_{DL-PCBs} = \sum TEF_{iDL-PCBs} \times c_{iDL-PCBs} \tag{5}$$
$$TEQ_{(PCDD/Fs+DL-PCBs)} = TEQ_{PCDD/Fs} + TEQ_{DL-PCBs} \tag{6}$$

式中：TEQ_i——食品中 PCDD/Fs 或 DL-PCBs 中同系物的二噁英毒性当量(以 TEQ 计)，单位为微克每千克($\mu g/kg$)；

TEF_i——PCDD/Fs 或 DL-PCBs 中同系物的毒性当量因子；

c_i——食品中 PCDD/Fs 或 DL-PCBs 中同系物的浓度，单位为微克每千克($\mu g/kg$)。

其余下标为特定 PCDD/Fs 或 DL-PCBs 的组合。

2) 结果报告

①样品中的 PCDD/Fs 和 DL-PCBs 结果需要报告测定的 17 种 PCDD/Fs 和 12 种 DL-PCBs 的浓度、检测限和各自的 TEQ 数值，以及 TEQ_{PCDDs}、TEQ_{PCDFs}、$TEQ_{PCDD/Fs}$、$TEQ_{DL-PCBs}$ 和 $TEQ_{(PCDD/Fs+DL-PCBs)}$，所有数据都应报告三位有效数字。

②一般以组织的湿重含量报告结果($\mu g/kg$)，而不是依据组织的脂肪含量。同时报告脂类的百分含量，以便于用户可根据他们的意愿计算以脂类计的浓度。

③在定量限或以上的结果以实际结果报告；低于检测限的结果可以报告"未检出"或按管理机构的要求报告。

12.4.3　多氯联苯的测定

下面介绍 GB/T 5009.190—2006 气相色谱法测定多氯联苯，适用于鱼类、贝类、蛋类、肉类、奶类等动物源性食品及其制品和油脂类样品中指示性 PCBs 的测定。

1. 原理

以 PCB198 为定量内标，在试样中加入 PCB198，水浴加热振荡提取后，经硫酸处理、色谱柱层析净化，采用气相色谱-电子捕获检测器法测定，以保留时间定性，内标法定量。

2. 试剂与材料

农残级：正己烷、二氯甲烷、丙酮。

优级纯：浓硫酸、无水硫酸钠(将市售无水硫酸钠装入玻璃色谱柱，依次用正己烷和二氯甲烷淋洗两次，每次使用的溶剂体积约为无水硫酸钠体积的两倍。淋洗后，将无水硫酸钠转移至烧瓶中，在50℃下烘烤至干，并在225℃烘烤过夜，冷却后干燥器中保存)。

碱性氧化铝，色谱层析用碱性氧化铝。将市售色谱填料在660℃中烘烤6 h，冷却后于干燥器中保存。

指示性多氯联苯的系列标准溶液，见表12-4。

表 12 - 4　GC - ECD 方法中指示性多氯联苯的系列标准溶液

化合物	浓度/(μg · L⁻¹)				
	CS1	CS2	CS3	CS4	CS5
PCB28	5	20	50	200	800
PCB52	5	20	50	200	800
PCB101	5	20	50	200	800
PCB118	5	20	50	200	800
PCB138	5	20	50	200	800
PCB153	5	20	50	200	800
PCB180	5	20	50	200	800
PCB198(定量内标)	50	50	50	50	50

3. 仪器

气相色谱仪, 配有电子捕获检测器(ECD); 色谱柱: DB - 5 ms 柱, 30 m × 0.25 mm × 0.25 μm 或等效色谱柱; 组织匀浆器; 绞肉机; 旋转蒸发仪; 氮气浓缩器; 超声波清洗器; 漩涡振荡器; 分析天平; 水浴振荡器; 离心机; 层析柱。

4. 操作概要

1)提取

(1)固体试样

称取试样 5.00 ~ 10.00 g, 置于具塞锥形瓶中, 加入定量内标 PCB198 后, 以适量正己烷:二氯甲烷(1:1, 体积比)为提取溶液, 于水浴振荡器上提取 2 h, 水浴温度为 40℃, 振荡速度为 200 r/min。

(2)液体试样(不包括油脂类样品)

称取试样 10.00 g, 置于具塞锥形瓶中, 加入定量内标 PCB198 和草酸钠 0.5 g, 加甲醇 10 mL 摇匀, 加 20 mL 乙醚:正己烷(1:3, 体积比)振荡提取 20 min, 以 3000 r/min 离心 5 min, 取上清液过装有 5 g 无水硫酸钠的玻璃柱; 残渣加 20 mL 乙醚:正己烷(1:3, 体积比), 重复以上过程, 合并提取液。将提取液转移到茄型瓶中, 旋转蒸发浓缩至近干。如分析结果以脂肪计, 则需要测定试样脂肪含量。

(3)试样脂肪的测定

浓缩前准确称取茄型瓶质量, 将溶剂浓缩至干后, 再次准确称取茄型瓶及残渣质量, 两次称重结果的差值即为试样的脂肪含量。

2)净化

(1)硫酸净化

将浓缩的提取液移至 5 mL 试管中, 用正己烷洗涤茄型瓶 3 ~ 4 次, 洗液并入浓缩液中, 用正己烷定容至刻度, 并加入 0.5 mL 浓硫酸, 振摇 1 min, 以 3000 r/min 的转速离心 5 min, 使硫酸层和有机层分离。如果上层溶液仍然有颜色, 表明脂肪未完全除去, 再加入 0.5 mL 的浓硫酸, 重复操作, 直至上层溶液呈无色。

(2)碱性氧化铝柱净化

玻璃柱底端加入少量玻璃棉后，从底部开始，依次装入 2.5 g 活化碱性氧化铝、2 g 无水硫酸钠，用 15 mL 正己烷预淋洗。

（3）净化

将硫酸净化中的浓缩液转移至层析柱上，用约 5 mL 正己烷洗涤茄型瓶 3~4 次，洗液一并转移至层析柱中。当液面降至无水硫酸钠层时，加入 30 mL 正己烷（2×15 mL）洗脱；当液面降至无水硫酸钠层时，用 25 mL 二氯甲烷∶正己烷（5∶95，体积比）洗脱。洗脱液旋转蒸发浓缩至近干。

（4）试样溶液浓缩

将试样溶液转移至进样瓶中，用少量正己烷洗茄型瓶 3~4 次，洗液并入进样瓶中，在氮气流下浓缩至 1 mL，待 GC 分析。

3）测定

（1）色谱条件

色谱柱：DB-5 柱，30 m×0.25 mm×0.25um 或等效色谱柱；进样口温度：290℃；升温程序：开始温度 90℃，保持 0.5 min；以 15℃/min 升温至 200℃，保持 5 min；以 2.5℃/min 升温至 250℃，保持 2 min；以 20℃/min 升温至 265℃，保持 5 min；载气：高纯氮气（纯度大于 99.999%），柱前压 67 kPa，相当于 10 psi；进样量：不分流进样 1 μL；色谱分析：以保留时间定性，以试样和标准的峰高或峰面积比较定量。

（2）PCBs 的定性分析

以保留时间或相对保留时间进行定性分析，要求 PCBs 色谱峰信噪比（S/N）大于 3。

（3）PCBs 的定量测定

采用内标法，以相对响应因子（RRF）进行定量计算。

5. 结果计算

首先按式 12-9 计算目标化合物对定量内标的相对响应因子 RRF，然后按式 12-10 计算 PCBs。

$$RRF = \frac{A_n \times c_s}{A_s \times c_n} \qquad (12-9)$$

式中：RRF——目标化合物对定量内标的相对响应因子；

A_n——目标化合物的峰面积；

c_s——定量内标的浓度，单位为微克每升（μg/L）；

A_s——定量内标的峰面积；

c_n——目标化合物的浓度，单位为微克每升（μg/L）。

注：在系列标准溶液中，各目标化合物的 RRF 值相对标准偏差（RSD）应小于 20%。

$$X_n = \frac{A_n \times m_s}{A_s \times RRF \times m} \qquad (12-10)$$

式中：X_n——目标化合物的含量，单位为微克每千克（μg/kg）；

A_n——目标化合物的峰面积；

m_s——试样中加入定量内标的量，单位为纳克（ng）；

A_s——定量内标的峰面积；

RRF——目标化合物对定量内标的相对响应因子；

m——取样量，单位为克(g)。

12.5 食品中非法添加物的测定

12.5.1 食品中苏丹红染料(sudan dyes)的测定

高效液相色谱法(GB/T 19681—2005)适用于食品中苏丹红染料Ⅰ、苏丹红Ⅱ、苏丹红Ⅲ、苏丹红Ⅳ的检测。

1. 原理

样品经溶剂提取、固相萃取净化后，用反相高效液相色谱—紫外可见光检测器进行色谱分析，采用外标法定量。

2. 试剂与标准品

①色谱纯：乙腈、丙酮；

②分析纯：甲酸、乙醚、正己烷、无水硫酸钠；

③层析用氧化铝(中性100目~200目)：105℃干燥2 h，于干燥器中冷至室温，每100 g中加入2 mL水，混匀后密封，放置12 h后使用。

注：不同厂家和不同批号氧化铝的活度有差异，须根据具体购置的氧化铝产品略作调整，活度的调整采用标准溶液过柱，将1 μg/mL的苏丹红的混合标准溶液1 mL加到柱中，用5%丙酮正己烷溶液60 mL完全洗脱为准，4种苏丹红在层析柱上的流出顺序为苏丹红Ⅱ、苏丹红Ⅳ、苏丹红Ⅰ、苏丹红Ⅲ，可根据每种苏丹红的回收率作出判断。苏丹红Ⅱ、苏丹红Ⅳ的回收率较低表明氧化铝活性偏低，苏丹红Ⅲ的回收率偏低时表明活性偏高。

④5%丙酮的正己烷液：吸取50 mL丙酮用正己烷定容至1 L。

⑤标准物质：苏丹红Ⅰ、苏丹红Ⅱ、苏丹红Ⅲ、苏丹红Ⅳ；纯度≥95%。

⑥标准贮备液：分别称取苏丹红Ⅰ、苏丹红Ⅱ、苏丹红Ⅲ及苏丹红Ⅳ各10.0 mg(按实际含量折算)，用乙醚溶解后用正己烷定容至250 mL。

⑦样品制备：将液体、浆状样品混合均匀，固体样品需磨细。

3. 仪器与设备

层析柱管：1 cm(内径)×5 cm(高)的注射器管。

氧化铝层析柱：在层析柱管底部塞入一薄层脱脂棉，干法装入处理过的氧化铝至3 cm高，轻敲实后加一薄层脱脂棉，用10 mL正己烷预淋洗，洗净柱中杂质后，备用。

高效液相色谱仪(配有紫外可见光检测器)。

分析天平：感量0.1 mg；旋转蒸发仪；均质机；离心机；0.45 μm有机滤膜。

4. 操作方法

1)样品处理

(1)红辣椒粉等粉状样品

称取1~5 g(准确至0.001 g)样品于三角瓶中，加入10~30 mL正己烷，超声5 min，过滤，用10 mL正己烷洗涤残渣数次，至洗出液无色，合并正己烷液，用旋转蒸发仪浓缩至5 mL以下，慢慢加入氧化铝层析柱中，为保证层析效果，在柱中保持正己烷液面为2 mm左右时上样，在全程的层析过程中不应使柱干涸，用正己烷少量多次淋洗浓缩瓶，一并注入层析柱。控制氧化铝表层吸附的色素带宽宜小于0.5 cm，待样液完全流出后，视样品中含油类杂质的多少用10～30 mL正己烷洗柱，直至流出液无色，弃去全部正己烷淋洗液，用含5%丙酮的正己烷液60 mL洗脱，收集、浓缩后，用丙酮转移并定容至5 mL，经0.45 μm有机滤膜过滤后待测。

（2）红辣椒油、火锅料、奶油等油状样品

称取0.5～2 g（准确至0.001 g）样品于小烧杯中，加入适量正己烷溶解（1～10 mL），难溶解的样品可于正己烷中加温溶解。后续按（1）中"慢慢加入到氧化铝层析柱中……待测"操作。

（3）辣椒酱、番茄沙司等含水量较大的样品

称取10～20 g（准确至0.01 g）样品于离心管中，加10～20 mL水将其分散成糊状，含增稠剂的样品多加水，加入30 mL正己烷∶丙酮（3＋1），匀浆5 min，3000 rpm离心10 min，吸出正己烷层，于下层再加20 mL×2次正己烷匀浆，离心，合并3次正己烷，加入无水硫酸钠5 g脱水，过滤后于旋转蒸发仪上蒸干并保持5分钟，用5 mL正己烷溶解残渣后，按（1）中"慢慢加入到氧化铝层析柱……过滤后待测"操作。

（4）香肠等肉制品

称取粉碎样品10～20 g（准确至0.01 g）于三角瓶中，加入60 mL正己烷充分匀浆5 min，滤出清液，再以20 mL×2次正己烷匀浆，过滤。合并3次滤液，加入5 g无水硫酸钠脱水，过滤后于旋转蒸发仪上蒸至5 mL以下，按（1）中"慢慢加入到氧化铝……待测"操作。

2）色谱条件

（1）仪器条件

色谱柱：Zorbax SB－C18 3.5 μm 4.6 mm×150 mm（或相当型号色谱柱）；流动相：溶剂A（0.1%甲酸的水溶液∶乙腈＝85∶15）；溶剂B（0.1%甲酸的乙腈溶液∶丙酮＝80∶20）；梯度洗脱；流速：1 mL/min 柱温：30℃ 检测波长：苏丹红Ⅰ 478 nm；苏丹红Ⅱ、苏丹红Ⅲ、苏丹红Ⅳ 520 nm；于苏丹红Ⅰ出峰后切换。进样量10 μL。梯度条件见表12－5。

表12－5 梯度条件

时间 /min	流动相		曲线
	A/%	B/%	
0	25	75	线性
10.0	25	75	线性
25.0	0	100	线性
32.0	0	100	线性
35.0	25	75	线性
40.0	25	75	线性

（2）标准曲线

吸取标准储备液0、0.1、0.2、0.4、0.8、1.6 mL，用正己烷定容至25 mL，此标准系列浓

度为 0, 0.16, 0.32, 0.64, 1.28, 2.56 μg/mL，绘制标准曲线。

3）计算

$$R = C \times V/M \tag{12-11}$$

式中：R——样品中苏丹红含量，单位为毫克每千克(mg/kg)；

C——由标准曲线得出的样液中苏丹红的浓度，单位为微克每毫升(μg/mL)；

V——样液定容体积，单位为毫升(mL)；

M——样品质量，单位为克(g)。

4）苏丹红标准色谱图

见图 12-7。

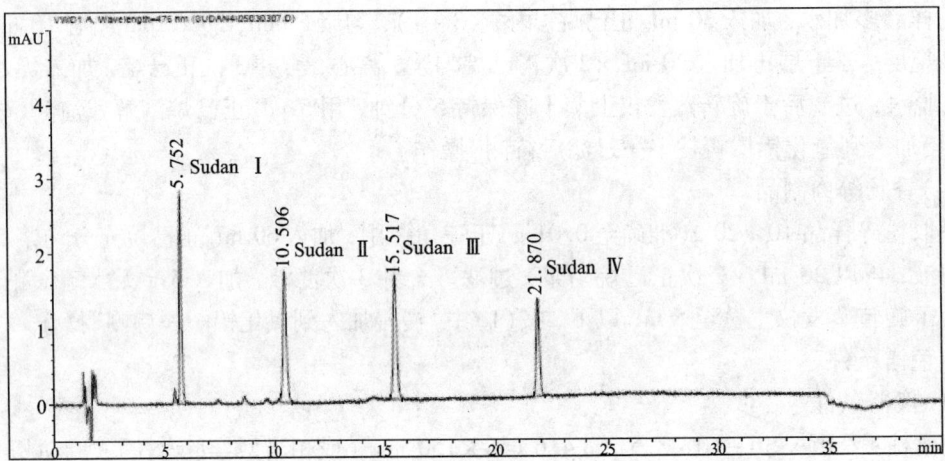

图 12-7 苏丹红标准色谱图

12.5.2 三聚氰胺的测定

国家标准方法推荐采用高效液相色谱法测定三聚氰胺。GB/T 22388—2008 适用于原料乳、乳制品以及含乳制品中三聚氰胺的定量测定(高效液相色谱测定方法)，定量限为 2 mg/kg。

1. 原理

试样用三氯乙酸溶液-乙腈提取，经阳离子交换固相萃取柱净化后，用 HPLC 测定，外标法定量。

2. 试剂与材料

除非另有说明，所有试剂均为分析纯，水为 GB/T 6682 规定的一级水。

①色谱纯试剂：甲醇、乙腈、辛烷磺酸钠；氨水(含量为 25%～28%)、三氯乙酸、柠檬酸。

②甲醇水溶液：准确量取 50 mL 甲醇和 50 mL 水，混匀后备用。

③三氯乙酸溶液(1%)：准确称取 10 g 三氯乙酸于 1 L 容量瓶中，用水溶解并定容至刻度，混匀后备用。

④氨化甲醇溶液(5%)：准确量取 5 mL 氨水和 95 mL 甲醇，混匀后备用。

⑤离子对试剂缓冲液：准确称取 2.10 g 柠檬酸和 2.16 g 辛烷磺酸钠，加入约 980 mL 水溶解，调节 pH 至 3.0 后，定容至 1 L 备用。

⑥三聚氰胺标准品：CAS 108 - 78 - 01，纯度大于 99.0%。

⑦三聚氰胺标准储备液：准确称取 100 mg(精确到 0.1 mg)三聚氰胺标准品于 100 mL 容量瓶中，用甲醇水溶液溶解并定容至刻度，配制成浓度为 1 mg/mL 的标准储备液，于 4℃ 避光保存。

⑧阳离子交换固相萃取柱：混合型阳离子交换固相萃取柱，基质为苯磺酸化的聚苯乙烯 - 二乙烯基苯高聚物，填料质量为 60 mg，体积为 3 mL，或相当者。使用前依次用 3 mL 甲醇、5 mL 水活化。

⑨海砂：化学纯，粒度 0.65 ~ 0.85 mm，二氧化硅(SiO_2)含量为 99%。

⑩定性滤纸及 0.2 μm 有机相微孔滤膜。

⑪氨气：纯度大于等于 99.999%。

3. 仪器和设备

高效液相色谱(HPLC)仪：配有紫外检测器或二极管阵列检测器、分析天平(感量为 0.0001 g 和 0.01 g)、离心机(转速不低于 4000 r/min)、超声波水浴、固相萃取装置、氮气吹干仪、涡旋混合器、50 mL 具塞塑料离心管、研钵。

4. 样品处理

1)提取

(1)液态奶、奶粉、酸奶、冰淇淋和奶糖等

称取 2 g(精确至 0.01 g)试样于 50 mL 具塞塑料离心管中，加入 15 mL 三氯乙酸溶液和 5 mL 乙腈，超声提取 10 min，再振荡提取 10 min 后，以不低于 4000 r/min 离心 10 min。上清液经三氯乙酸溶液润湿的滤纸过滤后，用三氯乙酸溶液定容至 25 mL，移取 5 mL 滤液，加入 5 mL 水混匀后做待净化液。

(2)奶酪、奶油和巧克力等

称取 2 g(精确至 0.01 g)试样于研钵中，加入适量海砂(试样质量的 4 ~ 6 倍)研磨成干粉状，转移至 50 mL 具塞塑料离心管中，用 15 mL 三氯乙酸溶液分数次清洗研钵，清洗液转入离心管中，再往离心管中加入 5 mL 乙腈，余下操作同(1)中"超声提取 10 min，……加入 5 mL水混匀后做待净化液"。

注：若样品中脂肪含量较高，可以用三氯乙酸溶液饱和的正己烷液 - 液分配除脂后再用 SPE 柱净化。

2)净化

将上述步骤中的待净化液转移至固相萃取柱中。依次用 3 mL 水和 3 mL 甲醇洗涤，抽至近干后，用 6 mL 氨化甲醇溶液洗脱。整个固相萃取过程流速不超过 1 mL/min。洗脱液于 50℃下用氮气吹干，残留物(相当于 0.4 g 样品)用 1 mL 流动相定容，涡旋混合 1 min，过微孔滤膜后，供 HPLC 测定。

5. 高效液相色谱测定

1)HPLC 参考条件

(1)色谱柱

C_8柱，250 mm×4.6 mm，内径5 μm，或相当者。

C_{18}柱，250 mm×4.6 mm，内径5 μm，或相当者。

（2）流动相

C_8柱，离子对试剂缓冲液－乙腈(85＋15，体积比)，混匀。

C_{18}柱，离子对试剂缓冲液－乙腈(90＋10，体积比)，混匀。

（3）其他条件

流速：1.0 mL/min；柱温：40℃；波长：240 nm；进样量：20 μL。

2）标准曲线的绘制

用流动相将三聚氰胺标准储备液逐级稀释得到的浓度为 0.8 μg/mL，2 μg/mL，20 μg/mL，40 μg/mL，80 μg/mL的标准工作液，浓度由低到高进样检测，以峰面积－浓度作图，得到标准曲线回归方程。基质匹配加标三聚氰胺的样品 HPLC 色谱图参见图 12－8。

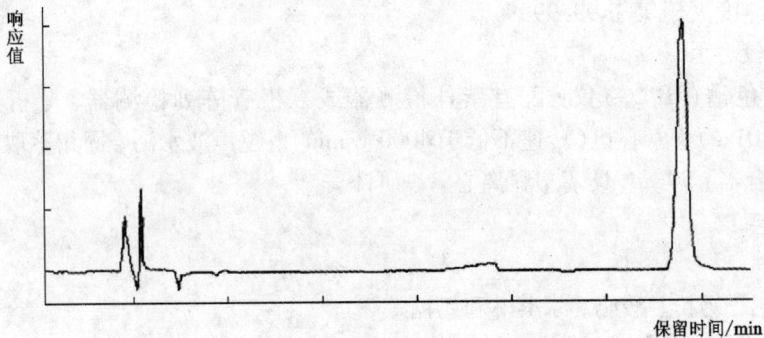

图 12－8　基质匹配加标三聚氰胺的样品 HPLC 色谱图

(检测波长 240 nm，保留时间 13.6 min，C_8 柱)

3）定量测定

待测样液中三聚氰胺的响应值应在标准曲线线性范围内，超过线性范围则应稀释后再进样分析。

4）结果计算

$$X = \frac{A \times c \times V \times 1000}{A_s \times m \times 1000} \times f \qquad (12-12)$$

式中：X——试样中三聚氰胺的含量，单位为毫克每千克(mg/kg)；

A——样液中三聚氰胺的峰面积；

c——标准溶液中三聚氰胺的浓度，单位为微克每毫升(μg/mL)；

V——样液最终定容体积，单位为毫升(mL)；

A_s——标准溶液中三聚氰胺的峰面积；

m——试样的质量，单位为克(g)；

f——稀释倍数。

6. 空白实验

除不称取样品外，均按上述测定条件和步骤进行。

7. 方法定量限、回收率、允许差

本方法的定量限为 2 mg/kg；在添加浓度 2～10 mg/kg 浓度范围内，回收率在 80% ～

110% 之间，相对标准偏差小于 10%；在重复性条件下获得的两次独立测定结果的绝对差值不得超过算术平均值的 10%。

小　结

　　本章节以当前重点关注和监测的目标物为具体对象来分类阐述，重点从农产品和食品领域目前关注和研究较多的残留农药、各种生物毒素、各种食品工业过程中产生的污染物、以及非法添加物等四个主要类别来阐述当前主流的检测技术。分析检测技术尽量选择了当前前沿的主流技术，包括确证性仪器分析技术（如高分辨率气相色谱－高分辨质谱仪法、同位素内标结合气相色谱－质谱技术）、快速检测技术（如酶联免疫吸附测定法 ELISA），使学生可以全面了解现在国内相关机构或企业采用的主流食品分析方法和国家标准。

思考题

　　1. 采用气相色谱分别对有机磷农药和有机氯农药检测时，要达到较高灵敏度和选择性，应分别选择哪一种检测器？原因是什么？
　　2. 对黄曲霉毒素进行 HPLC 检测时，为什么选择反相液相色谱体系和荧光检测器？
　　3. 电子捕获检测器及火焰光度检测器的原理及适用范围是什么？
　　4. 思考理解 ELISA 方法检测河豚毒素的原理与过程。
　　5. 简单设计一个食品中有害物质的检测分析方法，列举原理和简单的操作步骤。

参考文献

[1] 中华人民共和国国家标准 GB/T 5009.19—2008，食品中有机氯农药多组分残留量的测定.
[2] 中华人民共和国国家标准 GB/T 5009.20—2003，食品中有机磷农药残留量的测定.
[3] 中华人民共和国国家标准 GB/T 5009.206—2007，鲜河豚鱼中河豚毒素的测定.
[4] 中华人民共和国国家标准 GB/T 5009.148—2003，植物性食品中游离棉酚的测定.
[5] 中华人民共和国国家标准 GB/T 5009.23—2006，食品中黄曲霉毒素 B1、B2、G1、G2 的测定（第三法，高效液相色谱法）.
[6] 中华人民共和国出入境检验检疫行业标准 SN/T 2096—2008 食品中丙烯酰胺的检测方法 同位素内标法.
[7] 中华人民共和国国家标准 GB/T 5009.205—2007 食品中二噁英及其类似物毒性当量的测定.
[8] 中华人民共和国国家标准 GB/T 5009.190—2006 食品中指示性多氯联苯含量的测定.
[9] 中华人民共和国国家标准 GB/T 19681—2005 食品中苏丹红染料的检测方法－高效液相色谱法.
[10] 中华人民共和国国家标准 GBT 22388—2008 原料乳与乳制品中三聚氰胺检测方法.
[11] 吴晓萍，周春霞主编. 食品安全检验技术[M]. 郑州大学出版社，2012.
[12] 胡劲召，陈少瑾，吴双桃，陈宜菲，谢凝子. 多氯联苯污染及其处理方法研究进展[J]. 江西化工，2004，(4)：1-5.
[13] 廖桢葳，罗明标，李建强，彭真，常阳. 食品中二噁英类化合物痕量检测研究进展[J]. 食品研究与开发，2011，32(9)：231-235.

第13章

食品中功能性成分的测定

本章学习目的与要求

1. 掌握活性多糖、总黄酮、茶多酚、原花青素、大蒜素、番茄红素、SOD 的检测方法;

2. 熟悉食物中常见的功能性成分;

3. 了解低聚糖、大豆异黄酮、儿茶素、牛磺酸、磷脂、白藜芦醇、皂苷、多不饱和脂肪酸的检测方法。

现代社会物质文明的高度发达,既为人类的生存发展带来了很多新的机遇与挑战,但同时也带来了诸多新的困惑与忧虑。肥胖症、高血脂、糖尿病、冠心病、恶性肿瘤等所谓现代"文明病"的发病率居高不下,时刻威胁着每个人的身心健康。人们除了关注食品的营养、安全、美味以外,越来越关注功能性食品以及食品的功能性,对于工业化食品在预防疾病、促进健康、调节生理节律等方面的功能寄予了殷切的希望。

现代科学证明,天然食物中除了含有蛋白质、碳水化合物、脂肪、维生素和某些矿物质等基本营养成分外,还含有一些特殊功能性成分,也称为功效成分或活性成分。食品中的功能性成分包括多糖类(如膳食纤维、活性多糖等),功能性甜味剂类(如低聚糖、糖醇类等),功能性油脂类(如 $n-3$、$n-6$ 多不饱和脂肪酸,磷脂等),功能性氨基酸(如牛磺酸、精氨酸等),活性肽(如大豆肽、谷胱甘肽等),活性蛋白(如免疫球蛋白、乳铁蛋白、金属硫蛋白、大豆球蛋白等),自由基清除剂(酶类自由基清除剂如 SOD、CAT、GSH - Px,非酶类自由基清除剂如黄酮类和酚类、硒、大蒜素等),植物活性成分(如黄酮类、有机硫化合物、萜类化合物、皂苷、类胡萝卜素、植物性甾醇、叶绿素)等。本章主要介绍食物中常见的功能性成分及其检测方法。

13.1 食物中常见的功能性成分

13.1.1 活性多糖

一类主要由葡萄糖(glucose)、果糖(fructose)、阿拉伯糖(arabinose)、木糖(xylose)、半乳糖(galactose)及鼠李糖(rhamnose)等组成的聚合度大于 10 的具有一定生理功能的聚糖,称为活性多糖(active polysaccharides)。自然界中的活性多糖包括植物多糖、动物多糖以及微生物多糖。目前从天然产物中提取分离出来的活性多糖已达 300 多种,其中以植物多糖和微生物多糖中的水溶性多糖最为重要。我国对多糖的研究多集中在银耳、猴头菇、金针菇、香菇等真菌多糖和人参、黄芪、魔芋、枸杞等植物多糖以及动物来源的甲壳质和肝素等。

真菌多糖(fungus polysaccharide)是从真菌子实体、菌丝体、发酵液中分离的、可以控制细胞分裂分化,调节细胞的生长和衰老的一类活性多糖。真菌多糖主要有香菇多糖、灵芝多糖、云芝多糖、银耳多糖、冬虫夏草多糖、茯苓多糖、金针菇多糖、黑木耳多糖、猴头菇多糖等。研究表明:大多数真菌多糖具有免疫调节功能,也是其发挥生理或药理作用的基础;另外,真菌多糖还具有抗癌、抗衰老、降血脂、降血糖、提高骨髓造血功能、保肝、抗凝血等活性。

植物活性多糖(plant polysaccharide)指存在于茶叶、苦瓜、魔芋、刺梨、大蒜、萝卜、苡仁、甘蔗、鱼腥草及甘薯叶等植物中的活性多糖。药用植物多糖包括人参、刺五加、黄芪及黄精等中的多糖。植物多糖具有与真菌多糖相似的功能作用,如提高免疫力、抗辐射、抑制肿瘤、降血脂、抗凝血、清除自由基等。

13.1.2 功能性低聚糖

低聚糖(oligosaccharide)或寡糖,由 2 ~ 10 个分子单糖通过糖苷键连接形成直链或支链的低度聚合糖,分功能性低聚糖(functional oligosaccharide)和普通低聚糖两大类。功能性低聚糖包括水苏糖、棉籽糖、异麦芽酮糖、乳酮糖、低聚果糖、低聚木糖、低聚半乳糖、低聚异麦芽糖、低聚异麦芽酮糖、低聚龙胆糖、大豆低聚糖、低聚壳聚糖等。

由于人体胃肠道内没有代谢这类低聚糖(除异麦芽酮糖)外的酶系统,它们很难或不能被人体消化吸收而直接进入大肠,因此,产生能量很低或没有,可在低能量食品中发挥作用。功能性低聚糖还能被双歧杆菌利用,促进其增殖,具有膳食纤维的部分生理功能,如降低胆固醇和预防结肠癌等,被称为双歧杆菌增值因子。低聚糖进入结肠经双歧杆菌发酵产生短链脂肪酸及抗生素物质,能抑制外源致病菌和肠道内固有腐败菌的生长繁殖,具有抑制腹泻和防止便秘的作用;而有益菌增多可促进蛋白质的消化吸收、有效分解致癌物质,维护人体健康,延缓人体衰老。另外,低聚糖不会引起龋齿,有利于保护口腔卫生。

13.1.3 多不饱和脂肪酸

多不饱和脂肪酸(polyunsaturated fatty acid, PUFA)是指分子中含有 2 个或 2 个以上双键的不饱和脂肪酸。根据多不饱和脂肪酸分子中双键位置的不同又可分为 $n-3$ 多不饱和脂肪酸和 $n-6$ 多不饱和脂肪酸两大类。$n-3$ 多不饱和脂肪酸主要包括二十碳五烯酸

（eicosapentaenoic acid，EPA）、二十二碳六烯酸（docosahexaenic acid，DHA）、α－亚麻酸（α－linolenic acid，ALA）等。n－6多不饱和脂肪酸主要包括亚油酸（linoleic acid，LA）、花生四烯酸（arachidonic acid，AA）等。其中，亚油酸和α－亚麻酸是人体必需的脂肪酸。

多不饱和脂肪酸具有改善神经系统功能、预防心脑血管疾病、抑制肿瘤生长、抗炎和免疫调节等功效，还能防止皮肤老化、延缓衰老、抗过敏反应以及促进毛发生长等。

多不饱和脂肪酸经环糊精包埋或蛋黄粉包埋后可添加于各种食品中，如婴幼儿配方奶粉、乳制品、肉制品、焙烤食品、蛋黄酱和饮料等；也可以与其他活性物质相配合制成片剂或胶囊等各种形式的功能食品。

13.1.4　磷脂

磷脂（phospholipid）是含有磷酸的类脂化合物，是甘油三酯的一个或两个脂肪酸被含磷酸的其他基团取代而得。磷脂按其分子组成可分为甘油醇磷脂和神经醇磷脂两大类。甘油醇磷脂是磷脂酸的衍生物，常见的有卵磷脂（磷脂酰胆碱，phosphatidylcholine，PC）、脑磷脂（磷脂酰乙醇胺，phosphatidyl ethanolamine，PE）、丝氨酸磷脂（磷脂酰丝氨酸，phosphatidylserine，PS）和肌醇磷脂（磷脂酰肌醇，phosphatidylinositol，PI）。神经醇磷脂的种类较少，主要分布于细胞膜中的鞘磷脂。

磷脂是生物膜的构成成分；能够促进神经传导，提高大脑活力，增强记忆力的作用；能促进脂肪代谢，防止出现脂肪肝，具有降胆固醇、调节血脂的功能；还可以作为抗癌药物和缓释药物的载体；能显著增强人体的免疫力；对胃黏膜具有保护作用。

常用的磷脂有蛋黄磷脂和大豆磷脂。磷脂作为天然乳化剂、谷物品质改良剂及功能食品的营养剂等，能广泛用于医药、食品、日用化学、植物保护、石油化工等工业领域。磷脂除作为营养、保健食品外，近年来又开发了改性磷脂等中间产品，注射用磷脂脂肪营养液和人造白血浆、人造皮膜、人造透析膜及复合营养袋等新材料、新产品，使大豆磷脂产品系列化、精细化、专用化和高档化，扩大了磷脂的应用领域和范围。

13.1.5　生物类黄酮

以前黄酮类化合物主要指基本母核为2－苯基色原酮类化合物，现泛指具有2－苯基苯并吡喃的一系列化合物，主要包括黄酮（flavonoids）、黄烷酮、黄酮醇、黄烷酮醇、黄异黄酮、烷醇、黄烷二醇、花青素、二氢异黄酮及高异黄酮等。黄酮类化合物多呈黄色，是一类天然色素。

生物类黄酮能调节毛细血管透性，增强毛细血管壁的弹性；是食物中有效的抗氧化剂，是优良的活性氧清除剂和脂质抗氧化剂；还具有抑制细菌和抗生素的作用；对维生素C有增效作用等。

黄酮类化合物广泛存在于蔬菜、水果、花和谷物中，其在植物中的含量随种类的不同而异，一般叶菜类含量多而根茎类含量少。

1. 异黄酮

目前，研究较多的异黄酮（isoflavones）有大豆异黄酮和葛根异黄酮。大豆异黄酮具有较强的抗氧化能力，抗癌作用，还可预防心脏病，预防疟疾、囊性纤维化，抑制真菌和醇中毒等多种疾病。

大豆异黄酮(soybean isoflavones)具有广泛的生理活性,已用于妇女保健、心脏病保健、降血脂、改善骨质疏松、增强免疫功能等保健食品中。已开发的保健食品有日本的大豆胚芽茶和 PIC – BIO 公司的 Vitalin Z 大豆异黄酮、中国的天雌素、德国的异黄酮复合含片及美国的异黄酮强化补液等。

异黄酮主要存在于洋葱、苹果、葡萄和大豆等天然食物中,尤其是大豆中含量丰富,含量为 0.12% ~ 0.42% 。南方大豆异黄酮含量平均为 189.9 mg/100 g,东北及北方春大豆异黄酮含量平均为 332.9 mg/100 g。

2. 花青素

花青素(anthocyanins)是一类性质比较稳定的色原烯衍生物。植物中的花青素多在 C_3 位,有—OH,且常与葡萄糖、半乳糖、鼠李糖缩合成苷。原花青素是自然界中广泛存在的一大类多酚类化合物的总称,由不同数量儿茶素或表儿茶素结合而成的二聚体、三聚体直至十聚体。在各类原花青素中二聚体分布最广,研究最多,是最重要的一类原花青素。

花色苷具有抗氧化及清除自由基的功能,有降血脂和降肝脏中脂肪含量的作用。花色苷可抗变异及抗肿瘤,还具有抑制超氧自由基的作用,有利于人体对异物的解毒及排泄功能,可防止人体内的过氧化作用。

原花青素(proanthocyanidin,PC)是迄今为止发现的最强有效的自由基清除剂之一,尤其是其机体内活性,更是其他抗氧化剂所不可比拟的,其抗氧化、清除自由基的能力是维生素 E 的 50 倍、维生素 C 的 20 倍,可用于保护细胞 DNA 免遭自由基的氧化损伤,从而预防导致癌症的基因突变;还可以有效降低胆固醇和低密度脂蛋白水平,预防血栓形成,用于心血管的保护;可预防自由基对晶状体蛋白质的氧化,从而预防白内障的发生;具有抗过敏、抗炎症作用。其他功能还包括抗溃疡、预防老年性痴呆、治疗哮喘及前列腺炎等。

13.1.6 皂苷

皂苷(saponins)又名皂素或皂草苷,是一类比较复杂的苷类化合物,大多可溶于水,易溶于热水,味苦而辛辣,振荡时可产生大量肥皂样泡沫,故名皂苷。根据皂苷元的化学结构,可以将皂苷分为甾体皂苷(steroidal saponins)和三萜皂苷(triterpenoidal saponins)。

皂苷是广泛存在于植物界及某些海洋生物中的一种特殊苷类,如枇杷、茶叶、豆类及酸枣仁等。许多已作为保健食品来开发利用的中草药如人参、西洋参、茯苓、甘草、山药、三七、罗汉果等都含有皂苷。海洋生物海参、海星和动物中亦含有皂苷。

许多皂苷具有抗菌及抗病毒作用;皂苷可增强机体免疫能力;可抑制胆固醇在肠道的吸收;可作用于中枢神经系统;有的皂苷具有降血糖作用和抗肿瘤作用。皂苷具有广泛的生理活性,已成为天然药物研究中一个重要领域。皂苷可应用于食品添加剂、保健食品、药品及化妆品。

13.1.7 萜类

萜类(terpenes)是以异戊二烯首尾相连的聚合体及其含氧的饱和程度不等的衍生物。萜类通常可分为单贴、倍半萜、二萜、三萜、四萜及多萜等,是天然物质中最多的一类化合物。常见的如挥发油、皂苷及类胡萝卜素等。

类胡萝卜素(carotenoids)是植物中广泛分布的一类脂溶性多烯色素,属于四萜类。按其组成和溶解性质可分为胡萝卜素类和叶黄素类。胡萝卜素类包括 α-胡萝卜素、β-胡萝卜素、γ-胡萝卜素、δ-胡萝卜素、ζ-胡萝卜素及番茄红素等。叶黄素则是胡萝卜素的加氧衍生物或环氧衍生物,食品中常见的有叶黄素、玉米黄素、隐黄素、辣椒红素和虾青素等。

类胡萝卜素是一类在自然界中广泛分布的生物来源的抗氧化剂,可有效猝灭单线态氧、清除过氧化自由基,其中番茄红素虽没有维生素 A 的活性,但却是一种强有力的抗氧化剂,其抗氧化能力在生物体内是 β-胡萝卜素的 2 倍以上,可保护人体免受自由基的损害。一些类胡萝卜素猝灭单线态氧的速度依次为:番茄红素 > γ-胡萝卜素 > 虾青素 > α-胡萝卜素 > β-胡萝卜素 > 玉米黄素 > 叶黄素 > 番茄花苷,均优于维生素 E。

类胡萝卜素还可增强机体免疫功能,降低白内障疾患危险性,并能预防眼底黄斑性病变。

类胡萝卜素广泛分布于绿叶菜和橘色、黄色蔬菜及水果中,藻类特别是一些微藻,是天然胡萝卜素的重要来源。研究较多的番茄红素(lycopene)具有抗氧化、抗癌、预防白内障的作用;主要存在于成熟的红色植物果实如番茄、西瓜、红葡萄柚、木瓜、苦瓜籽及番石榴等食物中,并以番茄中含量最高。

13.1.8 抗氧化酶类

抗氧化酶主要有超氧化物歧化酶(super-oxide-dimutase,SOD)、过氧化氢酶(catalase,CAT)及含硒的谷胱甘肽过氧化物酶(glutathione peroxidase,GSH-Px)等。超氧化物歧化酶是含金属的酶,按金属辅基的不同发现有 3 种,分别是含铜与锌的超氧化物歧化酶(Cu·Zn-SOD)、含锰超氧化物歧化酶(Mn-SOD)、含铁超氧化物歧化酶(Fe-SOD),其中铜、锌超氧化物歧化酶是最常见的一种。

SOD 清除体内产生的过量的超氧阴离子自由基,保护 DNA、蛋白质和细胞膜免遭超氧阴离子的破坏作用;可延缓由于自由基侵害而出现的衰老现象,如皮肤衰老和脂褐素沉淀,包括皮肤的抗皱与祛斑;可提高机体对多种疾病包括肿瘤、炎症、肺气肿、白内障和自身免疫疾病等的抵抗力;可提高人体对自由基外界诱发因子如烟雾、辐射、有毒化学品和有毒医药品等的抵抗力,增强机体对外界环境的适应力。SOD 还可消除疲劳,增强对剧烈运动的适应力。

SOD 存在于几乎所有靠有氧呼吸的生物体内,从细菌、真菌、高等植物、高等动物直至人体。大蒜含 SOD 丰富,其他如韭菜、大葱、洋葱、油菜、柠檬和番茄等也含有较丰富的SOD。具生物活性的 SOD 可从动物血液的红细胞中提取,也可从牛奶、细菌、真菌、高等植物(如小白菜)中提取。

13.1.9 牛磺酸

牛磺酸(taurine)因 1827 年从牛胆汁中分离出来而得名,俗称牛胆碱、牛胆素,又称 2-氨基乙磺酸,是一种特殊的功能性氨基酸。牛磺酸存在于人和哺乳动物几乎所有脏器中,具有特殊的生理功能和药作用,作为药物、食品和饲料添加剂而被广泛应用。

牛磺酸能促进婴幼儿脑组织和智力发育;对心血管系统有较强的保护作用;可以提高神经传导和视觉功能;牛磺酸还可以调节内分泌、提高机体免疫力;具有抗氧化、延缓衰老的功能等。

牛磺酸几乎存在于所有的生物之中。哺乳动物的主要脏器如心脏、脑、肝脏中牛磺酸的含量较高。含牛磺酸最丰富的是海鱼、贝类，如墨鱼、章鱼、虾、牡蛎、海螺、蛤蜊等。鱼类中的青花鱼、竹荚鱼、沙丁鱼等牛磺酸含量很丰富。

牛磺酸具有多种功效，常用于婴幼儿配方食品中，可用作医药原料和保健食品、食品、饮料、饲料添加剂，也可用来预防感冒、发热、神经痛、胆囊炎、扁桃体炎、风湿性关节炎、心衰、高血压、药物中毒以及因缺乏牛磺酸所引起的视网膜炎、高血脂等症。

13.1.10　有机硫化合物

百合目石蒜科葱属植物和十字花科植物中，含有较为丰富的有机硫化合物。如葱、蒜中的硫化丙烯，芥菜、萝卜中的异硫氰酸酯等，具有防腐杀菌的作用，还有增强免疫力、抗肿瘤、消炎、降血脂、降血糖等功效。

1. 异硫氰酸酯(isothiocyanates，ITCs)

葡萄糖硫苷，又称为葡萄糖异硫氰酸盐，广泛存在于十字花科蔬菜中，如白菜、甘蓝、油菜、芥菜、卷心菜、西兰花、萝卜等。葡萄糖硫苷经黑芥子酶的水解作用，产生包括异硫氰酸酯在内的分解产物。

异硫氰酸酯的生理功效主要是抗癌，是迄今为止已知的癌症天然预防因子中最有效的一类。另外，异硫氰酸酯还具有杀菌、杀虫及调节生长素代谢的作用。

2. 二烯丙基二硫化物(dialyl disulfide，DADS)

大蒜素(garlicin)是大蒜中的有效成分，由蒜氨酸酶分解蒜氨酸产生，是一系列有机硫化合物，总称为硫代亚磺酸酯，具有抗肿瘤、抗血栓等功效。

二烯丙基二硫化物又名双-2-丙烯基二硫化物，主要存在于大蒜和洋葱中，是大蒜素中活性最强的硫化物，它除了能抗肿瘤外，还能抑菌杀毒、抗病毒、降胆固醇、预防动脉硬化等。另外，还具有清除自由基、提高免疫力、抗衰老、保肝等作用。

13.2　食品中几种常见功能性成分的测定

13.2.1　活性多糖含量的测定

1. 苯酚-硫酸法测定多糖

1) 原理

苯酚-硫酸试剂可与游离的寡糖、多糖中的己糖及糠醛酸起显色反应，呈橘红色，己糖反应产物在490 nm处(戊糖及糖醛酸在480 nm处)有最大吸收，吸光度与糖含量呈线性关系。

2) 仪器

①水浴锅；

②离心机；

③分光光度计。

3) 试剂

①葡萄糖标准液：精确称取105℃干燥恒重的标准葡萄糖100 mg，置100 mL容量瓶中，

加蒸馏水溶解并稀释至刻度。

②5%苯酚溶液：称取精制苯酚5.0 g，加水溶解并稀释至100 mL棕色容量瓶中，混匀。溶液置于4℃冰箱中，可保存1个月。

③硫酸、乙醇、三氯乙酸、石油醚、80%乙醚等均为分析纯。

4）操作方法

（1）样品的制备

①水提醇沉法：将样品烘干、研碎，过40目筛。取研成粉末的固体样品10 g，加100 mL蒸馏水，在100℃水浴中煮沸1 h，重复3次。提取液过滤，浓缩至1∶1（g/mL），加3倍量的95%乙醇置于冰箱中冷藏24 h使其沉淀；抽滤，将沉淀物按1∶25的比例加蒸馏水溶解，过滤，在滤液中加95%乙醇，冷藏后抽滤；将沉淀物用蒸馏水溶解后，加三氯乙酸，使三氯甲酸含量为15%，离心25 min，取上清液加入95%乙醇，使溶液中乙醇浓度达75%，抽滤；取残留物水溶后，装入透析袋（相对分子质量10000~70000）内，透析3 h，透析液冷冻干燥后，得到多糖粗品。

②酶法：将干燥样品按1∶80加水在室温下（20~25℃）浸泡30 min，置于高速组织捣碎机中充分捣碎，制成浆液。将pH调至6.3，加入1%复合酶制剂（果胶酶、纤维素酶和中性蛋白酶），在50℃下酶促反应40 min，迅速升温至80℃灭酶，并保温浸提约1.5 h，用乙醇沉淀，残留物水溶后浓缩，装入透析袋（相对分子质量10000~70000）内，透析3 h，透析液冷冻干燥后，得到多糖粗品。

③脱脂法：称取干燥粉碎的样品100 g，经500 mL石油醚（60~90℃）回流脱脂2次，每次2 h，回收石油醚。再用500 mL乙醚浸泡过夜，回收提取2次，每次2 h。将滤渣加蒸馏水3000 mL，90℃热提取1 h，滤液减压浓缩至300 mL，用氯仿多次萃取以除去蛋白质，加1%活性炭脱色，抽滤，滤液加入95%乙醇，使含醇量达80%，静置过夜，过滤。沉淀物用无水乙醇、丙醇、乙醚多次洗涤，真空干燥，即得多糖粗品（适合于脂肪含量多的多糖样品，如枸杞、山药等）。

（2）标准曲线（standard curve）的绘制

吸取葡萄糖标准液10 μL，20 μL，40 μL，60 μL，80 μL，100 μL，分别置于带塞试管中，各加蒸馏水使体积为2.0 mL，再加苯酚试液1.0 mL，摇匀，迅速滴加浓硫酸5.0 mL，摇匀后放置5 min，置沸水浴中加热15 min，取出冷却至室温；另以蒸馏水2 mL，加苯酚和硫酸，同上操作做空白对照。于490 nm处测吸光度，绘制标准曲线。

（3）样品溶液的制备

精确称取样品粉末0.2 g，置于圆底烧瓶中，加80%乙醇100 mL回流提取1 h，趁热过滤，残渣用80%乙醇洗涤3次，每次用量10 mL。残渣连同滤纸置于烧瓶中，加蒸馏水100 mL，加热提取1 h，趁热过滤，残渣用热水洗涤3次，每次用量10 mL，洗液并入滤液，放冷后移入250 mL量瓶中，稀释至刻度，备用。

（4）样品中多糖含量测定

吸取适量样品液，加蒸馏水至2 mL，按标准曲线制备项下方法测定吸光度。查标准曲线得样品液中葡萄糖浓度（μg/mL）。

5）结果计算

按下式计算样品中多糖含量：

$$多糖含量（\%）=\frac{\rho \times V \times D}{m}\times 0.9 \times 100 \tag{13-1}$$

式中：ρ——样液葡萄糖浓度，$\mu g/mL$；

    V——样品液体积；

    D——样品溶液稀释倍数；

    0.9——葡萄糖换算为粗多糖的系数；

    m——样品质量，μg。

6）说明及注意事项

①用苯酚–硫酸法测定样品中的多糖含量时，提取时间以 1 h 为宜，提取时间太长可能会引起糖结构变化甚至使碳键断裂，导致所测多糖含量降低。

②配制好的苯酚溶液应冷藏避光保存，否则以苯酚–硫酸做空白时颜色变深，影响测定结果。

③对于添加了淀粉、糊精的保健食品，要做相应的处理，否则结果偏高。对于添加淀粉的样品，需加 α–淀粉酶及糖化酶（如葡萄糖苷酶）处理。添加糊精的样品则需加糖化酶（如葡萄糖苷酶）处理。

④粗多糖测定结果最终如果用葡萄糖作对照品，粗多糖的计算结果乘以 0.9；如果是粗多糖的计算结果（以葡萄糖计）就不用乘以 0.9；如以被测物的纯品作对照就应乘以换算因子（F）。

准确称取被测物质的纯品 200 mg 于 100 mL 容量瓶中，加水溶解并稀释至刻度，吸取适量于 25 mL 具塞比色管中，加水至 2.0 mL，按上法测定，从标准曲线中查出供试液中相当于标准葡萄糖的质量（mg）：

$$F=\frac{m}{m_1 \times n} \tag{13-2}$$

式中：m——多糖纯品的质量，mg；

    m_1——多糖纯品供试液中相当于葡萄糖的质量，mg；

    n——供试液的稀释倍数。

例：灵芝多糖纯品 22.4 mg，加水溶解并稀释至 100 mL，吸取 0.4 mL 于 25 mL 具塞比色管中，加水至 2.0 mL，按上法测定，相当于标准葡萄糖 0.0288 mg：

$$F=\frac{22.4}{0.0288 \times 250}=3.11 \tag{13-3}$$

2.蒽酮–硫酸法测定多糖

1）原理

多糖遇浓硫酸脱水生成的糠醛或其衍生物，可与蒽酮（anthrone）试剂发生缩合反应，生成的蓝绿色化合物在 625 nm 处有最大吸收，吸光度与多糖含量呈正比。

2）仪器

分光光度计。

3）试剂

①葡萄糖标准溶液（1 mg/mL）；

②0.1% 蒽酮试剂：称取 0.1 g 蒽酮，用硫酸溶解并定容至 100 mL（使用前新配）；

③80%乙醇。

4)操作步骤

(1)样品的制备

同苯酚－硫酸法中样品的制备。

(2)标准曲线的绘制

分别吸取 1 mg/mL 的葡萄糖标准溶液 1.0 mL，2.0 mL，4.0 mL，6.0 mL，8.0 mL 置于 100 mL 容量瓶中定容，精确吸取上述标准液各 2.0 mL 置于 10 mL 比色管中，于冰浴中加入 0.1%蒽酮试剂 5 mL，摇匀，于水浴中加热 50 min，冷却至室温。另取 2.0 mL 蒸馏水作空白，于波长 625 nm 处测吸光度，绘制标准曲线。

(3)多糖含量的测定

精密称取 3.0 g 样品粉末，加蒸馏水回流 2 h，过滤，定容至 200 mL，备用。取样品液 0.5 mL，加入 80%乙醇 10 mL，摇匀，以 4000 r/min 离心 10 min，弃去上清液，再加 80%乙醇 10 mL，同法操作 2 次。沉淀加适量蒸馏水溶解定容至 50 mL，即成供试液。取供试液 2.00 mL，置于 10 mL 比色管中，于冰浴中加入 0.1%蒽酮试剂 5 mL，摇匀，于水浴中加热 50 min，冷却至室温。另取 2.0 mL 蒸馏水作空白，于波长 625 nm 处测吸光度。

5)结果计算

$$多糖含量(\%) = \frac{\rho \times V \times D}{m} \times 0.9 \times 100 \qquad (13-4)$$

式中：ρ——样液葡萄糖浓度，μg/mL；

V——样品液体积；

D——样品溶液稀释倍数；

0.9——葡萄糖换算为粗多糖的系数；

m——样品质量，μg。

6)说明及注意事项

①蒽酮试剂应现用现配，配制好的蒽酮试剂应冷藏避光保存，否则以蒽酮－硫酸作空白时颜色较深，影响测定结果。

②根据样品的含糖量选择稀释倍数，使最终供试液中糖浓度在 1.0~2.0 mg/mL，并使吸光度值在 0.1~0.3 之间为宜。

③蒽酮反应并非多糖特异性反应，样液中的微量碳水化合物(单糖、双糖、淀粉)在此实验条件下均能与蒽酮显色，所以对样品的纯度要求较高，样液必须清澈透明。因此，样品颜色较深时，可用活性炭脱色后再进行测定。

④蒽酮反应颜色的深浅随温度条件和加温时间而变化，测定方法所用蒽酮试剂中硫酸的浓度(66%~98%)、取样液量(1~5 mL)、蒽酮试剂用量(5~20 mL)、沸水浴中反应时间(6~13 min)，这几个操作条件时间是有联系的。因此，采用此法控制反应条件很重要，否则会影响分析结果。

⑤粗多糖测定结果最终如果用葡萄糖作对照品，粗多糖的计算结果乘以 0.9；如果是粗多糖的计算结果(以葡萄糖计)就不用乘以 0.9；如以被测物的纯品作对照就应乘以换算因子(F)。

3.高效液相色谱法测定香菇多糖

1)原理

采用高效色谱法分析香菇多糖(lentinan),选用 TSK – SW 凝胶排斥色谱柱为分离柱,香菇样品经简单的预处理,在示差折光检测器中进行检测,以不同分子量标准右旋糖酐(dextran)作为标准,同时测定样品中多糖的相对分子质量分布情况及含量。

该方法较其他多糖测定法具有快速、简便、准确等优点,是目前较为有效的测定方法。

2)仪器

①高效液相色谱仪,包括 126 双溶剂微流量泵,156 示差折光检测器,System Gold 控制及数据处理系统(带有相对分子质量计算辅助软件);

②分离柱:4000SW Spherogel TSK,7.5 mm×300 mm,内径 13 μm;

③微孔过滤器(带 0.3 μm 微孔滤膜)。

3)试剂

右旋糖酐、无水硫酸钠、醋酸钠、碳酸氢钠、氯化钠等。

4)操作步骤

(1)色谱条件

流动相:0.2 mol/L 硫酸钠溶液;流速:0.8 mL/min;检测条件:示差检测器(以流动相作参比液,灵敏度 16AUFS)。

(2)相对分子质量标准曲线绘制

精确称取不同相对分子质量的右旋糖酐标准品 0.100 g,用流动相溶解并定容至 10 mL。分别进样 20 μL,由分离得到各色谱峰的保留时间,将其数字输入相对分子质量软件中,经校准后建立相对分子质量对数值($\lg M_W$)与保留时间(RT)的标准曲线。结果表明,分子量在 $3.9 \times 10^4 \sim 2.0 \times 10^6$ 范围内具有良好的线性关系。

(3)标准工作曲线的绘制

精确称取相对分子质量 50000 的右旋糖酐 0.100 g,定容在 5 mL 定量瓶中,再进一步稀释为 10 mg/mL,5 mg/mL,2 mg/mL,1 mg/mL 标准液。分别进样,根据浓度与峰面积关系绘制曲线。

(4)样品预处理和测定

称取一定量样品(多糖含量应大于 1 mg),用流动相溶解并定容至 100 mL,混匀后经 0.3 μm 的微孔滤膜过滤后即可进样。若样液不易过滤,可将其移入离心管中,在 5000 r/min 下离心 20 min,吸取 5 mL 左右的上清液,再经 0.3 μm 的抽孔滤膜过滤,收集少量滤液按色谱条件进样测定。

5)结果计算

(1)相对分子质量分布计算

等测样品经分离后得到不同相对分子质量峰的保留时间值,通过相对分子质量标准工作曲线即可计算出多糖相对分子质量分布。该计算程序由相对分子质量辅助软件自动进行。

(2)多糖含量计算

选择与待测样品多糖相对分子质量相近的标准右旋糖酐为基准物质,用峰面积外标法定量,多糖含量(以右旋糖酐计)计算公式如下:

$$多糖含量(mg/100\ g\ 或\ mg/100\ mL) = \frac{\rho \times V}{m} \times 100 \qquad (13-5)$$

式中:ρ——进样样液多糖浓度,mg/mL;

m——样品质量，g 或 mL；

V——提取液的体积，mL。

13.2.2 低聚糖含量的测定

1. 低聚果糖(fructo - oligosaccharide，FOS)含量的测定(GB/T 23528—2009)

1）原理

低聚果糖按结构可以分为蔗-果型低聚果糖和果-果低聚果糖。低聚果糖的成分包括蔗果三糖(GF_2)、果果三糖(F_3)、蔗果四糖(GF_3)、果果四糖(F_4)、蔗果五糖(GF_4)、果果五糖(F_5)、蔗果六糖(GF_5)、果果六糖(F_6)等。

低聚糖各组分用高效液相法分离并定量测定，以乙腈、水作流动相，在碳水化合物分析柱上糖的分离顺序是先单糖后双糖，先低聚糖后多糖，以示差折射检测器检测。根据保留时间用外标法或峰面积归一化法定量，以外标法为仲裁法。

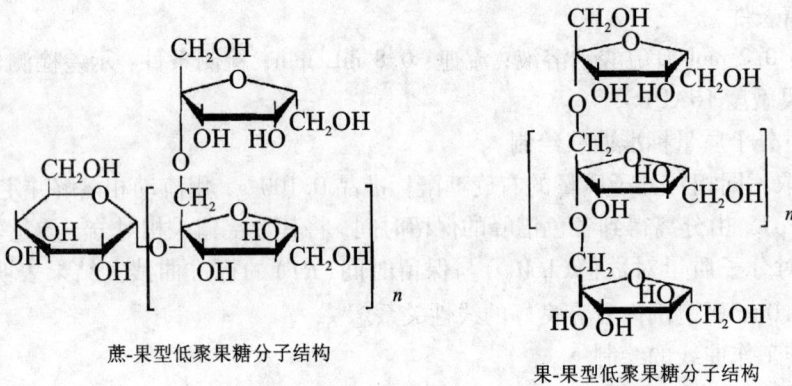

蔗-果型低聚果糖分子结构　　果-果型低聚果糖分子结构

2）仪器

①高效液相色谱仪(配有示差折光检测器或蒸发光散射检测器和柱恒温系统)；

②流动相真空抽滤脱气装置及 0.2 μm 或 0.45 μm 微孔膜；

③色谱柱：氨基柱；

④分析天平：感量 0.0001 g；

⑤微量进样器：10 μL。

3）试剂

①水：二次蒸馏水或超纯水(过 0.45 μm 水系微孔膜)；

②乙腈：色谱纯；

③标准溶液：葡萄糖、果糖、蔗糖、蔗果三糖、蔗果四糖、蔗果五糖、蔗果六糖的标准品，分别用超纯水配成 40 mg/mL 的水溶液。

4）操作步骤

(1)样品处理

称取适量的液体或固体样品(使各组分含量在 0.4 ~ 40 mg/mL 范围内)，用超纯水定容至 100 mL，摇匀后，用 0.45 μm 膜过滤(或 12000 r/min 离心 5 min)，收集滤液，作为待测试样溶液。

（2）色谱条件

色谱柱：YWG - NH$_2$柱, 4.6 mm × 300 mm；

柱温：35℃；

流动相：乙腈：水（体积比）= 75:25；

流速：1.0 mL/min；

进样量：5 ~ 10 μL。

（3）标准曲线的绘制

将标准溶液在 0.4 ~ 40 mg/mL 范围内配制 6 个不同浓度的标准液系列，分别进样后，以标准浓度对峰面积作标准曲线。在线性相关系数为 0.9990 以上，否则需调整浓度范围。

（4）样品测定

将试样进样，根据标样的保留时间定性样品中各种糖组分的色谱峰，根据样品的峰面积，以外标法或峰面积归一化法计算各种糖分的百分含量。

5）结果计算

（1）外标法

样品中各组分的百分含量：

$$X_i = \frac{A_i \times \dfrac{m_s}{V_s}}{A_s \times \dfrac{m}{V}} \times 100 \qquad (13 - 6)$$

式中：X_i——样品中组分 i（葡萄糖、果糖、蔗糖、蔗果三糖、蔗果四糖、蔗果五糖、蔗果六糖）占样品的百分含量，%；

A_i——样品中组分 i 的峰面积；

m_s——标准样品中某组分糖标准品的质量，g；

V_s——标准样品稀释体积，mL；

A_s——标准样品中某组分糖标准品的峰面积；

m——样品的质量，g；

V——样品的稀释体积，mL。

样品中低聚果糖的百分含量：

$$FOS 含量(\%) = GF_2 含量 + GF_3 含量 + GF_4 含量 + GF_5 含量$$

（2）峰面积归一化法

用峰面积归一化法计算各组分糖占样品的百分含量，因为所有组分均能出峰，各组分是同系物，其校正因子相同，按下式计算各组分糖的百分含量：

$$P_i = \frac{A_i}{\sum A_i} \times 100 \qquad (13 - 7)$$

式中：P_i——样品中组分 i 占样品的百分含量，%；

A_i——样品中组分 i 的峰面积；

$\sum A_i$——样品总所有成分峰面积的总和。

样品中低聚果糖的百分含量：

$$FOS(含量/\%) = GF_2 含量 + GF_3 含量 + GF_4 含量 + GF_5 含量$$

6）说明及注意事项

①以蔗糖为原料的低聚果糖有效成分仅包括蔗果三糖（GF_2）、蔗果四糖（GF_3）、蔗果五糖（GF_4）和蔗果六糖（GF_5）。

②以菊芋、菊苣为原料的低聚果糖，其果果三糖（F_3）、果果四糖（F_4）、果果五糖（F_5）、果果六糖（F_6）的色谱峰分别包含于蔗果三糖（GF_2）、蔗果四糖（GF_3）、蔗果五糖（GF_4）、蔗果六糖（GF_5）的色谱峰之中。

③由于果果三糖（F_3）、果果四糖（F_4）、果果五糖（F_5）、果果六糖（F_6）没有标样，以菊芋、菊苣为原料的低聚果糖计算含量时宜采用峰面积归一化法。

④低聚糖难得到纯品，因酶反应产物中除各种蔗果糖外，还残留下不少葡萄糖、果糖、蔗糖，或者麦芽糖。低聚糖尚无准确的定量方法，其原因是低聚糖分离的响应因子依赖于分子内部链的长短，故准确定量较难。

⑤如果无 GF_2、GF_3、GF_4、GF_5 标样，低聚果糖的定量采用间接法，即由测定的总糖中减去果糖、葡萄糖和蔗糖的含量，所得的差值就是样品中低聚果糖的含量。

2. 大豆低聚糖含量的测定（GB/T 22491—2008）

1）原理

大豆低聚糖主要成分包括水苏糖（stachyose）、棉籽糖（raffinose）及蔗糖（sucrose）等。

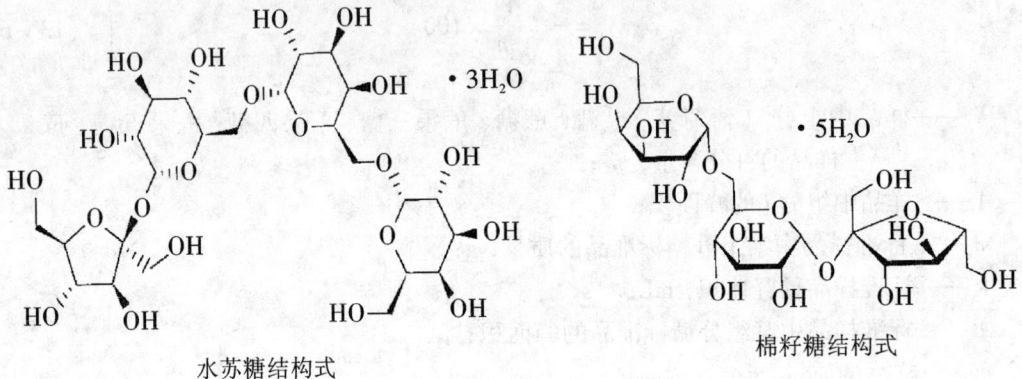

水苏糖结构式　　棉籽糖结构式

试样用80%乙醇溶解后，经 0.45 μm 滤膜过滤，采用反相键合相色谱测定，根据色谱峰保留时间定性，根据峰面积或峰高定量，各单体的含量之和为大豆低聚糖含量。

2）仪器

①高效液相色谱仪（附示差折光检测器）。

②分析天平：感量 0.0001 g。

3）试剂

①乙腈：色谱纯；

②80%乙醇溶液：量取 800 mL 无水乙醇加水稀释至 1000 mL；

③低聚糖标准溶液：分别称取蔗糖、棉籽糖、水苏糖标准品（含量均应≥98%）各 1.000 g 置于 100 mL 容量瓶中，用 80%乙醇溶液溶解并稀释至刻度，摇匀。每毫升溶液分别含蔗糖、棉籽糖、水苏糖 10 mg。经 0.45 μm 滤膜过滤，滤液供 HPLC 分析用。

4）操作步骤

（1）色谱条件

色谱柱：Kromasil 100 氨基柱，25 cm×4.6 mm，或相同性质的填充柱；

流动相：乙腈∶水(体积比)＝80∶20；

流速：1.0 mL/min；

检测器：示差折光检测器(RID)；

色谱柱温度：30℃；

检测器温度：30℃；

进样量：10 μL。

(2)样品的制备

称取试样 1.000 g，加 80% 乙醇溶液溶解并稀释定容至 100 mL，混匀，经 0.4545 μm 滤膜过滤，滤液作 HPLC 分析用。

(3)测定

①标准曲线的绘制：分别取低聚糖标准溶液 1 μL，2 μL，3 μL，4 μL，5 μL(相当于各低聚糖质量 10 μg，20 μg，30 μg，40 μg，50 μg)注入液相色谱仪，进行高效液相色谱分析，测定各组分色谱峰面积(或峰高)，以标准糖质量对应峰面积(或峰高)作标准曲线，或用最小二乘法求回归方程。

②样品测定：在相同的色谱分析条件下，取 10 μL 试样溶液注入高效液相色谱仪，测定各组分色谱峰面积(或峰高)，与标准曲线比较确定进样中低聚糖各组分的质量，大豆低聚糖色谱示意图见图 13 –1。

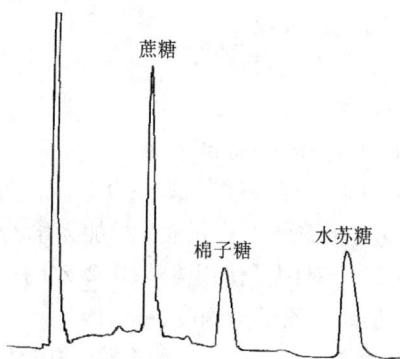

图 13 – 1　大豆低聚糖色谱示意图

5)结果计算

大豆低聚糖的含量计算：

$$X = \frac{\sum m_i \times V \times 100}{V_1 \times m \times 1000} \times 100 \qquad (13-8)$$

式中：X——大豆低聚糖的含量，%；

　　　m_i——低聚糖组分 i 的质量，mg；

　　　V——样品溶液体积，μL；

　　　V_1——进样体积，μL；

　　　m——样品质量，g。

6)说明及注意事项

①本方法低聚糖各单体的检出限为 1.0 g/kg。

②用 HPLC 分离低聚糖，使用较多的是氨基柱。在使用氨基柱分离糖时一些还原糖容易与固定相的氨基发生化学反应，产生希夫碱，因此氨基柱的使用寿命短；且乙腈要求纯度高，价格昂贵。使用氨基柱的另一个缺点是系统平衡所需时间长，一般在 5 h 以上。

13.2.3 黄酮类化合物含量的测定

1. 总黄酮含量的测定

1）原理

溶于乙醇的黄酮类化合物在弱碱性条件下，与显色剂三价铝离子结合生成红色的络合物，可在510 nm 波长处产生最大吸收。在一定浓度范围内，其吸光度与黄酮类化合物的含量呈正比，与标准曲线比较，可定量测定黄酮类化合物的含量。

2）仪器

①可见分光光度计；

②恒温水浴锅；

③高速组织捣碎机；

④旋转蒸发仪；

⑤盐基交换管等。

3）试剂

①芦丁(rutin)标准溶液。

a. 芦丁对照品储备液(1.0 g/L)：精确称取经120℃减压真空干燥至恒重的芦丁对照品50 mg，置于50 mL 容量瓶中，加无水乙醇溶解并稀释至刻度，摇匀。

b. 芦丁对照品使用溶液(0.2 g/L)：精确吸取芦丁对照品储备液10 mL，置于50 mL 容量瓶中，加无水乙醇至刻度，摇匀。

②硝酸铝、氯仿、无水乙醇、氢氧化钠、甲醇等均为分析纯。

③聚酰胺树脂。

4）操作步骤

(1)样品处理

①固体样品：称取已经干燥粉碎的样品1~2 g，加入70% 乙醇溶液50~100 mL，在80℃水浴下回流提取2 h，至黄酮类化合物基本提取完全。粗提液冷却后，减压抽提，并用少量70% 乙醇溶液洗涤滤渣，合并滤液。在50℃下减压蒸馏，除去乙醇。倒出滤液，并用30 mL 热水分3 次洗涤烧瓶，抽滤后，将滤液到入分液漏斗中，以75 mL 氯仿分3 次萃取脱脂，待完全分层后，收集下层水溶液并定容至50 mL。

称取1~2 g 经预处理的聚酰胺树脂粉末，湿法装柱，用水饱和。吸取上述脱脂后的水溶液1~2 mL，沿层析柱慢慢滴入柱内，放置一定时间，待测液被充分吸附后，用70% 乙醇或甲醇洗脱，流速为1.0 mL/min，至流出液基本无色，一般收集10 mL 即可。上述洗出液用洗脱剂定容后即可用于测定。

②液体样品：准确吸取样品3.0 mL，定容至50 mL 后，用75 mL 氯仿分3 次萃取脱脂，后续步骤同上。

(2)标准曲线的绘制

精确吸取芦丁对照品使用溶液0 mL、1 mL、2 mL、3 mL、4 mL、5 mL、6 mL，分别置于10 mL 比色管中，加30% 乙醇至总体积为5 mL，各加5% 亚硝酸钠溶液0.3 mL，振摇后放置5 min，加入10% 硝酸铝溶液0.3 mL，摇匀后放置6 min，加1.0 mol/L 氢氧化钠溶液2 mL，用30% 乙醇定容至刻度，以零管为空白，在510 nm 处测定吸光度，绘制标准曲线。

（3）样品的测定

精密吸取待测样品液 1.0 mL，置于 50 mL 容量瓶中，按标准曲线的绘制中进行操作。以上述空白溶液作参比。根据标准曲线，计算出样品中黄酮物质的含量。

5）结果计算

黄酮化合物的总含量为：

$$X = \frac{c \times V \times d}{m \times 1000}　　　　　　(13-9)$$

式中：X——黄酮类化合物的总含量，mg/g；

$\quad c$——由标准曲线或回归方程得到的芦丁浓度，mg/L；

$\quad V$——所测样品的体积，1 mL 稀释成 50 mL，稀释倍数为 50；

$\quad d$——稀释倍数，50；

$\quad m$——样品的质量，g。

6）说明及注意事项

①黄酮类化合物对热、氧、适中酸度相对稳定，但遇光迅速破坏，故在实验操作时应避免强光直射或在半暗室中进行。

②对于以葡萄、山楂等有色水果为原料的样品，可用未加铝盐试剂的样液为空白或采用标准加入法进行测定，以避免样液颜色对测定干扰而引起结果偏高。

2. 大豆异黄酮含量的测定（GB/T 26625—2011）

1）原理

试样用甲醇-水溶液超声波振荡提取，提取液离心、浓缩、定容、过滤，用高效液相色谱仪测定，外标法定量。

2）仪器

①高效液相色谱仪：配紫外检测器；

②分析天平：感量 0.01 mg、感量 0.01 g；

③旋转蒸发仪；

④超声波清洗器：50 W；

⑤离心机：10000 r/min；

⑥粉碎机；

⑦组织捣碎机；

⑧样品筛：孔径 2.0 mm。

3）试剂与材料

①乙腈：色谱纯。

②甲醇、乙酸。

③0.1% 乙酸乙腈溶液：取 1 mL 乙酸，置于 1000 mL 容量瓶中，用乙腈溶解并定容至刻度。

④大豆苷（daidzin）、染料木苷（genistin）、大豆黄素（daidzein）、染料木素（genistein）、黄豆黄素（glycitin）、黄豆黄素苷元（glycitein）：纯度不低于98%。

⑤标准储备溶液配制。

a. 大豆异黄酮标准储备溶液：分别准确取适量的大豆苷、染料木苷、大豆黄素、染料木素、黄豆黄素、黄豆黄素甙元标准品,分别用60%甲醇配成浓度为1 mg/mL的标准储备液。-18℃避光保存,有效期6个。

　　b. 大豆异黄酮混合标准中间溶液:分别移取上述各组分大豆异黄酮标准储备溶液0.5 mL于同一10 mL容量瓶中,用60%甲醇定容至刻度,配制成各组分浓度为50 μg/mL的大豆异黄酮混合标准中间溶液,0℃~4℃冷藏避光保存,有效期3个月。

　　c. 大豆异黄酮混合标准工作溶液:分别吸取50.0 μL,100.0 μL,200.0 μL,300.0 μL,1000.0 μL上述大豆异黄酮混合标准中间溶液于10 mL容量瓶中,用10%甲醇溶液配成各组分浓度0.25 μg/mL,0.50 μg/mL,1.00 μg/mL,1.50 μg/mL,5.00 μg/mL系列的大豆异黄酮混合标准工作溶液,0℃~4℃冷藏避光保存,有效期一周。

　　4)操作步骤

　　(1)样品的制备及提取

　　取有代表性的样品约500 g,用粉碎机粉碎使其全部通过孔径2.0 mm样品筛,混匀。称取5.00 g试样于250 mL具塞三角瓶中,加90 mL 90%甲醇溶液,置于超声波清洗器中60℃提取30 min,在离心机中10000 r/min离心10 min,上清液转移至250 mL浓缩瓶中,残渣再加入60 mL 90%甲醇溶液进行提取,上清液也转移至250 mL浓缩瓶中,在旋转蒸发仪60℃浓缩至约40 mL。浓缩液转入50 mL容量瓶,用10%甲醇溶液冲洗浓缩瓶并定容至刻度。取1 mL提取液通过0.45 μm滤膜,待测。

　　(2)色谱条件

　　①色谱柱:RP C_{18}柱(250 mm×4.6 mm, 5 μm)或性能相当的色谱柱;

　　②流动相:0.1%乙酸溶液和0.1%乙酸乙腈溶液,按表13-1进行梯度洗脱;

　　③流速:1.0 mL/min;

　　④柱温:40℃;

　　⑤波长:260 nm;

　　⑥进样量:20 μL。

表13-1　梯度洗脱

时间/min	0.1%乙酸水溶液/mL	0.1%乙酸乙腈溶液/mL
0	90	10
12.5	70	30
17.5	60	40
18.5	0	100
21.0	0	100
22.5	90	10
26.0	90	10

　　(3)测定

　　分别吸取20 μL适当浓度的大豆异黄酮混合标准工作液和样品液进行高效液相色谱测

定，分别得到大豆异黄酮各组分的标准工作液峰面积和样液中大豆异黄酮各组分峰面积。

在上述色谱条件下，大豆异黄酮各组分的保留时间约为：大豆苷 8.2 min、黄豆黄素 8.8 min、染料木苷 11.0 min、大豆黄素 15.3 min、黄豆黄素苷元 16.3 min、染料木素 19.4 min。标准品色谱图见图 13−2。

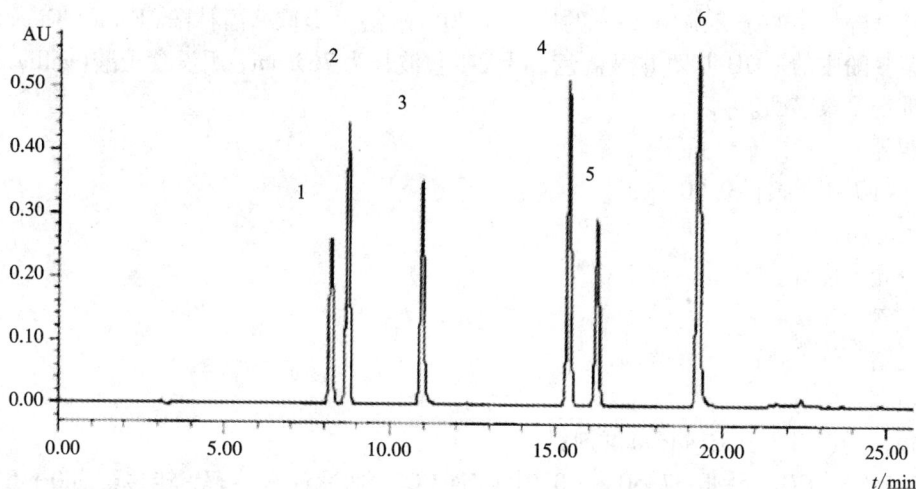

图 13−2　大豆异黄酮标准品色谱图

1—大豆苷；2—黄豆黄素；3—染料木苷；4—大豆黄素；5—黄豆黄素苷元；6—染料木素

5）结果计算

大豆异黄酮各组分含量：

$$X_i = \frac{A_i \times C_{si} \times V}{A_{si} \times m} \qquad (13-10)$$

式中：X_i——样品中某一大豆异黄酮组分含量，mg/kg；

A_i——样品提取液中某一大豆异黄酮组分的峰面积；

A_{si}——大豆异黄酮混合标准工作液中某一组分的峰面积；

C_{si}——大豆异黄酮混合标准溶液中某一组分的浓度，μg/mL；

V——样品提取液最终定容体积，mL；

m——样品质量，g。

大豆异黄酮总含量：

$$X = \sum X_i \qquad (13-11)$$

式中：X——样品中总大豆异黄酮含量，mg/kg。

6）说明及注意事项

①本法适用于大豆、豆奶粉、豆豉等豆制品中大豆异黄酮含量的测定。本法的最低检出限为 2.5 mg/kg。

②本方法中 6 种异黄酮已经包括大豆中异黄酮的绝大部分组分，可以认为是大豆异黄酮总含量。

③异黄酮类化合物对热、氧、适中酸度相对稳定，但遇光迅速破坏，故在实验操作时应

避免强光直射或在半暗室中进行。

13.2.4　茶叶中茶多酚及儿茶素含量的测定

1. 茶叶中茶多酚(tea polyphenol)含量的测定(GB/T 8313—2008)

1)原理

茶叶磨碎样中的茶多酚用70%的甲醇在70℃水浴上提取,福林酚(Folin – Ciocalteu)试剂氧化茶多酚中的—OH基团并显蓝色,最大吸收波长为765 nm,用没食子酸(gallic acid)作校正标准定量茶多酚。

2)仪器

①分析天平:感量0.001 g;

②离心机;

③分光光度计。

3)试剂

①乙腈:色谱纯;

②甲醇;

③福林酚(Folin – Ciocalteu)试剂;

④7.5% Na_2CO_3:称取 37.50 g ±0.01 g Na_2CO_3,加适量水溶解,转移至500 mL 容量瓶中,定容至刻度,摇匀,室温下可保持1个月。

⑤没食子酸标准储备溶液(1000 μg/mL):称取 0.110 ±0.001 g 没食子酸(相对分子质量188.14),于100 mL 容量瓶中溶解并定容至刻度,摇匀。

⑥没食子酸工作液:用移液管分别移取 1.0 mL,2.0 mL,3.0 mL,4.0 mL,5.0 mL 的没食子酸标准储备溶液于 100 mL 容量瓶中,分别用水定容至刻度,摇匀,浓度分别为10 μg/mL,20 μg/mL,30 μg/mL,40 μg/mL,50 μg/mL。

4)操作步骤

(1)样品溶液的制备

①母液的制备:称取 0.2000 g 均匀磨碎的试样,于 10 mL 离心管中,加入在 70℃中预热过的 70% 甲醇溶液 5 mL,用玻璃棒充分搅拌均匀润湿,立即移入 70℃水浴中,浸提 10 min(隔5 min 搅拌一次),浸提后冷却至室温,转入离心机,在 3500 r/min 转速下离心 10 min,将上清液转移至 10 mL 容量瓶。残渣再用 5 mL 的 70% 甲醇溶液提取一次,重复以上操作。合并提取液定容至 10 mL,摇匀,过0.45 μm 膜,待用(该提取液在4℃下可至多保存 24 h)。

②测试液:移取母液 1.0 mL 于 100 mL 容量瓶中,用水定容至刻度,摇匀,待测。

(2)标准曲线的绘制

用移液管分别移取没食子酸工作液各 1.0 mL 于刻度管中,在每个试管内分别加入 5.0 mL 10% 的福林酚试剂,摇匀。反应 3 ~ 8 min 内,加入 4.0 mL 7.5% Na_2CO_3 溶液,加水定容至刻度,摇匀。室温下放置 60 min。用 1 cm 比色皿,以蒸馏水作空白,在 765 nm 波长处测定吸光度,按没食子酸工作液的浓度与吸光度绘制标准曲线。

(3)样品的测定

取测试液 1.0 mL 按照上述操作测定吸光度,根据标准曲线计算样品液浓度。

5)结果计算

$$X = \frac{C \times V \times d}{m \times 1000} \quad\quad (13-12)$$

式中：X——茶多酚的含量，mg/g；

C——由标准曲线或回归方程得到的没食子酸浓度，μg/mL；

V——样品提取液的体积，10 mL；

d——稀释倍数，1 mL 稀释成 100 mL，稀释倍数为 100；

m——样品的质量，g。

6）说明及注意事项

样品吸光度应在没食子酸标准工作曲线的校准范围内，若样品吸光度高于 50 μg/mL 浓度的没食子酸标准工作溶液的吸光度，应重新配制高浓度没食子酸标准液进行校准。

2. 儿茶素（catechins）含量的测定（GB/T 8313—2008）

1）原理

样品烘干、磨碎，用70%的甲醇溶液在70℃水浴上提取，儿茶素的测定用 C_{18} 柱，检测波长 278 nm，梯度洗脱，HPLC 分析，用儿茶素类标准物质外标法直接定量，也可用儿茶素类与咖啡碱的相对校正因子 RRF_{Std}（ISO 国际换算结果）来定量。

2）仪器

①分析天平：感量 0.0001 g；

②离心机；

③高效液相色谱仪：包含梯度洗脱及检测器；

④液相色谱柱：C_{18}（内径 5 μm，250 mm×4.6 mm）；

⑤水浴锅。

3）试剂

①乙腈：色谱纯。

②乙二胺四乙酸（EDTA）溶液：10 mg/mL（现配）。

③抗坏血酸溶液：10 mg/mL（现配）。

④甲醇、乙酸等。

⑤稳定溶液：分别将 25 mL EDTA 溶液、25 mL 抗坏血酸溶液、50 mL 乙腈加入 500 mL 容量瓶中，用水定容至刻度，摇匀。

⑥色谱流动相。

流动相 A：分别将 90 mL 乙腈、20 mL 乙酸、2 mL EDTA 加入 1000 mL 容量瓶中，用水定容至刻度，摇匀，溶液过 0.45 μm 膜。

流动相 B：分别将 800 mL 乙腈、20 mL 乙酸、2 mL EDTA 加入 1000 mL 容量瓶中，用水定容至刻度，摇匀，溶液过 0.45 μm 膜。

⑦标准储备溶液。

咖啡碱储备溶液：2.00 mg/mL。

没食子酸储备溶液：0.100 mg/mL。

儿茶素类储备溶液：儿茶素（+C）1.00 mg/mL、表儿茶素（+EC）1.00 mg/mL、表没食子儿茶素（+EGC）2.00 mg/mL、表没食子儿茶素没食子酸酯（+EGCG）2.00 mg/mL、表儿茶素没食子酸酯（+ECG）2.00 mg/mL。

⑧标准工作溶液：用稳定液配制。

标准工作溶液的浓度：没食子酸 5 ~ 25 μg/mL，咖啡碱 50 ~ 150 μg/mL，+ C 50 ~ 150 μg/mL，+ EC 50 ~ 150 μg/mL，+ EGC 100 ~ 300 μg/mL，+ EGCG 100 ~ 400 μg/mL，+ ECG 50 ~ 200 μg/mL。

4）操作步骤

(1)样品溶液制备

①母液的制备：按照茶多酚含量测定操作步骤中母液的制备进行。

②测试液：用移液管移取母液 2 mL 至 10 mL 容量瓶中，用稳定溶液定容至刻度，摇匀，过 0.45 μm 膜，待测。

(2)色谱条件

流动相流速：1 mL/min；

柱温：35℃；

紫外检测器：λ = 278 nm；

梯度条件：100% A 相保持 10 min→(15 min 内由 100% A 相→68% A 相、32% B 相)→68% A 相、32% B 相保持 10 min→100% A 相。

(3)测定

待流速和柱温稳定后，进行空白运行。准确吸取 10 μL 混合标准系列工作液注射入 HPLC，在相同的色谱条件下注射 10 μL 测试液，测试液以峰面积定量。

5）结果计算

(1)计算方法

①以儿茶素类标准物质定量：

$$儿茶素含量(\%) = \frac{A \times f_{Std} \times V \times d}{m \times 10^6} \times 100 \qquad (13-13)$$

式中：A——所测样品中被测成分的峰面积；

　　　f_{Std}——所测成分的校正因子(浓度/峰面积，浓度单位"μg/mL")；

　　　V——样品提取液的体积，mL；

　　　d——稀释倍数；

　　　m——样品的称取量，g。

②以咖啡碱(caffeine)标准物质定量：

$$儿茶素含量(\%) = \frac{A \times RRF_{Std} \times V \times d}{S_{Caf} \times m \times 10^6} \times 100 \qquad (13-14)$$

式中：RRF_{Std}——所测成分相对于咖啡碱的校正因子；

　　　S_{Caf}——咖啡碱标准曲线的斜率(峰面积/浓度，浓度单位"μg/mL")。

表 13-2　儿茶素类相对咖啡碱的校正因子表

名称	GA	+ EGC	+ C	+ EC	+ EGCG	+ ECG
RRF_{Std}	0.84	11.24	3.58	3.67	1.72	1.42

（2）儿茶素类总量计算公式

儿茶素类总量(%) = EGC 含量 + C 含量 + EC 含量 + EGCG 含量 + ECG 含量

13.2.5 番茄红素含量的测定

1. 蔬菜及制品中番茄红素含量的测定(NY/T 1651—2008)

1）原理

蔬菜及制品中的番茄红素经丙酮 – 石油醚混合溶液(1 +1)提取后，用石油醚液萃取，再用二氯甲烷定容，最后用配有紫外检测器的高效液相色谱仪在波长 472 nm 处测定，根据色谱峰的保留时间定性，外标法定量。

2）仪器

①高效液相色谱仪，配紫外检测器；

②分析天平，感量 0.01 g 和 0.01 mg；

③砂心漏斗，G4；

④分液漏斗，250 mL；

⑤旋转蒸发仪；

⑥氮吹仪；

⑦组织捣碎机。

3）试剂

①2, 6 – 二叔丁基对甲酚，分析纯；

②丙酮 – 石油醚混合溶液(1 +1)，分析纯；

③甲醇 – 乙腈 – 二氯甲烷溶液(20 +75 +5)，均为色谱纯；

④无水硫酸钠，分析纯；

⑤番茄红素标准品，纯度≥95% ；

⑥番茄红素标准储备液：准确称取 0.0010 g 番茄红素标准品，用二氯甲烷溶解，转移至 10 mL 容量瓶中，定容至刻度，得到质量浓度为 100 mg/L 的番茄红素标准储备液。分装于三个样品瓶中，应避免光照和高温，储存于 –20℃ ~ –16℃ 备用。

⑦番茄红素标准工作溶液：使用时番茄红素标准储备液用二氯甲烷稀释得到质量浓度为 20 mg/L 和 5 mg/L 的番茄红素标准工作溶液。

4）操作步骤

（1）样品制备

蔬菜样品洗净后去蒂、去皮，若有籽去籽，按照四分法取样后放入组织捣碎机中捣碎成匀浆。将匀浆放入聚乙烯瓶中于 –20℃ ~ –16℃ 条件下保存。

（2）提取

将样品充分混匀，蔬菜或汁类制品称取样品 5.00 g，酱类制品称取样品 2.00 g，置于 150 mL 烧杯中，加入适量丙酮 – 石油醚混合溶液直至完全淹没样品，用玻璃棒搅拌后静置，使番茄红素充分溶解，然后移入砂心漏斗中真空抽滤，滤液收集于试管中。重复上述步骤直至将样品洗至无色。

（3）净化

①蔬菜或汁类制品：将全部滤液转移至分液漏斗中，静置分层，上层有机相通过装有无

水硫酸钠的玻璃漏斗后收集至圆底烧瓶中，下层水相继续用 20 mL 石油醚萃取，继续收集有机相，无水硫酸钠用石油醚洗至无色并收集滤液。全部有机相在水浴温度35℃的旋转蒸发仪上浓缩至近干，再经氮气吹干。若有残留水分可加入少量无水硫酸钠吸附。用 10.00 mL 二氯甲烷溶解，如颜色较深，再用二氯甲烷稀释 5 倍，过 0.45 μm 微孔滤膜，待测。

②酱类制品：将全部滤液转移至圆底烧瓶中在水浴温度35℃的旋转蒸发仪上浓缩至近干，再经氮气吹干。若有残留水分可加入少量无水硫酸钠吸附。用 10.00 mL 二氯甲烷溶解，如颜色较深，再用二氯甲烷稀释 5 倍，过 0.45 μm 微孔滤膜，待测。

(4)色谱参考条件

检测波长：472 nm；

色谱柱：C_{18}不锈钢柱，柱长 250 mm，内径 4.6 mm，粒径 5 μm；

流动相：甲醇 + 乙腈 + 二氯甲烷混合溶液(20 + 75 + 5)；

流速：1.0 mL/min；

进样体积：10 μL。

(5)测定

分别将标准溶液和待测液注入高效液相色谱仪中，以保留时间定型，以待测峰面积与标准溶液峰面积比较定量。除不加试样外，采用完全相同的测定步骤进行平行操作。

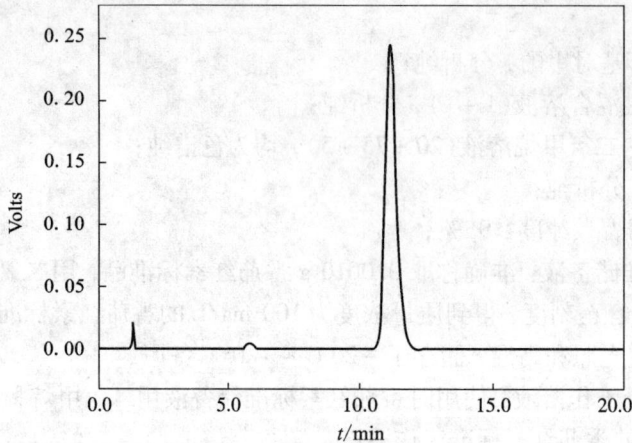

图 13 - 3　番茄红素标准溶液色谱图

5)结果计算

样品中番茄红素含量：

$$X = \frac{\rho_S \times V_S \times A_X \times V_0}{V_X \times A_S \times m} \qquad (13-15)$$

式中：X——番茄红素的含量，mg/kg；

ρ_S——标准溶液质量浓度，mg/L；

V_S——标准溶液进样体积，μL；

V_0——样品溶液最终定容体积，mL；

V_X——待测液进样体积，μL；

A_S——标准溶液的峰面积；

A_X——待测液的峰面积；

m——样品质量，g。

6）说明及注意事项

本法适用于番茄、胡萝卜、番茄汁、番茄酱等蔬菜及制品中番茄红素的测定，线性范围为 10~1000 ng，本法的检出限为 0.13 mg/kg。

13.2.6 牛磺酸含量的测定

1. 邻苯二甲醛（o-phthaldialdehyde, OPA）柱后衍生法（GB 5413.26—2010 第一法）

1）原理

样品用偏磷酸溶液溶解，经超声波振荡提取、离心、微孔滤膜过滤后，通过钠离子色谱柱分离，与邻苯二甲醛（OPA）衍生反应，用荧光检测器进行检测，外标法定量。

2）仪器

①高效液相色谱仪，带有荧光检测器；

②柱后反应器；

③荧光衍生溶剂输液泵；

④超声波振荡器；

⑤pH 计：精度为 0.01；

⑥离心机：转速≥5000 r/min；

⑦0.45 μm 微孔滤膜；

⑧天平：感量为 1 mg，0.1 mg。

3）试剂

①偏磷酸溶液（10 g/L）：称取 10.0 g 偏磷酸，用水溶解并定容至 1000 mL。

②柠檬酸缓冲液：称取 19.6 g 柠檬酸三钠，加 950 mL 水溶解，加入 1 mL 苯酚，用硝酸调 pH 至 3.10~3.25，经 0.45 μm 微孔滤膜过滤。

③柱后荧光衍生溶剂（邻苯二甲醛溶液）。

a. 硼酸钾溶液（0.5 mol/L）：称取 30.9 g 硼酸，26.3 g 氢氧化钾，用水溶解并定容至 1000 mL。

b. 邻苯二甲醛衍生溶液：称取 0.60 g 邻苯二甲醛，用 10 mL 甲醇（色谱纯）溶解后，加入 0.5 mL 2-疏基乙醇和 0.35 g 聚氧乙烯月桂酸醚 Brij-35，用 0.5 mol/L 的硼酸钾溶液定容至 1000 mL，经 0.45 μm 微孔滤膜过滤。临用前配制。

④牛磺酸标准溶液。

a. 牛磺酸标准储备溶液（1 mg/mL）：准确称取 0.1000 g 牛磺酸标准品（纯度≥99%），用水溶解并定容至 100 mL。储备液在 4℃下可保存 7 天。

b. 牛磺酸标准工作液：将牛磺酸标准储备液用水稀释制备一系列标准溶液，标准系列浓度为：0 μg/mL，5 μg/mL，10 μg/mL，15 μg/mL，20 μg/mL。临用前配制。

4）操作步骤

（1）样品的处理

准确称取固体样品 1~5 g 试样，液体样品 5.00~20.00 g（试样中含牛磺酸 5 μg 以上），加 30 mL 偏磷酸溶液溶解，充分摇匀，移入 100 mL 容量瓶中；放入超声波振荡器中振荡 10 ~ 15 min，取出冷却至室温后，用水定容至刻度；样液在 5000 r/min 条件下离心 10 min，取上清液经 0.45 μm 微孔膜过滤，接取中间滤液以备进样。

（2）色谱条件

色谱柱：钠离子氨基酸分析专用柱（250 mm×4.6 mm）或同等性能的色谱柱；

流动相：柠檬酸缓冲液；

流动相流速：0.30 mL/min；

荧光衍生溶剂流速：0.30 mL/min；

柱温：55℃；

检测波长：激发波长 338 nm，发射波长 425 nm；

进样量：20 μL。

（3）标准曲线绘制

将牛磺酸标准系列工作液依次经衍生后按上述推荐色谱条件上机测定，记录色谱峰面积，色谱图参见图 13 - 4。以峰面积为纵坐标，浓度为横坐标，绘制标准曲线。

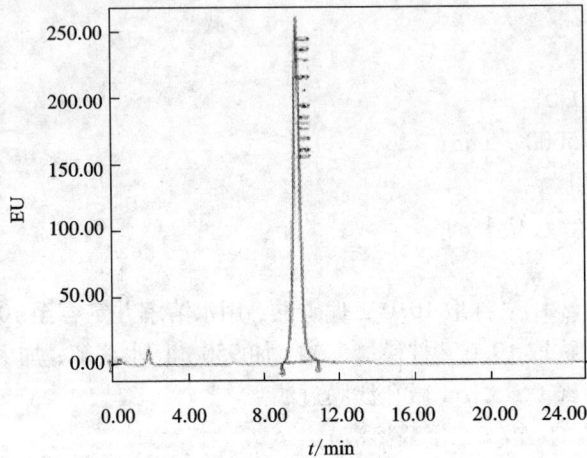

图 13 - 4 邻苯二甲醛(OPA)柱后衍生法液相色谱图

（4）试液测定

将试液按上述推荐色谱条件上机测定，从标准曲线中查得试液相应的浓度。

5）结果计算

$$X = \frac{C \times V \times 100}{m \times 1000} \qquad (13 - 16)$$

式中：X——试样中牛磺酸的含量，mg/100 g；

C——试液的进样浓度，μg/mL；

V——试样定容容积，mL；

m——试样质量，g。

6）说明及注意事项

在重复性条件下获得的两次独立测定结果的绝对差值不得超过算术平均值的 10%。本方法中, 当取样量为 10.00 g 时, 检出限为 0.5 mg/100 g。

2. 丹磺酰氯柱前衍生法(GB 5413.26—2010 第二法)

1)原理

样品用水溶解, 用亚铁氰化钾和乙酸锌沉淀蛋白质。取上清液用丹磺酰氯衍生反应, 衍生物经 C_{18} 反相色谱柱分离, 用紫外检测器(波长 254 nm)或荧光检测器(激发波长 330 nm, 发射波长 530 nm)检测, 外标法定量。

2)仪器

①高效液相色谱仪, 带紫外检测器或二极管阵列检测器或者荧光检测器;

②pH 计: 精度为 0.01;

③涡旋混合器;

④超声波振荡器;

⑤离心机: 转速≥5000 r/min;

⑥0.45 μm 微孔滤膜;

⑦天平: 感量 1 mg, 0.1 mg。

3)试剂

①1 mol/L 盐酸溶液: 吸取 9 mL 盐酸, 用水稀释并定容到 100 mL。

②沉淀剂。

沉淀剂Ⅰ: 称取 15.0 g 亚铁氰化钾, 用水溶解并定容至 100 mL。该沉淀剂在室温下 3 个月内稳定。

沉淀剂Ⅱ: 称取 30.0 g 乙酸锌, 用水溶解并定容至 100 mL。该沉淀剂在室温下 3 个月内保持稳定。

③碳酸钠缓冲液(pH 9.5 80 mmol/L): 称取 0.424 g 无水碳酸钠, 加 40 mL 水溶解, 用 1 mol/L 盐酸调 pH 值至 9.5, 用水定容至 50 mL。该溶液在室温下 3 个月内稳定。

④丹磺酰氯溶液(1.5 mg/mL): 称取 0.15 g 丹磺酰氯(色谱纯), 用乙腈(色谱纯)溶解并定容至 100 mL。临使用前配制。

⑤盐酸甲胺溶液(20 mg/mL): 称取 2.0 g 盐酸甲胺, 用水溶解并定容至 100 mL。该溶液在 4℃下 3 个月内稳定。

⑥乙酸钠缓冲液(pH 4.2, 10 mmol/L): 称取 0.820 g 乙酸钠, 加 800 mL 水溶解, 用冰乙酸调节 pH 值至 4.2, 用水定容至 1000 mL, 经 0.45 μm 微孔滤膜过滤。

⑦牛磺酸标准溶液(纯度≥99%)。

a. 牛磺酸标准储备溶液(1 mg/mL): 称取 0.1000 g 牛磺酸标准品, 用水溶解并定容至 100 mL。储备液在 4℃下可保存 7 天。

b. 牛磺酸标准工作液(紫外检测用): 将牛磺酸标准储备液用水稀释制备一系列标准溶液, 标准系列浓度为 0 μg/mL, 5 μg/mL, 10 μg/mL, 15 μg/mL, 20 μg/mL。临用前配制。

c. 牛磺酸标准工作液(荧光检测用): 将牛磺酸标准储备液用水稀释制备一系列标准溶液, 标准系列浓度为 0 μg/mL, 0.5 μg/mL, 0.10 μg/mL, 0.15 μg/mL, 0.20 μg/mL。临用前配制。

4)操作步骤

(1)试样的处理

①试液提取：称取固体样品 1.00 ~ 5.00 g，液体样品 5.00 ~ 30.00 g 试样(若用紫外检测器，试样中含牛磺酸宜在 1 μg 以上，若用荧光检测器，试样中含牛磺酸宜在 50 μg 以上)于 100 mL 容量瓶中，加入 80 mL 50℃ ~ 60℃温水溶解，充分混匀，置超声波振荡器上振荡 10 min，冷却到室温。加入 1.0 mL 沉淀剂 I，涡旋混合，加入 1.0 mL 沉淀剂 II，涡旋混合，用水定容至刻度，充分混匀，试液于 5000 r/min 下离心 10 min，取上清液备用。上清液在 4℃暗处保存放置 24 h 稳定。

②试液衍生化：吸取 1.00 mL 上述上清液到 10 mL 具塞玻璃试管中，加入 1.00 mL 碳酸钠缓冲液，1.00 mL 丹磺酰氯溶液，充分混合，室温避光衍生反应 2 h(1 h 后需摇晃 1 次)，加入 0.10 mL 盐酸甲胺溶液涡旋混合，以终止反应，避光静置至沉淀完全。取上清液经 0.45 μm 微孔滤膜过滤，取滤液备用。衍生物在 4℃可避光保存 48 h。

另取 1.00 mL 标准工作液，与试液同步进行衍生。

(2)参考色谱条件

色谱柱：C_{18} 反相色谱柱(内径 5 μm，250 mm × 4.6 mm)或同等性能色谱柱；

流动相：10 mmol/L 乙酸钠缓冲液 – 乙腈(70 + 30)；

流速：1.00 mL/min；

柱温：室温；

检测波长：紫外检测器或二极管阵列检测器：254 nm；

或荧光检测器：激发波长 330 nm；发射波长 530 nm；

进样量：20 μL。

(3)标准曲线绘制

将牛磺酸标准系列工作液(紫外检测用)或牛磺酸标准系列工作液(荧光检测用)的衍生物依次按上述推荐色谱条件上机测定，记录色谱峰面积，以峰面积为纵坐标，浓度为横坐标，绘制标准曲线。

(4)试液测定

将试液衍生物按上述推荐色谱条件上机测定，从标准曲线中查得试液相应的浓度。

5)结果计算

$$X = \frac{c \times V \times 100}{m \times 1000}$$ (13 – 17)

式中：X——试样中牛磺酸的含量，mg/100 g；

　　　c——试液的进样浓度，μg/mL；

　　　V——试样定容容积，mL；

　　　m——试样质量，g。

6)说明及注意事项

本方法中紫外检测法检出限为 5 mg/100 g，荧光检测法检出限为 0.1 mg/100 g。

3. 薄层色谱法(GB/T 5009.169—2003 第二法)

1)原理

试样中牛磺酸，经离子交换柱提纯后，以薄层色谱法定性、定量。

2)仪器

①层析柱：1.4 ~ 30 cm；

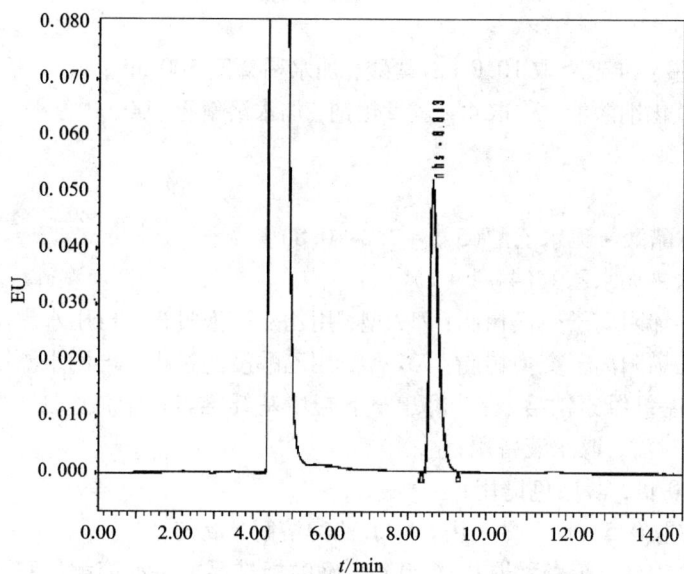

图 13 – 5　单磺酰氯柱前衍生法液相色谱图（紫外检测）

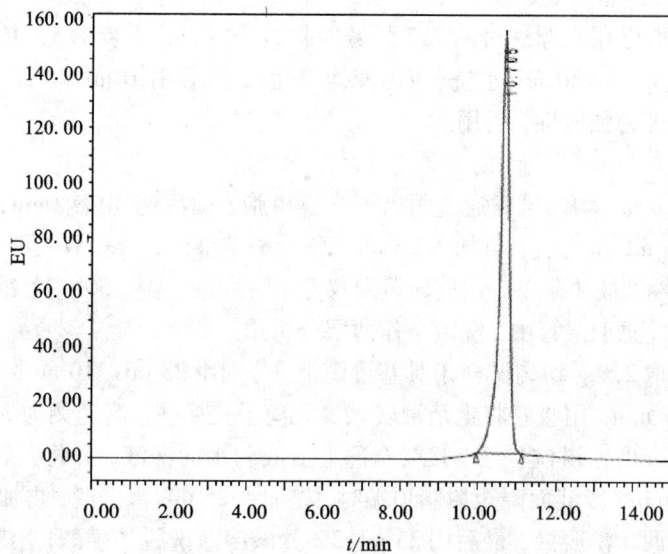

图 13 – 6　单磺酰氯柱前衍生法液相色谱图（荧光检测）

②蒸发皿；

③薄层板：5～20 cm；

④微量进样器：10 μL；

⑤展开槽；

⑥水浴锅；

⑦玻璃喷雾器。

3)试剂

①2%盐酸溶液:准确吸取 10.0 mL 盐酸,加水稀释至 500 mL;

②40 g/L 氢氧化钠溶液:称取 4 g 氢氧化钠,加水溶解至 100 mL;

③乙醇:分析纯;

④展开剂:

a. 正丙醇 + 冰醋酸 + 无水乙醇(5.2 + 2.2 + 0.8)。

b. 正丁醇 + 水 + 无水乙醇(4 + 1 + 1)。

⑤强碱性苯乙烯阴离子交换树脂:717 型,用乙醇浸泡过夜,再用水漂洗至水无色;

⑥强碱性苯乙烯阳离子交换树脂:732 型,用乙醇浸泡过夜,再用水漂洗至水无色;

⑦3 g/L 羟甲基纤维素钠溶液:称取 0.3 g 羟甲基纤维素钠溶液,加 100 mL 水,加热溶解,放置过夜后,过滤,取滤液备用;

⑧硅胶 G:200 目,薄层色谱用;

⑨显色剂:称取 0.5 g 茚三酮,用 50 mL 乙醇溶解,混匀;

⑩牛磺酸标准溶解:精密称取 0.0200 g 牛磺酸标准品,用水溶解后移入 100 mL 容量瓶中,并且用水稀释至刻度,即得 0.2 mg/mL 的牛磺酸标准液。

4)操作步骤

(1)离子交换柱的制备

阴离子交换柱:取已用水漂洗过的 717 强碱性阴离子树脂,填装 1.5 ~ 10 cm 的交换柱,填装时不要混入气泡,先用 30 mL 水洗(流出液为中性),然后用 10 mL 40 g/L 氢氧化钠溶液通过柱,将交换柱处理为强碱性,备用。

(2)试样处理

①饮料:吸取 5.0 mL 均匀试样通过阴离子交换树脂,调流速 30 滴/min,待液面降至树脂顶端时,先加入 25 mL 水洗脱,再加入 25 mL 2%盐酸溶液洗,弃去以上两次洗脱液,最后用 25 mL 2%盐酸溶液洗脱牛磺酸,用旋转蒸发仪蒸干洗脱液(温度 50℃),准确加入 5.0 mL 水,溶解残渣,溶液过滤于试管中,洗液备作薄层分析用。

②谷类食品:称取 2.0 g 均匀试样于具塞量筒中,分别用 25 mL、10 mL、10 mL 水提取三次,每次提取静置 15 min,用吸管将上清液转入二元离子交换柱,流速调为 30 滴/min,待流至树脂顶端时,加 50 mL 水淋洗柱子,接受全部上清液和水的洗液,并将其转入阴离子交换柱,流速调为 30 滴/min,待液面降至树脂顶端时,先加入 25 mL 水洗脱,再加入 25 mL 2%盐酸溶液洗,弃去以上两次洗脱液,最后用 25 mL 2%盐酸溶液洗脱牛磺酸,用旋转蒸发仪蒸干洗脱液(温度 50℃),准确加入 2.0 mL 水溶解残渣,过滤后的滤液进行薄层分析,用过的两支交换柱弃去。

③奶粉:称取 2.0 g 均匀试样于烧杯中,加 25 mL 水,加热 2 min,搅匀(勿使其沸腾),冷却后,转入二元柱,用 5 mL 水洗烧杯,洗液也转入二元柱,流速调为 30 滴/min,待流至树脂顶端时,加 50 mL 水淋洗柱子,接受洗脱液,并将其转入阴离子交换柱,以下操作按"谷类食品"的操作中"并将其转入阴离子交换柱,流速调为 30 滴/min……"进行。

(3)测定

①薄层板的制备:称取 15 g 硅胶 G,加 47 mL 3 g/L 羟甲基纤维素钠溶液(若太稠,再加

适量），研匀，铺成 0.25 mm 厚的 5 ~ 20 cm 的薄层板，于 105℃ ±5℃ 活化 1 h，取出，置干燥器中备用。

②点样：在薄层板下端 2 cm 处，用微量注射器点 2 μL 试样溶液，同时点 1.0 μL，2.0 μL，3.0 μL 牛磺酸标准溶液三个点，各点间距离 1 cm。

③展开与显色：将点好的薄层板放入盛有展开剂（a 或 b）的展开槽中，展开槽预先用展开剂饱和，展开至 12 cm(奶粉需 18 cm)，取出薄层板，晾干，喷显色剂，于 80℃ 烘箱中烘 5 min，斑点呈粉色至紫红色，根据斑点大小及颜色深浅进行定量。

5）结果计算

$$X = \frac{A \times V_1 \times 1000 \times 1000}{V_2 \times m \times 1000 \times 1000} \tag{13-18}$$

式中：X——试样中牛磺酸的含量，g/kg(或 g/L)；

A——试样斑点相当于牛磺酸的量，μg；

V_1——水浴挥干后加入水的体积，mL；

V_2——点样体积，μL；

m——试样质量或体积，g 或 mL。

13.2.7　磷脂含量的测定

1. 钼蓝比色法（GB/T 5537—2008）

1）原理

植物油中的磷脂经灼烧成为五氧化二磷，被热盐酸变成磷酸，遇钼酸钠生成磷钼酸钠，用硫酸联氨还原成钼蓝，用分光光度计在波长 650 nm 测定钼蓝的吸光度，与标准曲线比较，计算其含量。

2）仪器

①分光光度计：具 1 cm 比色皿；

②分析天平：分度值 0.0001 g；

③马福炉：可控制温度，主要使用温度在 550℃ ~ 600℃；

④封闭电炉：可调温；

⑤沸水浴；

⑥瓷坩埚或石英坩埚：50 mL、100 mL 能承受的最低温度 600℃。

3）试剂

①1.19 g/mL 盐酸；

②1.84 g/mL 浓硫酸；

③磷酸二氢钾：使用前在 101℃ 下干燥 2 h。

④2.5% 钼酸钠稀硫酸溶液：量取 140 mL 浓硫酸，注入到 300 mL 水中。冷却至室温，加入 12.5 g 钼酸钠，溶解后用水定容至 500 mL，充分摇匀，静置 24 h 备用；

⑤0.015% 硫酸联氨溶液：将 0.15 g 硫酸联氨溶解在 1L 水中；

⑥50% 氢氧化钾溶液：将 50 g 氢氧化钾溶解在 50 mL 水中；

⑦1:1 盐酸溶液：将盐酸溶解在等体积的水中；

⑧磷酸盐标准储备液：称取干燥的磷酸二氢钾 0.4387 g，用水溶解并稀释定容至 1000

mL，此溶液含磷 0.1 mg/mL；

⑨绘制标准曲线用磷酸盐标准溶液：用移液管吸取标准储各液 10 mL 至 100 mL 容量瓶中，加水稀释并定容，此溶液含磷 0.01 mg/mL。

4) 操作步骤

(1) 绘制标准曲线

取六支比色管，编成 0，1，2，4，6，8 六个号码。按号码顺序分别注入磷酸盐标准溶液 0 mL，1 mL，2 mL，4 mL，6 mL，8 mL，再按顺序分别加水 10 mL，9 mL，8 mL，6 mL，4 mL，2 mL。接着向六支比色管中分别加入 0.015% 硫酸联氨溶液 8 mL，2.5% 钼酸钠溶液 2 mL，加塞，振摇 3~4 次，去塞，将比色管放入沸水浴中加热 10 min，取出，冷却至室温。用水稀释至刻度，充分摇匀，静置 10 min。移取该溶液至干燥、洁净的比色皿中，用分光光度计在 650 nm 处，用空白试剂调整零点，分别测定吸光度。以吸光度为纵坐标，含磷量 (0.01 mg，0.02 mg，0.04 mg，0.06 mg，0.08 mg) 为横坐标绘制标准曲线。

(2) 制备试液

根据试样的磷脂含量，用坩埚称取制好的试样，成品油试样称量 10 g，原油及脱胶油称量 3.0~3.2 g（精确至 0.001 g）。加氧化锌 0.5 g，先在电炉上缓慢加热至样品变稠，逐渐加热至全部炭化，将坩埚送至 550℃~600℃ 的马福炉中灼烧至完全灰化（白色），时间约 2 h。取出坩埚冷却至室温，用 10 mL 1:1 的盐酸溶液溶解灰分并加热至微沸，5 min 后停止加热，待溶解液温度降至室温，将溶解液过滤注入 100 mL 容量瓶中，每次用大约 5 mL 热水冲洗坩埚和滤纸，3~4 次，待滤液冷却到室温后，用 50% 氢氧化钾溶液中和至出现混浊，缓慢滴加 1:1 盐酸溶液使氧化锌沉淀全部溶解，再加 2 滴。最后用水稀释定容至刻度，摇匀。制备被测液的同时制备一份样品空白。

(3) 比色

用移液管吸取被测试液 10 mL，注入 50 mL 比色管中。加入 0.015% 硫酸联氨溶液 8 mL，2.5% 钼酸钠溶液 2 mL。加塞，振摇 3~4 次，去塞，将比色管放入沸水浴中加热 10 min，取出，冷却至室温。用水稀释至刻度，充分摇匀，静置 10 min。移取该溶液至干燥、洁净的比色皿中，用分光光度计在 650 nm 下，用试样空白调整零点，测定其吸光度。

5) 结果计算

$$X = \frac{P}{m} \times \frac{V_1}{V_2} \times 26.31 \qquad (13-19)$$

式中：X——试样中磷脂的含量，mg/g；

P——从标准曲线查得的被测液的含磷量，mg；

m——试样质量，g；

V_1——样品灰化后稀释的体积，mL；

V_2——比色时所取得被测液的体积，mL；

26.31——每毫升磷相当于磷脂的毫克数。

2. 重量法

1) 原理

植物油中的磷脂吸水膨胀，密度增大，使其由絮状悬浮物转变为沉淀物。将试样水化后，用丙酮反复洗涤过滤，由于磷脂不溶于丙酮，油溶于丙酮，从而可使得磷脂与油分离。

称量磷脂的质量，计算其含量。该方法所得到的沉淀过滤物不完全是磷脂，还有其他不溶于丙酮的类脂物质。

2）仪器

①分析天平：分度值 0.0001 g；

②电烘箱：可控制在 103℃ ±2℃。

3）试剂

丙酮：分析纯。

4）操作步骤

取均匀的样品约 100 mL 置于锥形瓶中，加热至 90℃ 左右时进行过滤。用烧杯称取试样 25 g(m_0)，加热至 80℃，加水 2.0 ~ 2.5 mL，充分搅拌使之水化，在室温下静置过夜，或进行离心沉淀。倾出上层清液，用已知恒重的滤纸(m_1)（或抽滤）进行过滤，待滤液全部滤出后，用冷的丙酮把杯内残留的沉淀冲洗入滤纸中，继续用丙酮洗涤滤纸和沉淀，洗至无油迹为止。待滤纸和沉淀上的丙酮挥尽后，送入 105℃ 烘箱中烘至恒重并准确称量(m_2)。

5）结果计算

$$X = \frac{m_2 - m_1}{m_0} \times 1000 \tag{13-20}$$

式中：X——磷脂含量，mg/g；

m_2——沉淀物和滤纸的质量，g；

m_1——滤纸质量，g；

m_0——试样质量，g。

3. 高效液相色谱法植测定物油脂中磷脂组分（NY/T 1798—2009）

1）原理

油脂试样用氯仿溶解提取，用氨基固相萃取柱纯化，高效液相色谱分离，外标法定量。

2）仪器

①分析天平：感量 0.1 mg；

②具塞离心管：100 mL；

③漩涡混合器；

④真空旋转蒸发仪；

⑤氨基固相萃取柱：6 mL，1000 mg 或性能相当者；

⑥离心机；

⑦液相色谱仪：带有紫外检测器；色谱柱：正相硅胶柱 Si 60 - 5（5 μm，250 mm × 4.6 mm）或性能相当者。

3）试剂

①甲醇、正己烷、异丙醇均为色谱纯，其他为分析纯；

②乙酸 - 乙醚混合溶液（2 + 144）；

③氯仿 - 异丙醇混合溶液（2 + 1）；

④正己烷 - 异丙醇混合溶液（1 + 1）；

⑤0.025 mol/L 乙酸铵水溶液：称取 1.925 g 乙酸铵，用一级水溶解并定容到 1000 mL；

⑥磷脂酰胆碱、磷脂酰乙醇胺和磷脂酰肌醇标准品，纯度 >95%；

⑦10 mg/mL 磷脂标准储备溶液：准确称取磷脂酰胆碱(PC)、磷脂酰乙醇胺(PE)和磷脂酰肌醇(PI)各 100 mg，用正己烷－异丙醇混合溶液溶解并定量至 10 mL，制备成 10 mg/mL 的标准储备溶液。改标准储备溶液在 4℃下，可以稳定储藏 3 个月。

4)操作步骤

(1)样品提取净化

准确称取油脂试样 4.000 g，置于 100 mL 具塞试管中，加入 50.0 mL 氯仿，漩涡混合。先用 1.0 mL 氯仿活化氨基固相萃取柱，将 10.0 mL 油脂氯仿溶液移入氨基硅胶固相萃取柱中，然后依次用 2.0 mL 氯仿－异丙醇混合溶液和 3.0 mL 的乙酸－乙醚混合溶液洗脱小柱，弃去洗脱液，然后用 3.0 mL 甲醇洗脱出磷脂，再重复四次，并收集到的 15.0 mL 甲醇溶液几种，氮气吹干，加入 10.0 mL 正己烷－异丙醇混合溶液溶解，在 4000 r/min 下离心 5 min，取上清液用于液相色谱分析。

(2)色谱分析

取磷脂酰胆碱(PC)、磷脂酰乙醇胺(PE)和磷脂酰肌醇(PI)标准储备溶液用正己烷－异丙醇混合溶液稀释至 0.05 mg/mL、1.00 mg/mL、2.00 mg/mL、3.00 mg/mL 和 4.00 mg/mL 标准工作溶液，连同样品依次进样，进行液相色谱检测，以峰面积—浓度建立工作曲线。

色谱参考条件：

色谱柱：正相硅胶柱 Si 60－5(5 μm，250 mm ×4.6 mm)，或性能相当者；

流动相：正己烷＋异丙醇＋乙酸铵水溶液 ＝(8 ＋8 ＋1)；

检测波长：220~240 nm 之间最大吸收波长；

流速：1 mL/min；

柱温：30℃；

进样量：10 μL。

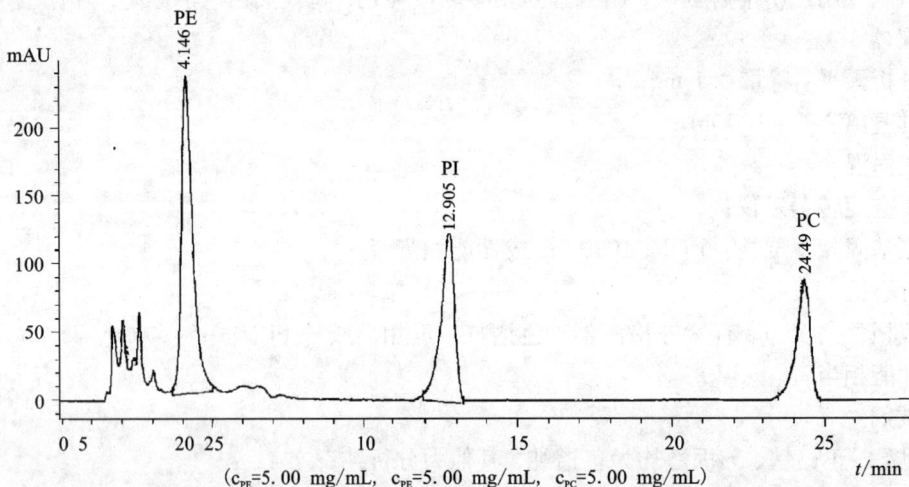

(c_PE=5.00 mg/mL， c_PE=5.00 mg/mL， c_PC=5.00 mg/mL)

图 13 –7　磷脂酰乙醇胺(PE)、磷脂酰肌醇(PI)和磷脂酰胆碱(PC)标准品的色谱图

5)结果计算

试样中磷脂酰胆碱(PC)、磷脂酰乙醇胺(PE)和磷脂酰肌醇(PI)的含量 X 以每克试样中

磷脂酰胆碱(PC)、磷脂酰乙醇胺(PE)和磷脂酰肌醇(PI)的毫克数(mg/g)表示：

$$X = P \times \frac{V}{m} \tag{13-21}$$

式中：P——从标准曲线上得到的被测组分溶液浓度，mg/mL；

   V——样品溶液定容体积，mL。

   m——样品溶液所代表试样的质量，g；

测定结果取其两次测定的算术平均值，计算结果保留到小数点后两位。

6)说明及注意事项

①本方法适用于大豆油、菜籽油、花生油、葵花籽油中磷脂酰胆碱(PC)、磷脂酰乙醇胺(PE)和磷脂酰肌醇的测定。

②本方法磷脂酰胆碱、磷脂酰乙醇胺和磷脂酰肌醇方法检出限分别为：0.12 mg/g，0.38 mg/g，0.75 mg/g；线性范围分别为0.08 ~ 8.00 mg/mL，0.15 ~ 15.00 mg/mL，0.30 ~ 30.00 mg/mL。

13.2.8　大蒜素含量的测定

1. 气相色谱法测定大蒜及其制品中的大蒜素(NY/T 1800—2009)

1)原理

大蒜素具有沸点低、易挥发的性质，所以适合用气相色谱法进行其含量的测定。试样在一定的pH和温度下酶解，经乙醇溶液提取，用正己烷萃取后，再用带有氢火焰离子化检测器(FID)的气相色谱仪测定，外标法定量。

2)仪器

①气相色谱仪，配有FID检测器；

②分析天平，感量0.1 mg和0.01 g；

③水浴锅；

④恒温水浴振荡器；

⑤组织捣碎机。

3)试剂

①1.0 mol/L氢氧化钠溶液：称取4.0 g氢氧化钠，加水溶解并定容至100 mL。

②90%乙醇溶液(9+1)：量取90 mL无水乙醇与10 mL水混合。

③二烯内基三硫醚(DATS，$C_6H_{10}S_3$)和二烯丙基二硫醚(DATS，$C_6H_{10}S_2$)标准品，纯度≥90%。

④二烯丙基三硫醚(DATS)和二烯丙基二硫醚(DADS)标准储备液：分别称取DATS和DADS标准品1 g和0.5 g(精确至0.1 mg)，用正己烷溶解并定容至10 mL，配制成质量浓度约为100 g/L DATS和50 g/L DADS的标准储备溶液，该溶液于-18℃以下冷冻，可保持6个月。

⑤混合标准工作溶液：分别准确吸取DATS和DADS标准储备液1.00 mL，用正己烷稀释并定容至10 mL，配制成质量浓度约为10 g/L DATS和5 g/L DADS的标准工作溶液，该溶液于4℃左右冷藏保存。

4）操作步骤

（1）试样处理

①鲜蒜、蒜粉和蒜片。

酶解：称取蒜泥试样5.00 g或蒜粉试样0.500 g于100 mL具塞锥形瓶中，准确加入10 mL水，轻轻摇匀，滴加1.0 mol/L氢氧化钠溶液1～2滴，调节pH至7.0，加塞，于60℃水浴中酶解60 min。

提取：向酶解后的试样中准确加入90%乙醇溶液20.00 mL，加塞，轻轻摇匀，于65℃恒温水浴振荡器中以约120次/min的频率振荡提取60 min。振荡提取开始5 min内，打开瓶塞排气1～2次。

萃取：趁热将提取液经铺有滤纸的玻璃漏斗过滤，待滤液冷却至室温后，准确吸取滤液15.00 mL于25 mL具塞比色管中，准确加入5.00 mL正己烷，加塞，振摇萃取2 min，静置分层，取上层液上机测定。振摇萃取后若出现乳化或不易分层的现象时，可滴加甲醇2～3滴。

②蒜油：称取蒜油试样0.5000 g，用正己烷溶解并定容至5 mL，待测。

（2）标准工作曲线的配制

准确吸取混合标准工作溶液，用正己烷稀释并定容，配制成DATS为20.0～500 mg/L，DADS为10.0～250 mg/L的标准工作曲线溶液。该系列溶液于4℃左右冷藏，可保存7天。

（3）色谱参考条件

①色谱柱：30 m×0.32 mm×0.25 μm；固定相：5%苯基－聚硅氧烷或性质相当的色谱柱。

②温度。

进样口温度：160℃。

柱温：$50℃ \xrightarrow{30℃/min} 160℃$，3 min $\xrightarrow{100℃/min} 230℃$，3 min。

③气体及流量。

载气：氮气，纯度≥99.999%，流量为55 L/min。

燃气：氢气，纯度≥99.999%，流量为50 L/min。

助燃气：空气，流量为500 mL/min。

④进样方式及进样量。

分流进样，分流比：10＋1。

进样量：1 μL。

（4）测定

分别取标准工作曲线系列溶液和试样处理液注入气相色谱仪，以标准工作曲线各点的峰面积对浓度计算回归方程或绘制标准曲线，以试样处理液的峰面积与标准工作曲线比较，计算试样处理液中DATS和DADS的质量浓度。

（5）空白试样

除不加试样外，采用完全相同的分析步骤进行平行操作。

5）结果计算

鲜蒜、蒜粉或蒜片测定结果的计算公式：

$$X = \frac{(\rho - \rho_0) \times V \times 2}{m} \qquad (13-22)$$

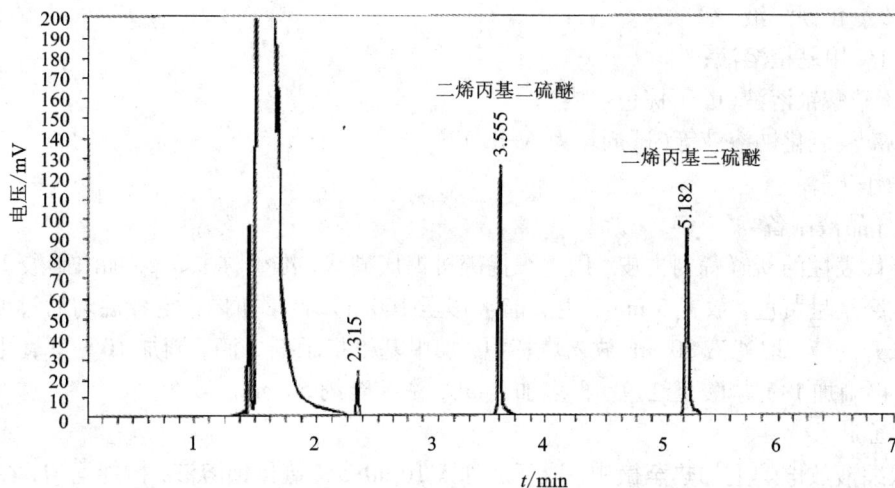

图 13 - 8 二烯丙基三硫醚(DATS)和二烯丙基二硫醚(DATS)标准色谱图

蒜油测定结果的计算公式:

$$X = \frac{(\rho - \rho_0) \times V}{m} \qquad (13-23)$$

式中: X——试样中 DATS 和 DADS 的含量, mg/kg;

ρ——试样处理液中 DATS 和 DADS 的质量浓度, mg/L;

ρ_0——空白液中 DATS 和 DADS 的质量浓度, mg/L;

V——试样定容体积, mL;

m——试样质量, g;

2——试样质量换算系数。

6) 说明及注意事项

①本方法适用于大蒜及其制品(蒜粉、蒜片、蒜油)中二烯丙基三硫醚(DATS)和二烯丙基二硫醚(DATS)等大蒜素类硫醚化合物含量的测定。

②本方法的检出限 DATS 为 0.9 mg/kg, DADS 为 0.5 mg/kg; 线性范围为 DATS: 3.5 ~ 3500 mg/L; DADS: 2.0 ~ 2000 mg/L。

2. 重量法测定大蒜素的含量

1) 原理

大蒜中蒜氨的亚砜基、大蒜辣素硫代亚砜基及其转化产物的硫醚基(—S—, —S—S—, —S—S—S—等)被浓 HNO_3 氧化成硫酸根离子, 与氯化钡反应生成硫酸钡沉淀, 用重量法测定, 根据测得的硫酸钡重量换算成大蒜辣素含量。

2) 仪器

①高温电炉(马福炉);

②组织捣碎机等。

3) 试剂

①浓硝酸;

②1:1 盐酸溶液；

③5% 氯化钡溶液；

④0.1% 甲基橙溶液；

⑤2% 硝酸银溶液(贮于棕色瓶内)；

⑥10% 氢氧化钠溶液等(试剂均为 A. R.)。

4)操作步骤

(1)样品液制备

取有代表性的新鲜蒜剥去皮，用组织捣碎机捣成糊状，准确称取 5 g，加浓硝酸 2 mL，用玻璃棒压磨至呈黄色，放置 5 min，用蒸馏水移至 100 mL 容量瓶内，定容混匀后过滤，弃去最初数毫升滤液，取滤液 80 mL 放入烧杯中，加甲基橙指示剂 2 滴，滴加 10% 氢氧化钠溶液至黄色，再滴加 1:1 盐酸至红色，再多加 1 mL，浓缩至约 50 mL。

(2)沉淀

将浓缩液放电炉上加热至微沸，取下后加入 10 mL 5% 氯化钡溶液，搅拌均匀，在 90℃ 水浴中保温 2 h，用致密无灰滤纸过滤，以热蒸馏水洗至无氯离子(滤液加硝酸银溶液不混浊)。

(3)烘干及灰化

将沉淀连同滤纸放入已知质量的坩埚中，在低温电炉上烘干并使滤液炭化，再放入高温电炉中于 600℃ 下灼烧 30 min 至灰分变白，取出冷却称重。

5)结果计算

根据硫酸钡质量按下式计算：

$$大蒜素含量(\%) = \frac{32.06 \times m_1 \times 162.264 \times V_0}{233.39 \times m_2 \times V \times 32.06 \times 2} \times 100 \qquad (13-24)$$

式中：32.06——硫的相对分子质量；

233.39——硫酸钡相对分子质量；

162.264——大蒜辣素相对分子质量；

m_1——硫酸钡质量，g；

m_2——样品质量，g；

V_0——样品提取液总体积，mL；

V——吸取提取液体积，mL。

13.2.9 超氧化物歧化酶(SOD)活性的测定

1. 修改的 Marklund 法(即邻苯三酚自氧化法)(GB/T 5009.171—2003 第一法)

1)原理

在碱性条件下，邻苯三酚会发生自动氧化，释放出 O_2^-，生成带色的中间产物。SOD 能催化下述反应：

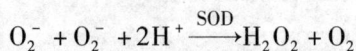

$$O_2^- + O_2^- + 2H^+ \xrightarrow{\text{SOD}} H_2O_2 + O_2$$

从而阻止了中间产物的积累，可以根据 SOD 抑制邻苯三酚自氧化能力测定 SOD 活力。25℃ 时抑制邻苯三酚自氧化速率 50% 时所需的 SOD 量为一个活力单位。

2)仪器

①紫外可见分光光度计；

②精密酸度计，精确度0.01;

③离心机;

④玻璃乳钵。

3)试剂

①A液: pH 8.20 0.1 mol/L 三羟基氨基甲烷(Tris) – 盐酸缓冲溶液(内含 1 mmol/L EDTA·2Na)。称取 1.2114 g Tris 和 37.2 mg EDTA·2Na 溶于 62.4 mL 0.1 mol/L 盐酸溶液中，用蒸馏水定容至 100 mL。

②B液: 4.5 mmol/L 邻苯三酚盐酸溶液。称取邻苯三酚 56.7 mg 溶于少量 10 mmol/L 盐酸溶液，并定容至 100 mL。

③10 mmol/L 盐酸溶液。

④0.200 mg/mL 超氧化物歧化酶(SOD)。

4)操作步骤

(1)试样的制备

①固体样品(茶、花粉等)称取 1.00 g 置于玻璃乳钵中，加入 9.0 mL 蒸馏水研磨 5 min，移入 10 mL 离心管，用少量蒸馏水冲洗乳钵，洗涤并入离心管中，加蒸馏水至刻度，经 4000 r/min 离心 15 min，取上清液测定。

②澄清液体样品可取原液直接测定，浑浊液体样品经4000 r/min离心15 min，再取上清液测定。

(2)测定

①邻苯三酚自氧化速率测定: 在 25℃左右，于 10 mL 比色管中依次加入 A 液 2.35 mL，蒸馏水 2.00 mL，B 液 0.15 mL。加入 B 液立即混合并倾入比色皿，分别测定在 325 nm 波长条件下初始时和 1 min 后吸光值，二者之差即邻苯三酚自氧化速率 $\Delta A_{325}(\min^{-1})$。本实验确定 $\Delta A_{325}(\min^{-1})$ 为 0.060。

②样液和 SOD 酶液抑制邻苯三酚自氧化速率测定按上述步骤分别加入一定量样液或酶液使抑制邻苯三酚自氧化速率约为 $1/2\Delta A_{325}(\min^{-1})$，即 $\Delta A'_{325}(\min^{-1})$ 为 0.030。

SOD 活性测定加样程序见表 13 – 3。

表13 – 3　SOD 活性测定加样表

试　液	空　白	样　液	SOD 液
A 液/mL	2.35	2.35	2.35
蒸馏水/mL	2.00	1.80	1.80
样液或 SOD 液/μL	—	20.0	20.0
B 液/mL	0.15	0.15	0.15

5)结果计算

(1)液体样品按下式计算

$$SOD \text{ 活力}(U/mL) = \frac{\dfrac{\Delta A_{325} - \Delta A'_{325}}{\Delta A_{325}} \times 100\%}{50\%} \times 4.5 \times \frac{1}{V} \times D \qquad (13-25)$$

式中：U/mL——SOD 活力单位；

ΔA_{325}——邻苯三酚自氧化速率；

$\Delta A'_{325}$——样液或 SOD 酶液抑制邻苯三酚自氧化速率；

V——所加酶液或样液体积，mL；

D——酶液或样液的稀释倍数；

4.5——反应液总体积，mL。

（2）固体样品按下式计算

$$\text{SOD 活力}(\mathrm{U/mL}) = \frac{\dfrac{\Delta A_{325}-\Delta A'_{325}}{\Delta A_{325}}\times 100\%}{50\%}\times 4.5\times\frac{D}{V}\times\frac{V_1}{m} \tag{13-26}$$

式中：V——所加酶液或样液体积，mL；

ΔA_{325}——邻苯三酚自氧化速率；

$\Delta A'_{325}$——样液或 SOD 酶液抑制邻苯三酚自氧化速率；

D——酶液或样液的稀释倍数；

4.5——反应液总体积，mL；

V_1——样液总体积，mL；

m——样品质量，g。

2. 化学发光法（GB/T 5009.171—2003 第二法）

1）原理

SOD 能够催化下述反应：

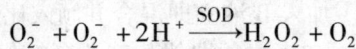

$$\mathrm{O_2^- + O_2^- + 2H^+ \xrightarrow{\quad SOD\quad} H_2O_2 + O_2}$$

在有氧条件下，黄嘌呤氧化酶可催化黄嘌呤（或次黄嘌呤）氧化转变成尿酸，在该反应过程中同时产生 $\mathrm{O_2^-}$。$\mathrm{O_2^-}$ 可与鲁米诺（3-氨基邻苯二甲酰肼）进一步作用，使发光剂鲁米诺被激发，而当其重新回到基态时，则向外发光。由于 SOD 可消除 $\mathrm{O_2^-}$，所以能抑制鲁米诺的发光。通过该反应过程，以空白对照的发光强度值为 100%，通过加入 SOD 后抑制发光的程度进行 SOD 活性的测定。

2）仪器

生化化学发光仪。

3）试剂

①0.05 mol/L 碳酸盐缓冲液（pH 10.2）

a. 0.1 mol/L 碳酸钠（$\mathrm{Na_2CO_3}$）溶液：称取碳酸钠（A.R.）10.599 g 用蒸馏水溶解并定容至 1000 mL。

b. 0.1 mol/L 碳酸氢钠（$\mathrm{NaHCO_3}$）溶液：称取碳酸氢钠（A.R.）8.401 g，用蒸馏水溶解并定容至 1000 mL。

c. 0.1 mol/L 碳酸钠-碳酸氢钠缓冲液（pH 10.2）：将 0.1 mol/L 碳酸钠（$\mathrm{Na_2CO_3}$）溶液和 0.1 mol/L 碳酸氢钠（$\mathrm{NaHCO_3}$）溶液按 6∶4 比例混合。

d. 0.05 mol/L 碳酸钠-碳酸氢钠缓冲液（pH 10.2）：0.1 mol/L 碳酸钠-碳酸氢钠缓冲液与蒸馏水按 1∶1 比例混合。

②0.05 mol/L 碳酸钠-碳酸氢钠（内含 0.1 mmol/L EDTA·2Na）缓冲液（pH 10.2）：称

取 37.2 mg EDTA·2Na 用 0.05 mol/L 碳酸钠 – 碳酸氢钠缓冲液溶解并定容至 1000 mL。

③0.1 mmol/L 鲁米诺溶液（Luminol）：称取 3.54 mg 鲁米诺，用蒸馏水溶解并定容至 200 mL。

④0.1 mmol/L 次黄嘌呤溶液（HX）：称取 2.76 mg HX，用蒸馏水溶解并定容至 200 mL。

⑤0.1 mmol/L 黄嘌呤氧化酶（XO）：称取 0.1 mgXO 用含 0.1 mmol/L EDTA·2Na 的 0.05 mol/L 碳酸盐缓冲液定容至 1.0 mL。

⑥0.001 mg/mL 超氧化物歧化酶（SOD）：精密称取 0.1 mg SOD，用含 0.1 mmol/L EDTA·2Na 的 0.05 mol/L 碳酸盐缓冲液定容至 100 mL。

⑦HX – L 液：0.1 mmol/L 次黄嘌呤溶液（HX）与 0.1 mmol/L 鲁米诺溶液 1∶1 混合（临用时混合）。

4）操作步骤

（1）试样的制备

同修改的 Marklund 法中试样的制备。只是固体样品用 0.05 mol/L 碳酸钠 – 碳酸氢钠（内含 0.1 mmol/L EDTA·2Na）缓冲液代替蒸馏水。

（2）绘制抑制发光曲线

操作程序见图 13 – 9 和表 13 – 4。

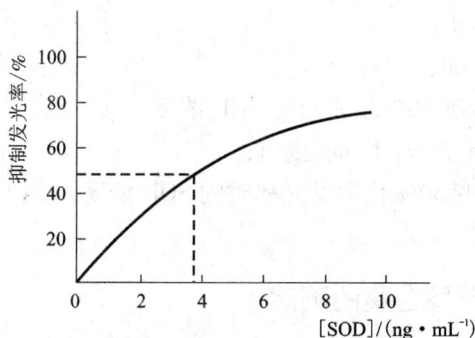

图 13 – 9　SOD 抑制化学发光曲线

表 13 – 4　SOD 抑制化学发光曲线制作步骤

	0（对照）	1	2	3	4	5
0.05 mol/L 碳酸钠 – 碳酸氢钠缓冲液（pH 10.2）/μL	10	—	—	—	2.35	2.35
0.1 mgl/mL XO/μL	10	10	10	10	10	10
HX – L 液/μL	980	980	980	980	980	980
不同浓度 SOD（或试液）/μL	—	10	10	10	10	10
SOD 浓度（ng/mL）或（样液体积/μL）	—	2	4	6	8	10
相对光强						
未抑制/%						
抑制/%						

（3）测定 SOD 活性

测定样品相对发光强度，计算抑制发光率，并查 SOD 抑制发光曲线，得 SOD 量(mg)。

5）结果计算

（1）液体样品按式(13－18)计算

$$\text{SOD 活力}(\text{U/mL}) = \frac{m_1 \times 10^{-6} \times 3.5 \times 3300}{V \times C_{50}} \times D \qquad (13-27)$$

式中：m_1——查抑制曲线中 SOD 量，ng；

　　　V——取样液体积，mL；

　　　3.5——标准 SOD 抑制 50% 发光时的 SOD 浓度，ng/mL；

　　　3300——SOD 标准比活力，U/mg 蛋白；

　　　C_{50}——SOD 酶液抑制 50% 化学发光率时的 SOD 浓度，单位为 ng/mL；

　　　D——样液的稀释倍数。

（2）固体样品按式(13－19)计算

$$\text{SOD 活力}(\text{U/mL}) = \frac{m_1 \times 10^{-6} \times V \times 3.5 \times 3300}{m \times V_1 \times C_{50}} \times D \qquad (13-28)$$

式中：m_1——查抑制曲线中 SOD 量，ng；

　　　m——样品质量，g；

　　　V——样液总体积，mL；

　　　V_1——取样液体积，mL；

　　　3.5——标准 SOD 抑制 50% 发光时的 SOD 浓度，ng/mL；

　　　3300——SOD 标准比活力，U/mg 蛋白；

　　　C_{50}——SOD 酶液抑制 50% 化学发光率时的 SOD 浓度，单位为 ng/mL；

　　　D——样液的稀释倍数。

13.2.10　花生中白藜芦醇含量的测定

1. 高效液相色谱法（GB/T 24903—2010）

1）原理

试样中的白藜芦醇(resveratrol)用乙醇－水溶液提取，提取液离心后，取上清液，用配有紫外检测器的高效液相色谱仪进行测定，以外标法定量。

2）仪器

①高效液相色谱仪：带有紫外检测器；

②粉碎机：高速万能粉碎机，转速 24000 r/min，或相当的设备；

③台式离心机：不低于 5000 r/min；

④微量进样器：10 μL；

⑤天平：感量 0.01 g、0.0001 g；

⑥滤膜：孔径 0.2 μm，直径 25 mm 的聚砜膜或相当者。

3）试剂

①无水乙醇、冰醋酸：分析纯。

②甲醇、乙腈：色谱纯。

③85% 乙醇溶液：取 850 mL 乙醇，加 150 mL 水，混匀。

④液相流动相：乙腈 + 水 + 冰醋酸 = 25 + 75 + 0.09。取 250 mL 乙腈，加入 750 mL 水和 0.9 mL 冰醋酸混匀，通过 0.2 μm 的滤膜并脱气。

⑤白藜芦醇标准品：纯度 ≥99%。

⑥白藜芦醇标准储备溶液：准确称取 12.5 mg(精确至 0.001 mg)白藜芦醇标准品，用甲醇溶液溶解并定容至 250 mL，得到 50 mg/L 白藜芦醇标准储备液，避光保存于 4℃冰箱备用。

⑦白藜芦醇标准工作溶液：准确移取 1 mL，2 mL，4 mL，6 mL，8 mL，10 mL 白藜芦醇标准储备液，用甲醇稀释并定容至 50 mL，得到一系列的标准工作溶液，质量浓度分别为 1 mg/L，2 mg/L，4 mg/L，6 mg/L，8 mg/L，10 mg/L。

4)操作步骤

(1)试样制备

取花生仁样品约 100 g，用粉碎机粉碎 2~3 min。称取粉碎试样约 5.00 g 于 250 mL 具塞三角瓶中，加入 60 mL 85% 乙醇溶液，置于 80℃水浴中提取 45 min，不时振摇，冷却后用滤纸过滤，以少量 85% 乙醇溶液洗涤残渣，过滤，合并滤液，定容至 100 mL。移取 1~2 mL 滤液，离心 5 min，离心速度不低于 5000/min，离心后的上清液供进样测定。

(2)色谱参考条件

色谱柱：C_{18}柱，150 mm × 3.9 mm(内径)，4 μm，或相当者；

流动相：乙腈 + 水 + 冰醋酸；

流速：0.7 mL/min；

紫外检测器：波长 306 nm；

柱温：室温；

进样量：10 μL。

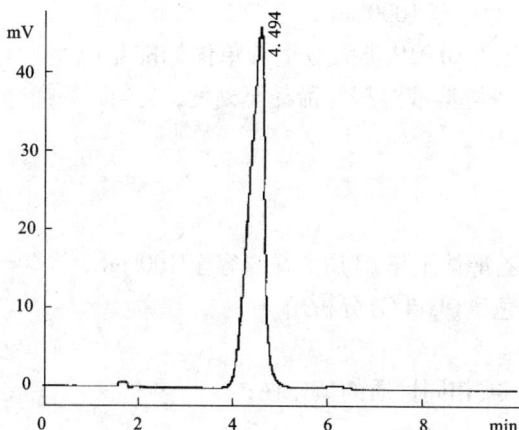

图 13 - 10 白藜芦醇标准品色谱图

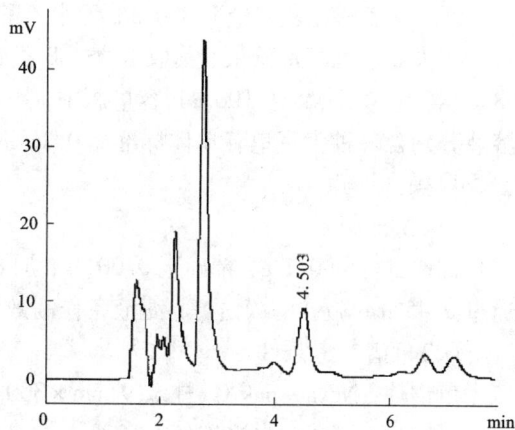

图 13 - 11 样品溶液中白藜芦醇的色谱图

(3)测定

用微量进样器分别吸取等体积的白藜芦醇标准工作溶液和样品离心后的上清液进样分析，测定响应值(峰高或峰面积)，以标准工作液的浓度与相应的峰面积绘制标准曲线，以样液白藜芦醇的峰面积查标准曲线,求得相应的白藜芦醇的浓度。

5)结果计算

$$X = \frac{C_S \times A \times V}{A_S \times m}$$ (13-29)

式中:X——样品中白藜芦醇的质量分数,mg/kg;

V——样液最终定容体积,mL;

A——样液中白藜芦醇的峰面积数值;

C_S——标准溶液中白藜芦醇的浓度,mg/L;

A_S——标准溶液中白藜芦醇的峰面积数值;

m——称取试样的质量,g。

6)说明及注意事项

本法适用于花生果、花生仁中白藜芦醇含量的测定。检出限为 0.1 mg/kg。

13.2.11 皂苷含量的测定

1. 高效液相色谱法测定大豆皂苷含量(GB/T 22464—2008 第一法)

1)原理

试样用80%乙醇溶解后,经 0.45 μm 滤膜过滤,采用反相键合相色谱测定,根据色谱峰保留时间进行定性,根据峰面积或峰高定量,计算大豆皂苷各单体的含量之和为大豆皂苷含量。各单体的检出限为 0.1 g/kg。

2)仪器

高效液相色谱仪:带紫外检测器。

3)试剂

①甲醇、乙醇:优级醇;

②80%乙醇溶液:量取 800 mL 无水乙醇加水稀释至 1000 mL;

③大豆皂苷标准溶液:称取 A 类、B 类、E 类及 DDMP 类大豆皂苷单体标准品(含量≥98%)各 10.0 mg 置于 100 mL 容量瓶中,用80%乙醇溶液溶解并稀释至刻度,摇匀,每毫升溶液分别含每种大豆皂苷单体标准品 0.10 mg。

4)操作步骤

(1)试样制备

称取试样约 0.1 g,精确至 0.001 g,加80%乙醇溶液溶解并稀释定容至 100 mL,混匀,通过 0.45 μm 微孔滤膜过滤,滤液备作高效液相色谱(HPLC)分析用。

(2)色谱参考条件

色谱柱:Nova-pak C_{18}柱 3.9 mm×300 mm,或相同性质的填充柱;

流动相:甲醇-水溶液(80+20);

流速:1.0 mL/min;

检测器:紫外检测器,205 nm 波长,0.2AUFS;

色谱柱温度:30℃;

进样量:10 μL。

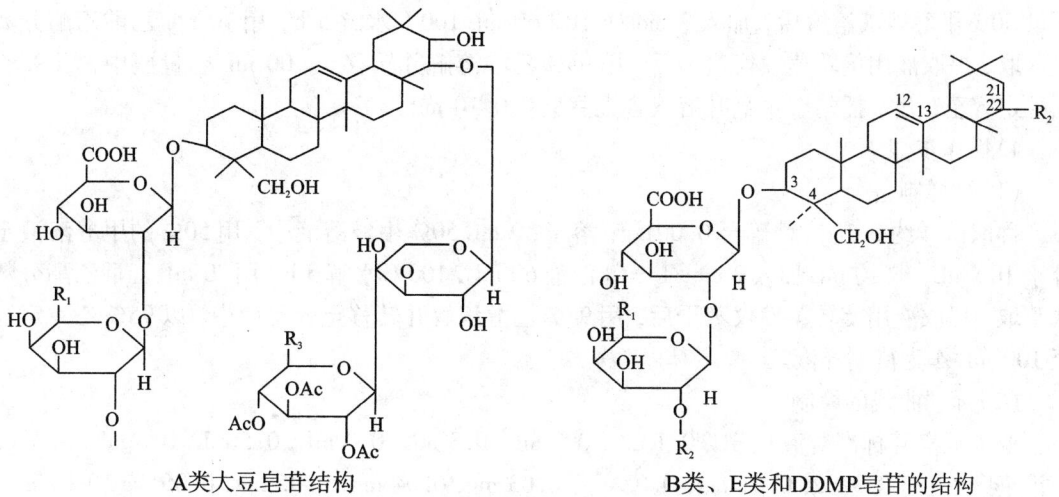

A类大豆皂苷结构　　　　　　B类、E类和DDMP皂苷的结构

图 13 - 12　A 类、B 类、E 类和 DDMP 皂苷的结构

（3）测定

在相同的色谱分析条件下，分别取 10 μL 大豆皂苷溶液和试样溶液注入高效液相色谱分析，根据保留时间定性，外标峰面积定量。

5）结果计算

$$X = \frac{\sum (A_i) \times V \times 100}{V_1 \times m \times 1000} \times 100 \qquad (13-30)$$

式中：X——产品中大豆皂苷的含量，% ；

　　　V——样品稀释总体积，μL；

　　　A_i——进样体积中大豆皂苷单体组分 i 的质量，mg；

　　　V_1——进样体积，μL；

　　　m——样品质量，g。

2. 分光光度法测定大豆皂苷（GB/T 22464—2008 第二法）

1）原理

样品用 50% 甲醇水溶液溶解后，在酸性条件下水解，以乙酸乙酯萃取出苷元，与香草醛、高氯酸反应显色，在 560 nm 波长下测定吸光度，与标准曲线比较定量。

2）仪器

分光光度计等。

3）试剂

①高氯酸；

②95% 乙醇；

③乙酸乙酯；

④50% 甲醇溶液：量取 100 mL 甲醇加入 100 mL 水中，摇匀；

⑤2 mol/L HCl 溶液：量取 16.5 mL HCl 加水稀释至 100 mL；

⑥5% 香草醛冰乙酸溶液：称取 5.00 g 香草醛溶于 100 mL 冰乙酸中，摇匀；

⑦大豆皂苷标准溶液：称取大豆皂苷单体标准品或混合标准品（含量≥98%）10.0 mg 用少量 50% 甲醇溶液溶解后，加入 2 mol/L HCl 60 mL 100℃ 水解 5 h，用 70 mL 乙酸乙酯分数次萃取，提取液用旋转蒸发仪蒸干后，用 95% 乙醇溶解并转移至 100 mL 容量瓶中，以 95% 乙醇定容至刻度，摇匀。每毫升溶液含大豆皂苷 0.10 mg。

4）操作步骤

（1）试样制备

称取试样约 0.1 g，精确至 0.001 g，溶于 50 mL 50% 甲醇溶液中，用 50% 的甲醇溶液定容于 100 mL，取 10 mL 加入 2 mol/L HCl 溶液 60 mL，100℃ 水解 5 h，用 70 mL 乙酸乙酯分数次萃取，提取液用旋转蒸发仪蒸干后，用 95% 乙醇溶解并转移至容量瓶中，以 95% 乙醇定容至 100 mL 作为待测样液。

（2）标准曲线的绘制

取大豆皂苷标准溶液 0 mL，0.1 mL，0.2 mL，0.3 mL，0.4 mL，0.5 mL，0.6 mL，0.7 mL（相当于大豆皂苷 0 mg，0.01 mg，0.02 mg，0.03 mg，0.04 mg，0.05 mg，0.06 mg，0.07 mg）于 10 mL 具塞试管中，水浴挥干，加 5% 的香草醛冰乙酸溶液 0.2 mL，加入高氯酸 0.8 mL，摇匀，60℃ 水浴加热 15 min，取出后立即用流水冷却，加入 4 mL 冰乙酸稀释摇匀后，在波长 560 nm 处以 0 管调零，测定吸光度，每个浓度平行测定两次，计算平均吸光度值，以吸光度值为横坐标，大豆皂苷质量（mg）为纵坐标，绘制标准曲线。

（3）测定

吸取待测试样 0.4 mL 于 10 mL 具塞试管中，水浴挥干，加 5% 的香草醛冰乙酸溶液 0.2 mL，加入高氯酸 0.8 mL，摇匀，60℃ 水浴加热 15 min，取出后立即用流水冷却，加入 4 mL 冰乙酸稀释摇匀后，在波长 560 nm 处以 0 管调零，测定吸光度，与标准曲线比较定量。

5）结果计算

$$X = \frac{A \times V \times V_2 \times 100}{V_1 \times V_3 \times m \times 1000} \times 100 \qquad (13-31)$$

式中：X——产品中大豆皂苷的含量，%；

　　　A——样液中大豆皂苷的质量，mg；

　　　V——样品稀释总体积，mL；

　　　V_1——水解时取样液体积，mL；

　　　V_2——水解时液定容体积，mL；

　　　V_3——测定用水解液定容体积，mL；

　　　m——样品质量，g。

3. 人参皂苷（ginsenoside）的测定

1）原理

试样经乙醚脱脂后，用甲醇索氏提取，提取后的样液用 SPE C$_{18}$ 柱净化，利用高效液相色谱仪对试样中的 9 种人参皂苷进行分离和测定，外标法定量。

2）仪器

①高效液相色谱仪：配有紫外检测器；

②电子天平：感量 0.001 g，0.0001 g；

③旋转蒸发仪；

④索氏提取器；

⑤控温水浴；

⑥循环水用真空泵；

⑦粉碎机；

⑧样品筛：孔径 0.25 mm；

⑨SPE C_{18} 小柱：1000 mg 填料，6 mL；

⑩微量进样器：5~50 μL。

3）试剂

①70% 乙醇溶液：取 700 mL 无水乙醇，用去离子水稀释至 1000 mL；

②甲醇：色谱纯；

③乙醚：分析纯；

④人参皂苷标准品：Rb1，Rb2，Rb3，Rc，Rd，Re，Rg1，Rg2，Rf（含量 98%）；

⑤标准混合溶液：逐一准确称取 0.183 g Re，0.163 g Rg1，0.102 g Rf，0.102 g Rg2，0.255 g Rb1，0.306 g Rc，0.367 g Rb2，0.408 g Rb3，0.214 g Rd（精确至 0.001 g）人参皂苷标准品，置于 100 mL 容量瓶中，用甲醇定容，配制成质量浓度为 1.8 g/L，1.6 g/L，1.0 g/L，1.0 g/L，2.5 g/L，3.0 g/L，3.6 g/L，4.0 g/L 和 2.1 g/L 的混合标准溶液，贮存在 -18℃ 以下冰箱中，有效期 6 个月。

4）操作步骤

（1）样品提取

准确称取人参干样 2 g（精确至 0.001 g），加入 100 mL 乙醚于索氏提取器中，提取 1 h，弃去乙醚，待残渣中乙醚挥干后，再加入甲醇回流 8 h。

（2）样品净化

①SPE C_{18} 柱的预处理：先用 20 mL 去离子水淋洗 SPE C_{18} 柱，然后用 20 mL 的甲醇进行活化，再用 20 mL 去离子水平衡。待水与柱筛板近平时上样。

②提取液的处理：提取液在 60℃ 水浴条件下，经旋转蒸发仪减压浓缩至近干，氮气吹干，加入 4 mL 去离子水充分摇匀。取 2 mL 注入预先活化好的 SPE C_{18} 柱中，待液面与柱筛板近平时，倒入 10 mL 去离子水淋洗 SPE C_{18} 柱，弃去流出液，待淋洗液液面与柱筛板近平时，加入 25 mL 70% 乙醇溶液洗脱 SPE C_{18} 柱，收集洗脱液于 50 mL 刻度试管中，氮气吹至 25 mL 以下时，用甲醇定容至 25 mL，混匀后，用 0.2 μm 滤膜过滤，待测。

（3）色谱参考条件

色谱柱：C_{18}（4.6 mm × 300 mm × 0.5 μm）或相当者；

流动相：甲醇 + 水；梯度洗脱程度见表 13 - 5；

柱温：47℃；

流速：0.5 mL/min ~ 0.8 mL/min；

检测波长：202nm；

进样量：10 μL。

表 13 – 5 梯度洗脱程序

时间/min	甲醇 %	流速/(mL·min^{-1})
0 ~ 20	52	0.5
20 ~ 23	52 ~ 57	0.5 ~ 0.8
23 ~ 36	57	0.8
36 ~ 39	57 ~ 65	0.8
39 ~ 71	65	0.8
71 ~ 74	65 ~ 52	0.8 ~ 0.5
74 ~ 84	52	0.5

（4）标准曲线的绘制

用混合皂苷标准工作液按着梯度洗脱程序进行分析。准确吸取 0 mL, 2 mL, 4 mL, 6 mL, 8 mL, 10 mL 混合皂苷标准溶液, 分别置于 10 mL 容量瓶中, 用甲醇稀释至刻度, 准确吸取 10 μL 各容量瓶中的标准溶液, 分别注入液相色谱仪, 记录峰面积。以各皂苷进样的质量浓度对峰面积绘制标准曲线。

（5）样品测定

准确吸取 10 μL 供试样品溶液注入液相色谱仪, 以保留时间定性, 以待测液峰面积与标准溶液峰面积比较定量。

除不称取试样外, 采用试样完全相同的测定步骤进行平行操作, 做空白实验。

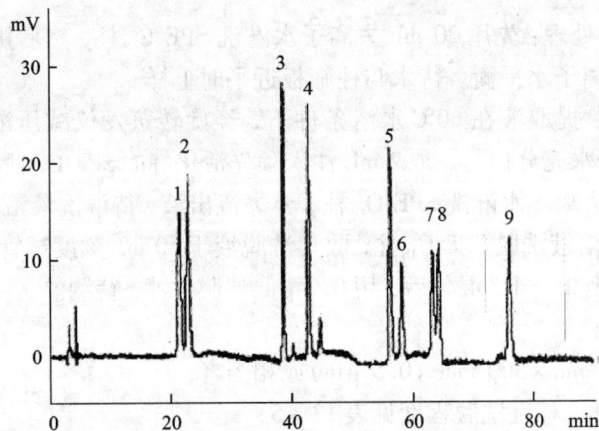

图 13 – 13 9 种人参皂苷标准品的液相色谱图

1—Re; 2—Rg1; 3—Rf; 4—Rg2;

5—Rb1; 6—Re; 7—Rb2; 8—Rb3; 9—R4

5）结果计算

$$X = \frac{m_1 \times V_2}{m_2 \times V_1} \tag{13-32}$$

式中：X——试样中人参皂苷的含量，%；

m_1——试样中某种人参皂苷的质量，g；

m_2——试样的质量，g；

V_1——试样的进样体积，mL；

V_2——试样的定容体积，mL。

6）说明及注意事项

该方法的检出限分别为 Re：0.05 g/kg，Rg1：0.05 g/kg，Rf：0.05 g/kg，Rg2：0.05 g/kg，Rb1：0.07 g/kg，Rc：0.10 g/kg，Rb2：0.10 g/kg，Rb3：0.06 g/kg，Rd：0.06 g/kg。

13.2.12 多不饱和脂肪酸含量的测定

1. 气相色谱法

1）原理

多不饱和脂肪酸（PUFA）是指含量两个或两个以上双键、碳原子数在 16～22 的直链脂肪酸，包括 γ - 亚麻酸（GLA）、二十碳五烯酸（EPA）及二十二碳六烯酸（DHA）。采用盐酸水解法提取其油脂，并用 $CHCl_3$ - KOH - CH_3OH 一步提取、甲酯化方法，运用毛细管气相色谱分析，以外标法定量测定甲酯化样品中多不饱和脂肪酸的含量。

2）仪器

①气相色谱仪：附氢火焰离子化检测器；

②超级恒温水浴：精度（±0.1℃）。

3）试剂

①氯仿；

②石油醚 - 苯（1 + 1）；

③GLA，EPA 和 DHA 的甲酯标准储备液：采用 Sigma 公司标准品（GLA，cis - 5，8，11，14，17 - Pentaenoic Acid Methyl Ester，Approx. 99%，cis - 4，7，10，13，16，19 - Docosahxaenoic Acid Methyl Ester，Approx. 98%）。准确称取 0.100 g GLA，0.050 gEPA 和 0.100 gDHA，用正己烷溶解并定容于 10 mL 容量瓶，此标准储备液 GLA 浓度为 10.0 mg/mL，EPA 浓度为 5.0 mg/mL，DHA 浓度为 10.0 mg/mL；

④GLA，EPA 和 DHA 的甲酯标准使用液：将标准储备液用正己烷稀释成 EPA 浓度为 1.00 mg/mL，2.00 mg/mL，3.00 mg/mL，4.00 mg/mL，5.00 mg/mL，GLA 和 DHA 浓度为 2.00 mg/mL，4.00 mg/mL，6.00 mg/mL，8.00 mg/mL，10.00 mg/mL。

4）操作步骤

（1）样品处理

①直接酯化法：将含有多不饱和脂肪酸的样品进行冷冻干燥，称取 1 g 样品于具塞试管中，加入 4 mL $CHCl_3$ 和 2 mL 0.5 mol/L KOH - CH_3OH，剧烈振荡 2 min；并于 50℃水浴保持 10 min（充氮气保护），剧烈振荡 2 min；加入 3.6 mL 双蒸水，再剧烈振荡 1 min。过滤，静置分层，取下层 $CHCl_3$ 相用于色谱分析。

②酸水解法：取一定量样品，以 0.4 mol/L 盐酸水解后，置于 25 mL 具塞试管中，加入 2 mL石油醚 - 苯混合试剂，轻摇使溶解后加入 2 mL 0.5 mol/L KOH - CH_3OH，于室温酯化

10 ~ 15 min后水洗，静置分层后取上层有机相用于色谱分析。

（2）色谱参考条件

色谱柱：HP – IN – NOWAX 交联聚乙二醇毛细管柱，0.25 mm × 30 m，0.25 μm；

升温程序：150℃→200℃（$\Delta = 15$℃/min，升至 200℃后（保持 15 min）→240℃（$\Delta = 2$℃/min，升至 240℃后持续 2 min）；

气体流速：氢气流速 30 mL/min，空气流速 150 mL/min，氮气流速 30 mL/min；

温度：进样口 260℃，检测器 260℃；

进样量：1 μL。

（3）标准曲线的绘制

用微量进样器准确取 1 μL 标准系列各浓度标准使用液注入气相色谱仪，以测得的不同浓度的 GLA，EPA 和 DHA 的峰高为纵坐标，浓度为横坐标，绘制标准曲线。

（4）样品测定

准确吸取 1 μL 样品溶液进样，测得的峰高与标准曲线比较定量。

5）结果计算

$$X = \frac{c \times V}{m} \tag{13 – 33}$$

式中：X——样品中 EPA，DHA 或 GLA 的含量，μg/g；

V——样品溶液的最终定容体积，mL；

c——测定液中 EPA，DHA 或 GLA 的浓度，μg/mL；

m——样品质量，g。

6）说明及注意事项

①EPA 和 DHA 回收率分别为（96.2 ± 3）% 和（95.8 ± 4）%，精密度相对标准差分别为 1.86% 和 2.11%。

②由于多不饱和脂肪酸极易被空气所氧化，一般都要对其充氮气或加入抗氧化剂保护。

③在测定油脂中多不饱和脂肪酸的含量时，需将油脂抽提出来。经典的方法是取干燥研磨的样品于索氏提取器中以非极性有机溶剂抽提。而采用魏氏盐酸水解法来提取其油脂，样品无需干燥，所需时间短，且油脂提取率较高，适合于微生物油脂的提取。

2. 分光光度法

1）原理

在室温条件下样品皂化，随后在盐酸作用下生成脂肪酸，具有顺，顺1，4 – 二烯结构（即 $n – 3$，$n – 6$ 系列的脂肪酸）的脂肪酸被酶促氧化，产生的氧化酸在最大吸收波长（约 235 nm）下测定吸光度，同时做样品空白试验，计算样品中多不饱和脂肪酸的含量。

2）仪器

①离心机；

②水浴锅；

③紫外分光光度计；

④分析天平。

3）试剂

①0.5 mol/L HCl 溶液；

②氢氧化钾 – 乙醇溶液：$c(KOH) = 0.5$ mol/L。

③储备液：称取 65 g 氢氧化钾（86% 氢氧化钾）溶于约 80 mL 水中，冷却后稀释至 100 mL；临用前吸取 5 mL 储备液用体积分数 95% 的乙醇稀释至 100 mL。

④1.0 mol/L pH 9.0 的硼酸钾缓冲液：称取 61.9 g 硼酸和 25.0 g 氢氧化钾（86% 氢氧化钾）加热搅拌溶于约 800 mL 水中，冷却至室温，测定 pH，如有必要，可用 HCl 或 KOH 溶液调 pH 为 9.0，然后用水稀释至 1000 mL。

⑤0.2 mol/L pH 9.0 的硼酸钾缓冲液：将 200 mL 1.0 mol/L pH 9.0 的硼酸钾缓冲液用水稀释至 1000 mL，并冷却。

⑥脂肪氧化酶稀释液。

a. 脂肪氧化酶：酶的活力至少为 50000 U/mg[一个酶的活力单位（U）定义为实验条件下，每分钟可氧化 1.2×10^{-4} μmol 亚油酸所需的酶量]。

在冻干状态下，于 –18℃ 或更低的温度保存时，该酶在数年内都是稳定的。

b. 储备液：称取相当于 650000 U 酶活的酶溶于 10 mL 冰冷的 0.2 mol/L 硼酸钾缓冲液中，该储备液在 –18℃ 或更低的温度下可长期保存。

c. 工作液：将 2 mL 储备液和 8 mL 冰冷的 0.2 mol/L 硼酸钾缓冲液混合。

⑦脂肪氧化酶灭活液：吸取数毫升脂肪氧化酶稀释液至试管中，并保证无液滴粘附在试管壁上。将试管浸入沸水浴中加热至少 5 min，稀释液的液面应低于沸水浴的液面。

⑧参比油：如葵花籽油或棉籽油，已知多不饱和脂肪酸含量（用气相色谱法准确测得，并以参比油的质量分数表示），并假定其全为顺，顺 1, 4 – 二烯结构的脂肪酸。

⑨氮气：纯度不低于 99.5%。

4）操作步骤

（1）验证实验

在分析试样时，建议与试样平行分析已确知多不饱和脂肪酸含量的参比油，以核对分析步骤。

（2）试样的皂化

称取 50 ~ 200 mg 试样，精确至 0.1 mg，于 100 mL 容量瓶中。用移液管吸取 10 mL 氢氧化钾 – 乙醇溶液至试样的容量瓶中，用氮气置换容量瓶中的空气。加塞，放置暗处，皂化至少 4 h，间歇摇动容量瓶使内容物混匀。

如果样品的熔点高于室温，可将装有样品的容量瓶（加塞）置于 50℃ 的水浴中加热数分钟，以加速皂化。

（3）测试液的制备

①皂化后，用适当的移液管向容量瓶中加入 20 mL 1.0 mol/L 的硼酸钾缓冲液 10 mL 0.5 mol/L 的 HCl 溶液，加水稀释至刻度。轻轻摇匀，尽量避免产生泡沫。如果沉淀产生，离心分离除去沉淀。

②用移液管吸取容量瓶中溶液 1 mL（或 1 mL 离心分离的上清液）至另一 100 mL 容量瓶（事先用氮气吹洗）中，如果试样中多不饱和脂肪酸含量少，应吸取 2 ~ 4 mL 试样。

③用移液管吸取 20 mL 1.0 mol/L 的硼酸钾缓冲液至容量瓶中，加水至刻度。加塞混匀，尽量避免产生泡沫。这个步骤中轻微的浑浊不会影响后续的测定。

（4）标准曲线绘制

①标准溶液的制备：称取相当于含 100 mg 多不饱和脂肪酸的参比油于 100 mL 容量瓶中，精确至 0.1 mg，按照上述操作（2）及（3）中①的操作进行中试样的皂化处理并稀释至刻度。

用移液管吸取 10 mL 上述溶液至另一只 100 mL 容量瓶中，加入 18 mL 1.0 mol/L 的硼酸钾缓冲液，用水稀释至刻度。

用吸管吸取上述溶液分别为 1 mL，2 mL，4 mL，6 mL，8 mL，10 mL 溶液，分别置于 6 个 100 mL 容量瓶中，均用 0.2 mol/L 的硼酸钾缓冲液稀释至刻度。

②酶促氧化：分别吸取 0.1 mL 脂肪氧化酶稀释液置于 6 支试管中，分别添加 3 mL 相应的标准溶液，轻轻振荡使溶液混匀。将试管静置 20 min ～30 min。

③补偿溶液：以 0.1 mL 脂肪氧化酶灭活液代替脂肪氧化酶稀释液来制备样品补偿溶液。

④绘制标准曲线：用石英比色皿，在 235 nm 处测定吸光度，以补偿溶液调节零点。以吸光度与已知组成的参比油计算所得不饱和脂肪酸的质量作图。

（5）测定

①酶促氧化：吸取 1 mL 脂肪氧化酶稀释液至试管中，再吸取 3 mL 测试液加到试管中，轻轻振荡使溶液混匀。将试管静置 20～30 min。

②分光光度计测定：用石英比色皿，在 235 nm 处测定样品吸光度，以补偿溶液调节零点。根据标准曲线计算脂肪酸的含量。

5）结果计算

$$X = \frac{m_1}{V \times m_0} \times 100 \tag{13-34}$$

式中：X——样品中多不饱和脂肪酸的含量，g/100 g；

m_0——样品的质量，mg；

m_1——根据标准曲线计算的多不饱和脂肪酸的质量，mg；

V——从容量瓶中吸取液体的体积，mL。

6）说明及注意事项

①本法适用于 $n-3$，$n-6$ 系列多不饱和脂肪酸含量的测定，不适用于 $n-8$，$n-9$ 系列多不饱和脂肪酸及含有支链脂肪酸含量的测定。

②脂肪氧化酶的活力如果偏低会导致结果偏低，而过高活力的酶制剂不会比活力在 50000 U/g～100 000 U/g 酶制剂得到更好的结果。

③当所取试样中多不饱和脂肪酸的含量在 10～80 mg 时，所测吸光度在 0.07～0.5 之间。

④在测试液制备时，皂化后，得到皂的稀释液。泡沫中皂的浓度要高于液体本体中皂的浓度，当溶液从一个容量瓶转移到另一个容量瓶时，如果有泡沫粘附在移液管上，可能导致转移了未知过量的脂肪酸。

⑤酶促氧化过程可在具塞分光光度计比色杯中进行，以免在测量吸光度前再将溶液转移到比色杯中。

⑥酶促氧化过程中试管中样品的处理很重要。将内容物初次混合后，不要再进一步混合，进一步混合会导致标准溶液、样品补偿溶液及测试溶液的吸光度增加。此外，如果比色

杯中溶液一旦倒掉，再装入其他溶液，则不能核对该测量值是否正确。溶液处理过程中造成吸光度增加的原因尚无法解释，因此要确保分析步骤一致。

⑦以补偿溶液调节零点时，可以补偿由于样品中原有的共轭二烯酸产生的吸光度。样品溶液的补偿吸光度应以水为参比进行核对，如果与测试液相比，此值太高，将使精密度降低。

13.2.13　原花青素含量的测定

1. 分光光度法

1）原理

原花青素(也称缩合单宁)是黄烷–3–醇的寡聚体与多聚体，属多酚类化合物。与其他酚类化合物不同，黄烷醇(缩合单宁、单体、双体等)在酸性介质中可与香草醛反应，生成在500 nm 波长处有最大吸收的有色物质，可通过比色测定其含量。

2）仪器

分光光度计等。

3）试剂

①香草醛、甲醇、浓盐酸均为分析纯；

②4% 香草醛甲醇液；

③原花青素标准使用液：将原花青素标准品溶于蒸馏水，配制成 1 mg/mL 的储备液，将储备液稀释为 0.01 ~ 1 mg/mL 的标准使用液，标准使用液应与测定当天配制。如无提纯的原花青素，可用儿茶素代替，配制方法同上。

4）操作步骤

(1)样品的处理

①植物材料的处理：经 4 倍体积的丙酮–水(7 + 3)或者经 60% 甲醇提取，在 40℃ 以下减压蒸馏去除有机溶剂，水相再经乙醚洗涤后定容。

②冰冻干燥的固体原花青素制剂的处理：直接溶于水(先加少量甲醇助溶)制成原花青素液。原花青素液于 5℃ 下暗环境中保存备用。

(2)样品的测定

用锡箔将试管包裹严，仅留管口用于加样。向管内加入试样 0.5 mL，再加 3.0 mL 4% 香草醛甲醇液混合，然后加入 1.5 mL 浓盐酸，彻底混匀，室温下显色 15 min。也可在暗环境中进行以上操作，最后在 500 nm 波长处测定吸光度。

按上述操作步骤制得标准曲线，根据标准曲线测得，0.1 mg 原花青素在 500 nm 波长处的吸光度为 0.55。

5）结果计算

$$原花色素含量(mg/g) = \frac{A_{500\,nm} \div 0.55 \times V}{m} \quad (13-35)$$

式中：$A_{500\,nm}$——样品在 500 nm 处的吸光度值；

V——试样稀释体积(倍数)；

0.55——0.1 mg 原花青素在 500 nm 波长处的吸光度为 0.55；

m——样品的质量，g。

6)说明及注意事项

①反应试管应用清洁剂浸泡 24 h,彻底洗涤干净。

②进行比色时,用水作空白。

③试样中原花青素的含量较高时,应从香草醛存在下所测得 $A_{500\,nm}$ 值中减去无香草醛时所测的吸光度值。

④显色液应避光防置。

⑤500 nm 处的 OD 值应控制在 3 以下。

2.铁盐催化比色法

1)原理

原花青素是植物王国中广泛存在的一类黄烷－3－醇衍生物的总称,因聚合度的不同以及单体的构象或键合位置的不同可形成多种化合物。原花青素氧化后能生成红色的花青素。通常用铁盐催化比色法测定总量,利用硫酸高铁铵的催化作用,以盐酸水解将之转变为红色的花青素,花青素在 550 nm 处有最大吸收峰,比色测定其吸光值,与原花青素化学对照品比较,便可定量计算出样品中原花青素的含量。

2)仪器

①水浴锅;

②分光光度计。

3)试剂

①无水乙醇、正丁醇、浓盐酸、硫酸高铁铵均为分析纯;

②20% 硫酸高铁铵:取 10 g $FeNH_4(SO_4)_2 \cdot 12H_2O$,用 2 mol/L 盐酸溶解定容至 50 mL;

③反应混合液:取正丁醇、浓盐酸、20% $FeNH_4(SO_4)_2$ 溶液按 85∶5∶0.4(体积比)比例混合均匀,备用;

④标准溶液的配制:准确称取经干燥的原花青素化学对照品 52 mg(精确至 0.0001 g),用无水乙醇溶解,并定容至 100 mL,制得浓度为 0.52 mg/mL 的标准溶液。再用无水乙醇稀释配制成浓度为 0 μg/mL, 26.00 μg/mL, 52.00 μg/mL, 104.00 μg/mL, 208.00 μg/mL, 312.00 μg/mL, 416.00 μg/mL 的标准系列使用液。

4)操作步骤

(1)标准曲线的绘制

分别移取上述不同浓度系列使用液 1.00 mL 置于 10 mL 刻度试管中,加入 9 mL 上述反应混合液,置于沸水浴中加热,待水浴温度至(99 ±1)℃开始计时,并塞紧塞子(勿摇匀),准确加热 40 min 后,立即取出,用冰水快速冷却至室温,以正丁醇定容至刻度线,塞紧后充分摇匀,在 550 nm 处以空白管调零扣除背景,测定吸光值,并以最小二乘法绘制原花青素浓度—吸光值曲线。

(2)待测样品液的制备

精确称取胶囊内容物 0.5 ~ 1.0 g,加无水乙醇(遇醇溶性较差的样品,可加入少量的蒸馏水促进溶解),溶解(对于软胶囊取整粒称重后再用小刀割破,用超声波以乙醇多次提取),定容至 100 mL,摇匀,即得到样品储备液。再移取 0.5 ~ 1.0 gmL 储备液(根据提取物浓度高低确定具体的量,使待测液原花青素浓度在 0.05 ~ 0.20 mg/mL 范围内)定容至 50 mL,摇匀得到待测样品液。

（3）样品测定

移取 1.00 mL 待测液依照上述标准曲线绘制同样操作，测定吸光值，根据标准曲线，计算原花青素的含量。

5）结果计算

$$原花色素含量(mg/100\ g) = \frac{c \times V_2 \times n}{m \times V_1 \times (1-W) \times 1000} \times 100 \qquad (13-36)$$

式中：c——根据工作曲线计算得到的原花青素的含量，μg；

$\quad\quad V_1$——待测样品液的取样体积，mL；

$\quad\quad V_2$——样品溶液的体积，mL；

$\quad\quad m$——样品称取的质量，g；

$\quad\quad W$——样品的含水量，%；

$\quad\quad n$——样品溶液稀释倍数。

6）说明及注意事项

①准确性：添加浓度为 52.00 ~ 208.00 μg 的标准（OD_{550} 在 0.157 ~ 0.520 范围内），3 次测定平均回收率在 90.64% ~ 109.50%。

②精密度：同一样品测定 8 次，相对标准偏差为 2.13% ~ 2.98%。

③干扰物质：比较紫外分光光度法，本法干扰物质少，常见的维生素、芦丁、类胡萝卜素、食品抗氧化剂、各类油脂类基本未见明显干扰，由于多糖、蛋白质不溶于无水乙醇，故不会干扰测定。

小　结

食品中除了含有一般营养成分外，还含有一些功能性成分如活性多糖、类胡萝卜素、低聚糖、功能性脂类、特殊氨基酸及活性肽（如牛磺酸、乳铁蛋白、免疫球蛋白等）以及一些植物活性成分（如黄酮、皂苷、生物碱、萜类化合物、有机硫化合物等）等。这些成分在一般食品中含量较少，因此，通常提取出来或者通过合成方式进行使用，添加到相应食品或者功能性食品中；有的甚至应用于化妆品行业和医药行业。

功能性成分的分析对于评价食品的质量特别是保健食品的真伪判定是至关重要的。功能性食品中活性成分的定性、定量检测是评价其功能性的重要手段。随着现代分析技术的发展，新的分析手段和方法在功能因子的检测方面被广泛应用。本章介绍了食品中常见的几种功能性成分如活性多糖、功能性低聚糖、黄酮、茶多酚及儿茶素、番茄红素、牛磺酸、磷脂、大蒜素、超氧化物歧化酶、白藜芦醇、皂苷、多不饱和脂肪酸、原花青素等检测的原理、所用试剂及仪器、分析方法及注意事项。

思考题

1. 简述苯酚 - 硫酸法测定多糖和蒽酮 - 硫酸法测定多糖的原理及注意事项。

2. 简述总黄酮含量的测定原理、方法。

3. 简述茶多酚测定的方法、原理及步骤。

4. 比较磷脂测定的几种方法。

5. SOD 测定有哪几种方法?

6. 简述原花青素测定的方法及其原理。

参考文献

[1] 郑建仙. 功能性食品[M]. 第 2 版. 北京: 中国轻工业出版社, 2008.

[2] 孟宪军, 迟玉杰. 功能食品[M]. 北京: 中国农业大学出版社, 2010.

[3] 白鸿. 保健食品功效成分检测方法[M]. 北京: 中国中医药出版社, 2011.

[4] 钟耀广. 功能性食品[M]. 北京: 化学工业出版社, 2004.

[5] John Shi. 功能性食品活性成分与加工技术[M]. 魏新林等译. 北京: 中国轻工业出版社, 2010.

[6] 马莺, 王静, 牛天骄. 功能性食品活性成分测定[M]. 北京: 化学工业出版社, 2005.

[7] 张小莺, 孙建国. 功能性食品学[M]. 北京: 科学出版社, 2012.

[8] 高向阳. 现代食品分析[M]. 北京: 科学出版社, 2012.

[9] 王光亚. 保健食品功效成分检测方法[M]. 北京: 中国轻工业出版社, 2002.

第 14 章

数据处理与评价

本章学习目的与要求

1. 掌握评价数据准确度和精确度的方法，食品检验报告书的组成及特点，能填写食品检验报告书；

2. 熟悉数据处理及取舍的基本规则，熟悉实验误差的划分原则及其特点、灵敏度、检测限以及特异性的含义；

3. 了解数据正态分布和置信区间的概念和意义。

在食品分析中，检验者要熟练掌握各项基本的分析技巧并要根据被检项目选择合适的检测方法，而判断实验结果是否可靠则需要对分析数据进行处理并进行综合性评价。本章主要介绍评价同一样品多次重复分析数据的基本原理和方法、实验误差的控制及食品检验结果报告书的规范撰写。

14.1 分析数据的表示及处理

14.1.1 数据的表示

检测结果的表示应采用法定计量单位并尽量与食品卫生标准一致。食品分析数据常用以下单位表示：

①百分含量(%)，g/100 g 或 g/100 mL。

②千分含量(‰)，g/kg 或 g/L。

③百万分含量，mg/kg 或 mg/L，即 ppm(part per million)。

④十亿分含量，μg/kg 或 μg/L，即 ppb(part per billion)。

⑤万亿分含量，ng/kg 或 ng/L，即 ppt(part per trillion)。

需要注意的是，现阶段 ppm、ppb 和 ppt 已不再作为表示浓度的标准单位。

14.1.2 有效数字(significant figure)及其应用

测量任何一个参数都受到检测仪器的限制,一般来说,我们记录数据时要在记录最低刻度读数后再加一位估计数字。例如,用普通酸式滴定管滴定某碱液后,甲同学得出消耗标准酸液15.47 mL,乙同学得出15.49 mL。该数据前三位数字可直接从滴定管读出,为准确数字;最后一位即为估计数字。但该四位数字都是有效数字。因此,在食品分析检测中,有效数字即为所有准确数字后再加上最后一位估计数字,其反映了所用仪器的精密度。而针对零是否为有效数字,应考虑到以下情况:

①小数点前的零不计为有效数字;小数点前无其他数字,那么小数点后的零也不计为有效数字。例如,0.375和0.00375均只有3位有效数字。

②小数点后的零通常为有效数字。例如,14.250有5位有效数字。

③无小数点时,数据末尾的零是否为有效数字应根据仪器检测限判定。例如,用不同的方法表示1 L容量瓶的体积(容量瓶的允许误差为0.4 mL)。若写成1.0 L或1000 mL就不规范,其反应容量瓶检测限为0.1升或1毫升,与仪器检测限不符,因此其末尾零不能计为有效数字。因此,应根据实际情况采用科学计数法确定有效数字,即1.0×10^3 mL(两位有效数字),这表示容量瓶体积可以读到0.1毫升。

有效数字运算的经验规则总结如下:

①加或减:小数点后的有效数字的位数不能高于参加加或减的数字的小数位数最小的数。如:0.002 + 0.0016 + 1.07 = 1.0736(最终表示为1.07,有效数字3位)。

②乘或除:有效数字的位数与参与乘或除的数字中位数最小的一致。例如,$0.001 \times 2.500 \times 0.13 \times 23.45 = 0.00762125$(最终表示为0.008,有效数字1位)。

③复杂运算时,其中间过程各数末尾多保留一位有效数字,最后结果须取应有的位数。

14.1.3 数字的取舍

1. 四舍六入五成双法则

其规则如下:

①如果保留数字后位数等于或小于4时,该数字舍去。

②如果保留数字后位数等于或大于6时,则进位。

③如果保留数字后位数等于5时,要看5前面的数字,若是奇数则进位,若是偶数则将5舍掉,即舍去末尾数字后数据均成偶数。如保留四位有效数字,54.125记为54.12;75.115记为75.12。

2. Q - 检验法

在实际测定某参数时,需进行多次重复的测定,但并非每个数据均可以用于数据分析,对于个别偏离整体较大的数据应慎重对待,必要时要倒推分析过程寻找原因。对于是实验仪器或方法选择不当造成的数据偏差,应对实验方案进行修正后再次测定,而不能在原因不明的情况下直接舍弃异常数据的方法来减小误差。

Q - 检验法是检验异常数据的常用方法。在Q - 检验法中,可疑值的Q值用式(14 - 1)计算,并将其结果与表14 - 1中的数值相比较,如果Q值比表格中对应数值大,那么该可疑值可被舍弃(90%置信度)。

$$Q = \frac{x_2 - x_1}{W} \tag{14-1}$$

式中：x_1——可疑值；

x_2——x_1的最临近值；

W——所有数值的极差，等于最高值减去最低值。

表14-1列出了舍弃结果所需要的Q值（90%置信度）。

表14-1　舍弃结果所需要的Q值

测定次数	舍弃Q值（90%置信度）	测定次数	舍弃Q值（90%置信度）
3	0.94	7	0.51
4	0.76	8	0.47
5	0.64	9	0.44
6	0.56	10	0.41

现以面包中水分质量测定为例进行说明。对面包中的水分进行了5次重复测定，其测定数值分别为58.65%，60.81%，55.19%，56.71%和41.72%。其中41.71%这个数值直观感觉偏差较大，现用Q-检验法判断此数据是否该舍弃。根据式（14-1），$x_1 = 41.72\%$，$x_2 = 55.19\%$，极差 $= 60.81\% - 41.72\% = 19.09\%$。则

$$Q = \frac{55.19 - 41.72}{19.09} = 0.71$$

由表14-1可知，Q值（0.71）大于表中测定次数为5次时的Q值（0.64），因此测定水分为41.72的数值可以舍弃，不必参与数据的进一步分析。

14.2　实验数据的评价

14.2.1　平均值（mean value）

在对食品进行分析检测时，通常需对相关指标进行多次（至少3次）重复测定以保证实验数据的精准度。在处理数据时，首先对整体实验数据求平均，用平均值描述整体数据的概况。平均值用$\bar{x}$表示，通过式（14-2）计算：

$$\bar{x} = \frac{x_1 + x_2 + x_3 + \cdots x_n}{n} = \frac{\sum x_i}{n} \tag{14-2}$$

式中：x_1——测定数据平均值；

$x_1, x_2, \cdots, x_n$——各个测定数据（x_i）；

n——测量次数。

以14.1.3中面包水分测定数据为例，其平均值为：

$$\bar{x} = \frac{58.65\% + 60.81\% + 55.19\% + 56.71\% + 41.72\%}{5} = 54.62\%$$

通过平均值,可对相关参数的真值进行初步的估计,但仍无法知道该数据的准确度和精确度,所以尚需进一步分析。

另一种估计真值的方法是用中位数表示,如淀粉和小麦的粒度大小常用中位数表示。中位数即处于一组数据的中点或中央的数值,即实验结果有一半比中位数小,而另一半比中位数大,但此法不用于一般食品的检测。

14.2.2 准确度(accuracy)和精确度(precision)

食品分析的结果是否能够反映被测参数的真实情况,分析结果是否具有可重复性是判断实验数据是否可靠的首要标准。对于相关参数的多次重复测定以得出平均值只能反映真值的概况,无法确定实验的可重复性以及测定结果与真实值的接近程度。

准确度和精确度是评价数据可靠性的两个重要指标。准确度是指单个测量值与真实值的接近程度;精确度即在同样条件下多次测定样品某一参数时,所得测量值的离散程度。用步枪打靶可形象说明准确度和精确度的差别。如图 14 – 1(a)所示,该组数据排列紧密(精确度高)且靠近靶心(准确度高);在图 14 – 1(b)中,该组数据排列紧密(精确度高)但偏离靶心(准确度低);在图 14 – 1(c)中,该组数据排列松散(精确度低)但靠近靶心(准确度高);在图 14 – 1(d)中,该组数据排列松散(精确度低)且偏离靶心(准确度低)。一组数据精确度和准确度越高,说明此组数据越可靠。

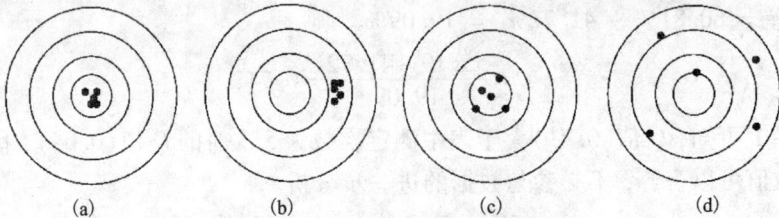

图 14 – 1 准确度和精确度

14.2.3 准确度的评价

回收率(recovery rate)是评价数据准确度广泛采用的方法。

在未知样品中加入已知量的标准物质,称加标样品。同时测定未知样品和加标样品,可测出加入的标准物质的回收率。测定回收率是目前实验室常用的确定准确度的方法,多次回收实验还可以发现检验方法的系统误差。

加入的标准物质的回收率,可按式(14 – 3)计算。

$$P = \frac{x_1 - x_0}{m} \times 100\% \qquad (14 – 3)$$

式中: P——加入的标准物质的回收率;

m——加入标准物质的量;

x_1——加标样品的测定值;

x_0——未知样品的测定值。

在日常实验中，正确使用回收率的方法对评价实验数据有较大的意义。

14.2.4　精确度的评价

在一般情况下，真实值是不易知道的，故常用精确度来判断分析数据的好坏。对精确度的系统评价通常用标准偏差(standard deviation)和变异系数(coefficient variation)来表示。

假设对某一指标重复测定了 n 次，那么标准偏差可用式(14-4)来计算。

$$\sigma = \sqrt{\frac{\sum (x_i - \mu)^2}{n}} \tag{14-4}$$

式中：σ——标准偏差；

μ——真实值；

x_i——各个样品测量值；

n——样品个数。

在(14-4)中，由于真实值 μ 未知，所以一般用平均值 $\bar{x}$ 代替 μ，σ 则用样品标准偏差 SD 代替。因此，式(14-4)可简化为式(14-5)。

$$SD = \sqrt{\frac{\sum (x_i - \bar{x})^2}{n}} \tag{14-5}$$

在一般情况下，我们进行指标测定时，重复次数一般少于 30，即 $n < 30$，此时 n 可用 $(n-1)$ 代替，因此，式(14-5)变为式(14-6)。

$$SD = \sqrt{\frac{\sum (x_i - \bar{x})^2}{n-1}} \tag{14-6}$$

以 14.1.3 中的面包水分测定数据为例，因为 $n = 5 < 30$，其标准偏差可通过式(14-6)进行计算。在前面我们已算出，$\bar{x} = 54.62\%$，由此算出

$$SD = \sqrt{\frac{\sum (x_i - \bar{x})^2}{n-1}} = 7.51$$

但如果我们将 41.72% 这一测定数值改为 51.72%，其平均值 $\bar{x} = 56.62\%$，由此算出 $SD = 3.45$。因此，比较两者标准偏差的差异，可以看出标准偏差越大，数据的离散程度就越高，精确度越差。

除了标准偏差，变异系数(即相对标准偏差)是评价分析数据精确度的直观方法，可通过式(14-7)进行计算。仍以面包水分的测定为例，其变异系数计算如下：

$$变异系数(CV) = \frac{SD}{\bar{x}} \times 100\% \tag{14-7}$$

$$CV = \frac{7.51}{54.62} \times 100\% = 13.75\%$$

虽然不同类型的分析对变异系数的要求不同，但在一般情况下，变异系数小于 5% 时，可认为重复结果的精确度和重现性水平均很高。在本例中，变异系数已远超过 5%，因此，该重复结果的精确度和重现性均较差，仪器操作或实验过程存在需改进地方。

14.2.5　正态分布(normal distribution)与置信区间(confidence interval)

另一种评价重复实验数据可靠性的方法是分析数据的分布情况。正态分布也叫常态分布

或高斯分布，是连续随机变量概率分布的一种，自然界、人类社会、心理和教育中大量现象（数值）均按正态形式分布。例如，当样本数量足够大时，社区居民能力的高低，学生成绩的好坏和身高等都属于正态分布。因此，当食品指标测定的重复数较多时，其自然测定结果也必定基本符合正态分布。而当无数次重复测定时，其自然测定结果则会出现一张类似图 14 -2 所示的标准正态分布曲线图，这其中 68% 的测定数值在距离平均值 $\pm 1\sigma$ 之内的数值范围内，95% 的数值在距离平均

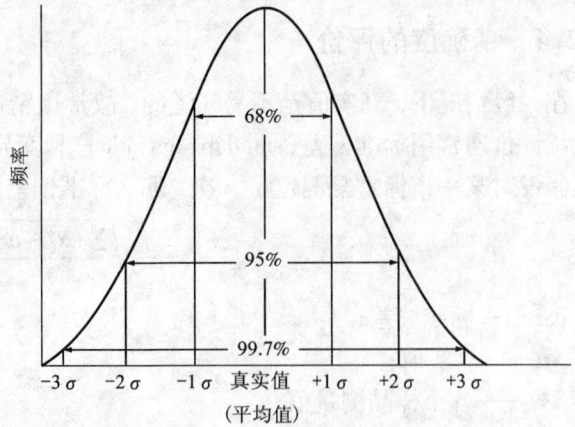

图 14 -2　标准正态分布曲线图

值 $\pm 2\sigma$ 之内的数值范围内，99.7% 的数值在距离平均值 $\pm 3\sigma$ 之内的数值范围内，即"68 -95 -99.7"法则。也就是说，在使用正确的实验仪器和方法时，测定结果只有 0.3% 的概率会落在距离平均值 $\pm 3\sigma$ 的范围之外。

理解正态分布曲线的方法就要认识到真实值可能存在于标准偏差确定的某一置信区间内。对于大批样品，采用 Z 值统计来确定围绕平均值的置信区间。数据处理时，首先确定置信度（confidence），再从表 14 -2 中查找 Z 值，最后按照式（14 -8）计算出结果。

表 14 -2　各置信度对应的 Z 值表

置信度	Z 值	置信度	Z 值
80%	1.29	99%	2.58
90%	1.64	99.9%	3.29
95%	1.96		

$$置信区间(CI) = \bar{x} \pm Z\,值 \times \frac{标准偏差(SD)}{\sqrt{n}} \qquad (14-8)$$

同样以 14.1.3 中的面包水分测定数据为例，假设的置信度为 95% 且有 25 个重复样本（非原先的 5 个重复样本），可根据式（14 -8）计算置信区间。这说明，根据实验测定的数据，在 95% 的置信度（概率）下，面包水分的真实值将处于 54.62 ± 2.94% 的范围内，但需要注意的是，Z 值不适合用于计算低数目样本的置信区间。

$$置信区间(置信度为 95\%) = 54.62 \pm 1.96 \times \frac{7.51}{\sqrt{25}} = 54.62 \pm 2.94\%$$

在实际运用时，常直接用 $SD/\sqrt{n}$ 作为平均值的标准偏差。

对于低数目样本的置信区间按 t 表来计算。此时，根据自由度（$n-1$）和需要的置信度从表 14 -3 查到 t 值。

表 14 - 3　各置信度对应的 t 值表

自由度 (n-1)	置信度			自由度 (n-1)	置信度		
	95%	99%	99.9%		95%	99%	99.9%
12.7	63.7	636	6	2.45	3.71	5.96	
4.30	9.93	31.60	7	2.36	3.56	5.40	
3.18	5.84	12.9	8	2.31	3.50	5.04	
3.78	4.60	8.61	9	2.26	3.25	4.78	
2.57	4.03	6.86	10	2.23	3.17	4.59	

以 14.1.3 面包水分含量的测定为例,样本数 5 个,自由度为$(n-1=5-1=4)$,因此置信区间的计算按式(14 - 9)进行:

$$置信区间(CI) = \bar{x} \pm t \times \frac{标准偏差(SD)}{\sqrt{n}} \tag{14-9}$$

$$置信区间(置信度为 95\%) = 54.62 \pm 3.78 \times \frac{7.51}{\sqrt{5}} = 54.62 \pm 12.70\%$$

14.3　实验误差及其控制

14.3.1　误差(error)

误差是测量值与真实值之间的差距,通常用绝对误差(14 - 10)和相对误差(14 - 11)来表示:

$$绝对误差 = \bar{x} - T \tag{14-10}$$

$$相对误差 = \frac{\bar{x} - T}{T} \tag{14-11}$$

式中:$\bar{x}$——测量平均值;

　　T——待测样品的真实值。

绝对误差和相对误差需保留正负号以判断误差出现的方向。

14.3.2　误差来源

在自然状态下,无论如何避免,由于检测技术、设备以及其他因素干扰,测定过程中都会不可避免的出现误差。食品分析者不可能完全祛除误差,但可以通过查找误差来源从而改进分析方案以减小误差和数据波动。而根据误差来源的不同,通常将误差分为系统误差和偶然(随机)误差。

系统误差(systematic error)又称定制误差,其由固定原因造成,在测定过程中误差按一定规律反复出现,有一定的方向性,这种误差的大小是可测的,因而也被称为可测误差。系统误差主要来源于实验室偏差和方法偏差。实验室偏差主要包括操作者的素质、仪器和试剂的选择。所以，系统误差可通过适当的方法来校正仪器，用空白试剂做平行实验或改进测定方法来消除。

偶然(随机)误差(Random Error)又称不可确定误差，其在分析测定时经常出现，是由操作者、仪器、试剂和方法的不确定性造成的，无重复(现)性。例如，仪器本身不稳定、设备噪音、试剂轻微变质、外界环境不同以及不同操作者观察存有差异等。这些误差随机性大，无规律可循，不可彻底消除，但可以通过测定者仔细操作而减少。但从宏观来说，这些偶然误差出现的正负分布大致相同并遵从正态分布规律。

14.3.3 灵敏度(sensitivity)和检测限(detection limit)

灵敏度和检测限两个术语具有一定的共通性，均是描述仪器性能的术语，但两者含义不同，不可混淆使用。灵敏度指用给定仪器所能测定出来的最小浓度间隔(差)。其数学表示为信号 Y 改变量与浓度 c 改变量之间的比值(灵敏度 $= dY/dc$)。在实际应用中，可以调节仪器灵敏度以使之符合测量需要。例如，测定浓度变化小的样品时，常需要将仪器调至较高的灵敏度；与之相反，测定浓度变化大的样品时，常需要较低的灵敏度。

检测限是判断样品最低浓度的重要指标。其数学表示为空白样品的信号(噪音)加上三倍的标准偏差(4-12)。高于检测限的值可认为分析物存在，低于检测限的值表示在可检测量的范围内没有检出分析物。

$$检测限 = X_{BIK} + (3 \times SD_{BIK}) \tag{4-12}$$

式中：X_{BIK}——空白信号(噪音)；

SD_{BIK}——空白样品的标准偏差。

14.3.4 特异性(specificity)

某一特定分析方法的特异性是指该方法只适宜检测样品中某些特定组分。有些分析方法可能对某一特定食品成分具有很高的特异性，但多数情况下，一个分析方法能测定一系列成分。通常希望分析方法具有较宽的测定范围。例如，采用索氏提取法测定食品中粗脂肪含量时，实际上就是分析可溶于有机溶剂的一类化合物，这类化合物包括甘油酯、磷酯、胡萝卜素和游离脂肪酸。因为在考察食品中粗脂肪含量时，所关心的并不是某一种化合物，所以采取的分析方法可以具有较宽的测定范围。但是，采用薄层色谱法测定果蔬含氯农药残留时，则需要采取特异的检测方法，因为果蔬上可能还含有其他类型的农药，如果不采取特异的分析方法，那么吸附剂上含氯农药便不易观察。待测样品是千变万化的，应该将测量结果与所用的测量方法综合起来考虑。在选择测定方法时，一定要考虑特异性这一问题。

14.4 食品检验结果报告书

检验报告是食品分析和质量检验的最终产物。检验报告所反映的信息和数据只有客观公正、准确可靠、填写清晰完整，检验报告才有意义。一般来说，在正确填写食品检验结果报告的过程中，应当注意这样几点：首先，一份完整的食品检验结果报告一般由正本和副本组成。提供给服务对象的正本包括检验报告封皮、检验报告首页(被检食品信息及检验结论)和检验报告续页(检验项目、检测数据及单项判定)三部分。作为归档留存的副本除具有上述三项外，还必须有详细的食品抽样单、仪器设备使用情况记录、真实完整的检验原始记录等。

14.4.1　检验原始记录

检验原始记录是检验工作运转的媒介，是检验结果的体现。检验原始记录质量的好坏直接影响到数据的真实性。检验原始记录必须如实填写检验日期、检测环境的温度、湿度、检验依据的方法标准、使用的仪器设备、检验过程的实测数据、计算公式、检测结果等。最后数值的单位要与标准规定的单位相一致。检验原始记录的填写，必须按照检验流程中的各个实测值如实认真填写，不得事后更改。检验原始记录要书写整洁、字迹清楚无涂改。如果确有必要更正的，可以用红笔划改，但必须有划改人的签字。填写完整后，由检验员、审核人签字，作为出具检验结果报告的依据。

14.4.2　检验报告封皮

检验报告封皮应写明报告编号、食品名称、生产、经销、委托单位名称、检验类别、检验单位名称、详细地址、联系电话、检验报告出具日期等。

14.4.3　检验报告首页

被检产品的详细信息以及检验结论一般在首页填写，这是食品检验结果报告的关键内容，也是被检企业最为关心的信息。被检食品的信息包括：食品名称、受检单位、生产单位、经销单位、委托单位名称、检验类别、食品规格、包装、商标、等级、所检样品数量、样品批次、到样日期等。报告首页显示的产品信息要与检验报告封皮显示的信息相一致。最为关键也最为重要的信息——检验项目、判定依据以及检验结论，要在检验报告首页醒目位置显示。

14.4.4　检验报告续页

质量检验是一项严肃细致、公平公正的工作。每一项结论的判定，都要做到有据可查、有源可溯，以保证其检验的严肃性和客观公正性。检验结论的综合判定，来源于各检验项目的单项判定。在检验报告续页，针对每一个检验项目，要逐一列出标准规定值和实际检测值，在相比较的基础上，判定该产品的单项合格与否。

14.4.5　食品抽样单

抽查、统一检查、定期检查、日常监督是食品安全保障部门进行产品质量监督检查的几种方式，是对监督检查的食品进行检验是质量检验的另一种形式。抽查的食品要填写详细的抽样单，并由双方签字盖章。在生产企业抽查的食品要填写样品抽样单，在市场抽查的产品要填写商品抽样单，并附在检验报告副本中一并归档。检验报告的信息要与抽样单上的原始信息相一致。

14.4.6　审核与签发

检验报告必须严格执行三级审核制度。主检人员检验签字后，要经过有关人员的审核签字，最后由授权的签发人签字才能签发。缺少任何一级签字，报告均不得发出。

小　结

实验数据的处理和评价直接关系到分析结果的真实性和可靠性。本章重点介绍了实验数据的科学表示方法以及基本的数学评价方法。对于重复检测数据组，应清楚和科学地整理数据，通过 Q - 检验法祛除偏差较大数据，运用回收率和变异系数评价数据准确度和精确度，按要求算出置信区间。实验误差分为系统误差和偶然误差，系统误差可避免，而偶然误差可以减少但无法根除。仪器的灵敏度和检测限，选择方法的特异性也会影响到实验数据的可靠性和可重复性。

思考题

1. 有效数字的意义在哪里？试写出下列计算式的正确答案（用适当位数的有效数字表示）

$$\frac{24.3 \times 0.01672}{1.83215} =$$

2. 说明准确度和精确度的概念？在食品分析实验中如何提高分析结果的准确度与精确度？

3. 系统误差和偶然误差各有什么特点？如何消除或减少？

4. 数据集呈现标准正态分布是什么意义？其数据分布有哪些特点？

5. 一份完整的食品检验报告书由哪几部分构成？各有什么特点？对原始数据整理应遵循什么原则？

6. 根据干燥物料的下列数据（88.62、88.74、89.20、82.20），来确定平均值、标准偏差和变异系数。这组数据的精确度是否可接受？82.20 这个数据是否应该舍弃？如果进行重复实验，在 95 % 置信度下期望测定结果在什么范围内？如果干燥物料的真实值为 89.40，相对百分误差为多少？

参考文献

[1] 李素力. 食品检验结果报告的正确填写[J]. 粮油食品科技, 2006, 14(6): 54 – 55.

[2] (美)Nielsen S S. 食品分析[M]. 杨严俊等译. 北京: 中国轻工业出版社, 2002.

[3] 李凤玉, 梁文珍. 食品分析与检验[M]. 北京: 中国农业大学出版社, 2009.

[4] 李启隆, 胡劲波. 食品分析科学[M]. 北京: 化学工业出版社, 2011.

[5] 曲祖乙, 刘靖. 食品分析与检验[M]. 北京: 中国环境科学出版社, 2006.

[6] 王永华. 食品分析[M]. 第2版. 北京: 中国轻工业出版社, 2010.

[7] 谢笔钧, 何慧. 食品分析[M]. 北京: 科学出版社, 2009.

[8] 赵镭, 刘文. 感官分析技术应用指南[M]. 北京: 中国轻工业出版社, 2011.

附表1 相当于氧化亚铜质量的葡萄糖、果糖、乳糖、转化糖质量表 单位：mg

氧化亚铜	葡萄糖	果糖	乳糖(含水)	转化糖	氧化亚铜	葡萄糖	果糖	乳糖(含水)	转化糖
11.3	4.6	5.1	7.7	5.2	61.9	26.5	29.2	42.1	28.1
12.4	5.1	5.6	8.5	5.7	63	27	29.8	42.9	28.6
13.5	5.6	6.1	9.3	6.2	64.2	27.5	30.3	43.7	29.1
14.6	6	6.7	10	6.7	65.3	28	30.9	44.4	29.6
15.8	6.5	7.2	10.8	7.2	66.4	28.5	31.4	45.2	30.1
16.9	7	7.7	11.5	7.7	67.6	29	31.9	46	30.6
18	7.5	8.3	12.3	8.2	68.7	29.5	32.5	46.7	31.2
19.1	8	8.8	13.1	8.7	69.8	30	33	47.5	31.7
20.3	8.5	9.3	13.8	9.2	70.9	30.5	33.6	48.3	32.2
21.4	8.9	9.9	14.6	9.7	72.1	31	34.1	49	32.7
22.5	9.4	10.4	15.4	10.2	73.2	31.5	34.7	49.8	33.2
23.6	9.9	10.9	16.1	10.7	74.3	32	35.2	50.6	33.7
24.8	10.4	11.5	16.9	11.2	75.4	32.5	35.8	51.3	34.3
25.9	10.9	12	17.7	11.7	76.6	33	36.3	52.1	34.8
27	11.4	12.5	18.4	12.3	77.7	33.5	36.8	52.9	35.3
28.1	11.9	13.1	19.2	12.8	78.8	34	37.4	53.6	35.8
29.3	12.3	13.6	19.9	13.3	79.9	34.5	37.9	54.4	36.3
30.4	12.8	14.2	20.7	13.8	81.1	35	38.5	55.2	36.8
31.5	13.3	14.7	21.5	14.3	82.2	35.5	39	55.9	37.4
32.6	13.8	15.2	22.2	14.8	83.3	36	39.6	56.7	37.9
33.8	14.3	15.8	23	15.3	84.4	36.5	40.1	57.5	38.4
34.9	14.8	16.3	23.8	15.8	85.6	37	40.7	58.2	38.9
36	15.3	16.8	24.5	16.3	86.7	37.5	41.2	59	39.4
37.2	15.7	17.4	25.3	16.8	87.8	38	41.7	59.8	40
38.3	16.2	17.9	26.1	17.3	88.9	38.5	42.3	60.5	40.5
39.4	16.7	18.4	26.8	17.8	90.1	39	42.8	61.3	41
40.5	17.2	19	27.6	18.3	91.2	39.5	43.4	62.1	41.5
41.7	17.7	19.5	28.4	18.9	92.3	40	43.9	62.8	42
42.8	18.2	20.1	29.1	19.4	93.4	40.5	44.5	63.6	42.6
43.9	18.7	20.6	29.9	19.9	94.6	41	45	64.4	43.1
45	19.2	21.1	30.6	20.4	95.7	41.5	45.6	65.1	43.6

续附表 1

氧化亚铜	葡萄糖	果糖	乳糖(含水)	转化糖	氧化亚铜	葡萄糖	果糖	乳糖(含水)	转化糖
46.2	19.7	21.7	31.4	20.9	96.8	42	46.1	65.9	44.1
47.3	20.1	22.2	32.2	21.4	97.9	42.5	46.7	66.7	44.7
48.4	20.6	22.8	32.9	21.9	99.1	43	47.2	67.4	45.2
49.5	21.1	23.3	33.7	22.4	100.2	43.5	47.8	68.2	45.7
50.7	21.6	23.8	34.5	22.9	101.3	44	48.3	69	46.2
51.8	22.1	24.4	35.2	23.5	102.5	44.5	48.9	69.7	46.7
52.9	22.6	24.9	36	24	103.6	45	49.4	70.5	47.3
54	23.1	25.4	36.8	24.5	104.7	45.5	50	71.3	47.8
55.2	23.6	26	37.5	25	105.8	46	50.5	72.1	48.3
56.3	24.1	26.5	38.3	25.5	107	46.5	51.1	72.8	48.8
57.4	24.6	27.1	39.1	26	108.1	47	51.6	73.6	49.4
58.5	25.1	27.6	39.8	26.5	109.2	47.5	52.2	74.4	49.9
59.7	25.6	28.2	40.6	27	110.3	48	52.7	75.1	50.4
60.8	26.1	28.7	41.4	27.6	111.5	48.5	53.3	75.9	50.9
112.6	49	53.8	76.7	51.5	163.2	72.1	78.8	111.4	75.4
113.7	49.5	54.4	77.4	52	164.4	72.6	79.4	112.1	75.9
114.8	50	54.9	78.2	52.5	165.5	73.1	80	112.9	76.5
116	50.6	55.5	79	53	166.6	73.7	80.5	113.7	77
117.1	51.1	56	79.7	53..6	167.8	74.2	81.1	114.4	77.6
118.2	51.6	56.6	80.5	54.1	168.9	74.7	81.6	115.2	78.1
119.3	52.1	57.1	81.3	54.6	170	75.2	82.2	116	78.6
120.5	52.6	57.7	82.1	55.2	171.1	75.7	82.8	116.8	79.2
121.6	53.1	58.2	82.8	55.7	172.3	76.3	83.3	117.5	79.7
122.7	53.6	58.8	83.6	56.2	173.4	76.8	83.9	118.3	80.3
123.8	54.1	59.3	84.4	56.7	174.5	77.3	84.4	119.1	80.8
125	54.6	59.9	85.1	57.3	175.6	77.8	85	119.9	81.3
126.1	55.1	60.4	85.9	57.8	176.8	78.3	85.6	120.6	81.9
127.2	55.6	61	86.7	58.3	177.9	78.9	86.1	121.4	82.4
128.3	56.1	61.6	87.4	58.9	179	79.4	86.7	122.2	83
129.5	56.7	62.1	88.2	59.4	180.1	79.9	87.3	122.9	83.5
130.6	57.2	62.7	89	59.9	181.3	80.4	87.8	123.7	84

续附表 1

氧化亚铜	葡萄糖	果糖	乳糖(含水)	转化糖	氧化亚铜	葡萄糖	果糖	乳糖(含水)	转化糖
131.7	57.7	63..2	89.8	60.4	182.4	81	88.4	124.5	84.6
132.8	58.2	63.8	90.5	61	183.5	81.5	89	125.3	85.1
134	58.7	64.3	91.3	61.5	184.5	82	89.5	126	85.7
135.1	59.2	64.9	92.1	62	185.8	82.5	90.1	126.8	86.2
136.2	59.7	65.4	92.8	62.6	186.9	83.1	90.6	127.6	86.8
137.4	60.2	66	93.6	63.1	188	83.6	91.2	128.4	87.3
138.5	60.7	66.5	94.4	63.6	189.1	84.1	91.8	129.1	87.8
139.6	61.3	67.1	95.2	64.2	190.3	84.6	92.3	129.9	88.4
140.7	61.8	67.7	95.9	64.7	191.4	85.2	92.9	130.7	88.9
141.9	62.3	68.2	96.7	65.2	192.5	85.7	93.5	131.5	89.5
143	62.8	68.8	97.5	65.8	193.6	86.2	94	132.2	90
144.1	63.3	69.3	98.2	66.3	194.8	86.7	94.6	133	90.6
145.2	63..8	69.9	99	66.8	195.9	87.3	95.2	133.8	91.1
146.4	64.3	70.4	99.8	67.4	197	87.8	95.7	134.6	91.7
147.5	64.9	71	100.6	67.9	198.1	88.3	96.3	135.3	92.2
148.6	65.4	71.6	101.3	68.4	199.3	88.9	96.9	136.1	92.8
149.7	65.9	72.1	102.1	69	200.4	89.4	97.4	136.9	93.3
150.9	66.4	72.7	102.9	69.5	201.5	89.9	98	137.7	93.8
152	66.9	73.2	103.6	70	202.7	90.4	98.6	138.4	94.4
153.1	67.4	73.8	104.4	70.6	203.8	91	99.2	139.2	94.9
154.2	68	74.3	105.2	71.1	204.9	91.5	99.7	140	95.5
155.4	68.5	74.9	106	71.6	206	92	100.3	140.8	96
156.5	69	75.5	106.7	72.2	207.2	92.6	100.9	141.5	96.6
157.6	69.5	76	107.5	72.7	208.3	93.1	101.4	142.3	97.1
158.7	70	76.6	108.3	73.2	209.4	93.6	102	143.1	97.7
159.9	70.5	77.1	109	73.8	210.5	94.2	102.6	143.9	98.2
161	71.1	77.7	109.8	74.3	211.7	94.7	103.1	144.6	98.8
162.1	71.6	78.3	110.6	74.9	212.8	95.2	103.7	145.4	99.3
213.9	95.7	104.3	146.2	99.9	264.6	120	130.2	181.2	124.9
215	96.3	104.8	147	100.4	265.7	120.6	130.8	181.9	125.5
216.2	96.8	105.4	147.7	101	266.8	121.1	131.3	182.7	126.1

344 / 附表

续附表 1

氧化亚铜	葡萄糖	果糖	乳糖(含水)	转化糖	氧化亚铜	葡萄糖	果糖	乳糖(含水)	转化糖
217.3	97.3	106	148.5	101.5	268	121.7	131.9	183.5	126.6
218.4	97.9	106.6	149.3	102.1	269.1	122.2	132.5	184.3	127.2
219.5	98.4	107.1	150.1	102.6	270.2	122.7	133.1	185.1	127.8
220.7	98.9	107.7	150.8	103.2	271.3	123.3	133.7	185.8	128.3
221.8	99.5	108.3	151.6	103.7	272.5	123.8	134.2	186.6	128.9
222.9	100	108.8	152.4	104.3	273.6	124.4	134.8	187.4	129.5
224	100.5	109.4	153.2	104.8	274.7	124.9	135.4	188.2	130
225.2	101.1	110	153.9	105.4	275.8	125.5	136	189	130.6
226.3	101.6	110.6	154.7	106	277	126	136.6	189.7	131.2
227.4	102.2	111.1	155.5	106.5	278.1	126.6	137.2	190.5	131.7
228.5	102.7	111.7	156.3	107.1	279.2	127.1	137.7	191.3	132.3
229.7	103.2	112.3	157	107.6	280.3	127.7	138.3	192.1	132.9
230.8	103.8	112.9	157.8	108.2	281.5	128.2	138.9	192.9	133.4
231.9	104.3	113.4	158	108.7	282.6	128.8	139.5	193.6	134
233.1	104.8	114	159.4	109.3	283.7	129.3	140.1	194.4	134.6
234.2	105.4	114.6	160.2	109.8	284.8	129.9	140.7	195.2	135.1
235.3	105.9	115.2	160.9	110.4	286	130.4	141.3	196	135.7
236.4	106.5	115.7	161.7	110.9	287.1	131	141.8	196.8	136.3
237.6	107	116.3	162.5	111.5	288.2	131.6	142.4	197.5	136.8
238.7	107.5	116.9	163.3	112.1	289.3	132.1	143	198.3	137.4
239.8	108.1	117.5	164	112.6	290.5	132.7	143.6	199.1	138
240.9	108.6	118	164.8	113.2	291.6	133.2	144.2	199.9	138.6
242.1	109.2	118.6	165.6	113.7	292.7	133.8	144.8	200.7	139.1
243.1	109.7	119.2	166.4	114.3	293.8	134.3	145.4	201.4	139.7
244.3	110.2	119.8	167.1	114.9	295	134.9	145.9	202.2	140.3
245.4	110.8	120.3	167.9	115.4	296.1	135.4	146.5	203	140.8
246.6	111.3	120.9	168.7	116	297.2	136	147.1	203.8	141.4
247.7	111.9	121.5	169.5	116.5	298.3	136.5	147.7	204.6	142
248.8	112.4	122.1	170.3	117.1	299.5	137.1	148.3	205.3	142.6
249.9	112.9	122.6	171	117.6	300.6	137.7	148.9	206.1	143.1
251.1	113.5	123.2	171.8	118.2	301.7	138.2	149.5	206.9	143.7

续附表1

氧化亚铜	葡萄糖	果糖	乳糖(含水)	转化糖	氧化亚铜	葡萄糖	果糖	乳糖(含水)	转化糖
252.2	114	123.8	172.6	118.8	302.9	138.8	150.1	207.7	144.3
253.3	114.6	124.4	173.4	119.3	304	139.3	150.6	208.5	144.8
254.4	115.1	125	174.2	119.9	305.1	139.9	151.2	209.2	145.4
255.6	115.7	125.5	174.9	120.4	306.2	140.4	151.8	210	146
256.7	116.2	126.1	175.7	121	307.4	141	152.4	210.8	146.6
257.8	116.7	126.7	176.5	121.6	308.5	141.6	153	211.6	147.1
258.9	117.3	127.3	177.3	122.1	309.6	142.1	153.6	212.4	147.7
260.1	117.8	127.9	178.1	122.7	310.7	142.7	154.2	213.2	148.3
261.2	118.4	128.4	178.8	123.3	311.9	143.2	154.8	214	148.9
262.3	118.9	129	179.6	123.8	313	143.8	155.4	214.7	149.4
263.4	119.5	129.6	180.4	124.4	314.1	144.4	156	215.5	150
315.2	144.9	156.5	216.3	150.6	365.9	170.5	183.4	251.6	176.9
316.4	145.5	157.1	217.1	151.2	367	171.1	184	252.4	177.5
317.5	146	157.7	217.9	151.8	368.2	171.6	184.6	253.2	178.1
318.6	146.6	158.3	218.7	152.3	369.3	172.2	185.2	253.9	178.7
319.7	147.2	158.9	219.4	152.9	370.4	172.8	185.8	254.7	179.2
320.9	147.7	159.5	220.2	153.5	371.5	173.4	186.4	255.5	179.8
322	148.3	160.1	221	154.1	372.7	173.9	187	256.3	180.4
323.1	148.8	160.7	221.8	154.6	373.8	174.5	187.6	257.1	181
324.2	149.4	161.3	222.6	155.2	374.9	175.1	188.2	257.9	181.6
325.4	150	161.9	223.3	155.8	376	175.7	188.8	258.7	182.2
326.5	150.5	162.5	224.1	156.4	377.2	176.3	189.4	259.4	182.8
327.6	151.1	163.1	224.9	157	378.3	176.8	190.1	260.2	183.4
328.7	151.7	163.7	225.7	157.5	379.4	177.4	190.7	261	184
329.9	152.2	164.3	226.5	158.1	380.5	178	191.3	261.8	184.6
331	152.8	164.9	227.3	158.7	381.7	178.6	191.9	262.6	185.2
332.1	153.4	165.4	228	159.3	382.8	179.2	192.5	263.4	185.8
333.3	153.9	166	228.8	159.9	383.9	179.7	193.1	264.2	186.4
334.4	154.5	166.6	229.6	160.5	385	180.3	193.7	265	187
335.5	155.1	167.2	230.4	161	386.2	180.9	194.3	265.8	187.6
336.6	155.6	167.8	231.2	161.6	387.3	181.5	194.9	266.6	188.2

续附表 1

氧化亚铜	葡萄糖	果糖	乳糖（含水）	转化糖	氧化亚铜	葡萄糖	果糖	乳糖（含水）	转化糖
337.8	156.2	168.4	232	162.2	388.4	182.1	195.5	267.4	188.8
338.9	156.8	169	232.7	162.8	389.5	182.7	196.1	268.1	189.4
340	157.3	169.6	233.5	163.4	390.7	183.2	196.7	268.9	190
341.1	157.9	170.2	234.3	164	391.8	183.8	197.3	269.7	190.6
342.3	158.5	170.8	235.1	164.5	392.9	184.4	197.9	270.5	191.2
343.4	159	171.4	235.9	165.1	394	185	198.5	271.3	191.8
344.5	159.6	172	236.7	165.7	395.2	185.6	199.2	272.1	192.4
345.6	160.2	172.6	237.4	166.3	396.3	186.2	199.8	272.9	193
346.8	160.7	173.2	238.2	166.9	397.4	186.8	200.4	273.7	193.6
347.9	161.3	173.8	239	167.5	398.5	187.3	201	274.4	194.2
349	161.9	174.4	239.8	168	399.7	187.9	201.6	275.2	194.8
350.1	162.5	175	240.6	168.6	400.8	188.5	202.2	276	195.4
351.3	163	175.6	241.4	169.2	401.9	189.1	202.8	276.8	196
352.4	163.6	176.2	242.2	169.8	403.1	189.7	203.4	277.6	196.6
353.5	164.2	176.8	243	170.4	404.2	190.3	204	278.4	197.2
354.6	164.7	177.4	243.7	171	405.3	190.9	204.7	279.2	197.8
355.8	165.3	178	244.5	171.6	406.4	191.5	205.3	280	198.4
356.9	165.9	178.6	245.3	172.2	407.6	192	205.9	280.8	199
358	166.5	179.2	246.1	172.8	408.7	192.6	206.5	281.6	199.6
359.1	167	179.8	246.9	173.3	409.8	193.2	207.1	282.4	200.2
360.3	167.6	180.4	247.7	173.9	410.9	193.8	207.7	283.2	200.8
361.4	168.2	181	248.5	174.5	412.1	194.4	208.3	284	201.4
362.5	168.8	181.6	249.2	175.1	413.2	195	209	284.8	202
363.6	169.3	182.2	250	175.7	414.3	195.6	209.6	285.6	202.6
364.8	169.9	182.8	250.8	176.3	415.4	196.2	210.2	286.3	203.2
416.6	196.8	210.8	287.1	203.8	453.7	216.5	231.3	313.4	224.1
417.7	197.4	211.4	287.9	204.4	454.8	217.1	232	314.2	224.7
418.8	198	212	288.7	205	456	217.8	232.6	315	225.4
419.9	198.5	212.6	289.5	205.7	457.1	218.4	233.2	315.9	226
421.1	199.1	213.3	290.3	206.3	458.2	219	233.9	316.7	226.6
422.2	199.7	213.9	291.1	206.9	459.3	219.6	234.5	317.5	227.2

续附表 1

氧化亚铜	葡萄糖	果糖	乳糖(含水)	转化糖	氧化亚铜	葡萄糖	果糖	乳糖(含水)	转化糖
423.3	200.3	214.5	291.9	207.5	460.5	220.1	235.1	318.3	227.9
424.4	200.9	215.1	292.7	208.1	461.6	220.8	235.8	319.1	228.5
425.6	201.5	215.7	293.5	208.7	462.7	221.4	236.4	319.9	229.1
426.7	202.1	216.3	294.3	209.3	463.8	222	237.1	320.7	229.7
427.8	202.7	217	295	209.9	465	222.6	237.7	321.6	230.4
428.9	203.3	217.6	295.8	210.5	466.1	223.3	238.4	322.4	231
430.1	203.9	218.2	296.6	211.1	467.2	223.9	239	323.2	231.7
431.2	204.5	218.8	297.4	211.8	468.4	224.5	239.7	324	232.3
432.3	205.1	219.5	298.2	212.4	469.5	225.1	240.3	324.9	232.9
433.5	205.1	220.1	299	213	470.6	225.7	241	325.7	233.6
434.6	206.3	220.7	299.8	213.6	471.7	226.3	241.6	326.5	234.2
435.7	206.9	221.3	300.6	214.2	472.9	227	242.2	327.4	234.8
436.8	207.5	221.9	301.4	214.8	474	227.6	242.9	328.2	235.5
438	208.1	222.6	302.2	215.4	475.1	228.2	243.6	329.1	236.1
439.1	208.7	232.2	303	216	476.2	228.8	244.3	329.9	236.8
440.2	209.3	223.8	303.8	216.7	477.4	229.5	244.9	330.1	237.5
441.3	209.9	224.4	304.6	217.3	478.5	230.1	245.6	331.7	238.1
442.5	210.5	225.1	305.4	217.9	479.6	230.7	246.3	332.6	238.8
443.6	211.1	225.7	306.2	218.5	480.7	231.4	247	333.5	239.5
444.7	211.7	226.3	307	219.1	481.9	232	247.8	334.4	240.2
445.8	212.3	226.9	307.8	219.9	483	232.7	248.5	335.3	240.8
447	212.9	227.6	308.6	220.4	484.1	233.3	249.2	336.3	241.5
448.1	213.5	228.2	309.4	221	485.2	234	250	337.3	242.3
449.2	214.1	228.8	310.2	221.6	486.4	234.7	250.8	338.3	243
450.3	214.7	229.4	311	222.2	487.5	235.3	251.6	339.4	243.8
451.5	215.3	230.1	311.8	222.9	488.6	236.1	252.7	340.7	244.7
452.6	215.9	230.7	312.6	223.5	489.7	236.9	253.7	342	245.8

附表 2　铁氰化钾定量试样法还原糖换算表（还原糖含量以麦芽糖计）

0.1 mol/L K₃Fe(CN)₆ 体积/mL	还原糖含量 /%	0.1 mol/L K₃Fe(CN)₆ 体积/mL	还原糖含量 /%	0.1 mol/L K₃Fe(CN)₆ 体积/mL	还原糖含量 /%
0.10	0.05	3.40	1.71	6.70	3.79
0.20	0.10	3.50	1.76	6.80	3.85
0.30	0.15	3.60	1.82	6.90	3.92
0.40	0.20	3.70	1.88	7.00	3.98
0.50	0.25	3.80	1.95	7.10	4.06
0.60	0.31	3.90	2.01	7.20	4.12
0.70	0.36	4.00	2.07	7.30	4.18
0.80	0.41	4.10	2.13	7.40	4.25
0.90	0.46	4.20	2.18	7.50	4.31
1.00	0.51	4.30	2.25	7.60	4.38
1.10	0.56	4.40	2.31	7.70	4.45
1.20	0.60	4.50	2.37	7.80	4.51
1.30	0.65	4.60	2.44	7.90	4.58
1.40	0.71	4.70	2.51	8.00	4.65
1.50	0.76	4.80	2.57	8.10	4.72
1.60	0.80	4.90	2.64	8.20	4.78
1.70	0.85	5.00	2.70	8.30	4.85
1.80	0.90	5.10	2.76	8.40	4.92
1.90	0.96	5.20	2.82	8.50	4.99
2.00	1.01	5.30	2.88	8.60	5.02
2.10	1.06	5.40	2.95	8.70	5.12
2.20	1.11	5.50	3.02	8.80	5.19
2.30	1.16	5.60	3.08	8.90	5.27
2.40	1.21	5.70	3.15	9.00	5.34
2.50	1.26	5.80	3.22	9.10	5.42
2.60	1.30	5.90	3.28	9.20	5.50
2.70	1.35	6.00	3.34	9.30	5.58
2.80	1.40	6.10	3.41	9.40	5.68
2.90	1.45	6.20	3.47	9.50	5.78
3.00	1.51	6.30	3.53	9.60	5.88
3.10	1.56	6.40	3.60	9.70	5.98
3.20	1.61	6.50	3.67	9.80	6.08
3.30	1.66	6.60	3.73	9.90	6.18

图书在版编目（CIP）数据

食品分析／张海德,胡建恩主编.－－长沙：中南大学出版社，
2014.6
ISBN 978－7－5487－1090－5

Ⅰ.食… Ⅱ.①张…②胡… Ⅲ.食品分析－高等学校－教材
Ⅳ.TS207.3

中国版本图书馆 CIP 数据核字(2014)第 115672 号

食品分析

张海德　胡建恩　主编

□责任编辑　韩　雪　资名扬
□责任印制　易红卫
□出版发行　中南大学出版社
　　　　　　社址：长沙市麓山南路　　　邮编：410083
　　　　　　发行科电话：0731－88876770　传真：0731－88710482
□印　　装　长沙市宏发印刷有限公司

□开　　本　787×1092　1/16　□印张 22.75　□字数 568 千字
□版　　次　2014 年 6 月第 1 版　□2019 年 3 月第 2 次印刷
□书　　号　ISBN 978－7－5487－1090－5
□定　　价　48.00 元